AF371111

# LES NOMS

## DES OISEAUX

EXPLIQUÉS PAR LEURS MŒURS

ou

ESSAIS ÉTYMOLOGIQUES SUR L'ORNITHOLOGIE

---

ANGERS, IMPRIMERIE P. LACHÈSE, BELLEUVRE ET DOLBEAU

---

PIC-VERT A LA RECHERCHE D'UNE LARVE.

# LES NOMS

## DES

# OISEAUX

## EXPLIQUÉS PAR LEURS MŒURS

### OU

## ESSAIS ÉTYMOLOGIQUES SUR L'ORNITHOLOGIE

PAR

## L'ABBÉ VINCELOT

Chanoine honoraire, aumônier du pensionnat Saint-Julien,
Officier de l'instruction publique,
Membre titulaire de la Société Linnéenne de Maine-et-Loire
et de la Société protectrice des animaux.

---

## QUATRIÈME ÉDITION

REVUE, CONSIDÉRABLEMENT AUGMENTÉE, ET ORNÉE DE GRAVURES.

## TOME SECOND

## PARIS

POTTIER DE LALAINE, LIBRAIRE-ÉDITEUR
115, rue de Provence, 115

## ANGERS

P. LACHÈSE, BELLEUVRE ET DOLBEAU, IMPRIMEURS-LIBRAIRES
13, Chaussée Saint-Pierre, 13

## 1872

# LES NOMS

# DES OISEAUX

## EXPLIQUÉS PAR LEURS MŒURS

## ESSAIS ÉTYMOLOGIQUES SUR L'ORNITHOLOGIE

## QUATRIÈME ORDRE. — PASSERIGALLES.

Nous avons fini, non sans un rude labeur, de parcourir l'Ordre des Passereaux, avec ses familles si multipliées et ses genres si différents de mœurs, de plumage et de proportions. Nous abordons le quatrième Ordre, qui ne comprend, pour l'Anjou, qu'une seule famille et quatre espèces. Cet Ordre est désigné par M. Millet, dans sa *Faune de Maine-et-Loire*, sous le nom de *Passerigalles*, expression adoptée par un très-petit nombre de naturalistes, et qui me semble cependant assez exacte. Elle signifie oiseaux « qui participent des mœurs des passereaux et des gallinacés » (*passer-gallus*); dénomination d'autant plus juste, qu'elle s'applique à des espèces que les ornithologistes ont placées, tour-à-tour, dans l'Ordre des Passereaux ou dans celui des Gallinacés. Ces savants nous semblent avoir raison si, avec eux, nous considérons ces oiseaux sous deux points de vue différents. Les passerigalles se rapprochent des passereaux par leurs migrations continuelles, et, sous ce rapport, ils peuvent être considérés comme les passereaux par excellence. D'un autre côté, leurs mœurs, leur genre de nourriture, la facilité avec laquelle ils se prêtent à la domesticité, les font classer parmi les gallinacés. Le mot *passerigalles* est donc heureux, puisqu'il est un trait d'union qui relie les deux opinions.

Peut-être serait-ce ici le moment d'indiquer, en quelques lignes, quelle est l'étymologie présumée du mot *gallus*, et d'insinuer, sans s'y arrêter toutefois, un nouveau rapprochement entre l'alouette et le coq. Celui-ci a été regardé comme la souche primitive, le vrai type, le souverain des oiseaux de basse-cour; c'est lui qui leur a donné son nom. Or, l'expression *gallus*, d'où l'on a formé le mot *gallinacé*, dérive, selon les érudits, du sanscrit *gal*, signifiant *sonum edere, canere*, « produire un son, » et dès lors *gallus* est l'oiseau, non-seulement qui produit un son et qui chante, mais dont le son, le chant sont remarquables. C'est de la même racine que l'antique idiome de l'Armorique avait, selon toute probabilité, emprunté le substantif *kel*, signifiant « voix et bruit. » En désignant le coq sous le nom de *gallus*, les anciens avaient évidemment été frappés, non pas de l'agrément de la voix de cet oiseau, mais de sa puissance et surtout de son chant matinal, qui était un véritable service rendu aux habitants des campagnes. La voix du coq était le réveille-matin, toujours régulier, placé près de la chaumière du villageois par la main providentielle de Dieu. Il méritait donc à ce titre de donner son nom à la nombreuse famille désignée sous l'appellation de *gallinacés*.

# PREMIÈRE FAMILLE.

## Colombins.

L'expression *colombin* est provençale : elle dérive très-probablement de l'italien *colombina*, qui lui-même a dû avoir pour primitif le latin *columba*, « colombe. » Quelle est maintenant la racine de *columba?* Quelques étymologistes pensent que c'est KOLYMBOS, qui, en grec, signifie « plongeur. » M. Littré dit que « *columba* vient de KOLYMBOS, « plongeur, » par une confusion des oiseaux plongeurs et des pigeons. » Il me semble que la phrase du savant auteur eût dû être plus explicite, pour que l'on pût connaître sa véritable pensée. Quoi qu'il en soit du sens de cette explication incomplète, je vais essayer, en faisant bien connaître les habitudes des colombins, d'exposer comment je comprends l'expression KOLYMBOS, employée pour désigner les colombes.

Cette Famille, qui ne renferme pour l'Anjou que quatre espèces, en contient, dans la classification générale, plusieurs centaines, qui varient de plumage et de proportions : quelques-unes atteignent les dimensions des poules ; d'autres ne sont pas plus grosses qu'un moineau. Certaines espèces revêtent les plus brillantes couleurs, et toutes ont des formes gracieuses. En Amérique, et surtout dans les îles de la Sonde et en Australie, les colombins sont très-multipliés ; leurs bandes, d'après le récit véridique des naturalistes et des voyageurs, composées de centaines de milliers d'individus, obscurcissent le ciel quand elles accomplissent des migrations devenues indispensables par la nécessité de trouver, chaque jour, une nourriture suffisante. Il est évident que des quantités si prodigieuses de colombins doivent exercer de véritables ravages dans les contrées où ils s'arrêtent. et absorber, en quelques jours, les ressources des pays qu'ils visitent. Aussi sont-ils contraints de se livrer à des migrations incessantes. Cette habitude même a fait nommer une des colombes de l'Amérique *colombe voyageuse, columba migratoria*. Quand ces troupes incalculables de colombins séjournent pendant quelque temps dans les forêts, bientôt, selon le récit d'Audubon, plusieurs kilomètres carrés se couvrent d'une épaisse couche de guano. Ce fait, attesté par le savant naturaliste, expliquerait la formation d'une partie de ces quantités considérables d'engrais que l'Amérique fournit à l'Europe.

Pour diminuer les ravages exercés par les colombins, les habitants de certaines contrées de l'Amérique, et, en particulier, ceux de l'Ohio, du Kentucky, etc., pénètrent, au moment de la nidification, vers le mois de mai, dans les immenses forêts où ces oiseaux se reproduisent; ils emportent dans leurs chariots une grande quantité de petits barils qu'ils remplissent de la graisse fondue de myriades de pigeonneaux saisis sur leurs nids, et c'est avec cette graisse qu'ils prépareront, pendant une année entière, les aliments destinés à leurs familles. Dans le cours de ces excursions, qui durent deux ou trois semaines, les habitants se font accompagner par de nombreux troupeaux de porcs. Ceux-ci se nourrissent des restes des pigeons dont on fait fondre la graisse. On estime à plusieurs centaines de mille les nids qui sont capturés, chaque année, sur les bords de l'Ohio. C'est dans les forêts vierges de ces contrées que l'on peut étudier, d'une manière plus complète, les mœurs des colombins ; c'est là qu'ils s'abandonnent à tous les jeux folâtres d'une gaieté primitive. C'est là encore qu'au sein de l'air, ils font tous les exercices auxquels se livrent les plus habiles plongeurs. Ces évolutions si gracieuses, si variées, paraissent être dans la nature des colombins; leur vol rapide, qui ne le cède qu'à celui du faucon et de l'hirondelle, seconde encore les dispositions de leur caractère. La facilité de leur vol n'avait point échappé au Roi-Prophète ; aussi se plait-il à y faire allusion dans le psaume LIV : « *Quis dabit mihi pennas sicut columbæ? et volabo, et requiescam.* — Qui est-ce qui me donnera des ailes semblables à celles de la colombe ? et je prendrai mon vol, et je trouverai mon repos. » Ainsi, d'après David, les ailes de la colombe sont très-puissantes, puisqu'elles peuvent s'élever jusqu'à Dieu. Quoique l'esclavage ait enlevé aux colombins captifs une partie de leur entrain naturel, nous retrouvons cependant, même parmi les espèces domestiques, quelques restes des habitudes des colombins à l'état d'indépendance. Aussi ces habitudes ont-elles paru assez caractéristiques pour que l'on nommât quelques-unes de ces espèces *le culbuteur*, *le tourneur*, *le plongeur*, etc.

Le mot *colombe*, pris dans le sens de *plongeur*, aurait donc une signification juste, dès lors qu'il s'appliquerait aux mouvements de l'oiseau dans l'air, et, sous ce rapport, il n'y aurait aucune confusion.

Les anciens avaient su tirer un véritable profit de la rapidité du vol de la colombe, en dressant cet oiseau à remplir les fonctions de messager fidèle. En Orient, et surtout dans l'Arabie, la Syrie et l'Egypte, on se servait autrefois des pigeons pour porter des billets aux pays très-éloignés. Les missives étaient placées sous les ailes des pigeons, et ceux-ci rapportaient la réponse à ceux qui les avaient envoyés. De nos jours encore, le Grand-Mogol fait nourrir, en beaucoup d'endroits, des pigeons qui servent à porter les lettres d'une extrémité de ses Etats à l'autre, surtout quand une grande rapidité est nécessaire. Tavernier affirme que de son temps « le consul d'Alexandrette envoyait tous les jours, par un pigeon, des nouvelles à Alep, en cinq heures, quoique ces villes fussent éloignées de trois journées de cheval. » Les caravanes qui traversent l'Arabie se servent du ministère des pigeons pour avertir de leur marche les chefs arabes avec lesquels elles sont en relations amicales, et pour réclamer leur concours et leur protection. Les pigeons s'acquittent avec une grande fidélité et une excessive promptitude des missions qui leur sont confiées ; mais ils mettent encore une plus grande rapidité à revenir au lieu où ils ont été nourris, où ils ont laissé leurs nids, et, dès lors, à rapporter la réponse attendue. Pour avoir une idée assez précise du vol des pigeons dans les circonstances ordinaires, il suffit de savoir que des observateurs sérieux ont constaté que les ramiers employaient moins de dix minutes à traverser le détroit de Gibraltar, large de plus de vingt kilomètres, et qu'ils faisaient par conséquent une lieue en deux minutes.

Pendant le long et terrible siége de Paris par l'armée prussienne, les pigeons voyageurs ont rendu de véritables services en servant de courriers aériens chargés de porter au-dehors de l'enceinte des nouvelles des assiégés, et de rapporter à ceux-ci quelques courtes, mais bien précieuses dépêches.

**PREMIER GENRE — COLOMBES.**

### PIGEON RAMIER. — Columba palumbus.

Le mot *colombe* ayant été expliqué, il me reste à essayer d'indiquer l'étymologie des mots *pigeon, ramier* et *palumbus*, tâche assez difficile.

Quelques oiseaux sont appelés *dégorgeurs*, parce que, dans ces espèces, le père et la mère plongent leur bec dans celui de leurs petits pour y dégorger les graines qu'ils ont triturées et préparées avec un soin minutieux. Les pigeons appartiennent à cette classe ; mais ils ont un procédé spécial pour nourrir et élever leurs petits : ce sont ces derniers qui plongent leur bec dans celui de leurs parents, en l'agitant dans tous les sens ; ils frappent ainsi contre les parois intérieures du bec du père ou de la mère, et déterminent une sorte d'irritation qui fait l'effet d'un vomitif. A chaque fois que l'opération a lieu, la nourriture, broyée et réduite en une sorte de bouillie, sort de l'estomac des parents pour passer dans celui des petits. Ceux-ci font alors entendre un cri tout particulier, qu'ils accompagnent d'un mouvement demi-circulaire de leur corps et d'un frémissement de leurs ailes.

D'après les anciens auteurs, le pigeon devrait son nom à cette action spéciale ; ce nom dériverait alors de *pipio*, qui signifie « faire entendre un petit cri réitéré. » On lit dans les anciens glossaires : « Pipiones, les *pigeonneaux*, ainsi appelés du verbe *pipire*, formé par imitation de la voix des oiseaux qui n'ont encore que le duvet. »

« *Pipiones sunt pulli columbarum, et est nomen formatum a proprio sono animalis.* » (Matthæus Silvaticus.)

Et enfin, « Pipio, *resonare, clamare, accipitrum est vel pullorum columbarum, unde hic* pipio, *pullus columbarum.* » (Jean de la Porte.)

J'admets d'autant plus volontiers l'autorité de ces auteurs, qu'il est évident qu'un très-grand nombre de noms donnés aux oiseaux ont été formés par onomatopée. Dans les temps reculés, où il a fallu distinguer les oiseaux et tous les animaux par une expression qui les représentât d'une manière sensible, il fut très-naturel de choisir un nom que fournissait la nature, comme était, par exemple, l'imitation de leur voix et de leur chant.

L'épithète *ramier* a certainement pour principe le mot *rameau*, *ramus*, d'où l'on a formé *rameus*, *ramarius*.

Dans le moyen âge, *ramier* signifiait « rameau, feuillée, etc. »

> Seguet tant la via per los ramiers
> Que trabet à un fuc dos charbonniers.

> Il suivit tant le chemin à travers les fourrés,
> Qu'il trouva à un feu deux charbonniers.

(Gérard de Rossillon, fol. 47.)

*Pigeon ramier* a donc le même sens que « pigeon qui se tient sur les branches, sur les rameaux. » Cette expression sert à mettre, entre lui et les pigeons domestiques, une différence essentielle. Ces derniers ne se perchent'pas; il en est de même de quelques autres espèces de colombes, même à l'état de liberté. De plus, l'épithète *ramier* peut indiquer que non-seulement ce pigeon se perche volontiers sur les branches, mais encore qu'il y établit son nid, tandis que d'autres espèces domestiques ou sauvages se reproduisent dans des trous.

Le pigeon ramier eût pu être appelé *rameur :* voici pourquoi. Peu d'oiseaux ont une vue aussi perçante que lui ; on ne peut l'approcher que par surprise ; il aperçoit ses ennemis à une distance très-considérable, et, pour éloigner encore le danger, il a soin de placer des sentinelles avancées tout autour des champs dans lesquels s'abat une troupe de ses congénères. Au premier indice de péril, les sentinelles donnent un coup d'aile très-violent en prenant leur essor ; ce coup d'aile est répété par chaque individu de la troupe, et le chasseur, au-dessus duquel volent ces oiseaux, entend un bruit assez semblable à celui que font les aubes d'un bateau à vapeur quand il commence à se mettre en mouvement. Ce bruit est occasionné par ces battements d'ailes qui, déplaçant l'air brusquement, deviennent aussitôt un signal entendu au loin.

On attribue généralement au ramier un caractère très-sauvage ; cette opinion n'est pas fondée. S'il s'éloigne du danger, et s'il l'évite avec tant de promptitude, c'est que l'excessive portée de sa vue lui révèle de très-loin jusqu'à l'apparence du péril. Pour combattre l'erreur commune, il suffit de lire les ouvrages des anciens qui constatent que le ramier s'était autrefois facilement plié à la domesticité, et qu'il se reproduisait en captivité, et enfin de voir ce qui se passe, chaque jour, dans le jardin des Tuileries, à Paris. Bien des fois je m'y suis arrêté à l'ombre des marronniers séculaires, pour contempler un spectacle qui se reproduit tous les jours et aux mêmes heures. Sur la lisière des gazons de la résidence naguère souveraine, quelques veufs ou quelques anciens célibataires civils et militaires, poussés par le besoin de chercher dans les êtres de la nature une compensation à une famille dont ils sont privés, se plaisent à jeter des miettes de pain aux nombreux ramiers qui peuplent le jardin des Tuileries. Ces oiseaux s'approchent d'abord avec prudence de leurs bienfaiteurs, puis, quand ils ont constaté que ce sont leurs vrais et vieux amis, ils s'enhardissent, voltigent autour d'eux, viennent se reposer sur leurs épaules, sur leurs bras, et becqueter le pain dans la poche, dans les mains et même dans la bouche de leurs assidus pourvoyeurs. Je ne connais aucune autre espèce d'oiseau qui, en liberté, manifeste une aussi grande familiarité. L'Ecriture Sainte a donc peint avec une grande vérité les dispositions des colombins, lorsqu'elle a dit : « *Simplices sicut columba,* — simples et confiants comme la colombe. » La confiance et la simplicité des ramiers viennent d'être démontrées. Mais à la simplicité ces oiseaux joignent une grande prudence, qui se manifeste par les précautions qu'ils prennent en plaçant des sentinelles, toutes les fois qu'ils se réunissent pour manger ou pour boire, afin d'avertir du danger leurs congénères. C'est aussi par le même motif que les bandes de ramiers ne voyagent que le matin ou le soir, afin d'éviter plus facilement les serres de l'oiseau de proie qui chasse moins ordinairement à ces heures.

D'où viennent *palombe, palumbus, palumbes ?* Je n'ai, sur ce mot, rien trouvé de bien concluant dans toutes mes recherches ; j'abandonne donc à l'appréciation de mes lecteurs la racine qu'indique Court de Gébelin. Cet auteur prétend que *palumbus* a pour principe *pal,* d'où est venu *pala, palœ,* qui, comme le primitif, signifie « branche, arbre élevé ; » il suivrait de là que *ramier* et *palombe* auraient un étroit degré de parenté. Je ne veux, en aucune façon, dans ce moment-ci surtout, m'y opposer, bien que la prosodie latine repousse une pareille hypothèse, et je termine cette étude par quelques petits détails sur les mœurs des pigeons ramiers. Ceux-ci, comme tous les colombins, sont pulvérateurs, c'est-à-dire qu'ils aiment à pulvériser, à réduire en poussière la terre ou le sable en se frottant le ventre contre ces matières, en tournoyant sur eux-mêmes avec un frémissement de leurs ailes, afin de se débarrasser des insectes qui les dévorent. Ainsi que tous les membres de cette nombreuse famille, ils boivent d'un seul trait, et enflent leur jabot au moyen de l'eau qu'ils y accumulent, ce qui leur permet de produire un son particulier appelé *roucoulement.*

Un des savants qui se sont occupés à trouver dans l'idiome primitif la racine des noms modernes, Kuhn, voit dans *columba* ou *palumba* la racine sanscrite « *lamb* » signifiant *cadere*, « tomber, » et dans *co* ou *pa* une modification du préfixe « *ava*, » réduit à « *va*, » et qui renforce le sens de « *lamb*, » de sorte que ce nom signifierait « l'oiseau qui s'abat, qui tombe, qui plonge du haut des airs. » Ces hypothèses très-contestables, et très-contestées par de nombreux érudits, et pour de graves raisons (voir Adolphe Pictet, t. I, p. 100, Aryas primitifs), n'ajoutent pas une grande lumière aux hypothèses qui ne sont pas fondées sur la langue-mère. Le seul avantage qu'elles semblent présenter, c'est de rattacher *palumba* à la même racine que *columba*. Enfin j'ose, mais non sans une juste défiance, indiquer une autre expression sanscrite ayant une relation avec « *lamb*. » J'agis ainsi pour prouver que je travaille à ma conversion vers la véritable méthode autant qu'il m'est donné de le faire ! Le mot « kadumba » pourrait avoir, d'après Kuhn, des liaisons avec *palumba*, et par suite avec *columba ;* cette expression signifie « multitude, » et, dès lors, « oiseau qui vole par troupes nombreuses, » désignation très-exacte pour les colombins, et qui indiquerait, sous ce rapport, un véritable trait d'union entre les colombins et les oiseaux plongeurs, tels que les canards, les oies, etc., qui voyagent, surtout dans les régions glacées, par troupes innombrables.

Je reviens aux ramiers. Ces oiseaux se reproduisent en Anjou. Ils placent leur nid sur la tête des arbres émondés, à l'abri des feuilles de lierre ; ce nid est composé de quelques petites bûchettes peu nombreuses, à travers lesquelles on peut facilement apercevoir les œufs. Ceux-ci sont au nombre de deux, de forme oblongue et d'une couleur blanche. Quand ils sont nouvellement pondus, ils revêtent une teinte rose. Le père et la mère les couvent tour-à-tour ; ces œufs, dont le grand diamètre est de $0^{m},038$, et le petit, de $0^{m},027$, donnent naissance à un mâle et à une femelle, et c'est dès la naissance que les nouveaux nés forment une union destinée à durer autant que la vie des futurs époux. Souvent, pour laisser à la femelle le temps de se reposer, le mâle veut prolonger le temps pendant lequel il se dévoue à l'incubation ; mais la femelle, désirant ne pas manquer à ses devoirs de mère et d'épouse, force à coups d'aile le mâle à lui céder la place. Celui-ci s'éloignant à regret, s'élève alors dans les airs, et se laisse retomber au-dessus du nid en *faisant le Saint-Esprit*, selon l'expression populaire. Il renouvelle plusieurs fois de suite les mêmes évolutions, et dans cette circonstance il justifie encore la signification du mot *colombe*, « plongeur. »

Presque tous les naturalistes affirment que les pigeons ramiers ne font qu'une seule ponte. Je ne partage pas cette opinion. Car, pendant cinq à six mois, on trouve des nids de ramiers : il ne me paraît pas possible que ceux que l'on rencontre dans le mois de septembre, et même dans le mois d'octobre, puissent être attribués à des ramiers qui auraient passé le printemps et l'été sans se reproduire. De plus, si les ramiers ne faisaient qu'une couvée, il serait difficile d'expliquer leur nombre considérable, surtout lorsque leurs nids, peu dissimulés, sont très-facilement découverts et détruits. Car les ramiers ont deux espèces d'ennemis, les martres et les corneilles, qui, toutes les deux, recherchent avec avidité les œufs de ces oiseaux ou même dévorent leurs petits.

L'homme vient encore augmenter le nombre déjà trop considérable des adversaires des colombins ; car, presque partout, les ramiers, ainsi que tous leurs congénères, sont condamnés à mort, à cause des ravages qu'on leur impute faussement. En effet, les ramiers ne grattent pas avec leurs pieds, comme les gallinacés, pour déterrer les graines ; ils ne se servent pas de leur bec, comme les corbeaux, pour arriver au même résultat : ils se contentent de recueillir les graines qui sont visibles et que la terre n'a pas recouvertes. Il est donc facile de démontrer que les ravages attribués aux colombins sont très-exagérés, et qu'en déclarant à ces oiseaux une guerre acharnée, on enlève aux fermiers et aux petits cultivateurs une ressource considérable. Cette observation milite surtout en faveur des espèces nombreuses qui autrefois étaient élevées dans les colombiers, et que l'on retrouve cependant encore aujourd'hui, en très-grande quantité, dans certaines parties de la France.

De plus, ces oiseaux mangent des quantités incroyables de graines de plantes nuisibles à l'agriculture, et servent ainsi les véritables intérêts des hommes en combattant une multiplication qui entraverait le produit d'une récolte abondante et nécessiterait un travail pénible et prolongé pour enlever les herbes parasites. Enfin, comme les tourterelles, ils mangent les graines des plantes vénéneuses.

---

## COLOMBE COLOMBIN. — Columba œnas.

Cette espèce et la suivante ont, avec le pigeon ramier, un degré de parenté très-rapproché ; leurs mœurs sont, dès lors, à peu près semblables ; car, chez les oiseaux, les membres d'une même famille ne diffèrent guères de goûts ni d'habitudes. Si cette colombe porte l'épithète de *colombin*, c'est que, plus encore que les autres, elle est *plongeuse*. Le colombin, en effet, comme tous ses congénères, prend son essor, non pas en suivant une ligne droite, mais en plongeant dans l'air ; on dirait un maître nageur se précipitant avec confiance au fond d'un fleuve pour remonter ensuite à la surface et s'y maintenir en décrivant des lignes droites, mais capricieuses. Quant à l'expression scientifique *œnas*, de οἶνας, « vigne, » elle est justifiée par la couleur du poitrail du colombin et l'ensemble de son plumage qui paraît bronzé, à reflets métalliques, avec quelques teintes de « rouge vineux. » Le colombin a la vue moins perçante que le ramier, ce qui explique pourquoi il devient, plus facilement que lui, victime des piéges qui lui sont tendus, surtout dans les gorges des montagnes, où des bandes innombrables de colombins restent entassés dans des *pantières*. Le colombin, ainsi que tous les membres de cette intéressante famille, élève ses petits avec une sollicitude et une tendresse exemplaires. Aussi, dans le cours de leur vie, les petits ne seront-ils jamais aussi gras que lorsqu'ils étaient confiés aux soins de leurs parents.

Le colombin niche ordinairement dans les troncs d'arbres, et c'est cette habitude qui le sépare véritablement du ramier. Les œufs, au nombre de deux, sont blancs, oblongs ; ils reposent sur quelques petites bûchettes grossièrement réunies. Le grand diamètre est de 0ᵐ,037, et le petit, de 0ᵐ,025.

---

## COLOMBE BISET. — Livia.

Cette colombe est regardée par tous les naturalistes comme la souche des pigeons domestiques. La guerre acharnée que lui ont déclarée et les hommes et les oiseaux de proie a rendu cette espece très-rare à l'état de liberté.

Les épithètes *biset* et *livia* ont la même signification, et sont justifiées par la couleur du plumage de cet oiseau qui est sombre, brun et d'un gris ardoisé. *Livius, livia*, est un mot de basse latinité signifiant, comme *lividus*, « terne, noirâtre, plombé. » Maintenant encore, dans certaines localités de la campagne, on appelle une jeune fille brune une petite *bisette*. Un autre nom, qui est très-significatif, est celui de *pigeon de roche*, sous lequel le *biset* est assez généralement connu. Cette dernière dénomination indique le véritable caractère qui distingue le biset de ses congénères : c'est qu'il niche dans les trous des rochers sur lesquels il aime à se reposer ; car, comme les pigeons domestiques, il ne se perche jamais. C'est dans ces trous qu'il réunit quelques débris de petites bûchettes et de paille sur lesquels la femelle pond deux œufs blancs, oblongs et un peu plus renflés que ceux du colombin. Le grand diamètre est de $0^m,036$, et le petit, de $0^m,030$.

———

## PIGEON TOURTERELLE. — Turtur.

La tourterelle est l'un des plus gracieux oiseaux de notre pays ; son vol est encore plus rapide que celui du ramier, et, comme celui de ce dernier, il est accompagné, surtout au commencement, d'un bruit d'ailes très-prononcé. Toutes les fois que la tourterelle se perche, sa queue s'épanouit en éventail et prend une forme demi-circulaire ; puis elle s'abaisse pour devenir presque verticale, ce qui lui donne une physionomie très-originale. Cette habitude me semble être le résultat naturel de l'excessive rapidité du vol de la tourterelle. En effet, ce vol se trouvant interrompu brusquement, lorsqu'elle vient se reposer sur une branche, le corps de la tourterelle subit

une espèce de choc qui imprime à l'oiseau un mouvement
de bascule. Ce choc n'aurait pas lieu si la tourterelle ra-
lentissait son vol, à mesure qu'elle approche du but qu'elle
a choisi pour se percher. Cependant je crois que le véritable motif de cette tactique de la tourterelle est d'opposer
à l'air le plus de résistance possible, en développant ses
ailes et sa queue, de diminuer ainsi la vitesse de son vol,
et de faciliter son repos sur la branche qu'elle a choisie.
Les mœurs de cet oiseau sont très-douces. Doué d'une
vue très-perçante et d'une excessive prudence, il échappe
à ses ennemis par la rapidité de son vol et par les précautions dont il s'entoure. En effet, quand les nichées sont
terminées, les tourterelles se réunissent en petites bandes,
et, lorsque l'une de celles-ci vient se reposer dans un
champ pour y recueillir des graines, des insectes et même
des sauterelles, une ou plusieurs sentinelles sont placées à
des postes avancés, d'où elles s'acquittent parfaitement de
leur mission. A peine le chasseur a-t-il fait quelques pas
dans le terrain surveillé, que les sentinelles prennent leur
essor en l'accompagnant d'un bruit d'ailes assez violent,
et bientôt toutes les tourterelles ont suivi leurs gar-
diennes; le bruit qu'elles font entendre dans cette occasion ressemble à un véritable feu de file.

D'où peut venir le mot *tourterelle*? Scaliger prétend
que cet oiseau est ainsi nommé parce qu'il habite dans les
*tours*. L'étymologie n'est pas heureuse, et si Scaliger
n'était pas mort depuis longtemps, je craindrais bien qu'au
tribunal de mes juges, il n'eût pas, dans ce procès, le bénéfice des circonstances atténuantes ! Les tourterelles
choisissent pour se reproduire une haie très-épaisse, éloignée des routes et des passages fréquentés par les hommes,
ou la tête émondée des arbres peu élevés; là, sans beaucoup de travail et de recherches, ces oiseaux rassemblent
quelques racines ou de petites bûchettes, et c'est sur ce
nid, peu artistique et peu épais, que la femelle dépose deux
œufs blancs, oblongs, dont le grand diamètre est de

0$^m$,028, et le petit, de 0$^m$,022. J'ai trouvé souvent de ces nids dans les haies touffues des îles ou sur les rives de la Loire ; la proximité des champs dans lesquels on cultive le chanvre et le colza détermine les tourterelles à choisir ces localités de préférence aux autres.

Il me souvient d'avoir découvert un de ces nids dans des conditions exceptionnelles, un jour que je sondais, avec mes deux jeunes amis Daniel Métivier et Eugène Lelong, toutes les haies qui se déroulent sur les flancs de la levée de Belle-Poule. Ce nid, plus solidement construit que ne

le sont ordinairement ceux des tourterelles, avait été confié à un buisson élevé, touffu et formé de ronces très-longues. De larges feuilles de lianes encadraient les bûchettes réunies par les tourterelles, et servaient à dérober le nid à la vue des passants, et à préserver la couveuse des rayons du soleil et des atteintes de la pluie. Entrelacées avec les ronces, les lianes formaient une enceinte presque impénétrable. La pauvre mère eut bien de la peine à sortir de cette espèce de forteresse naturelle, par une petite route sinueuse que le mâle et la femelle avaient dû frayer, non sans laisser fixées aux épines quelques-unes de leurs plumes. Je me sentais disposé à respecter un travail aussi remarquable ; mais, comme le dit le bon Lafontaine, le jeune âge est sans pitié, et plus il était difficile d'atteindre le nid, plus on le désirait ; car c'est ainsi qu'est formé le cœur des jeunes et celui des vieux. Après de longs efforts, quelques lambeaux d'habits suspendus aux ronces du buisson, quelques doigts ensanglantés, nous avions la satisfaction de voir les deux œufs de tourterelles augmenter la récolte de la journée.

Ces détails m'ont un peu éloigné de la recherche de la

véritable étymologie du mot *tourterelle*, qui dérive de *tur-*
*turella*, diminutif de *turtur*, formé lui-même du syriaque
*tor*, signifiant *tour*; tel est du moins, sous ce dernier rapport, l'opinion des savants. Je serais très-porté à croire
que l'expression *turtur* a été formée par onomatopée, et
qu'elle avait pour but de désigner la tourterelle en imitant l'acte le plus caractéristique des tourterelles, leur
roucoulement empreint d'une espèce de gémissement
qui n'avait pas échappé à l'observation du chantre des
campagnes :

> Nec tamen interea raucæ, tua cura, palumbes,
> Nec gemere aeria cessabit turtur ab ulmo.

« Tandis que les ramiers, tes amours, ne cesseront de roucouler, et
la tourterelle de gémir sur les ormes à la cime aérienne. »

(VIRGILE, *Eglog.* 1, v. 59 et suiv.)

C'est le même motif qui avait déterminé les Grecs à
désigner la tourterelle par le mot τρυγών, qui a pour
racine τρύζω, « roucouler. »

Les colombes, et surtout les tourterelles, avaient été
classées parmi les oiseaux purs de la loi mosaïque; elles
étaient offertes à Dieu, dans un grand nombre de circonstances, comme des victimes agréables. Cette croyance
était-elle fondée sur les mœurs douces et innocentes des
colombes? ou n'était-elle pas plutôt la conséquence d'un
souvenir biblique? La colombe apportant à Noé la branche
d'olivier, signe de la réconciliation de Dieu avec les
hommes, n'était-elle pas restée dans la mémoire des anciens peuples comme une image vivante qui perpétuait
l'harmonie du ciel avec la terre? Nous la retrouverons
sur les bords du Jourdain, au baptème de Jésus-Christ;
et, pendant une longue série de siècles, la colombe sus-
pendue au-dessus de l'autel a conservé dans ses flancs
l'Auteur même de la véritable réconciliation de Dieu avec
les hommes : touchant symbole dont la colombe de l'arche
n'était qu'une pâle figure.

Je termine cette petite étude en relatant une croyance répandue généralement parmi les populations d'outre-Rhin. Les Allemands se plaisent à élever une grande quantité de tourterelles, moins à cause de la douceur de leurs habitudes que par un sentiment de froid égoïsme. Ces peuples sont persuadés que les tourterelles préservent leurs enfants de la terrible maladie de l'épilepsie, en assumant sur elles-mêmes le mal qui menaçait de frapper leurs maîtres. Là encore elles continueraient leur ancienne mission, et seraient destinées à être sacrifiées pour le salut des autres.

Puisqu'à tant de titres la tourterelle est la constante et suave figure de la charité de Dieu, nous pouvons donc répéter avec confiance le pieux désir du roi-prophète, et redire avec lui : *Quis dabit mihi pennas sicut columbæ ? et volabo et requiescam ?* (Ps. LIV.) — « Qui est-ce qui me donnera des ailes semblables à celles de la colombe ? et je prendrai mon vol, et je trouverai mon repos dans le sein de Dieu ? »

## CINQUIÈME ORDRE. — GALLINACÉS.

L'Ordre des Gallinacés, qui occupe le cinquième rang dans la Faune de Maine-et-Loire, doit son nom au coq, *gallus*, mot dont j'ai indiqué précédemment l'étymologie. Cet Ordre ne compte, parmi les oiseaux qui vivent à l'état sauvage, qu'une seule Famille, et cette Famille ne comprend elle-même que trois espèces, ou peut-être une quatrième, si l'on admet l'opinion de quelques naturalistes.

# PREMIÈRE FAMILLE.

## Tétradactyles.

Le mot *Tétradactyles* est composé de TETTARÉS, « quatre, » et DACTYLOS, « doigt, » et signifie « oiseaux qui ont quatre doigts, » dénomination, je l'avoue, qui ne détermine guère la famille des Gallinacés, et qui peut convenir à beaucoup d'autres oiseaux.

Dans quelques ouvrages d'ornithologie, on l'applique à une famille des Échassiers comprenant les Flamants, les Glaréoles, etc. C'est pour ce motif même que j'ai cru, peut-être un peu témérairement, devoir ranger parmi les Tétradactyles gallinacés la glaréole à collier, dont la présence a été signalée en Anjou. J'abandonne donc la responsabilité entière de cette dénomination à l'honorable auteur de la Faune de Maine-et-Loire, ayant moi-même déjà assez d'opinions personnelles à défendre.

Mais il est facile de constater que les perdrix et les cailles appartiennent à l'ordre des Gallinacés. En effet, comme tous les oiseaux classés sous cette dénomination, les perdrix et les cailles préfèrent la course au vol, ont les ailes et la queue courtes et arrondies, sont pulvérateurs et doués d'un bec très-caractéristique. Mais si la véritable étymologie du mot *gallinacé* signifie « qui chante fort, qui se fait entendre au loin, » il est évident que, dans cet Ordre, la caille doit trouver sa place, et même être mise au premier rang.

----

### PREMIER GENRE. — PERDRIX.

### LA PERDRIX ROUGE. — PERDIX RUFA.

La dénomination vulgaire et la dénomination scientifique, employées pour désigner la perdrix, ont entière-

ment la même signification. L'épithète *rouge* s'explique
assez par elle-même; elle indique les nuances de plumage qui servent à distinguer cette espèce des autres
membres de la même famille. Il s'agit donc seulement
d'essayer quelques recherches et quelques indications sur
l'étymologie du mot *perdrix*. Je crois que cette dénomination s'ajoute encore aux exemples, déjà si nombreux,
par lesquels nous avons constaté que les anciens étaient
portés à représenter les mœurs ou les qualités des animaux par une onomatopée fondée sur leurs cris ou sur
leur chant. Remarquons d'abord que le mot latin *perdix*
dérive de PERDIX, employé par les Grecs pour désigner
cet oiseau. Pendant très-longtemps, en France, on disait
*perdis* et non pas *perdrix*, comme on peut le constater par
les vers suivants :

> Assaulx mit en lieux de bataille
> Entre éperviers, *perdis* et cailles.
>
> (*Le Roman de la Rose*, fol. 122.)

Le latin est resté fidèle à l'étymologie, et le français s'en
est éloigné.

Le mâle de la perdrix fait entendre différents cris; et
le plus caractéristique est celui qu'il répète quand, au
moment du printemps, on vient à le surprendre et à
l'éloigner de celle qu'il a choisie pour contracter une
union. Ce cri peut se traduire par ces mots *kret* ou *kreï*.
Dans les autres circonstances, le mâle répète *ket*, *ketdin*,
*ketdinkin*. Ces cris, plus ou moins défigurés, auraient,
selon l'opinion de Roquefort, donné lieu à la formation
du mot *perdrix*. Le cri de la perdrix, très-accentué et peu
harmonieux, avait été remarqué par les anciens. Aussi
Ovide (*Métam.*, liv. VIII, vers 236) dit que l'inventeur de
la scie, dont le cri fatigue les oreilles les plus insen-
sibles, avait été métamorphosé en perdrix, comme si cet
oiseau eût conservé dans son chant le son de l'instrument inventé par l'infortuné Acale. C'est aussi en sou-

venir de la chute terrible d'Icare, cousin d'Acale, que la perdrix, d'après Ovide, pour éviter le malheur qui a frappé un membre de sa famille, évite de se percher, vole le moins possible et établit son nid sur la terre.

Voici le texte d'Ovide :

Hunc miseri tumulo ponentem corpora nati
*Garrula* ramosa prospexit ab ilice *perdix*,
Et plausit pennis, testataque gaudia cantu est.
Unica tum volucris, nec visa prioribus annis,
Factaque nuper avis, longum tibi, Dædale, crimen.
Namque huic tradiderat, fatorum ignara, docendam
Progeniem germana suam, natalibus actis
Bis puerum senis, animi ad præcepta capacis.
Ille etiam medio spinas in pisce notatas.
Traxit in exemplum, ferroque incidit acuto
Perpetuos dentes, et serræ repperit usum.
Primus et ex uno duo ferrea brachia nodo
Vinxit, ut æquali spatio distantibus illis
Altera pars staret, pars altera duceret orbem.
Dædalus invidit, sacraque ex arce Minervæ
Præcipitem misit, lapsum mentibus. At *illum*,
Quæ favet ingeniis, excepit Pallas, *avemque*
*Reddidit*, et medio velavit in aere pennis;
Sed *vigor ingenii quondam velocis, in alas*
*Inque pedes abiit.* Nomen quod et ante, remansit,
Non tamen hæc alte volucris sua corpora tollit,
Nec facit in ramis altoque cacumine nidos.
Propter humum volitat, ponitque in sepibus ova,
Antiquique memor metuit sublimia casus.

« Tandis que Dédale ensevelissait la dépouille du malheureux Icare, une perdrix, au babil indiscret, cachée sous les branches touffues de l'yeuse, le voit, agite ses ailes en signe d'allégresse, et manifeste sa joie par des chants.

« Seul de son espèce et inconnu dans les premiers âges, cet oiseau, récemment créé, devait instruire l'univers de son crime. O Dédale, ta sœur ignorant les arrêts du destin, t'avait confié l'éducation de son fils, lorsque, à peine arrivé à sa douzième année, il fut capable de recevoir tes leçons. Cet enfant examina les dards dont était hérissé le dos des poissons, il les prit pour modèle, et taillant dans le fer des dents acérées, il inventa la scie. Le premier aussi il unit l'une à l'autre, par un lien commun, deux baguettes d'acier; de sorte que, toujours séparées par la même distance, l'une reste immobile, l'autre décrit un cercle.

« La jalousie s'empare de Dédale : il précipite l'inventeur du haut du temple de Minerve et publie que sa chute est due au hasard; mais Pallas, favorable au génie, soutient l'enfant, le change en oiseau et le couvre de plumes au milieu des airs. Toute l'énergie de son esprit, naguère si actif, passe dans ses ailes et dans ses pieds; il conserve son ancien nom; toutefois son vol est humble et il ne place plus son nid sur les branches ni à la cime des arbres; il rase les sillons et dépose ses œufs au sein des broussailles : le souvenir de son ancienne chute lui fait craindre les lieux élevés! »

(OVIDE, *Métamorphoses*, liv. VIII, v. 236. Trad. Panckouke.)

L'auteur des *Aryas primitifs* émet une autre hypothèse : il pense que le mot PERDIX a probablement la même signification que celle du mot sanscrit *perdaku* d'où elle dérive, et qui signifie « léopard, » et « serpent tacheté comme le léopard. » Selon Pictet, le mot *perdrix* représenterait donc les nuances et les taches vives et différentes qui, semées sur le plumage et surtout sur les flancs de la perdrix, la font ressembler, sous ce rapport, à la peau si variée du léopard.

Le cri dont j'ai parlé précédemment, et que le mâle répète avec une force et une persévérance assez soutenues, contribue beaucoup à trahir sa présence et à fournir au chasseur le moyen de la capturer. Je n'entrerai pas dans le détail de tous les piéges plus ou moins perfectionnés qui, chaque année, servent à priver de leur liberté et même à condamner à la mort un certain nombre de perdrix. Je relaterai cependant un fait qui, loin d'être isolé, se présente dans beaucoup d'endroits. Un jeune homme de la commune de la Meignanne, près Angers, sans le secours d'aucun instrument, reproduit parfaitement avec ses lèvres toutes les variations du chant des perdrix qu'il s'est plu à étudier avec soin. La tête couverte de feuillage, il se place dans un fossé, et bientôt des perdrix accourent de tous côtés à sa voix, lui becquètent la figure et ne s'éloignent que lorsqu'un examen sérieux et prolongé leur a révélé leur erreur.

Ces captures ne seraient pas préjudiciables à la propagation de l'espèce, si elles étaient faites dans une certaine réserve et non pas inspirées par le désir effréné d'un lucre coupable. Les mâles étant beaucoup plus nombreux que les femelles, il s'ensuit que ceux qui sont privés d'une compagne viennent troubler l'harmonie qui devrait régner dans les ménages légitimes, livrent des combats aux époux, dispersent les matériaux du nid, brisent les œufs, et même quelquefois tuent les petits nouvellement nés. Ils ne peuvent accepter que d'autres jouissent des douceurs d'une famille qui leur a fait défaut. Cette disposition de caractère du mâle privé d'une épouse détruit chaque année un nombre considérable de couvées, et s'oppose beaucoup plus qu'on ne le croit au développement de l'espèce.

Aussi les trappeurs qui, au commencement du printemps, se livreraient dans une sage mesure à la capture des mâles isolés, rendraient un véritable service aux disciples de saint Hubert. Toutefois, les mâles, condamnés à un célibat forcé, paraissent, après quelques jours d'une fureur indescriptible, se consoler assez facilement de la position qui leur est faite ; est-ce la réflexion, est-ce une sage expérience, est-ce une clairvoyante philosophie, est-ce la considération des misères du ménage qui est le principe de leur résignation ? Je l'ignore ; mais, sans pouvoir en déterminer le motif, j'en constate les effets. Réunis en petites bandes, qu'on pourrait appeler bandes de garçons, ils mènent joyeuse vie, folâtrant et paraissant se moquer des soucis et des préoccupations de ceux que les lois de l'hymen attachent à des devoirs pénibles : ces liens ne sont cependant pas trop inflexibles ; car, tandis que les femelles se livrent aux fatigues de l'incubation, les mâles abandonnent leurs épouses pour se joindre aux compagnies de célibataires, et prendre, selon l'expression populaire, *quelques semaines de bon temps*. Ils paraissent ne réserver leur tendresse que pour leur progéniture. Aussi, dès que les petits ont vu le jour, les mâles s'empressent de venir prendre la direction de la famille et de pourvoir.

avec un dévouement de tous les instants, à la nourriture et à la défense des perdreaux. Cette union ne se brisera plus qu'à l'époque du printemps suivant. Les mâles et les femelles dont les couvées n'ont pas réussi se mêlent aux compagnies entières pour se procurer ainsi le plaisir de vivre en famille, et pour se dédommager, en voyant les enfants des autres, de ceux qu'ils ont perdus.

C'est pendant l'éducation des petits que le mâle, de concert avec la femelle, a recours à toute une série de ruses pour éloigner le chasseur, le chien ou les autres ennemis des nouveaux-nés. Tour-à-tour, et même quelquefois ensemble, le mâle et la femelle courent devant le chasseur en traînant la patte ou l'aile, et attirent ainsi, par un stratagème innocent, loin des perdreaux, l'ennemi qu'ils redoutaient; puis, par un vol ou une course rapide, ils reviennent consoler ceux qui déjà se croyaient orphelins. Bien des fois par jour, le mâle fait entendre un cri de rappel très-accentué, afin de réunir tous les membres de la compagnie et de les passer en revue; si quelques-uns manquent à l'appel, le mâle et la femelle répètent leurs accents plaintifs, et ne cessent que lorsqu'une triste conviction leur démontre qu'il ne leur reste plus qu'à gémir sur la perte de quelque membre de la famille. Dans cette circonstance, le cri de rappel affecte un caractère tout particulier de tristesse et d'angoisse. Un soir que je revenais de faire un pèlerinage au Champ des Martyrs, à quelques kilomètres d'Angers, j'entendis, lorsque j'arrivai à l'endroit où la route, s'enfonçant entre les talus qui rappellent l'aspect du bocage de la vieille Vendée, se partage en quatre chemins, le cri très-accentué d'une perdrix. Je m'arrêtai, et, pendant un temps assez considérable, le cri devenant de plus en plus vif et saccadé, je cherchai si je ne trouverais pas quelques petits retardataires, cause des angoisses de leurs parents. Après une investigation assez longue, j'aperçus un perdreau tapi le long d'un talus à pic, et qui luttait en vain pour gravir l'obstacle qui le séparait de sa famille. J'aurais dû avec générosité le rendre à ses parents; mais espérant l'élever, je l'emportai. Avant de quitter l'endroit où j'avais capturé le perdreau, je demeurai quelque temps à la même place pour constater si les cris de rappel allaient continuer; mais ils cessèrent presque immédiatement. La raison du silence des parents était fondée sur celui du petit que je tenais captif dans ma main. A chaque cri du père ou de la mère, le perdreau, lorsqu'il était en liberté, répondait par un cri plaintif; ce cri ne se faisant plus entendre, les parents se taisaient, ou parce qu'ils avaient perdu tout espoir de retrouver leur enfant, ou parce qu'ils pensaient que son silence était motivé par l'imminence d'un grave danger, et, dès lors, ils ne voulaient pas l'augmenter encore par leurs cris, en révélant à leur ennemi qu'un membre de la famille était égaré. Après avoir fait cette observation, je m'éloignai avec mon jeune captif; mais, malgré mes soins, il ne put survivre que quelques jours, et maintenant il fait partie de ma collection.

En Anjou, l'on trouve deux races très-distinctes de perdrix rouges, dont les proportions varient notablement. On appelle *bartavelle* la plus grosse des deux races; mais cette dénomination n'est pas fondée. Ces variétés dépendent des lieux où se fixent les perdrix, et qui leur fournissent une nourriture plus abondante et plus en harmonie avec leurs goûts. La véritable bartavelle ne se rencontre jamais en Anjou. Elle se distingue de la perdrix rouge par un collier qui ne s'égrène pas comme celui de sa congénère, mais qui se déroule autour du col comme un ruban uniforme et sans franges; enfin, la couleur jaune du ventre de la perdrix rouge est remplacée, chez la bartavelle, par un gris ardoisé. Les proportions de la bartavelle sont, aussi, beaucoup plus fortes que celles de la perdrix rouge, sans toutefois atteindre celles que Strabon attribue (liv. XV) à une perdrix que Porus, roi des Indes, offrit à l'empereur Auguste, et qui était plus grosse qu'un vautour!!! La véritable bartavelle ne se trouve qu'en petit nombre dans les localités du midi de la France ; son véritable pays est la Grèce, et surtout les îles Cyclades. On l'appelle avec raison *saxatilis*, perdrix *des rochers;* elle se plaît sur les collines, dans les endroits pierreux : c'est là qu'elle échappe à ses ennemis par une ruse intelligente.

Quand elle est poursuivie par les chiens et par les chasseurs, elle s'envole pour se précipiter immédiatement dans les ravins situés au bas des collines et des montagnes, où elle se tient ordinairement ; puis, pendant que le chasseur et son compagnon se fatiguent à descendre dans le ravin pour sonder la remise, la bartavelle, par une course d'une rapidité incroyable, remonte sur le plateau d'où elle s'était envolée, et de là elle peut contempler, sans danger et avec une satisfaction maligne, toutes les marches et les contre-marches inutiles de ses adversaires.

Mais avant de quitter la bartavelle, peut-être ne serait-il pas sans intérêt de chercher l'étymologie de ce nom, que nous rencontrons sur notre route. Voici ce que je lis dans M. Littré : « On trouve dans le bas latin *bartavella* pour *vertevella*, mot du Midi, signifiant proprement, « chose qui se tourne » puis « clef, anneau. » Le nom de l'oiseau viendrait-il de là ? » J'ai copié textuellement, intégralement, mais non pas sans une certaine satisfaction; car ce texte me fournit une justification de ma méthode. Il est évident que M. Littré, dans cette circonstance comme dans bien d'autres, n'est pas remonté à la langue mère, à travers les siècles et les chartes. Il s'est contenté, malgré sa vaste érudition, d'indiquer une étymologie plus ou moins probable, que je vais essayer de rendre plus plausible.

La bartavelle est nommée, par Buffon et par un grand nombre de naturalistes, la perdrix *grecque* ou perdrix des Cyclades, par la raison que la Grèce et surtout les îles de la

Chasse à la bartavelle.

Grèce sont la véritable patrie de cette perdrix. Dès lors, il est facile de constater que *bartavelle* est une épithète servant à désigner d'une manière plus spéciale cette espèce, et que, remplaçant la dénomination *grecque*, elle pourrait bien avoir quelque trait d'union avec le nom des localités de la Grèce où la bartavelle vit en plus grand nombre. Or, les îles Cyclades étant justement la patrie favorite de la bartavelle, il s'ensuivrait qu'on aurait pu remplacer le nom de ces îles par une dénomination vulgaire et équivalente. Le mot *Cyclades* ayant pour racine KYKLOS, « cercle, » serait l'équivalent de *bartavelle* dérivant d'une expression signifiant *anneau*, car l'anneau est un cercle. D'où appeler cette perdrix « la perdrix des Cyclades » ou « la bartavelle, » serait identique, puisque ce serait retracer la même idée. Cette hypothèse pourrait encore se justifier par l'absence complète de la perdrix grise, qui ne manifeste jamais sa présence dans les îles de la Grèce.

Mais cependant l'interprétation du mot *bartavelle*, qui me paraît la mieux fondée et, dès lors, la seule probable, est celle qui, conservant à cette expression le sens d'*anneau*, indiquerait que l'on a voulu déterminer cette espèce par le ruban qui se déroule autour de son cou, non pas comme un collier égrené, tel que le porte la perdrix rouge ordinaire, mais comme une bande uniforme, caractère distinctif qui sépare les deux perdrix. Ainsi donc, perdrix *bartavelle* signifierait « perdrix à anneau, perdrix dont le cou semble encadré dans un anneau. »

Je reviens à la perdrix rouge : elle a un vol plus bruyant que la grise, dont elle diffère encore par un grand nombre d'habitudes. Cette perdrix ne se reproduit pas en captivité, et, tandis que sa congénère se plaît dans les lieux humides et dans les prairies, celle-ci préfère les landes et les terrains arides. En liberté, elle se cantonne plus régulièrement que la grise ; puis, quand elle est poursuivie avec persévérance, elle se perche sur les branches peu élevées des arbres touffus, et là, comme dans les guérets, les différents membres de la même compagnie ne partent pas en même temps à l'approche du chien ou du chasseur, mais ils s'envolent successivement et quelquefois même assez longtemps les uns après les autres. Les perdrix rouges sont beaucoup moins sociables que les grises ; elles nichent dans les haies, le long des talus des fossés, et dans les blés ou dans les prairies artificielles. La femelle gratte la terre, prépare une légère excavation qu'elle remplit d'herbes, de petites racines et de feuilles sèches. C'est sur cette couche qu'elle pond de quatorze à dix-huit œufs obtus, dont le grand diamètre varie de $0^m,038$ à $0^m,040$, et le petit, de $0^m,029$ à $0^m,030$. Le fond de la coquille est d'une couleur d'ocre plus ou moins pâle, sur laquelle apparaît une seconde couche plus foncée et parsemée, surtout vers le gros bout, de taches irrégulières d'un brun ou d'un roux plus ou moins prononcé. Quelques-uns de ces œufs ne présentent aucune tache ; d'autres sont simplement marqués de petits points bruns.

Les vieilles perdrix entourent leurs nids de plus de précautions que les jeunes : elles semblent vouloir préserver leurs œufs des dangers que l'expérience leur a révélés, en plaçant leurs nids dans des lieux plus solitaires et plus cachés.

Depuis plus de quinze ans, les chasseurs et les naturalistes ont constaté, dans l'arrondissement de Cholet, en Anjou, la présence d'une perdrix qui, jusqu'à cette époque, n'avait pas encore été étudiée. Cette perdrix, qui est de la taille de la perdrix rouge ordinaire, a un plumage entièrement roux, excepté le front et la gorge qui sont noirs. On remarque aussi d'une manière régulière, chez les vieux sujets, quelques plumes blanches au bas de l'abdomen. Cette perdrix, envoyé à la Société linnéenne de Maine-et-Loire par M. Guillou, de Cholet, avait figuré à l'exposition d'Angers en 1858. Elle attira l'attention des

visiteurs et des naturalistes, et une commission fut cons-
tituée afin d'étudier cette perdrix, et de prendre tous les
renseignements nécessaires pour déterminer si le plumage du sujet envoyé à l'exposition était le résultat de
ces maladies qui occasionnent assez souvent certaines
bizarreries chez les animaux et surtout chez les oiseaux, ou enfin s'il constituait une véritable espèce.
Pendant plusieurs années, les membres de cette commission se mirent en rapport avec les chasseurs et les naturalistes de l'arrondissement de Cholet, et ne négligèrent
rien pour recueillir tous les faits propres à résoudre une
question intéressant l'ornithologie générale, et en particulier celle de l'Anjou. Grâce à leurs efforts persévérants,
il fut constaté que la perdrix présentée par M. Guillou
n'était pas un sujet isolé, mais qu'elle existait en assez
grand nombre; que six compagnies, entièrement composées de perdrix semblables à celle qui avait figuré à
l'exposition, se trouvaient cantonnées dans un territoire
assez restreint; enfin, que des sujets de différents âges
entièrement identiques figuraient dans les collections de
MM. Guillou et Baugars, dans les musées de Saumur et
d'Angers, et que plusieurs douzaines de ces perdrix
avaient été fournies à un certain nombre d'amateurs. Il
fut démontré aussi que le vol de cette perdrix était plus
rapide que celui de ses congénères; qu'elle paraissait plus
sauvage que les autres espèces; que sa chair, d'une couleur jaunâtre, se rapprochait, quant au goût, de celle de
la pintade.

Chaque année, de nouvelles observations étaient venues confirmer les renseignements précédents, et ajouter
des preuves multipliées à l'opinion de M. Guillou, lequel
avait pensé que cette perdrix, ne vivant jamais avec les
perdrix rouges et les perdrix grises, et semblant au contraire les éviter, constituait une nouvelle espèce. La commission linnéenne d'Angers crut donc pouvoir donner à
cette perdrix le nom d'*atro-rufa*, « noire-rouge, » tout en

soumettant sa décision à la sanction des savants. Plus de six ans se sont écoulés à partir du moment où la commission angevine a émis son jugement, et, depuis cette époque, la perdrix *atro-rufa*, « noire-rouge, » non-seulement n'a pas quitté notre département, mais elle s'y est multipliée en assez grand nombre pour qu'on la voie figurer quelquefois sur le marché de Cholet, où elle a été vendue comme gibier ordinaire. Des sujets envoyés récemment à Paris ont été étudiés avec soin, et reconnus comme constituant une race très-distincte de la perdrix rouge.

Quant aux œufs, on n'a pu, jusqu'à ce moment-ci, en obtenir qui fussent intacts : les débris de quelques-uns de ces œufs, recueillis par le fermier du *Cou-Pinson* (commune de Saint-Aubin, Vendée), étaient d'une couleur rougeâtre plus foncée que ceux de la perdrix rouge ordinaire.

M. E. Baugars avait étudié, pendant plusieurs années, et signalé à l'observation des naturalistes une très-belle variété de la perdrix rouge, qui se reproduisait en grand nombre dans l'arrondissement de Cholet. M. C. Fairmaire s'était proposé de décrire cette perdrix dont il avait vu plusieurs sujets dans la collection de M. Baugars. Les terribles et longues péripéties de la lutte contre la Prusse ayant empêché ce savant de réaliser son projet, je me bornerai à consigner ici les principales différences qui séparent cette perdrix de la perdrix rouge ordinaire ; d'abord, une teinte d'un jaune nankin répandue sur les parties inférieures, latérales et postérieures du corps, puis la nuance affaiblie que présente la couleur des plumes du dos ainsi que celles qui recouvrent la queue, l'absence de ces larges et belles plumes variées ou en couleur qui garnissent les flancs du véritable type de la perdrix rouge, enfin, des dimensions plus petites que celles de la perdrix commune.

M. Fairmaire se proposait de donner à cette variété

une dénomination caractéristique et de l'appeler perdrix *à parements jaunes*, xanthapleura, XANTHON, XANTHA « jaune, jaunes, » PLEURON, PLEURA, « flanc, flancs, » *perdrix à flancs jaunes*.

---

## LA PERDRIX GRISE. — PERDIX CINEREA.

Les deux dénominations *grise* et *cinerea*, consacrées à désigner la perdrix grise, me semblent n'avoir besoin d'aucune recherche étymologique ; il ne s'agit donc ici que d'esquisser rapidement les mœurs de ce gallinacé.

*Grise* et *cinerea* représentent en effet la même idée, *cinerea* se traduisant par *cendrée*, « couleur de cendre, » et indiquent les nuances qui dominent dans le plumage de cette perdrix. Quant à l'épithète *grise*, elle était, d'après Roquefort, Ménage, Littré, etc., rendue dans l'idiome de la basse latinité par *griseus*, *grisius* ; en italien par *griso*, *grigio*, mots qui dérivaient tous de *cinereus*, « cendré, couleur de cendre. » Le plumage de la perdrix grise se marie avec les lieux qu'elle habite, et sert à la dérober aux regards du chien qui la poursuit. En effet, lorsqu'elle se motte et se tapit en restant immobile le long des guérets qu'elle parcourt, sa couleur se confond avec celle de la terre. Le mâle a le plastron orné d'un fer à cheval d'un rouge brun qui s'assombrit avec l'âge : ce signe pourrait le faire apercevoir facilement ; aussi le cache-t-il en marchant et surtout lorsqu'il est poursuivi. Ce fer à cheval n'est que légèrement indiqué sur le plastron de la femelle. La perdrix grise présente, comme la perdrix rouge, deux races, l'une beaucoup plus forte que l'autre. La petite est appelée *roquette* ; elle doit les faibles proportions de sa taille aux lieux qu'elle habite, et qui lui fournissent moins de ressources que d'autres contrées. La perdrix grise ne se perche jamais ; elle vit en compagnie

comme sa congénère, mais elle paraît mieux obéir que
celle-ci au signal que donne le chef de la famille. Quand
la compagnie est pressée par le chasseur ou par les chiens,
tous les membres s'envolent ensemble, et il n'y a pas de
retardataires comme parmi les perdrix rouges. La perdrix
grise est aussi plus sociable ; elle s'accoutume mieux en
captivité, et elle s'y reproduit. Ainsi que sa congénère, elle
a une frayeur extrême de l'oiseau de proie, et, dès qu'elle
aperçoit au haut des airs un point noir indiquant la présence de son ennemi, elle cherche à se cacher partout où
elle peut ; elle se réfugie même dans les trous de lapin,
et se laisse volontairement prendre par la main de l'homme
pour échapper aux serres d'un rapace. La perdrix grise
prépare avec ses pieds une petite excavation dans les
prairies naturelles ou artificielles ; elle y réunit quelques
brins d'herbe, et dépose sur cette couche grossière quinze,
vingt et même quelquefois vingt-quatre œufs ; la femelle
prend soin de les placer de manière à ce qu'ils tapissent
tout l'intérieur du nid en formant plusieurs rangs circu-
laires disposés par étages, afin de pouvoir leur communiquer à tous plus facilement la chaleur qui doit les faire
éclore. La perdrix grise apporte dans le travail pénible
de l'incubation une persévérance et un dévouement bien
remarquables : rien ne peut l'arracher à son labeur maternel, ni le bruit, ni la faim, ni la présence de ses ennemis ; elle se laisse dévorer sur ses œufs ou même immoler
par l'instrument du faucheur. Aussi les Egyptiens en
avaient-ils fait, dans leurs hiéroglyphes, l'emblème de
l'amour maternel et celui de la fécondité. Les œufs de la
perdrix grise sont piriformes, d'une couleur unie et d'un
jaune gris pâle ; le grand diamètre varie de $0^m,033$ à
$0^m,034$, et le petit, de $0^m,024$ à $0^m,026$. J'en possède quelques-uns qui présentent cette particularité, que le petit
bout est d'une couleur bleue assez vive.

La perdrix grise, malgré sa multiplication rapide, disparaît insensiblement de nos contrées, ainsi que la per-

Perdrix grises et Perdreaux  .

drix rouge. Cette diminution tient à plusieurs causes. La première de toutes est la guerre acharnée que font aux nids de ces oiseaux les fermiers, depuis la promulgation de la loi sur la chasse. Par un raisonnement faux, ils prétendent qu'ils ne doivent pas nourrir à leurs dépens un gibier qui profitera exclusivement à ceux qui ont non-seulement un permis de chasse, mais encore le droit d'en user.

Les autres motifs sont la grande disproportion qui existe entre le nombre des mâles et celui des femelles, puis le mouillage des semences du froment que l'on trempe dans du sulfate de cuivre (couperose bleue), et qui empoisonne beaucoup de perdrix avides de cette semence. Les prairies artificielles contribuent aussi puissamment à diminuer le nombre des perdrix, par la raison que toutes celles qui établissent leurs nids dans ces prairies voient leurs couvées détruites, puisque l'herbe est coupée ordinairement avant que les perdreaux ne soient éclos. Enfin un des ennemis les plus redoutables des perdrix est le chat, qui exerce de plus en plus dans les campagnes le rôle d'un braconnier consommé. On pourrait ajouter à toutes ces causes l'irrégularité des saisons, depuis un certain nombre d'années. Cette irrégularité est un véritable fléau pour les perdrix. Les années trop chaudes leur sont contraires, et beaucoup de jeunes perdreaux se brisent les pattes en courant dans des terrains déchirés par les crevasses que produit une chaleur continue. D'un autre côté, les années trop pluvieuses privent les perdrix de leur principale nourriture, des fourmis et surtout de leurs œufs, qui ne se multiplient que sous l'influence salutaire du soleil.

L'ouverture souvent trop prématurée de la chasse est aussi une cause de l'inconvénient que je signale, puisqu'au moment où les disciples de saint Hubert descendent sur le champ de bataille, leurs ennemis sont trop faibles pour défendre leur vie par un vol régulier. Peut-être devrait-on, pour fixer l'ouverture de la chasse, se rappeler ce vieil adage de nos pères :

> A la Saint Remy (1er octobre)
> Les perdreaux sont perdrix.

---

## LA CAILLE. — Coturnix.

Au commencement d'un de ses plus gracieux chefs-d'œuvre, l'inimitable Lafontaine s'exprime ainsi :

> Nous devons l'apologue à l'ancienne Grèce ;
> Mais ce champ ne se peut tellement moissonner
> Que les derniers venus n'y trouvent à glaner, etc.

En parcourant tout ce que les anciens auteurs grecs, latins, etc., ont écrit sur la caille, je me suis rappelé naturellement ces vers, et j'y ai puisé un encouragement. J'espère donc, même après la longue série d'hypothèses de toute espèce entassées par tant d'écrivains anciens et modernes, pouvoir encore, sans être trop présomptueux, ajouter quelques observations nouvelles à celles qui ont déjà été faites sur le nom et sur les mœurs de la caille.

Quelle est l'étymologie des dénominations *caille* et *coturnix?*

Je vais essayer de dérouler, au moins en partie, les théories si multipliées émises sur cette question, et de rattacher aux mœurs de la caille les différentes opinions des savants, en y joignant toutefois les miennes, avec une respectueuse défiance.

La caille a une physionomie tout exceptionnelle; son plumage est formé de plumes courtes et soyeuses, d'une couleur jaune pâle et presque uniforme sous le ventre, nuancées d'un gris noirâtre sur le dos, et terminées par des points d'un jaune assez vif et tranchant sur les autres teintes.

L'ensemble du plumage n'est pas brillant, mais d'une

richesse qui revêt une certaine coquetterie. Pour avoir obtenu un pareil effet avec des nuances si peu variées et si sombres, il fallait le pinceau de Dieu. Un auteur avait été frappé de l'aspect du plumage de la caille, et, en la voyant courir rapidement, il avait cru que les plumes du dos, s'harmonisant comme des couches mobiles et superposées, représentaient assez bien les écailles qui ondulent sur le dos des reptiles. Dès lors il avait pensé et même osé écrire que cette particularité du plumage de la caille avait été le principe de son nom, et que celui-ci n'était qu'une abréviation du mot *écaille ! ! !*

L'auteur de cette hypothèse est Huet, cité par Ménage. Le défendre serait inutile, le condamner peu charitable ; car avant de jeter la première pierre aux autres, il faut scruter sa propre conscience, et se demander si quelquefois on n'a pas été soi-même un peu aventureux dans ses étymologies ! Paix donc à mon infortuné prédécesseur ! Son hypothèse même ne sera pas sans profit pour nous : elle servira à nous rappeler d'une manière plus positive les différentes nuances du plumage de la caille. Puis cet oiseau n'est-il pas désigné sous le nom de *perdrix coturnix*, ou de perdrix caille ? Ce dernier mot n'est donc qu'un complément de l'idée représentée par *perdrix ;* or, si cette dénomination dérive du sanscrit et signifie *serpent tacheté comme le léopard*, l'hypothèse mise en avant par Huet est loin d'être vide de sens.

Continuons à explorer le vaste champ qui se développe à nos regards, et nous pourrons y moissonner bien des découvertes.

Selon Ménage, *caille* dérive de l'italien *quaglia*, auquel Ferrari donne pour racine un vieux mot latin, *quaquila*, désignant chez les anciens l'oiseau qui nous occupe en ce moment-ci. Ménage, de son côté, avait cru qu'il avait pour principe ORTYGS, désignant la caille chez les Grecs. Voici les transformations au moyen desquelles il justifiait son opinion : ORTYGS, ORTYGHION, *ortigalius, ortigalia, galia, calia, quaglia*. J'abandonnerais cette explication à la discrétion pleine et entière de mes lecteurs, leur laissant toute liberté de l'adopter ou de la condamner. Mais voici venir à la rescousse un savant membre de l'Institut ; dès lors la question est plus grave. C'est M. Littré qui parle : « *Caille*, étymologie : de l'italien *quaglia*, du bas latin *quaquila*. » M. Littré et Ménage se donnent la main, mais non pour s'appuyer sur l'idiome primitif. Le mot *quaille*, employé dans les anciens fabliaux pour désigner la caille, vient fortifier l'étymologie précédemment énoncée. Mais enfin, pourquoi, chez les Latins, a-t-on attribué à la caille le nom de *quaquila?* Papias nous en donne la raison : « Quaquila genus avis vulgo *coturnix*, a vocis sono. — La quaille, espèce d'oiseau appelé ordinairement *coturnix*, doit son nom au son de sa voix. » Selon de graves autorités, le mot *quaquila* était une onomatopée se présentant, comme tous les mots anciens de trois syllabes, sous la forme d'un dactyle imitatif du cri de l'oiseau. Ici se rencontre une nouvelle difficulté, celle de faire accorder le cri de l'oiseau avec le dactyle *quaquila*. Le mâle de la caille fait entendre un cri très-accentué, que de savants observateurs ont traduit par ces mots « ketkaya, ketkayac, » ou « piapaya, piapayac, » ou « pet tabac, pet tabac, » et que les gens de la campagne redisent sous cette forme naïve : *point de tabac, point de tabac.* Quelques autres naturalistes ont cru pouvoir exprimer ainsi le chant de la caille : *paye tes dettes! paye tes dettes!* Conseil qu'il ne serait pas inutile de répéter souvent à la campagne comme à la ville.

Frisch assure que, du temps de Charlemagne, on donnait à la caille le nom de *quacara*, qui traduit encore d'une certaine manière le cri de l'oiseau.

Ce cri est précédé d'une espèce de soupir étouffé ou de miaulement, « mia, ouan, ouan, ouin, ouin. » La femelle répond par cette simple syllabe « cri, cri, cri... » ou « crui, crui. » J'indique les variations de ces différents chants ;

car, comme pour les textes difficiles, les traductions sont multipliées.

Le mâle accentue son cri avec une telle force et une si fatigante continuité, qu'il se fait entendre à plusieurs kilomètres de distance, et, sous ce rapport, il est bien le gallinacé par excellence, surtout si l'on compare la puissance du cri au volume de l'oiseau. Tout en répétant son chant, il parcourt de grandes distances avec une excessive rapidité ; cette remarque nous servira plus tard pour l'étymologie du mot ORTYGS.

Dans ses courses vagabondes et irréfléchies, le mâle se précipite en véritable étourdi et même en fou dans tous les piéges qu'on lui tend. C'est pour représenter ce cri répété d'une façon irritante et cette folle étourderie que l'on a formé l'expression française *cailleter*, « parler et agir comme une caille. »

Certains érudits pensent que *caillette*, *cailleter*, aurait pour véritable origine *caillach*, qui, dans le celtique, signifiait *femme;* et dès lors *cailleter* voulait dire « *bavarder*, parler comme une femme.» *Caille* aurait la même étymologie, et la caille, à cause de son chant fatigant et continu, aurait été assimilée à la femme, à une personne bavarde.

C'est pour la même raison qu'on a donné au fou de François Ier le nom de *Caillette*. Dans les anciens temps de la monarchie, les rois se faisaient accompagner d'un personnage remplissant le rôle de fou privilégié, diplômé, afin que ses folles extravagances fissent oublier celles qui, pour paraître moins étranges, étaient cependant plus compromettantes ; c'était agir un peu comme Alcibiade qui coupait la queue de son magnifique chien, afin que l'on s'occupât de l'animal et que l'on oubliât le maître. Dans notre siècle de progrès, on a supprimé le fou titré, peut-être parce que son rôle devenait trop difficile : n'aurait-il pas trop de confrères sans titre à éclipser ?

Je m'arrête et reviens à mes étymologies. Avant de passer à la dénomination grecque de la caille et à tous les souvenirs qui s'y rattachent, je succombe à la tentation d'exprimer un sincère regret, celui de ne pouvoir donner au mot *caille*, oiseau, le même principe qu'à *caille* employé dans un autre sens, à savoir, de *caille de sang, caille de lait*, etc.

Dans cette acception, *caille* dérive de *coagulare, coaglare, coailler, cailler;* cette formation est régulière, et *caille* signifierait alors « oiseau dont la chair serait coagulée et grasse par excellence : » interprétation qui serait parfaitement fondée, car c'est à cet engraissement extraordinaire des cailles qu'on attribue la brièveté de leur vie, considération que doivent méditer ceux qui travaillent trop volontiers à développer leur embonpoint. Mais, dans les cailles, l'embonpoint a du moins cet avantage, qu'il est la cause de l'extrême chaleur que communiquent ces oiseaux aux personnes qui les touchent et qui les pressent. Aussi les Chinois se servent-ils de cailles, comme de manchons, pour se préserver du froid pendant l'hiver. Malgré l'efficacité constatée du procédé, je n'oserais le recommander qu'aux habitants du Céleste-Empire ; car, pour en ressentir la bénigne influence, il faut avoir obtenu le droit de porter le bouton d'un degré supérieur.

Je me rappelle qu'accompagnant un soir un trappeur émérite, je fus chargé de tenir captive dans ma main une caille qui était venue, comme une folle, perdre sa liberté au piége suspendu dans un sillon de blé. Tandis que mon vénérable guide démêlait la prison de fil qui devait réunir mon captif à ses infortunés frères, je ressentais très-vivement, aux soubresauts communiqués à mes mains, les aspirations qui faisaient battre pour la liberté le cœur de la caille. Dès lors, comme un bon prince pensant à ses sujets, je me disais à moi-même : la presser trop, c'est m'exposer à l'étouffer ; lui laisser trop de liberté, c'est, hélas ! perdre le fruit de longs efforts. Pendant que je cherchais le moyen terme usité par les Chinois, la caille m'échappa : je fus réprimandé par mon chef de file ; mais je me consolai facilement de ses reproches, en entendant la caille s'arrêter non loin de nous et célébrer son triomphe par un chant encore plus prononcé qu'à l'ordinaire ; je crus même y saisir un accent de reconnaissance. En tout cas, j'avais fait un heureux et conquis un ami.

Non-seulement l'embonpoint que la caille acquiert nuit à sa longévité, mais il cause encore souvent sa perte. Cet oiseau, avant les récoltes, peut se dérober assez facilement à la poursuite de ses ennemis par une course rapide qui l'avait fait surnommer *courre-vite*. « Currit satis velociter, undè *currelium* vulgo dicimus. » (Buffon, édit. in-4°, vol. II, p. 449.) Mais après la moisson, il devient tellement pesant que, comme un véritable sybarite, couché le ventre au soleil, une patte étendue en l'air, il laisse le chien approcher tout près de lui, et ne se décide à prendre la fuite que lorsqu'il n'est plus temps. Très-souvent il paie de sa vie l'indolence qu'a engendrée en lui son excessif embonpoint. C'est la même incommodité qui, chaque année, oblige un certain nombre de cailles à ne pas partir avec leurs congénères, et à attendre que leur poids ait diminué avant de participer aux migrations régulières de leur famille. Preuve évidente des résultats fâcheux qu'entraîne l'embonpoint pour ceux qui se livrent à la nécessité ou à la douceur des voyages !

Un second motif qui contribue beaucoup à abréger la vie des cailles, c'est leur caractère difficile et batailleur. Non-seulement au printemps, mais à toutes les époques de l'année, les cailles se livrent des combats acharnés. Pour quelques grains de nourriture ou quelques insectes convoités, un duel à mort s'engage immédiatement. Cette tendance à une irritation excessive et permanente fatigue tellement les cailles, que leur vie se prolonge rarement au delà de quatre à cinq ans.

Les Grecs et les Romains avaient remarqué cette disposition de la caille, et ils en avaient profité pour se créer

un nouveau divertissement et établir des combats de
cailles. Ces combats étaient de deux espèces : l'un de
caille à caille, l'autre de caille à homme.

Dans le premier cas, on jetait sur le milieu d'une table
quelques graines en petite quantité, puis on plaçait une
caille à chaque extrémité, et, à un signal donné, on lâchait
les deux rivales ; bientôt elles se rencontraient, et le
désir de profiter seule du repas préparé excitait chaque
caille à repousser son adversaire. La querelle s'enveni-
mait rapidement, et l'un des deux combattants restait
sur le terrain ou se retirait couvert de blessures. Le
vainqueur mangeait les quelques grains de chènevis ou
de froment, mais d'un appétit qui devait être assaisonné
d'angoisses et de douleur ; car il me semble qu'il est difficile de se livrer aux joies d'un festin près du sang d'un
ami ou d'un membre même de sa famille.

Mais les cailles comprennent mieux que moi le soi-
disant point d'honneur, et, comme les ferrailleurs émé-
rites, elles sont toujours disposées à batailler, même pour
une mouche ou pour un atôme. Dans ces tournois, certaines cailles acquéraient une réputation considérable,
et leur nom était inscrit parmi ceux des illustrations de
leur époque. Pour comprendre jusqu'à quel excès de folie
les anciens poussaient la vénération à l'égard des cailles
célèbres, il suffit de lire le fait rapporté par Aldrovande,
tom. II, page 161. Cet auteur affirme qu'Auguste fit punir
de mort un préfet d'Egypte qui, par raffinement de sensualité ou d'orgueil peut-être, avait osé faire acheter et
ensuite servir sur sa table une caille illustrée dans maintes
rencontres.

Le deuxième genre de combat (Jul. Pollux., *de Ludis*,
ch. ix) avait lieu entre un homme et une caille. Celle-ci
se trouvait renfermée dans une grande boîte découverte,
sur le fond de laquelle était tracée une circonférence
n'occupant qu'une partie du fond de la boîte. L'homme se
servait d'un de ses doigts pour attaquer la caille, en

pesant sur la tête ou sur le dos de l'oiseau. Celui-ci, bien entendu, avait toute liberté pour se défendre : s'il soutenait l'attaque sans sortir de la circonférence, il était déclaré vainqueur, comme un preux ne reculant jamais d'un pas; si, au contraire, la caille, fatiguée des coups de doigt, se réfugiait en dehors de la ligne courbe, elle était déclarée lâche et vaincue.

Les Grecs avaient nommé la caille ORTYGS, dont la racine est ORNYMI. Ce verbe a, selon Alexandre, plusieurs sens. Homère lui donne la signification « d'exciter une tempête, un combat, » et l'humeur batailleuse, querelleuse de la caille justifie cette acception. De plus, il est employé dans le sens de « réveiller, mettre en mouvement, » et il signifierait alors « oiseau qui réveille, qui met en mouvement » ou « qui se met en mouvement. » La caille, comme le coq, véritable type et chef des gallinacés, chante de très-bonne heure, et son chant très-sonore et très-vibrant est un réveille-matin qui appelle les villageois et les engage à se mettre au travail. La caille de l'île de Java est appelée par les naturels « le réveille-matin. » Dans la troisième acception, qui est encore mieux fondée que les deux premières, ORTYGS représenterait parfaitement l'oiseau « qui se met en mouvement et se livre à des pérégrinations régulières. » Cette explication serait d'autant plus juste, que les Grecs devaient chercher à caractériser la caille par une dénomination indiquant le point de vue le plus important pour eux, celui qui leur procurait chaque année d'immenses ressources. La caille, en effet, entreprend, deux fois par an, des voyages, non pas en zigzag comme le jaseur de Bohême, mais d'une manière régulière. Chaque année, des multitudes de cailles, dont le nombre s'élève à plusieurs millions, abandonnent les déserts de l'Afrique, dans le mois d'avril, pour se diriger vers les différentes contrées de l'Europe. Elles entreprennent ce voyage le soir ou de grand matin, afin d'éviter plus facilement la serre des

oiseaux de proie; elles avancent ou retardent le moment
du départ selon les variations du vent. Le vol de la caille
est lourd et peu soutenu ; aussi cet oiseau ne saurait-il
parcourir une assez longue distance qu'autant qu'il est
secondé par un vent favorable. Les anciens n'ayant jamais
pu, à cause du moment où s'effectuent les migrations des
cailles, constater leur départ, pensaient, avec quelques modernes, que ces oiseaux passaient l'hiver dans des grottes
sous l'influence d'un sommeil prolongé. Cette erreur cependant n'était pas générale ; car plusieurs auteurs ont
donné sur le voyage des cailles de curieux renseignements. Ainsi Pline, cité par Buffon (*Oiseaux*, vol. II, édit.
in-4°, p. 255), dit que les cailles, surprises et fatiguées par
les vents contraires, se reposaient en si grand nombre sur
les navires qu'elles rencontraient, que ceux-ci coulaient à
fond sous le poids de leur nouvelle cargaison! Pline a
oublié de constater quel était le tonnage de ces navires ;
peut-être appartenaient-ils à la flotte alcyonnienne ! Etait-
ce pour éviter ce malheur commun que les cailles, selon
Aldrovande (tom. II, p. 156), avaient recours à une
précaution ingénieuse? Chacune d'elles, dans le désert de
Sahara, où il y en a des millions, se munissait d'une petite planche bien préparée ; ce qui suppose qu'il devait
exister d'immenses dépôts de ces planchés. Comment
la caille tenait-elle cette planche? Je l'ignore. Puis, si
elle devait être une planche de salut sur la mer, ne deve-
nait-elle pas un sérieux embarras pour accomplir un
voyage prolongé? Bref, laissons de côté ces petites difficultés, et suivons le récit d'Aldrovande. Quand les cailles
se trouvaient fatiguées, et qu'elles ne rencontraient pas
d'îles ou de vaisseaux pour se reposer, chacune d'elles se
laissait tomber à la mer en tenant la planche sous ses
pattes. Cette planche devenait alors, pour chaque caille,
une espèce de radeau sur lequel elle se reposait. « Si non
è vero, è bene trovato : si ce n'est vrai, c'est bien trouvé. »
Après quelque temps de repos, les cailles reprenaient leur

essor: emportaient-elles une seconde fois leur petite planche? Aldrovande ne le dit pas d'une manière positive; cependant cette opinion me semble découler naturellement de son récit, puisque cet auteur assure que les cailles se délassent *de temps en temps*, en voguant sur les flots, de la fatigue qu'elles éprouvent de naviguer dans l'air. Pline (liv. IV, ch. xxii) prétend que chaque caille, afin de se soutenir contre le vent, avait soin de prendre dans son bec tout juste trois petites pierres, provision plus facile à faire dans les sables de l'Afrique que ne le serait la rencontre d'une petite planche. Je pense que ces pierres étaient destinées à servir d'un lest analogue à celui dont se munissent les aéronautes, et que le poids en devait varier avec celui des cailles. Appien donne une autre explication de l'usage de ces pierres : il prétend qu'elles ne servaient aux cailles que pour savoir s'il était temps ou non de se reposer; en d'autres termes, que pour les avertir si elles étaient encore au-dessus de la mer ou au-dessus de la terre. Voici l'explication que cet auteur ajoute. Il paraît, selon lui, que la caille a l'ouïe bien plus perçante que la vue (du moins doit-elle entendre plus facilement que voir pendant un voyage de nuit). Lorsque la bande voyageuse doutait encore qu'elle fût au-dessus des flots, chaque caille, probablement à un signal donné, laissait tomber une des précieuses pierres, et, selon la nature du bruit qu'elles produisaient en touchant l'élément liquide ou la terre, la troupe savait s'il fallait s'arrêter ou continuer son voyage. L'expérience ne pouvait être faite que trois fois; dès lors les cailles ne devaient pas la commencer trop tôt.

Continuons nos excursions dans le pays des fables. Un certain nombre d'oiseaux d'espèces différentes se joignent aux cailles pour effectuer ensemble leurs pérégrinations; ils s'aident ainsi mutuellement à vaincre la résistance du vent, et à triompher, par leur multitude et par leurs cris divers, des attaques de leurs ennemis.

Il est bien clair que les oiseaux qui s'unissent ainsi

sont doués à peu près de la même puissance de vol. C'est pour cette raison que les râles de genêt accompagnent ordinairement les cailles. Plus forts que ces dernières, ils occupent, à ce qu'il paraît, les premières places, et semblent être les chefs de file.

Mais, quand la troupe voyageuse s'abat sur les rivages européens, les individus qui la composent sont tellement fatigués que, pendant les premières heures de leur arrivée, il est facile de les prendre à la main. Les oiseaux de proie peuvent, sans effort, en faire d'immenses hécatombes, et les râles, comme étant au premier rang, fournissent plus de victimes que les cailles. L'imagination des anciens s'est emparée de ces faits bien simples, et les a dénaturés en les embellissant. Le râle de genêt a été nommé par eux ORTYGOMÊTRA, de ORTYGS, « caille, » et MÊTÊR, « mère, » c'est-à-dire « mère des cailles, » et on a supposé à cette prétendue mère un tel dévouement pour son innombrable progéniture, qu'elle venait se mettre au premier rang pour sauver ses enfants en se laissant immoler. D'autres l'appelaient « roi des cailles » ; ils prétendaient que, semblable à Décius Mus, il se sacrifiait pour le salut de la patrie, et que, comme dans la famille de cet illustre consul romain, le dévouement à la patrie, chez les râles conducteurs, était véritablement héréditaire. Pour le coup, dans notre siècle de progrès, on voit bien qu'un pareil sacrifice ne doit être qu'une fiction !

Passons maintenant aux réalités. Dans le mois d'avril, des troupes innombrables de cailles quittent l'Afrique, et profitent d'un vent favorable pour se diriger vers les contrées méridionales de l'Europe. Si le vent change de direction, les cailles s'abattent dans la mer où elles trouvent promptement la mort. Si quelque navire se présente aux voyageuses, elles s'empressent de venir se reposer sur les mâts, sur les cordages et même sur le pont, et là, elles se laissent prendre facilement à la main.

Elles montrent en cela du bon sens ; du moment qu'elles

sont condamnées à une mort inévitable, elles font bien
de préférer celle qui, du moins, ne sera pas sans fruit
pour l'homme. En effet, les équipages trouvent ainsi une
ample et délicate provision; car ils ne partagent pas les
préjugés des anciens qui, d'après Pline (liv. X, ch. XXIII),
avaient de la répugnance pour la chair des cailles, parce
qu'elles mangeaient de la graine d'ellébore, et qu'on les
soupçonnait d'être sujettes au mal caduc. Si les vents, au
contraire, ont favorisé le vol des cailles, celles-ci viennent
se reposer sur les plages de l'Europe méridionale et surtout dans les îles, où elles font une halte avant de gagner
la terre ferme. Les lieux de leurs stations étant connus,
ainsi que les vents qui dirigent leur vol et le temps de
leur départ, il s'ensuit que les populations de ces contrées se tiennent prêtes à capturer les pauvres voyageuses. La chasse en est très-facile. Les cailles, tant elles
sont fatiguées, se laissent prendre à la main, ou couvrir
avec d'immenses filets étendus sur le bord de la mer.
L'île de Délos, l'une des Cyclades, si célèbre dans les annales de la mythologie, a été de tout temps un lieu de
repos privilégié pour les cailles, qui s'y arrêtaient en
grand nombre, à ce point que les anciens l'avaient nommée *Ortygia*, du mot ORTYGS, « caille. » Pour se faire une
idée approximative de la quantité des cailles capturées,
il suffit de constater, d'après Buffon, que dans les environs de Nettuo, près de Naples, plus de cent mille ont été
prises en un seul jour. L'évêque dans le diocèse duquel se
trouve l'île de Caprée, célèbre par le séjour et les crimes
du sombre et cruel Tibère, est appelé l'*évêque aux cailles*,
parce qu'il prélève une dîme sur celles qui sont prises
dans l'île de Caprée. Ce revenu est estimé de 23 à 25,000 f.
par an, ce qui suppose un nombre incalculable de cailles.
En effet, l'un de mes honorables amis, M. de Joannis, m'a
dit que, lorsqu'il allait, en qualité de lieutenant de vaisseau et de commandant en second du *Louqsor*, chercher
en Égypte l'obélisque destiné à embellir la place de la

Concorde à Paris, il avait vu vendre à Alexandrie et dans les autres villes de ce pays, la cagée de cailles pour 10 fr. Chaque cagée renferme cinq cents cailles, ce qui fixe le prix de chaque caille à deux centimes. On peut, d'après cette donnée certaine, calculer le nombre de cailles que doivent capturer les habitants de Caprée pour que la dîme prélevée sur cette chasse puisse procurer, chaque année, 25,000 fr. à l'évêque de ce diocèse. J'ajoute ici quelques détails sur les précautions que prennent les cailles pour effectuer leur retour en Afrique, et sur les moyens employés par les Arabes pour s'en emparer. Je dois ces notes à la bienveillance de M. de Joannis, et je me borne à les transcrire.

« Dieu a donné à la caille un instinct merveilleux, qui lui sert à se diriger vers la mer, sans avoir besoin de boussole en suivant la ligne la plus courte. Tous les navigateurs qui rencontrent les cailles, lorsqu'elles effectuent leur seconde migration, savent que ces oiseaux tendent directement vers le Sud. Les cailles sont rarement seules dans ce voyage, mais ordinairement sept à huit ensemble. Leur vol très-rapide effleure la surface de la mer, et, lorsqu'en route elles trouvent du gros temps qu'elles n'avaient pas prévu, elles suivent l'ondulation des grandes lames, rasant toujours la surface de l'eau. Cette méthode est admirablement combinée ; car, sans cesse dans le creux des lames, elles sont toujours *déventées* par la haute montagne d'eau qui est devant elles, et c'est ainsi qu'elles jouissent d'une plus grande facilité pour vaincre le grand courant aérien où elles se trouvent engagées. Ce qu'il y a de plus admirable dans ces migrations, après la faculté qu'ont ces oiseaux de se diriger sans boussole, c'est la force que manifestent les cailles pour entreprendre un vol non interrompu de six à huit heures ; car elles ne peuvent guère parcourir plus de cent vingt kilomètres à l'heure, et, selon qu'elles partent d'un point plus ou moins éloigné de la côte d'Afrique, elles se trouvent entraînées

à effectuer une traversée plus ou moins considérable. On
a trouvé dans le jabot de ces oiseaux, au moment de leur
arrivée sur les côtes de France, les graines de plantes
africaines qu'elles avaient mangées la veille. Quand les
cailles sont combattues dans leur vol par des brises contraires et violentes, elles tombent de lassitude et se noient;
ou, si elles rencontrent sur leur route un bâtiment, elles
s'empressent d'y chercher un peu de repos, et n'y trouvent
qu'un autre genre de mort. Horriblement fatigués, ces
pauvres oiseaux n'ont pas la force de s'envoler, et sont
facilement capturés par les hommes de l'équipage qui
savent très-bien qu'il ne faut pas chercher à saisir les
cailles au moment où elles viennent de se poser sur le
pont ou sur les cordages, mais attendre quelques minutes, afin que, refroidies, elles ne puissent pas reprendre
facilement leur essor. Cette migration des cailles donne
lieu à un grand commerce, dans lequel les Arabes réa-
lisent d'assez beaux bénéfices. Voici la manière dont ils
capturent les cailles sur les immenses plages de sable,
qui se déroulent dans les environs d'Alexandrie. Deux
Arabes s'unissent pour la chasse aux cailles; l'un d'eux
porte sur son bras un petit filet fin et noir, dont les mailles
ont à peu-près trois centimètres carrés, représentant une
simple nappe de soixante-dix centimètres carrés, aux
deux extrémités de laquelle est fixée une corde légère en
poil de chameau et longue d'environ dix mètres. Munis
de ce filet, les deux Arabes regardent autour d'eux en se
tournant le dos, afin d'embrasser l'horizon tout entier.
Sitôt qu'une caille vient se reposer sur le sable, les chasseurs se dirigent de manière à se mettre sous le vent;
arrivés à une trentaine de pas, ils déploient leur filet, et prenant chacun le bout d'une des ficelles, ils s'éloignent l'un
de l'autre pour tenir très-tendue la petite nappe du filet.
Celle-ci, soulevée par la brise ou par la rapidité des deux
Arabes, se tient presque horizontalement à un mètre
du sable, puis, aussitôt que la nappe se trouve au-dessus

de la caille, les chasseurs la laissent tomber sur leur proie. L'un des deux se dirige vers la caille pour la saisir avec la main. C'est alors que le pauvre oiseau, épuisé par la fatigue d'un voyage pénible et très-long, fait un dernier effort pour s'échapper ; mais soudain il se trouve enlacé dans le filet : l'Arabe le prend alors, lui coupe une aile, le renferme dans une cage, et, lorsque celle-ci sera pleine, c'est-à-dire quand elle en contiendra cinq cents, elle sera vendue sur le marché d'Alexandrie 10 fr. Le prix si minime de ces cailles prouve que les Arabes réussissent parfaitement dans cette chasse, et ils doivent leurs succès à leur vue très-perçante, car la couleur de la caille se marie tellement à celle du sable qu'elle échappe aux regards des Européens. Les cailles qui ne sont pas capturées par les Arabes pénètrent à plus de quatre cents kilomètres vers le Sud, et c'est dans les champs de lentilles de la haute Egypte qu'elles fixent leur séjour privilégié. »

Cette chasse, pratiquée par les Arabes, a-t-elle été importée en Europe, ou bien sont-ce les habitants du désert qui nous ont imités? Je l'ignore. Tout ce que je sais, c'est que, dans ma jeunesse, je me suis livré sous la direction d'un trappeur émérite, dont j'ai déjà parlé, à une chasse qui n'était autre chose que celle qu'exécutent les Arabes, avec des modifications nécessitées par la nature du terrain sur lequel elle avait lieu. Cette chasse était-elle une faute, un délit? S'il y a eu faute, j'espère en avoir le repentir ; s'il y a eu délit, je me rassure, car il doit être bien prescrit. Donc, il y a plus de trente ans, mon vénérable chef de file me conduisait, vers le soir, dans les terrains ensemencés de blé ; puis il faisait retentir avec une grande perfection le cri de son appeau, et, quand il croyait avoir reconnu l'endroit où se trouvait la caille qui avait répondu à sa voix de *chanterelle*, il déroulait un filet semblable à celui qu'emploient les Arabes, et nous courions en le laissant voltiger au-dessus des blés. Le bruit qu'il faisait en flottant sur les moissons

déterminait la caille à s'envoler, et souvent elle se trouvait
enlacée dans le filet. D'autres fois, le chasseur avait recours à un chien couchant, l'envoyait à la recherche, et,
quand il l'apercevait en arrêt, nous nous empressions de
suspendre le filet au-dessus et un peu en avant de la tête
du chien, puis il donnait au fidèle animal l'ordre de s'a-
vancer, et à ce moment la caille, en s'envolant pour échapper à son ennemi, se jetait dans le filet qui devenait sa
prison.

Le passage des cailles dure près de deux mois ; ce sont
les plus vieilles qui partent les premières, par la raison
toute simple que très-souvent, au moment de ces départs,
les jeunes ne sont pas encore parvenues à leur développement complet. Dans le cours de ces deux mois, les habitants des principaux lieux où viennent aborder les
cailles sont occupés à les capturer, à les plumer, à en
extraire la graisse, puis à les saler et à en remplir des
barils que l'on expédie dans tout le Levant. Pendant
leur séjour dans notre pays, les cailles conservent les
mœurs des habitants des pays chauds ; comme les Napo-
litains ou les Espagnols, elles circulent et mangent le
matin et le soir, puis, le reste du jour, elles sont étendues
nonchalamment le ventre au soleil, une patte allongée,
savourant, en quelque sorte, les bienfaisantes émanations de cet astre, et s'abandonnant aux douceurs du
sommeil. Les cailles ne se perchent jamais, si ce n'est sur
les vergues des navires qu'elles rencontrent dans leurs
migrations ; elles se plaisent à courir dans les herbes des
prairies ou dans les sillons de blé ; là, elles se nourrissent
d'insectes et de graines. Aussi quittent-elles notre pays
vers la fin de septembre ou vers les premiers jours d'octobre, époque à laquelle insectes et graines commencent
à leur manquer, ainsi que la vivifiante influence de la
chaleur. Leur retour en Afrique n'est donc pas un caprice,
mais le résultat d'une nécessité. La preuve évidente de la
justesse de cette assertion, c'est qu'un certain nombre de

cailles séjournent toute l'année dans le midi de l'Espagne et de l'Italie, où elles trouvent en tout temps insectes et chaleur.

Avant de donner quelques détails sur la nidification des cailles, et pour terminer cette longue digression, il me reste à expliquer le mot *coturnix*, nom savant de la caille. Afin de résoudre cette difficulté, j'aurai recours à Adolphe Pictet (tom. I<sup>er</sup>, pag. 496), lui laissant bien volontiers la responsabilité de la décision. D'après cet auteur, *coturnix* serait un ancien nom arien, composé probablement du sanscrit *katu*, « âpre, âcre, perçant, » et de *rana*, « cri, » dérivant lui-même de « *ran*, » *sonare*, « crier, » etc., et *coturnix* serait pour *coturanix*, comme *corvus* pour *coravus*. Ainsi, en m'inclinant profondément devant l'autorité de Pictet, j'admets facilement que le mot scientifique, ainsi que le mot vulgaire, est fondé sur le chant ou plutôt sur le cri sonore et retentissant de la caille.

Ma tâche s'avance, et je l'achève par quelques renseignements sur les mœurs de la caille. Dans cette espèce, les mâles sont beaucoup plus nombreux que les femelles; aussi, en capturer une assez grande quantité au moyen de l'appeau serait rendre service à la propagation de l'espèce, en facilitant des unions légitimes, unions trop souvent combattues par des prétendants malheureux qui, pour se venger de n'avoir pas de famille, troublent celles des autres, brisent les œufs et maltraitent les femelles. Mais, si nous retrouvons dans les cailles mâles l'ardeur de certains guerroyeurs des siècles passés, frappant d'estoc et de taille tous ceux qu'ils rencontraient, nous ne retrouvons pas, parmi les oiseaux de cette espèce, les chevaliers protecteurs de la veuve et de l'orphelin. Les prétendus chefs d'une famille qui n'existe pas réellement ne s'occupent ni de protéger, ni de nourrir la mère et les petits. La pauvre femelle est obligée de pourvoir à sa nourriture et de couver ses œufs. Aussi s'efforce-t-elle

Cailles et Cailleteaux.

de compenser, par la chaleur excessive qu'elle leur communique, le temps pendant lequel elle a été obligée de les abandonner pour chercher quelques insectes ou quelques graines : elle parvient ainsi à un tel degré de surexcitation, qu'elle n'aperçoit et ne craint aucun danger, et, dans cet état, elle se laisse prendre à la main ou faucher sur son nid.

Celui-ci est composé de brins d'herbes, tapissant une petite excavation circulaire que la femelle a creusée avec ses pattes. Les œufs, au nombre de dix à seize, diffèrent beaucoup de forme, de grosseur et de couleur; ils sont presque tous ventrus; leur grand diamètre varie de $0^m,026$ à $0^m,029$, et le petit, de $0^m,022$ à $0^m,023$. La coquille de ces œufs est ordinairement d'un blanc jaunâtre plus ou mois prononcé ; les uns sont parsemés uniformément de petits points noirâtres; d'autres sont couverts de taches d'un brun foncé et dont les proportions sont bien différentes. Je possède dans ma collection huit œufs de caille trouvés à Villevêque, et dont la couleur jaunâtre est presque entièrement recouverte par trois ou quatre larges taches noirâtres.

Quand la mère s'éloigne de son nid, elle a l'habitude de couvrir ses œufs avec une épaisse couche d'herbe, soit pour les empêcher de se refroidir, soit pour les dérober à la vue de ses ennemis ou même à celle des mâles. Lorsque les petits sont éclos, la femelle s'occupe d'eux avec beaucoup de soin, du moins pendant quelques jours; car les cailleteaux peuvent, de très-bonne heure, se suffire à eux-mêmes, et ne sont pas de caractère à subir longtemps une tutelle ou à suivre une direction. Le soir, la mère les appelle, les réunit et les cache sous ses ailes. La disposition à une vie insubordonnée est tellement évidente chez les petits cailleteaux, que les anciens auteurs, et Aristophane entre autres, comparent les écoliers querelleurs, mutins, à de petites cailles renfermées en cage. Dans la comédie de la *Paix*, v. 788 et suiv., Aristophane appelle *cailleteaux* des jeunes gens *criailleurs, indisciplinés,* difficiles à tenir, comme sont les *cailles captives.* En effet, dans la cage où on la retient, encore plus que dans les plaines, la caille manifeste son caractère batailleur et ses aspirations ardentes pour une liberté sans contrainte. Sans cesse en mouvement, elle fuit toute société, ou ne l'accepte un moment que pour se battre avec les autres captifs. Si l'on n'avait pas la précaution d'étendre une toile bien mobile pour former le dessus de la cage, la caille se briserait la tête contre les barreaux supérieurs de sa prison. Quelques naturalistes ont affirmé que, dès que les petits cailletcaux pouvaient se passer de leur mère, celle-ci faisait une seconde couvée. D'autres pensent que cette seconde couvée n'a lieu que pour les cailles dont les œufs ont été brisés par la fureur des mâles répudiés par les femelles. Je crois que la première opinion aurait de la peine à être défendue, si l'on pense aux époques de l'arrivée et du départ des cailles. Il serait difficile d'admettre que le séjour des cailles dans notre pays pût être suffisant à l'éducation de deux couvées, et surtout pour que les cailleteaux de la dernière couvée fussent assez forts au moment d'entreprendre leur voyage d'outre-mer. Les deux couvées ne pourraient être admises réellement que pour les cailles arrivées les premières, et cette opinion ne serait alors qu'une exception, mais non la règle générale.

Le mâle se distingue facilement de la femelle par la tache noire qu'il porte sous la gorge, et dont la couleur se prononce à mesure que les dimensions croissent avec l'âge de l'oiseau. Quelques ornithologistes ont voulu reconnaître dans la caille deux races différentes, la petite et la grande. Cette distinction n'existe pas réellement : chez les cailles, comme chez tous les autres oiseaux, il y a des sujets plus ou moins forts, selon leurs dispositions naturelles, la nourriture qu'ils trouvent et les lieux qu'ils fréquentent.

Je terminerai cette petite étude sur la caille par une

simple remarque : c'est que dans cette espèce il n'existe ni famille, ni esprit de famille, comme chez tous ceux dont le caractère est difficile, batailleur, opposé à toute idée de soumission, et qui, enclins à une vie de sensualité, ne se laissent diriger que par le plus méprisable de tous les instincts, celui d'un grossier égoïsme.

## DEUXIÈME GENRE. — GLARÉOLE.

## GLARÉOLE A COLLIER. — GLAREOLA TORQUATA.

Les pages que je vais consacrer à la glaréole seront peu nombreuses. Elles comprendront la solution de ces trois problèmes : La glaréole vient-elle en Anjou? sa place la plus naturelle est-elle parmi les Gallinacés? enfin, quelles sont les étymologies des dénominations données à cet oiseau par les savants ou par le vulgaire?

Pour répondre à la première question d'une manière affirmative, je n'ai d'autre autorité que celle de plusieurs amateurs et chasseurs qui prétendent avoir tué, à différentes reprises, des glaréoles dans les limites de notre département. Je n'avais aucune raison personnelle d'admettre cet oiseau dans la Faune de Maine-et-Loire; car, en lui donnant le droit de cité parmi nous, c'était augmenter encore pour moi un travail qui me semble déjà assez étendu.

Quant à la seconde question, elle est beaucoup moins facile à résoudre. La glaréole a été et est encore un des oiseaux les plus difficiles à classer; selon qu'on la considère à un point de vue ou à un autre, on la range dans telle ou telle catégorie. Les naturalistes qui ont été frappés de ses ailes longues, de sa queue fourchue, de son vol rapide et ondulé, accompagné d'un petit cri plaintif, l'ont placée naturellement parmi les hirondelles sous le nom d'*hirundo pratincola*, « hirondelle qui fréquente les prairies, les lieux humides. » Ceux qui n'ont considéré que la longueur de ses tarses et sa manière de courir sur les sables et même sur les grandes routes, sans se préoccuper des passants, et en agitant sa queue comme le traquet, ont rangé les glaréoles parmi les échassiers et les pluviers. D'autres enfin et en plus grand nombre, faisant simplement attention à la forme du bec de la glaréole et à son habitude de courir, l'ont rapprochée des gallinacés en la désignant sous le nom de *perdrix à collier*, *perdrix de mer*, etc. Ces derniers auteurs ont-ils été mieux inspirés? J'en doute. Leur classification est-elle la plus rationnelle? Je ne le pense pas. C'est pour cela que je la placerai là où les savants le jugeront à propos, dès que j'aurai pu parcourir toute la Faune de Maine-et-Loire. En attendant la fin de ce rude labeur, la glaréole restera parmi les gallinacés, sans que je puisse encourir de graves reproches [1].

D'où lui vient le nom de *glaréole à collier*, qui n'est que la traduction littérale de la dénomination savante *glareola torquata*? La glaréole se plaît sur les bords des vastes marais, des étangs, des cours d'eau et même des mers intérieures. Elle fréquente très-peu les plages des grands océans; elle court avec une agilité remarquable sur les sables et sur les graviers répandus dans ses lieux de prédilection : cette habitude lui a fait donner le nom de *glaréole*, dérivé de *glarea*, « gravier, gros sable. » On la trouve en grand nombre sur les bords des marais salés de la Hongrie. Là, comme dans toutes les contrées qu'elle habite, elle vit de vers aquatiques, de mouches et d'insectes auxquels elle donne la chasse dans les ro-

---

[1] Mon travail étant terminé, et n'ayant reçu sur la classification de la glaréole aucune observation, je conserve à cet oiseau la place que je lui avais concédée dans les précédentes éditions.

seaux avec une grande rapidité et une extrême adresse.
Souvent les glaréoles voyagent par petites bandes. Celles-
ci sont-elles formées d'une seule famille ou bien d'une
réunion d'amis? Je ne puis l'affirmer; ce qui est bien
démontré, c'est le sentiment de vive amitié qui lie entre
eux tous les membres de cette petite société. Quand l'un
d'eux est atteint par le plomb meurtrier, ses compagnons de voyage s'empressent auprès de lui, et plutôt
que de l'abandonner, ils subissent presque tous le même
sort, tant le chasseur est impitoyable et comprend peu
un sentiment si généreux, si bien fait pour émouvoir,
et qui est si rare de nos jours!

Dans le midi de la France, la glaréole apparaît et niche
d'une manière régulière, et là où l'on peut étudier plus
facilement et en détail les habitudes caractéristiques de
cet oiseau, les gens de la campagne, bons observateurs,
l'ont désigné par ces mots *piquo-ën-terra*, *pique-en-terre*.
Cette expression représente d'une manière bien naïve et
bien expressive une habitude caractéristique de la glaréole : dans sa course très-rapide à la recherche des
insectes, elle donne de fréquents coups de bec sans ralen-
tir sa chasse, et, tout en saisissant avec une très-grande
adresse la proie qu'elle rencontre, elle paraît frapper,
piquer la terre. Quant à l'épithète *torquata*, « à collier, »
elle sert à distinguer cette espèce de quelques autres, en
faisant connaître une particularité remarquable de son
plumage. Une jolie ligne noire se dessine agréablement
sur la couleur jaunâtre de la gorge de l'oiseau, et représente assez bien un feston suspendu en forme de collier.
Toutefois elle ne doit pas ce surnom à une victoire,
comme le célèbre romain Torquatus, qui fut ainsi désigné
pour avoir enlevé à un Gaulois, qu'il avait vaincu dans
un combat singulier, le riche collier d'or dont celui-ci
avait orné sa poitrine.

La glaréole niche ordinairement sur le bord des lacs
salés, qu'elle recherche de préférence à tous les autres

lieux. Le nid ne demande pas beaucoup de travail au mâle ni à la femelle ; car ceux-ci choisissent de concert une petite excavation, soit naturelle, soit formée par le pied d'un cheval ou d'un bœuf ; ils y réunissent quelques brins d'herbe, et c'est sur cette couche simple et grossière que la femelle dépose deux ou trois œufs, rarement quatre. Ces œufs sont ventrus, d'une couleur d'un jaune d'ocre salé, quelquefois un peu grisâtre ou même verdâtre. Ils sont parsemés de taches irrégulières et assez nombreuses, les unes brunes, les autres d'un brun noir qui semble velouté. Le grand diamètre varie de 0$^m$,030 à 0$^m$,032, et le petit, de 0$^m$,020 à 0$^m$,022.

## SIXIÈME ORDRE. — LES ÉCHASSIERS.

### GRALLÆ, GRALLATORES.

Après plus de vingt-cinq années de recherches et d'observations persévérantes, j'avais livré à mes lecteurs la troisième édition des *Noms des oiseaux expliqués par leurs mœurs*, et je pensais pouvoir parcourir les deux derniers Ordres qui terminent la Faune de Maine-et-Loire, lorsque la lutte engagée en faveur du pic-vert vint absorber toute mon énergie et réclamer tous mes loisirs. Aujourd'hui que le plus fort de la mêlée est passé, et que mes contradicteurs ont tous abandonné successivement le champ de bataille, je reprends en toute tranquillité mes études favorites, et je me lance de nouveau, non sans de graves préoccupations, dans l'effroyable labyrinthe des étymologies. Si, du moins, je pouvais retrouver le fil d'Ariane, ce serait m'éviter bien des efforts pénibles et me délivrer de beaucoup d'ennuis.

Donc, sans aucun autre préambule, je commence mon travail, en me demandant quelle est l'étymologie de *grallatores*, et celle d'*échassiers*.

Le mot *grallatores* a pour racine évidente *gralla*, signifiant « échasses. »

Dès lors, la question reste entièrement la même qu'auparavant : quel est le primitif de *gralla? Gralla*, selon Ménage, a été fait de *grada, gradilla, a gradiendo*. Je laisse volontiers à Ménage la paternité de cette étymologie qui indiquerait ou que les oiseaux désignés par cette expression semblent être montés, perchés sur des « degrés, » ou qu'ils doivent cette dénomination à leur course « rapide. »

Ces deux interprétations se concilient et avec les formes des échassiers, qui par leurs tarses très-élevés semblent être posés sur des degrés, et avec la course rapide, qui est un des priviléges du plus grand nombre des oiseaux de cet Ordre.

*Grallatores* désignant ceux qui marchent avec des échasses, vient encore corroborer la première des interprétations énoncées précédemment.

En effet, d'après Ménage, le mot *échasse, échassier*, qui en provençal se dit *eschassier*, dérive de l'italien *scalacia*, augmentatif de *scala*, se rattachant lui-même au latin *scala*, « échelle, » composée de degrés, d'échelons.

Tous les oiseaux compris dans cet Ordre, excepté la bécasse et le héron blongios, ont les tarses *longs* et *nus,* et semblent par là-même être montés sur des espèces de béquilles nommées *échasses*, petite échelle, parce qu'elles servent à élever ceux qui en usent, et que ces échasses offrent des points d'appui à des hauteurs qui varient selon l'âge et la force de ceux auxquels elles sont destinées.

On appelait aussi *échasses* ou *écasses* les bois qui servaient d'appui aux boiteux et aux estropiés, usage qui rendait assez plausible l'opinion de Ménage faisant dériver cette expression du verbe grec sᴋᴀᴢÉïɴ signifiant *boiter*, *clocher*.

Quoi qu'il en soit de la véritable étymologie du mot *échasse*, il est évident qu'en le prenant dans son acception ordinaire, il peint très-bien la physionomie des oiseaux qui, montés sur des tarses très-hauts et entièrement nus, semblent appuyer leur corps sur de véritables béquilles, ou, pour parler le langage vulgaire, sur des *jambes de bois*. Cette conformation donne à un grand nombre d'oiseaux de l'Ordre des Échassiers une physionomie qui, au premier coup d'œil, paraît bizarre. Cependant, loin d'être le résultat d'un caprice du Créateur, elle prouve au contraire et sa souveraine conception et la sollicitude de sa Providence. Les Échassiers, comme tous les êtres de la Création, ont une mission à remplir : pour eux elle consiste à visiter les bords des cours d'eau, les vastes prairies marécageuses, les dunes et les rivages de la mer, ainsi que les plaines sablonneuses, et à se nourrir, dans ces différentes localités, de poissons, de reptiles, de grenouilles, de mollusques, d'insectes et de vers de toute espèce.

Dès lors, ces oiseaux contiennent ainsi dans les sages limites fixées par la sagesse de Dieu une multitude d'êtres qui, par leur trop grande multiplication, pourraient devenir un fléau.

Mais pour accomplir cette mission, il faut que les Échassiers soient montés sur deux tarses longs et dénudés qui leur permettent, comme aux habitants du département des Landes, de courir facilement dans les plaines de sable et sur le gravier des îles et des rivages de la mer, de fouiller toutes les vases marécageuses, et de pénétrer même dans les eaux de l'Océan.

Si ces oiseaux montés sur des échasses avaient eu un cou peu développé, ils n'eussent pu accomplir la tâche qui leur est confiée ; aussi Dieu leur a-t-il donné un cou en rapport avec la longueur de leurs tarses, et qui leur

permet de rester debout et cependant d'atteindre les reptiles et les insectes cachés au fond des eaux, ou dans les
vases et dans les sables humides de la mer : de plus, ces
oiseaux ont une queue très-courte et presque invisible ;
car, si cette queue était aussi développée que celle des
autres oiseaux, elle gênerait et leur vol et le mouvement
continuel et incliné de leur cou. Pour accomplir leurs
migrations, les Échassiers se réunissent en grand nombre,
les jeunes avec les jeunes et les vieux avec les vieux ;
tous ils poussent un petit cri de rappel répété par la bande
entière, et, dans leur vol, ils allongent le cou en avant et
les pieds en arrière pour que ceux-ci puissent servir de
contrepoids au reste du corps.

A certaines époques de l'année, les Échassiers arrivent
en bandes innombrables sur les bords de la mer, où deux
fois par jour la marée leur apporte un approvisionnement
abondant.

Presque tous sont semi-nocturnes; leur plumage, généralement sombre, offre peu de variétés; il est soumis
chaque année à deux mues.

La plupart de ces oiseaux ne peuvent ni nager, ni plonger; ils se tiennent dans les endroits guéables. Leur voix
triste, aigre et désagréable, prouve qu'ils ne sont pas
destinés à vivre dans le voisinage des hommes ni à l'embellir.

Un certain nombre d'espèces de l'Ordre des Échassiers
nichent à terre, sur le sable, sans aucun nid; ces espèces
sont polygames, et les petits en naissant peuvent se suffire à eux-mêmes. Les espèces qui nichent dans les arbres,
sur les cheminées, etc., sont monogames, et les petits
réclament les soins de leurs parents.

Les Échassiers ont trois ou quatre doigts libres ou
réunis par une peau membraneuse à leur base, mais très-
rarement palmés ou lobés. Tous ces oiseaux courent beaucoup plus qu'ils ne volent, et ceux qui habitent les bords
de la mer ont besoin d'un déplacement continuel, à cause

des flots qui découvrent et recouvrent incessamment les plages pour leur servir à toutes les heures de splendides festins.

Les Échassiers dorment debout, appuyés sur une seule patte, la tête rentrée sous l'épaule, sinon couchée sous l'aile, et le bec dans le vent. La *Revue britannique* de 1850 constate que ces oiseaux ont une habitude très-remarquable, celle de voler contre le vent; s'il les ramène à leur remise, ils la dépassent d'abord, puis se retournent et rentrent dans le rumb avant de se poser.

La chair des Échassiers est généralement noire, et celle des espèces qui se nourrissent de vers est très-délicate.

C'est à cet Ordre si nombreux qu'appartient un oiseau récemment décrit et étudié, le *balœniceps*, que Dieu a placé sur les bords du Sénégal, où il s'oppose à la trop grande multiplication d'un terrible amphibie, en sciant en deux, d'un seul coup de bec, les jeunes crocodiles.

## PREMIÈRE FAMILLE.

### Les Pressirostres.

Le nom donné à la première famille des Échassiers indique quel est le signe caractéristique qui distingue les oiseaux groupés sous cette dénomination : *pressum*, « pressé, » et *rostrum*, « bec, » oiseau « à bec court et comprimé. »

### OUTARDE BARBUE. — Otis tarda.

L'*outarde barbue* est assurément l'un des plus beaux oiseaux de l'Europe. Malheureusement la chasse persévérante qu'on lui fait en Crimée, où cette espèce était très-répandue, la rend de plus en plus rare. Quand les rigueurs de l'hiver se font sentir sur les bords de la mer Noire, les habitants de ces contrées poursuivent à outrance les outardes qui sont très-sensibles au froid, et tuent à coups de bâton ces oiseaux à moitié engourdis par les étreintes de la gelée. La chair de l'outarde est très-délicate, et Niphus, cité par Buffon (édit. in-4°, *Oiseaux*, vol. II, pag. 14), prétend qu'on lui donna l'épithète *tarda*, « tardive, » parce que les Romains, qui étaient très-gastronomes, regrettaient d'avoir connu trop tardivement cet excellent gibier. D'après Aldrovande (*Ornith.*, page 95), Hippocrate interdisait la chair de l'outarde barbue aux personnes qui tombaient du mal caduc ! Il est beaucoup plus probable que le mot *tarda* doit être pris dans le sens de *lourde, pesante;* l'outarde barbue pèse effectivement de quatorze à seize kilogrammes. Aussi court-elle beaucoup plus qu'elle ne vole.

C'est pour cela que Papias a dit : « *Avis tarda eò quod gravis volatu sit : —* outarde (oiseau pesant) parce qu'elle est trop lourde pour le vol. »

Albert-le-Grand la nomme *bistarda*, parce qu'il prétend que l'outarde fait « deux » sauts avant de s'envoler. Ce qui est certain, c'est que cet échassier a beaucoup de peine à s'envoler, et qu'il court assez longtemps les ailes ouvertes avant de prendre son essor; c'est à ce moment que les habitants de la Crimée peuvent atteindre les outardes à la course et les tuer à coups de bâton, surtout lorsque cette difficulté de s'envoler est augmentée par le froid d'un hiver rigoureux.

On lit de même dans Rabelais, liv. II, chap. XXVIII : Carpalim pour satisfaire l'appétit de Pantagruel et celui de ses compagnons qui s'ennuyaient de manger de la chair salée, se livra à l'exercice de la chasse pour leur procurer de la venaison « et courant prins *de ses mains* en l'aer quatre grandes *otardes.* »

Selon un grand nombre de naturalistes, *outarde* serait, comme je l'ai indiqué plus haut, un composé d'*avis tarda,* « oiseau lourd, pesant, gras. » Cette hypothèse est inattaquable : dans le moyen âge, en effet, *avis* se transformait en *aus,* puis en *ous;* d'où *avis tarda,* « aus tarde, ous tarde. » Cependant le cardinal du Perron prétend que ce mot vient de *oye, tarde,* « oie grasse, » car on disait autrefois *oue* pour *oyé,* « oie, » témoin la rue aux *oues;* le mot *oie, oue* dérive lui-même d'*avis.* Ce qui pourrait confirmer l'opinion

du cardinal du Perron, c'est que les Canadiens appellent *outarde* (oye-tarde) leur oie du Canada, *anser canadensis.*

Quant à l'expression latine *otis,* elle trouve son application dans l'adjectif *barbue.* Elle est la traduction exacte du grec ὦτις, ὦτιδος, qui désignait l'outarde dans cette langue, et qui a pour racine évidente ους, ὦτος, « oreille. » Le mot ὦτις servait aussi, dans l'antiquité, à nommer un *coussinet* destiné à garantir les oreilles des lutteurs, des athlètes; les anciens naturalistes ont-ils pensé que les longues moustaches de l'outarde pouvaient lui rendre le même service? Je l'ignore, et je me borne à constater le

fait, en ajoutant que les Grecs appelaient indifféremment
l'outarde ὦτις ou ὦτιδα (*Dictionnaire* d'Henri Étienne, édition de Firmin Didot, années 1844 et suiv.).

Le mâle a de chaque côté du bec une touffe de plumes
poilues qui atteignent jusqu'à quatorze et seize centimètres
de longueur; la femelle, qui est toujours beaucoup plus
petite que le mâle, porte aussi une espèce de barbe ou de
moustache, mais sa barbe est moins longue et moins
touffue que celle du mâle, et dépasse rarement cinq à six
centimètres. Quelques auteurs prétendent même qu'elle
n'en porte pas.

*Otis* a pour racine ους, ὦτος, plur. ὦτα (oreille, anse d'un
vase), parce que l'outarde a des plumes qui ressemblent
à des oreilles. D'après Pline, les anciens appelaient cet
oiseau *asio*, parce qu'il avait des oreilles longues comme
celles des ânes. Henri Étienne et plusieurs auteurs prétendent qu'outarde est formé d'ὦτιδα, accusatif d'ὦτις.

L'expression *otis* a fait confondre, par un grand nombre
d'anciens auteurs, l'outarde avec le *hibou*, désigné par le
mot *otus*, en grec ὦτος.

Perrault (*Mémoire pour servir à l'histoire de animaux*,
deuxième partie, page 104) impute à Aristote d'avoir
avancé que l'otis, en Scythie, ne couve pas ses œufs
comme les autres oiseaux, mais qu'il les enveloppe dans
une peau de lièvre ou de renard, et les cache ensuite au
pied d'un arbre, au haut duquel il se perche. Perrault se
trompe évidemment : cette assertion d'Aristote s'applique
à un oiseau de proie aussi gros que l'outarde, « *magnitudine
otidis, hoc est avis tarda.* » (Aristote, liv. IX, chap. XXXIII.)

L'outarde barbue se plaît dans les terrains maigres,
pierreux : là elle se livre à des courses longues et persévérantes. Pour qu'elle les accomplisse plus facilement,
et qu'elle puisse échapper à la poursuite de ses nombreux
ennemis, Dieu a armé ses pieds en arrière d'un tubercule
calleux qui lui sert de talon et fortifie ses pieds contre le
froissement opéré par le gravier et les sables mobiles.

On eût pu donner à cette espèce la même épithète qu'à l'*houbara*, et la désigner avec Lesson, par l'adjectif *eupodatis*, EU « bien, » et POUS, PODOS, « pied. » Car aucun oiseau d'Europe ne peut la surpasser, ni même l'égaler, en rapidité dans sa course.

De plus, l'outarde est munie d'un réservoir dont l'ouverture est placée sous la langue, et contient, au besoin, plusieurs litres d'eau ; c'est ainsi que, comme le chameau du désert, elle porte avec elle ses provisions d'eau, et peut, sans souffrir de la soif, parcourir pendant plusieurs jours de vastes terrains sablonneux.

L'outarde vit d'insectes, de vers, de grenouilles, de crapauds, de lézards et même de petits reptiles, de graines et d'herbes, selon les saisons ; dans les temps rigoureux du froid ou de la neige, elle mange l'écorce des jeunes arbres.

En tout temps elle avale, comme l'autruche, de petites pierres, dont quelques-unes atteignent même la grosseur d'une noix. Certains naturalistes ont soutenu que l'outarde était essentiellement herbivore, et qu'elle ne se nourrissait de petits reptiles et d'insectes que dans certaines circonstances très-rares.

La mère ne fait aucun nid, mais elle prépare un simple trou en creusant le sable avec ses pattes. Klein (*Hist. des animaux*, pag. 18) prétend que lorsque la femelle redoute qu'on ne lui enlève ses œufs, elle les prend sous ses ailes et les transporte en lieu sûr. Malheureusement cet auteur a oublié d'expliquer le procédé employé par l'outarde en cette circonstance, procédé que je ne comprends guère. D'autres naturalistes affirment que, dans ce cas, la femelle confie à la large poche de son gosier les œufs qu'elle désire dérober à ses ennemis. Quoi qu'il en soit de cette habitude attribuée à l'outarde barbue, ce qui est certain, c'est que la femelle manifeste une très-grande tendresse et une vigilante sollicitude pour ses petits, et qu'elle les garde près d'elle pendant longtemps pour les protéger et pour les défendre.

C'est alors qu'elle développe encore plus que jamais son caractère défiant et fertile en expédients. M. Jules Ray raconte « qu'un faucheur de Premierfait poursuivait deux jeunes outardes qui ne pouvaient pas encore voler, quand la mère, accourant au secours de ses petits, vint s'élancer contre le faucheur qui, pour se défendre, fut forcé d'avoir recours à sa faulx, avec laquelle il lui trancha le cou. »

Appien (*de Aucupio*, lib. III) assure que l'outarde est tellement sensible, que lorsqu'elle est blessée, même légèrement, elle succombe plutôt sous l'effet de la peur que sous celui du mal !

Les outardes voyagent par petites bandes; leur vol est très-peu élevé. Dans les hivers très-rigoureux elles traversent notre département.

Il y a quelques années, l'un de mes anciens élèves chassait sur la commune du Vieil-Baugé, lorsqu'il vit une bande d'oiseaux inconnus se diriger de son côté, en rasant dans leur vol pesant les haies servant de clôture aux champs qu'il parcourait : ne pouvant maîtriser le désir de considérer de plus près un spectacle inusité pour lui, il franchit la haie qui le dérobait à la vue de ces oiseaux ; mais aussitôt la troupe changea de direction, et l'infortuné chasseur regretta longtemps de n'avoir pas été plus patient ni mieux avisé !

Il vint me rendre compte de cet incident et m'exprimer sa surprise. Je le conduisis au Musée, afin qu'il me désignât les oiseaux qu'il avait vus, et sans hésiter il m'indiqua les outardes barbues.

Un des plus beaux mâles de cette espèce se trouve dans le cabinet de mon honorable ami, M. Raoul de Baracé.

La femelle choisit pour élever sa jeune famille les blés, les seigles, les steppes ; là elle fait un petit trou en grattant légèrement la terre avec ses pattes, puis elle couche les blés, les herbes dans un espace circulaire de plusieurs mètres de diamètre, espace qui lui est nécessaire pour

qu'elle puisse courir quelques pas avant de prendre son
essor.

La ponte est de deux à quatre œufs, dont le grand
diamètre varie de $0^m,075$ à $0^m,082$, et le petit, de $0^m,054$
à $0^m,060$.

La couleur est d'un gris olivâtre parsemé de taches irrégulières, d'un brun ou d'un gris plus ou moins foncé.
Quelquefois les œufs semblent revêtus de deux couches
de même couleur, dont la seconde plus prononcée laisse
apercevoir irrégulièrement les teintes de la première ;
dans ce cas, ils n'ont aucune tache proprement dite. J'en
ai reçu un certain nombre dont la coquille offrait des
nuances bleuâtres et verdâtres qui s'harmonisaient de
manière à se fondre ensemble insensiblement.

Ma petite étude sur l'outarde barbue était rédigée, quand
j'ai reçu une lettre de l'un de mes honorables amis, M. Lescuyer, de Saint-Dizier. Cette lettre contenant des détails
précis et de précieux renseignements sur les mœurs et
l'alimentation de la grande outarde, je la transcris ici
comme témoignage de respectueuse reconnaissance pour
le concours bienveillant que m'offre, d'une manière si généreuse, le savant défenseur du héron gris, et comme
pouvant servir à élucider la question débattue entre les
naturalistes, à savoir si cet échassier vit principalement
d'insectes ou de plantes.

« Saint-Dizier, 25 janvier 1869.

« Cher Monsieur,

« En 1846, fin de juin, un habitant de Fère-Champenoise, M. Guérault, se promenait dans la plaine de ce pays
quand il aperçut à l'extrémité d'un champ de seigle la
tête d'un grand oiseau. Il pressa le pas, courut et se
trouva près d'une grande outarde femelle, accompagnée
de trois petits qui ne pouvaient encore voler et qui étaient
de la grosseur d'un œdicnème criard. Vite il chercha à
s'emparer des petits, mais la mère les défendait avec

acharnement, se plaçant entre eux et l'agresseur et menaçant ce dernier. Malgré la manœuvre désespérée de cette pauvre mère, M. Guérault parvint à saisir un outardeau ; il le rapporta à sa maison et le donna à son locataire, M. Gérardin, alors percepteur à Fère-Champenoise, et actuellement résidant à Sézanne.

« M. Gérardin crut devoir nourrir cette jeune outarde avec de la graine et lui en offrit de toute espèce. Ses essais ne réussirent point. Dans le principe, comme plus tard, elle refusa généralement les graines qu'on lui présentait. Elle accepta le pain, en mangea et vécut ainsi quelque temps, mais elle dépérissait sensiblement. Un jour se trouvant en liberté dans la cour de la maison, elle aperçut une planche de persil, se précipita dessus et la dévora en un instant.

« Alors on pensa avec raison que l'outarde était herbivore, et l'on substitua aux graines et au pain, des herbes de diverses espèces. Avec ce nouveau genre d'alimentation, l'outarde vécut parfaitement.

« Elle aimait peu la salade, mais beaucoup le chou.

« Devenue adulte, elle mangea de tout, même de la viande ; seulement elle n'y touchait que lorsqu'elle était cuite et à défaut d'autre chose. Encore en mangeait-elle peu.

« Plusieurs fois elle a renversé le couvercle du pot-au-feu pour y prendre les légumes qui s'y trouvaient. Un jour même elle a enlevé la viande pour saisir les légumes qui se trouvaient en dessous.

« Elle avalait assez souvent de la craie et quelquefois du charbon, même du charbon chaud qu'elle tirait du feu.

« Elle aimait le sucre.

« Dans le mois d'août 1846, Mlle Gérardin, qui la portait dans son tablier, la laissa tomber. L'outarde eut une syncope. On lui donna de l'eau sucrée et elle reprit ses sens au bout de vingt minutes. Pendant trois semaines on lui prodigua des soins. Elle reprit son allure ordinaire et devint très-familière.

« Quoique n'ayant pas les ailes coupées, elle ne quittait pas la maison, et à l'imitation des chiens, elle suivait les grandes personnes et les enfants qui l'habitaient ; elle jouait avec eux.

« Elle becquetait même dans l'assiette de ses maîtres.

« Elle couchait dans la chambre de M. Gérardin, sur la descente du lit. Elle n'en bougeait que lorsqu'elle voyait qu'on se levait. Alors elle courait à la porte pour rester fidèle aux soins de propreté auxquels elle s'était habituée. Dans le cours de la journée, elle usait du même procédé.

« Quand M. Gérardin était à son bureau, l'outarde se couchait à ses pieds. Si les contribuables qui se présentaient étaient ou des hommes ou des femmes ayant bonne tenue, elle ne bougeait pas. S'il se présentait des femmes dans un négligé trop apparent, elle se jetait ou sur leurs habits ou sur leurs mains. Un jour M^me Gérardin donna son tablier de cuisine à une femme de basse cour, et l'envoya ensuite au bureau de son mari. L'outarde s'élança sur elle, mais reconnaissant le tablier de sa maîtresse, elle recula et retourna à sa place. Cette femme ayant ensuite ôté le tablier, l'outarde se jeta sur elle.

« M^me Gérardin allait quelquefois s'asseoir sur un banc qui se trouvait devant la maison de M. Guérault, et l'outarde se plaçait près d'elle sur une espèce de nid qui lui était préparé et ne manifestait aucun désir de s'en aller.

« Cette maison est située sur la place de Fère-Champenoise et dans un des carrés qui s'y trouvent. L'outarde ne dépassait jamais ce carré, même quand ses maîtres le franchissaient. M. Guérault, qui avait l'habitude d'aller tous les jours à la même heure passer quelques instants au café de la place, rapportait chaque fois à l'outarde un morceau de sucre. Aussi celle-ci allait-elle toujours au-devant de lui, mais sans sortir du carré.

« Quand M. Gérardin revenait de ses tournées de perception, l'outarde par un cri particulier et très-perçant,

annonçait le retour de son maître, alors qu'il était encore
à plus de trois cents pas et qu'elle ne pouvait l'apercevoir.

« Cet oiseau ne se préoccupait pas des chiens blancs,
mais il avait peur des chiens noirs ; effrayé par des chiens
de cette couleur, il s'est envolé deux fois dans la plaine,
en 1847. Les enfants du village se mirent à sa recherche
et le trouvèrent bientôt. A leur appel, M. Gérardin
accourut ; l'outarde, le voyant, revint immédiatement
avec lui.

« Au mois de mars 1848, époque de la nidification,
quand du bureau de M. Gérardin l'outarde voyait des oiseaux voler, elle prenait son vol comme pour aller les
trouver ; de là des ennuis, des embarras à la suite desquels
M. Gérardin se décida à donner son élève à M. d'Écourtils,
qui l'envoya dans le Nord à un de ses amis, mais six
semaines après, la pauvre outarde mourut..... sans
doute de chagrin. On fit son autopsie et l'on trouva le
foie gâté.

« Tel est le récit de M. Gérardin. Je n'ai aucune raison
de ne pas le croire sincère et exact.

« Vous trouverez sans doute, cher Monsieur, qu'au
point de vue de l'alimentation, de l'instinct et de la do-
mestication, cette petite histoire contient des renseignements importants.

« N'est-il pas bien malheureux qu'une espèce aussi
précieuse comme gibier, d'une finesse de chair et d'un
poids aussi remarquables, ait été proscrite de nos contrées
pour lesquelles elle semblait avoir été destinée, et que
depuis longtemps on n'ait pas travaillé à en faire une
espèce domestique !

« D'après les renseignements que j'ai pris, la grande
outarde ne niche plus en Champagne. On en voit encore
quelques-unes, mais à l'état de passage. »

## OUTARDE CANEPETIÈRE. — Otis tetrax.

Cette espèce, beaucoup plus petite que la précédente, vient chaque année se reproduire dans notre département. Elle fixe ordinairement son domicile aux environs de Doué-la-Fontaine, dans les vastes plaines de Douces. Cependant j'ai reçu, en l'année 1868, un œuf d'outarde canepetière trouvé dans la commune de Saint-Georges-des-Sept-Voies (canton de Gennes) ; les personnes qui me l'ont procuré étaient convaincues que la femelle avait emporté les autres œufs dans un lieu plus sûr, parce qu'elle s'était aperçue que son nid était découvert. Le dernier œuf avait été capturé avant que le déménagement complet n'eût été opéré. Si ce fait était bien constaté, il viendrait corroborer l'opinion qui attribue la même habitude à l'outarde barbue.

L'outarde canepetière niche à terre parmi les herbes : c'est là que, sur une couche peu délicate, la femelle pond trois ou quatre œufs de couleur bronze uniforme et luisant, parsemée de petits nuages roussâtres peu apparents.

Quelques-uns de ces œufs revêtent une teinte verdâtre ou même bleuâtre ; j'en ai reçu dont la couleur était d'un vert olive, et d'autres d'un roux très-foncé et uniforme.

Leur grand diamètre est de 0<sup>m</sup>,041 à 0<sup>m</sup>,042, et le petit, de 0<sup>m</sup>,03 à 0<sup>m</sup>,04. La mère conduit ses petits, appelés *petraceaux*, comme la poule conduit ses poussins ; à l'approche du moindre danger, les petraceaux se tapissent à terre avec une habileté remarquable. La femelle est très-défiante en tout temps, mais surtout lorsqu'elle veille sur ses petits ; elle a recours à toutes sortes de moyens pour sauvegarder sa progéniture qu'elle entoure d'une sollicitude vraiment maternelle. C'est ce qui a donné naissance à ce vieil adage : *Faire la canepetière ;* c'est-à-dire être défiant, et même avoir recours à des ruses qui approchent de la rouerie. L'outarde s'envole obliquement et à la manière des canards, en faisant entendre son cri, *pet, pet ;* puis, par une course très-rapide et dissimulée, elle revient se poser dans le lieu d'où elle était partie.

En été, le mâle se distingue de la femelle par un double collier noir et blanc. Cette espèce ne porte point de moustache.

Comme la canepetière, il me faut revenir à mon point de départ dont je me suis assez éloigné, et donner la racine des mots *canepetière* et *tetrax*.

La première de ces expressions est formée, selon l'opinion de quelques savants, de *cane* et de *petra*, « pierre, » et exprime d'une manière énergique l'habitude de la canepetière qui se couche sur la terre, sur les pierres, comme le canard semble le faire sur les eaux ; une autre interprétation, au moins aussi plausible que la précédente, justifierait cette épithète par la couleur de l'outarde qui la rapproche du canard, et *canepetière* signifierait alors canard qui vit à terre au milieu des terrains pierreux.

La plupart des anciens naturalistes l'appellent *anas campestris, le canard terrestre.*

Cette opinion est aussi celle de Roquefort, de Belon, de Ménage, etc. Enfin Littré l'a consignée dans son *Diction-naire étymologique*.

Voici le texte de Belon sur cette étymologie : « Ce nom de cane petïere luy a esté baillé, non pas qu'elle soit aquatique, mais qu'elle se tapist côtre terre à la manière des canes en l'eau. » (Livre V, de la *Nature des Oyseaux*, page 257.)

Quelques personnes ont cru pouvoir trouver dans l'épithète *petière* une onomatopée représentant le cri répété de cet oiseau. Mais alors pourquoi appeler les petites outardes *petraceaux?* Puis comment concilier cette opinion avec le témoignage de Salerne (*Hist. des oiseaux*, p. 155), qui affirme que la petite outarde est appelée indifféremment canepetière ou *cane petrace*, et que ces mots représentent la même idée, comme le prouvent les détails suivants, donnés par le même auteur? La manière dont la canepetière s'envole pour revenir au point de départ serait encore un trait de ressemblance avec le canard. Salerne, *ibid.*, dit que « l'outarde *canepetière* est ainsi appelée parce qu'elle ressemble au canard, vole comme lui et se plaît parmi les pierres. » Peut-être, cependant, serait-il plus logique d'admettre deux étymologies, l'une pour *petière* et l'autre pour *pétrace?*

J'avais rédigé, et imprimé ces dernières lignes, comme une concession faite à quelques amis; mais je crois devoir, en terminant cette petite étude sur l'étymologie de *canepetière*, avouer en toute simplicité, que je pense que les véritables racines de ce substantif composé, sont cane et *petière*, vieux mot français signifiant qui *court*, qui se *promène à pied*. Le principe de ce verbe est *peditare*, diminutif de *peditum*, supin de *pedo*. Du verbe *peditare* on a fait, par contraction, *pedare* et *petare*.

Il me semble très-évident que la racine de ces différentes formes du même verbe est *pes, pedis, pied*, et que cette racine fondamentale appliquée à la canepetière indique que la différence essentielle qui existe entre cette cane et la cane proprement dite, c'est que la première se distingue de la seconde parce qu'elle se sert de ses pattes uniquement pour *courir*, se *promener*, et non pour *nager*. Dès lors *petrace* se lierait à *petière* et n'indiquerait qu'une idée accessoire de l'idée principale, une *course*, une *promenade* dans les terrains pierreux.

Dans un certain nombre de localités on appelle la cane-petière *canepetrelle*; expression qui dérive évidemment de *petra*, « pierre. »

Quant à l'épithète *tetrax*, elle est la traduction de TÉTRAX, dont la racine TÉTRAZÔ signifie « caqueter » comme une poule qui pond, et indique une habitude de l'outarde canepetière, habitude qui lui servirait de trait d'union avec la poule : j'ai déjà constaté que la canepetière veille sur ses petits comme la poule sur ses poussins.

---

## ŒDICNÈME CRIARD. — ŒDICNEMUS CREPITANS.

Autant la physionomie des outardes est gracieuse et leur port noble et majestueux, autant la physionomie de l'œdicnème est peu sympathique, autant son port le rattache aux échassiers pris dans l'acception de *boiteux*, d'*estropiés*. L'œdicnème se distingue de tous les oiseaux de la même famille par une tête dont les proportions paraissent démesurées avec celles du corps de cet oiseau; sa forme est presque ronde; il porte deux yeux très-gros sortant de leur orbite et ne révélant aucune intelligence. Tout dans cet échassier, tout jusqu'à son nom, semble éloigner de lui la sympathie qui s'attache si facilement à un grand nombre d'autres espèces. La seule considération que l'on puisse faire valoir en faveur de l'œdicnème, c'est son extrême timidité; il ne circule que le soir; il paraît fuir le jour et les regards des créatures, comme s'il rendait justice à ses formes disgracieuses et à son cri fatigant.

Quand la nuit commence à envelopper la terre de ses épaisses ténèbres, l'œdicnème se livre à des pérégrinations très-actives ; il court avec une rapidité extraordinaire, ce qui l'a fait appeler par les gens de la campagne *l'arpenteur*, le *courlis de terre*.

Cet oiseau ne séjourne que dans les terrains pierreux, sablonneux, incultes, dans les bruyères ; là il se nourrit de limaçons, de lombrics, de sauterelles, de mulots, de campagnols et de reptiles. M. Courtiller, propriétaire, directeur du musée de Saumur, atteste qu'un œdicnème qu'il élevait en captivité se jetait avidement sur les intestins de volailles pour les manger. M. Lescuyer a vu un œdicnème qui s'était habitué à vivre en bonne harmonie avec les poules, les chats, et même avec les chiens. D'où ce savant conclut avec raison que si les outardes, les œdicnèmes, etc., étaient l'objet de soins intelligents et continus, ces différents oiseaux pourraient être facilement réduits en domesticité.

L'œdicnème niche à terre ; la femelle pond, dans un petit enfoncement qu'elle a préparé avec ses pattes, deux œufs très-gros dont le grand diamètre varie de $0^m,045$ à $0^m,055$, et le petit, de $0^m,035$ à $0^m,040$. Cette grande différence qui existe entre les dimensions de ces œufs, et qui se reproduit régulièrement, semblerait indiquer, dans cette espèce comme dans beaucoup d'autres, deux races distinctes, une petite et une plus forte.

La couleur de ces œufs est d'un gris jaunâtre avec des taches irrégulières d'un brun foncé et semées en zig-zag. La forme varie beaucoup, ainsi que la couleur et l'abondance des taches. J'en possède dans ma collection quelques-uns dont le gros bout est entièrement couvert d'une large tache d'un noir très-foncé, et représentant une véritable calotte.

Les mâles et les femelles défendent avec une grande

énergie leurs nids et leurs petits contre les attaques des animaux, et même contre celles des hommes. Le mot *œdicnème* est formé du verbe grec οἰδέΐν, « enfler, » et de κνήμη, « jambe. » Cette expression indique que cet oiseau a pour signe caractéristique des jambes dont le haut du tarse est très-dilaté, ainsi que la grosseur de l'articulation moyenne. On croirait facilement que le gonflement de l'articulation est le résultat d'une tumeur (œdème). Ses tarses sont réticulés, renflés en arrière et près du talon. Sous ce rapport, l'œdicnème peut être classé, du moins en apparence, dans l'ordre des *estropiés*.

Les épithètes *criard* et *crepitans* ont à-peu-près le même sens; cependant l'adjectif latin exprime non-seulement un cri répété, mais encore un cri désagréable, irritant les nerfs. C'est le soir que les œdicnèmes font entendre leur cri *turrli*, *turrli*, en courant avec une rapidité prodigieuse et en rasant la terre dans un vol assez soutenu. Latham appelle cet oiseau *otis œdicnemus*, mais il ne peut le ranger parmi les outardes qu'à titre de bouffon de cette famille, et pour faire ressortir davantage la belle physionomie des véritables outardes.

Les jeunes œdicnèmes, dont la chair est un assez bon gibier, restent longtemps en société avec leurs parents; quand l'éducation est finie dans chaque couvée, les jeunes et les vieux se réunissent en bandes assez nombreuses, et ils quittent ordinairement l'Anjou vers le mois de novembre, pour y revenir au printemps. Cependant un certain nombre d'œdicnèmes séjournent toute l'année dans les quartiers sablonneux de notre département.

---

## SANDERLING VARIABLE. — CALIDRIS ARENARIA.

L'explication de l'étymologie des noms donnés à cet échassier composera toute la notice qui lui est consacrée.

car elle sera le résumé exact de ses mœurs, et indiquera même les modifications si nombreuses que subit son plumage.

Le sanderling variable est un charmant petit oiseau qui apparaît rarement dans notre contrée. Son séjour de prédilection est la région désolée des cercles arctiques; là, il parcourt avec une très-grande rapidité et avec beaucoup d'élégance les sables que la mer couvre et abandonne tour-à-tour; il cherche, sous les graviers et dans la vase, les vers et les insectes que les flots y ont apportés. C'est là aussi qu'il se reproduit; la femelle pond sur le sable trois ou quatre œufs d'un roux verdâtre, parsemés irrégulièrement de points et de taches de nuances différentes, mais se rapprochant toutes, plus ou moins, du brun noirâtre. Le grand diamètre est de $0^m,034$ à $0^m,035$, et le petit, de $0^m,022$ à $0^m,023$.

Le sanderling est d'un caractère doux et sociable; par l'ensemble de ses mœurs, il se rapproche des bécasseaux et des pluviers.

L'expression *sanderling* est celle par laquelle cet échassier est désigné sur toutes les côtes de l'Angleterre. *Sand*, en anglais et en allemand, signifie *sable; er* indique ordinairement l'habitation : ainsi *London-er*, habitant de Londres, *Holland-er*, habitant de la Hollande. *Ling* représente un diminutif. *Sand-er-ling* signifierait, d'après cela, un oiseau « fréquentant le petit sable, » ou le petit oiseau « parcourant les sables; » ces deux sens expriment parfaitement les mœurs du sanderling variable. Enfin, en allemand, *sander* signifie « celui qui habite les sables. »

L'épithète *variable* se justifie par la variété que le plumage de cet oiseau subit chaque année et à chaque mue, variété si profonde et si complète, que le plumage des vieux ne ressemble plus à celui des jeunes, et que le plumage même de chaque sujet est tout différent de celui de ses congénères, de sorte qu'il est très-rare de rencontrer deux sanderlings dont le plumage soit de la même couleur et de la même nuance. Ainsi se justifient les expressions *sanderling variable.*

C'est cette variété de couleurs et de nuances, se reproduisant à l'infini, qui a occasionné tant d'erreurs dans la description et le classement de cet oiseau. On eût pu subdiviser cette espèce d'une manière illimitée, en se fondant sur les nombreuses variétés de plumage des sujets, variétés profondes et très-tranchées.

Quant aux mots *calidris, arenaria,* ils représentent la même idée que *sanderling. Calidris* semble avoir pour racine CHALIX, signifiant « petite pierre, petit caillou, » et *arenaria* dérive de *arena,* « sable, gravier, » d'où sont venus les mots *arenaria,* « sablonnière, » *arène,* « endroit couvert de sable, sablé, » et enfin *arenarius,* « gladiateur combattant dans l'arène, sur le sable. »

---

## PLUVIER DORÉ. — CHARADRIUS PLUVIALIS.

Le pluvier doré vit dans les régions du Nord où il se nourrit de vers et d'insectes mous, qu'il capture avec adresse dans les lieux humides, dans les prairies marécageuses, sur les bords des fleuves et sur le rivage des mers. Cet oiseau voyage par familles et assez souvent par bandes formées de la réunion d'un certain nombre de familles.

Chaque année, il arrive en Anjou à l'automne, au moment des pluies, pour nous quitter au printemps. C'est l'époque de son arrivée qui, d'après Ménage et d'après plusieurs autres auteurs, lui a fait donner le nom de *pluvier*, « oiseau venant avec la pluie. » Quant à l'épithète *doré*, elle est justifiée par les nuances du plumage de cet oiseau, plumage noirâtre, tacheté d'un jaune doré sur le dos et sur les ailes. Dans le nord de la France, on prend avec des filets beaucoup de pluviers dorés, et quelques propriétaires conservent ces oiseaux pendant l'hiver, les mettent dans les jardins où ils s'habituent facilement ; là, ils se nourrissent d'insectes, de vers et de limaçons ; ils mangent aussi très-volontiers de la mie de pain et de petits morceaux de viande cuite. Le pluvier doré est un excellent gibier, très-recherché par les gastronomes anglais, qui apprécient encore beaucoup les omelettes faites avec des œufs de cet oiseau.

A la cour de Londres, une de ces omelettes figure presque toujours dans les grands repas officiels. Les principaux restaurants de Paris offrent aussi aux véritables appréciateurs de l'art culinaire des omelettes faites avec quelques œufs de pluvier, auxquels on mêle en plus grand nombre des œufs de vanneau, après toutefois les avoir montrés aux consommateurs. Ce qui prouve en passant qu'avant de s'asseoir à ces tables luxueuses, il serait bon de faire une petite visite aux collections des musées.

La femelle pond de trois à cinq œufs, dans des marécages ; ces œufs sont ventrus et piriformes, d'un jaune clair et un peu verdâtre, avec des points gris foncé et des taches noirâtres. Le grand diamètre est de $0^m,05$, et le petit, de $0^m,035$.

Les pluviers dorés n'ont que trois doigts. Ils manquent de pouce.

Pour compléter ces quelques notes sur le pluvier doré, il ne reste plus qu'à indiquer l'étymologie de *charadrius :* ce mot dérive de CHARADRIOS qui, chez les Grecs, désignait le *pluvier* et signifiait « oiseau qui visite les ravins, les lieux humides; » de CHARADRA, « ravin, » qui vient lui-même de CHARASSÔ et enfin de CHAÏNÔ, « être entr'ouvert, béant. »

Voici le texte de Belon qui se rapporte à cette étymologie et l'explique d'une manière bien claire et bien complète : « *Charadrius* est autant comme qui diroit en françoys oyseau habitant es ouuertures entre montaignes et rochers de difficiles accez, sur les riuages des torrents. » Puis il ajoute : « Gaza en Aristote tourne *charadrius* par *rupex* et *hiaticola*. Voicy comme il l'a traduit : *Volucres colunt aliæ loca fragosa et saxa et cavernas, ut quem a præruptis torrentium alveis* charadrium *appellamus, quasi* hiaticolam *dixeris.* « D'autres oiseaux fréquentent les lieux escarpés, les rochers et les cavernes. Tel est celui que nous appelons *charadrius*, autrement dit *hiaticola*, parce qu'il habite les pentes abruptes des torrents. » (Belon, liv. III, p. 183.) Ainsi, d'après ce passage de Belon, Gaza attribuerait la même signification aux mots *charadrius* et *hiaticola*, et la véritable orthographe de ce dernier mot s'éloignerait de celle que lui attribue Aldrovande en s'appuyant, lui aussi, sur le même texte de Gaza. Il y a peut-être eu confusion entre les deux épithètes dans la traduction d'Aristote, ce que ferait croire la lecture différente de Belon et d'Aldrovande. Ces deux variantes pouvant parfaitement s'appliquer aux mœurs des pluviers, je les conserve dans mon travail, comme un moyen de rendre même plus complète la relation qui existe entre les habitudes des pluviers et les interprétations multiples attachées à leur nom, d'après l'orthographe diversifiée de la traduction d'Aristote.

Il demeure donc encore démontré que les noms donnés à ces échassiers sont loin d'être vides de sens, mais qu'au contraire ils relatent des particularités se rattachant au plumage, aux mœurs de ces oiseaux, et servent, par conséquent, à les rappeler à ceux qui les connaissent, ou à les apprendre à ceux qui les ignorent.

---

### PLUVIER GUIGNARD. — CHARADRIUS MORINELLUS.

Ce pluvier apparaît très-rarement en Anjou, et est beaucoup moins multiplié que le précédent; il se plaît dans les terrains arides, et se nourrit principalement de petits orthoptères. Ses mœurs sont très-douces; il témoigne pour ses congénères une très-grande sympathie; aussi, quand un de ces oiseaux est blessé, tous ceux qui l'accompagnent voltigent autour de lui et se font tuer jusqu'au dernier plutôt que de l'abandonner : exemple bien touchant de la véritable fraternité si peu pratiquée dans notre siècle d'égoïsme !

La chair du pluvier Guignard est estimée comme plus délicieuse encore que celle du pluvier doré. Cette réputation est-elle fondée sur une véritable supériorité ou plutôt sur la rareté de ces oiseaux? je l'ignore; mais ce que l'histoire m'apprend, c'est que ce pluvier porte le nom d'un excellent bourgeois de Chartres, Jean Guignard, juge, à ce qu'il paraît, en gastronomie, et qui le premier, en 1542, apprécia et fit apprécier aux autres la délicatesse exquise de la chair de cet échassier. Telle fut l'origine de ces fameux pâtés chartrains si recherchés pendant une longue suite d'années, et qui ne vivent plus que de leur ancienne réputation, car ils ne contiennent maintenant que des cailles ou des alouettes. La guerre persévérante déclarée aux pluviers Guignard par un motif de lucre insatiable a fait disparaître ces oiseaux des pays environnant Chartres. Peut-être est-ce le pluvier Guignard qui a donné lieu à ce dicton culinaire :

> « Qui n'a goûté ni pluvier, ni vanneau
> Ne sait pas ce que gibier vaut. »

Quant à l'épithète *morinellus*, elle me paraît dériver de *Morini*, nom des peuples qui habitaient jadis, au temps des Romains, la Picardie, l'Artois et une partie de la Belgique, et indiquer, comme je l'ai déjà dit, la partie de la France où les pluviers dorés et les pluviers Guignard apparaissent et sont capturés en plus grande quantité. *Morinellus* rappellerait donc la patrie privilégiée de passage de cet échassier. Le pluvier Guignard niche dans les montagnes; la femelle pond quatre ou cinq œufs ventrus et très-courts, d'un gris roussâtre ou olivâtre, avec de larges taches brunes formant une espèce de calotte vers le gros bout, où elles sont beaucoup plus rapprochées que sur le reste de la coquille. Leur grand diamètre est de 0$^m$,038 à 0$^m$,040, et le petit, de 0$^m$,030 à 0$^m$,035. Ces œufs sont très-rares dans le commerce et d'un prix très-élevé; la plupart de ceux qui figurent dans les collections n'appartiennent pas à l'espèce sous le nom de laquelle ils sont classés.

## GRAND PLUVIER A COLLIER. — Charadrius hiaticula.

Le grand pluvier à collier visite chaque année notre bel Anjou ; il y séjourne plus ou moins longtemps, selon que les eaux de la Loire sont basses ou hautes et laissent, par là même, plus ou moins à découvert les grèves, sur les bords desquelles il cherche et trouve sa nourriture. Il porte le nom de *grand*, parce qu'il constitue l'espèce la plus forte du Genre. L'épithète *à collier* indique un de ses signes caractéristiques. Les campagnards l'appellent, dans leur langage expressif, le *blanc collet*. Le mot *charadrius* ayant été expliqué précédemment, ma tâche étymologique se borne à indiquer la racine du mot *hiaticula*, *hiaticule*. Cette tâche si simple en apparence m'a imposé de longs et de pénibles labeurs, et ce n'est qu'après des recherches poursuivies pendant plusieurs années, que j'ai pu entrevoir les racines de l'expression *hiaticule* employée par tous les auteurs, et qui cependant ne se trouve dans aucun dictionnaire. Si cette expression n'était qu'une simple variante de *hiaticola*, je me trouverais en avoir déjà présenté, d'après Belon, l'explication plus haut. N'ayant pas sous les yeux la traduction de Gaza, je ne puis juger s'il a

rendu effectivement le grec CHARADRIOS par *hiaticola* ou
par *hiaticula*. Le premier de ces deux mots, on l'a vu, caractérise parfaitement un oiseau « qui fréquente les torrents, les ouvertures des montagnes. » *Hiaticula*, forme qui
a prévalu, ne saurait avoir le même sens. La terminaison
*ulus, ula, ulum* indique en latin un diminutif, d'où il est
à présumer que *hiaticula* doit signifier « petit gouffre. »
Comment justifier, maintenant, cette interprétation? Pour
que mes lecteurs comprennent plus facilement, à ce sujet,
les hypothèses que je vais leur soumettre, je dois commencer par expliquer quelques circonstances des habitudes du grand pluvier à collier. Cet échassier pousse en
volant des cris aigus et répétés, et quand il est préoccupé,
il baisse et relève brusquement la tête. Il court avec une
très-grande rapidité sur les sables humides en les frappant constamment de ses pieds, afin d'en faire sortir les
insectes qui s'y trouvent cachés. Le long des rivages de la
mer, il aime à fréquenter les ouvertures béantes des bords
escarpés, les petites cavités, où l'eau entre et d'où elle
sort tour-à-tour, selon le flux et le reflux, en y déposant
une grande quantité de vers et de petits mollusques brisés
par les flots. *Hiatus* signifiant « ouverture de la bouche,
bâillement, abîme, gouffre, » peut indiquer que l'épithète
*hiaticula* a été donnée au grand pluvier soit parce qu'il
ouvre très-fréquemment le bec pour pousser des cris
plaintifs et répétés, soit parce qu'il visite et fréquente
constamment les bords des gouffres, les déchirures des
rivages de la mer. Cette dernière explication s'appuierait
même sur un texte d'Aldrovande (*Ornithologie*, édition in-
folio, livre XX, page 207) : « *Verum si rectè, ut Gaza pu-
tavit, hiaticula verti potest nomenque, indè factum quod circa
fluminum alveum et rivorum charadras, sive hiatus riparum
versari soleat...* » — Mais si ce mot peut être exactement
traduit, comme Gaza l'a cru, par *hiaticula*, ce nom doit lui
être venu de ce que ce pluvier se tient d'habitude sur
l'eau, rasant le bord, près des fissures, et pour ainsi dire

des hiatus du rivage... » Cette étymologie peint d'une manière très-exacte l'habitude du pluvier, qui ne vole effectivement qu'au-dessus du contour des grèves ou des rivages. De plus, elle paraît se justifier encore par l'expression générique *charadrius*, ayant pour racine CHARADRA, « ravin, » de CHARASSÔ et CHAÏNO, « être entr'ouvert, béant. » Cette dernière interprétation, *entr'ouvert, béant*, me rappelle tout naturellement une habitude du pluvier armé, qui séjourne en Égypte et au Sénégal. Ce pluvier est ainsi appelé parce que le pli de son aile est armé à l'extérieur d'un éperon corné et très-aigu. Les fleuves de l'Égypte et du Sénégal sont peuplés de nombreux crocodiles. Tandis que ces terribles amphibies parcourent les eaux, des sangsues pénètrent dans leurs gueules béantes, et, lorsqu'ils sont à terre, des fourmis, des insectes nombreux s'y introduisent. La disposition de la langue du crocodile le laisse désarmé contre les cuisantes attaques de tous ces ennemis. Or le pluvier armé vient le secourir. Tandis que le monstre est étendu au soleil sur le sable des rivages brûlants, il ouvre sa large gueule. C'est alors que le pluvier s'en approche, entre dans ce dangereux gouffre, s'y installe, s'y promène et nettoie les dents, les gencives, le palais et la langue du crocodile. Quand l'opération est terminée, il se retire très-tranquillement, pour recommencer sur un autre sujet. « Le crocodile, » dit Elien, « profitant de ce service, en endure l'opération avec patience et reste immobile ; de sorte que le pluvier trouve un bon repas dans les sangsues, et le crocodile, jouissant de ce secours, pense bien récompenser l'oiseau, en restant tout-à-fait inoffensif contre lui. » Hérodote avait décrit la scène que je viens de retracer d'une manière sommaire ; mais elle avait été classée parmi les fables, jusqu'au moment où M. Geoffroy Saint-Hilaire put en constater lui-même l'entière exactitude, sur les bords du Nil. L'éperon, corné et très-aigu, dont le pli de l'aile du pluvier est armé, a été donné à cet oiseau par la Providence de Dieu pour lui faciliter l'accomplissement de sa dangereuse mission. En effet, le pluvier, en agitant ses ailes par un petit mouvement continu, par une espèce de frémissement, doit faire sentir au palais du crocodile une série de petites piqûres propres à engager le terrible amphibie à ouvrir la gueule plutôt qu'à la fermer. L'habitude du pluvier armé de visiter d'une manière régulière les gueules

béantes des crocodiles eût dû lui mériter, plus qu'à tout autre pluvier, l'épithète *hiaticula*, ou plutôt *hiaticola*. Les Arabes, dans leur langage expressif, l'appelle le *fouilleur*.

Le grand pluvier à collier niche sur les plages ou sur les îlots de la mer; la femelle dépose trois ou quatre œufs dans une petite cavité et, plus souvent encore, au milieu de quelques gros grains de gravier réunis en circonférence. L'intérieur de cette circonférence est garni d'une couche de sable beaucoup plus fin que celui qui forme les bords. Les œufs sont toujours disposés de telle manière que le petit bout des œufs s'appuie sur le centre du cercle, tandis que l'autre extrémité repose sur la ligne extérieure du nid, dans laquelle se trouvent mêlés des débris de petites coquilles.

Les œufs sont d'un gris jaunâtre, parsemés de taches d'un brun noir et quelquefois d'un gris foncé. Le grand diamètre varie de 0ᵐ,032 à 0ᵐ,034, et le petit, de 0ᵐ,022 à 0ᵐ,024.

## PETIT PLUVIER A COLLIER. — Charadrius minor.

Ce gracieux échassier niche en Anjou ; j'ai pu dès lors étudier ses mœurs et ses habitudes d'une manière plus persévérante que celles de ses congénères, qui ne font qu'y séjourner quelque temps. Il se trouve en assez grand nombre sur toutes les grèves de la Loire et même sur les bords des étangs, en particulier sur ceux de Chaloché où il niche également. Le petit pluvier à collier fait entendre presque constamment un petit cri plaintif ; le mot *hiaticule* ne pourrait-il pas lui être appliqué dans le sens de *crieur*, de *bavard*, d'oiseau qui ouvre souvent le bec ? Ces cris sont encore plus multipliés pendant la pluie que lorsque le temps est serein. L'épithète *pluvier* n'indiquerait-elle pas que cet oiseau annonce la pluie ?

Enfin, le petit pluvier se laisse beaucoup plus facilement approcher quand la pluie tombe que lorsque la température est élevée. C'est, selon Aldrovande, le motif qui a mérité à cet oiseau son nom : « *Sic in totâ Galliâ audit, ut testis est Belonius, qui sic dictum putat, quod pluviarum tempore facilius captatur.* — Telle est l'opinion communément reçue en France, comme en témoigne Belon ; car cet auteur pense que le pluvier est ainsi nommé, parce que cet oiseau est plus facile à prendre par les temps de pluie. » (*Ornith.*, liv. XX, p. 205.)

Cette étymologie du mot pluvier me semble plus plausible que celle que j'ai indiquée d'après Ménage, à l'article du pluvier doré. On a donné en France le nom de *Pluviers* (aujourd'hui Pithiviers) à une petite ville de la Beauce, à cause de la grande quantité de pluviers qui se trouvent dans ses environs. (*Encyclopédie*, édition de Genève, 1778, tom. XXVI, p. 313.)

Chez les Romains, Jupiter portait le surnom de *Pluvius*, et on l'invoquait pour obtenir de la pluie. L'histoire, ou plutôt la mythologie, raconte que l'armée de Trajan, étant près de périr de soif, adressa ses prières à Jupiter Pluvius, et obtint aussitôt une pluie abondante. Pour perpétuer le souvenir de cet événement, on grava sur la colonne Trajane, à Rome, la figure de Jupiter Pluvius et les soldats romains recevant l'eau dans le creux de leurs boucliers. Le dieu est représenté sous la figure d'un vieillard à longue barbe, avec des ailes, tenant les deux bras étendus et la main droite un peu élevée ; l'eau paraît sortir à grands flots de ses bras et de sa barbe. Quittons le domaine de la fiction et revenons à celui de la vérité.

Le petit pluvier court avec une excessive rapidité sur les bords humides des grèves, en frappant avec ses pieds le sable fin que la Loire, en se retirant, a laissé récemment à découvert; cette manœuvre habile imprime au sable une pression réitérée, qui force les insectes et les vers cachés dans le sable ou dans la vase à sortir de leurs retraites et à devenir la proie du pluvier. Cette habitude caractéristique, que j'ai constatée bien des fois, m'engagerait à trouver un léger trait d'union entre les mots *hiaticula* et *hiator*. Du Cange dit que cette dernière expression a la même étymologie que le mot *hie*, désignant un instrument avec lequel on frappait, on pressait le silex qui servait au pavage. « *Instrumentum quo pavimenti silex premitur*. » Si le mot *hiator* se fût appliqué non-seulement à l'instrument, mais encore à celui qui s'en servait, il eût peint d'une manière très-énergique le pluvier *hiaticule*, qui *crie* en *frappant* de ses pieds les sables du rivage. Cette interprétation s'accorderait encore avec le mot *gravelot*, par lequel les pluviers sont maintenant désignés, et qui signifie oiseau qui « vit sur les graviers, qui les foule aux pieds. »

Cette habitude de frapper les sables mouillés et les vases des rivages avec une persévérance continue et une activité violente, est tellement caractéristique, qu'elle oblige les pluviers à se laver fréquemment les pieds pour en détacher les corps qui s'y sont fixés, et dont la présence s'opposerait à la course rapide de ces oiseaux.

Ce pluvier niche sur les sables de la Loire. Son nid est simplement un petit trou, que la femelle prépare en réunissant en circonférence quelques gros graviers; au milieu se trouve un sable fin, sur lequel reposent trois ou quatre œufs dont la petite extrémité s'appuie sur le centre du nid. Ces œufs sont assez gros et piriformes. Leur couleur est d'un gris un peu rose, parsemé de petits points bruns. Quelques-uns sont d'un roux clair. Leur longueur varie de 0$^m$,030 à 0$^m$,032, et leur diamètre, de 0$^m$,022 à 0$^m$,024. Jamais les œufs ne sont déposés sur le sable fin ou sur les bords des grèves, mais toujours sur les points culminants et sur le plus gros gravier. Quoique la couleur de leurs œufs se marie à celle du sable, et leur offre ainsi un moyen d'échapper aux recherches de leurs ennemis, les pluviers préparent encore un très-grand nombre de nids avant de se décider à confier à l'un d'eux l'espoir de leur jeune famille. Quand on s'avance sur une grève où se trouve un nid de petit pluvier, le père et la mère font entendre immédiatement des cris plaintifs, en courant ou en volant sur les bords de la grève, et révèlent ainsi, sans le vouloir, que sur ces sables reposent des œufs ou des petits, objets de leur tendresse. Les pluviers ont des ennemis redoutables dans les pies et dans les corneilles qui visitent les grèves en tous sens, pour y découvrir et y manger les œufs de la petite hirondelle de mer et ceux du pluvier.

---

## PETIT PLUVIER A COLLIER INTERROMPU. —
### CHARADRIUS CANTIANUS.

Ce pluvier est beaucoup moins connu en Anjou que le précédent. Ses habitudes sont les mêmes que celles de ses congénères.

Les épithètes *à collier interrompu* indiquent que ce pluvier se distingue des autres par son collier qui ne fait pas le tour du cou, et qui semble représenter un collier entr'ouvert ou brisé. L'adjectif *Cantianus* rappelle que cet échassier est très-commun en Angleterre, dans le pays de *Kent*. Sur un grand nombre de catalogues d'ornithologie, il est désigné sous le nom de *gravelot* de Kent, ou d'oiseau qui habite les gravelles de Kent ou les dunes et les sables composés de petits graviers. Le pluvier à collier interrompu niche sur le sable parmi des petits coquillages ou des galets. La femelle pond trois ou quatre œufs d'un jaune clair et sale ou d'un gris verdâtre, avec des points ou des taches d'un gris ou d'un noir foncé. Ces œufs se distinguent de ceux des deux autres espèces par de petits traits noirâtres semés en zigzag, surtout vers le gros bout. Le grand diamètre varie de 0$^m$,032 à 0$^m$,035, et le petit, de 0$^m$,022 à 0$^m$,025. Le pluvier à collier interrompu se réunit à la petite hirondelle de mer, au petit pluvier et au grand pluvier à collier, pour nicher par bandes innombrables sur les petits îlots de la mer, en ayant soin de choisir ceux qui ne sont jamais couverts par les flots, même pendant les plus fortes marées. Un jour, ayant fait naufrage près de la Roche-Percée, j'ai trouvé sur les Esvins, îlot à sept ou huit kilomètres des côtes du Pouliguen, quatre-vingt-seize œufs de pluvier à collier interrompu et de petite hirondelle de mer, dans un espace de moins de vingt mètres de longueur et de dix mètres au plus de largeur. Tous les nids se trouvaient les uns près des autres. Quand nous descendîmes sur les sables, les mères s'envolèrent de leurs nids, en poussant des cris plaintifs et en tourbillonnant au-dessus de nos têtes.

Je termine ces quelques lignes sur le pluvier *à collier interrompu* par une remarque, qu'ont faite tous ceux qui collectionnent les œufs, et qui révèle un nouveau trait de la sollicitude prévoyante de Dieu envers tous les êtres de la Création. Les œufs de pluvier et de tous les oiseaux qui pondent à terre sans aucun nid, sont beaucoup plus gros que ceux des oiseaux qui confient l'espoir de leurs jeunes familles à des berceaux plus ou moins bien façonnés, et dont la présence est dissimulée avec un très-grand soin. Les petits pluviers devant pouvoir se suffire en brisant la coquille qui les renferme, cette coquille est beaucoup plus développée que celle des autres œufs, ce qui permet aux petits de naître beaucoup plus gros et plus forts que s'ils étaient renfermés dans les parois d'une étroite prison. De plus, si les petits pluviers étaient condamnés à rester dans leur berceau entièrement à découvert, pendant plusieurs semaines, aucun d'eux n'échapperait à la recherche de leurs ennemis. Aussi tous les petits appartenant à la première famille des Echassiers courent-ils quelques instants après leur naissance et dissimulent-ils leur présence en se tapissant sur le sable, avec lequel s'harmonise leur couleur, ou au milieu des herbes touffues qui croissent dans les lieux marécageux.

---

## HUITRIER PIE. — H.ematopus ostrolegus.

Les noms savants et les dénominations vulgaires qui servent à désigner cet échassier représentent, d'une manière vraie et exacte, les habitudes et les signes caractéristiques qui le distinguent de tous les oiseaux de la même famille. L'huîtrier ne vit pas solitaire : il se réunit, au contraire, en bandes assez nombreuses, parcourt les marais salants, les rivages de la mer ; là, il se nourrit de crustacés, et principalement de petites coquilles, de petites huîtres, dont il sépare les valves très-adroitement avec son bec, profitant du moment où elles sont un peu entr'ouvertes. Lorsque les valves de ces mollusques sont fermées, l'huîtrier se sert de son bec fort et pointu, comme d'un puissant levier, pour les séparer et les ouvrir entièrement. Telle est l'origine de son premier nom, *huîtrier*, mangeur d'huîtres, en ne prenant pas toutefois le mot *huîtres* dans son acception propre, mais dans le sens de *moules*, de petites coquilles, etc., car les véritables huîtres ne se trouvent pas ordinairement sur les rivages, mais restent attachées aux rochers couverts par les flots de la mer. Deux couleurs se partagent les nuances de son plumage, le noir et le blanc, qui se marient de façon à donner à l'huîtrier une ressemblance assez grande avec la *pie*. C'est pour ce motif que les marins l'appellent *Pie de mer*. Quant au nom *ostrolegus*, il retrace, avec le cachet de la science, la même habitude que celle qui est

indiquée par l'expression *huîtrier :* ostreum, « huître, » et
lego, « choisir, recueillir. » *Hœmatopus* est formé de aima,
aimatos, « sang, » et pous, « pied ; » oiseau dont les pieds
sont rouges, couleur de sang. L'huîtrier est le seul de la
famille des Pressirostres qui ait les pieds rouges ; dès lors
cette dénomination relate un caractère distinctif. L'huîtrier court très-vite, nage avec une grande facilité, et
peut ainsi, dans les marais salants, passer d'une enceinte
à l'autre sans avoir recours au vol et sans révéler sa présence.

La femelle pond à terre, dans les endroits marécageux,
deux ou trois œufs très-gros et de dimensions peu en rapport avec l'oiseau. Le grand diamètre est de 0$^m$,054 à
0$^m$,056, et le petit, de 0$^m$,035 à 0$^m$,038. Leur couleur est
d'un jaune verdâtre ou d'un roux sale, avec des taches
ou des traits en zigzag d'un beau noir. Les huîtriers se
réunissent en grande quantité pour nicher ; aussi les habitants des bords de la mer s'empressent-ils de recueillir
ces œufs et d'en faire d'excellentes omelettes, dont la délicatesse pourrait être aussi vantée que celle des œufs du
pluvier doré , si toutefois il était aussi difficile de se
procurer les premiers que les seconds.

---

## VANNEAU PLUVIER. — Vanellus melanogaster

La dénomination *vanneau* est très-expressive : elle représente d'une manière simple et naïve l'habitude favorite
des oiseaux désignés par ce nom. Le vol des vanneaux
est très-gracieux et très-léger : ces oiseaux semblent se
balancer dans les airs avec une délectation recherchée.
Quand ils veulent changer de direction dans leur vol, ils
battent leurs grandes ailes, et font alors entendre distinc-
tement un bruit comparé à celui du *van*, instrument qu'on
agite avec force pour nettoyer le grain qui lui est confié.

Telle est l'origine très-naturelle du mot *vanneau*. Quand cet oiseau interrompt son vol, il semble, comme une pierre, tomber à terre par son propre poids. Là, il reste quelque temps immobile, regardant de tous côtés pour constater si aucun danger ne le menace, puis il se met à courir avec une rapidité et une élégance que nul autre oiseau ne surpasse. D'un caractère gai et vif, le vanneau est sans cesse en mouvement; aussi est-il très-difficile de l'approcher. On ne peut le tirer que lorsqu'on le surprend. Les détails que je viens de donner se rapportent et au vanneau pluvier et au vanneau huppé. Le premier est plus petit que le second; il est ordinairement appelé vanneau *suisse*, parce qu'il est très-multiplié dans l'Helvétie. Quant à l'épithète *pluvier* qui lui est attribuée, elle indique qu'il se rapproche beaucoup du pluvier, par la taille et par l'ensemble de la physionomie. L'épithète *melanogaster* est composée de MÉLAS, « noir, » et GASTÈR, « ventre, » et représente la couleur noire du ventre de cet échassier.

La femelle pond à terre, dans les prairies marécageuses, de trois à cinq œufs d'un brun olivâtre, avec des taches irrégulières et noires. Le grand diamètre est de 0$^m$,043 à 0$^m$,045, le petit, de 0$^m$,030 à 0$^m$,032.

Ce vanneau vit, comme le suivant, d'insectes, de vers et de limaçons qu'il capture dans les terres incultes, et surtout dans celles qui sont humides.

----

## VANNEAU HUPPÉ. — VANELLUS CRISTATUS.

Les étymologies concernant cet échassier se bornent à l'épithète *huppé* (*cristatus*), qui rappelle que cette espèce se distingue de la précédente par une très-belle huppe, repliée sur le cou, et qu'elle relève à volonté avec beaucoup d'élégance.

Le vanneau huppé se reproduit en Anjou. Autrefois il

était très-nombreux dans certaines localités ; mais, depuis quelques années, il a presque entièrement disparu, à cause de l'acharnement avec lequel les pâtres recherchent ses œufs pour les briser ensuite dans des jeux coupables. Ce vanneau se tient de préférence dans les terrains humides et marécageux : il les explore en courant avec la même légèreté que les mouettes ; on dirait que ses pieds ne

touchent pas la terre. Pour se procurer les vers et les insectes aquatiques qui composent sa principale nourriture, il frappe la terre de ses pieds, puis il attend en silence que la proie qu'il désire manifeste sa présence, et alors il la saisit avec une grande adresse. La femelle prépare avec ses pattes une petite excavation dans laquelle elle réunit quelques brins d'herbe, et c'est dans ce nid grossier qu'elle pond trois ou quatre œufs piriformes, de couleur olivâtre, avec des taches brunes, noires ou grises, et toujours plus multipliées vers le gros bout.

Dans le nid, ils sont placés de manière à former un cercle dont la circonférence est la réunion des gros bouts des œufs ; le petit repose vers le centre.

Ces œufs ont de 0ᵐ,046 à 0ᵐ,050 de longueur, et de 0ᵐ,032 à 0ᵐ,034 de diamètre. Ils sont l'objet d'un grand commerce en Hollande, en Angleterre et même à Paris.

En Hollande, on les sert à la fin du repas, comme dessert. Dans les marais de l'Ecosse, dans les tourbières de l'Islande, dans les garennes sablonneuses du Yorkshire, les nids de vanneaux sont tellement multipliés, qu'ils deviennent une ressource alimentaire pour les habitants, qui dressent des chiens destinés à les trouver.

Dans ces contrées, les vanneaux ont un ennemi encore plus redoutable que l'homme ; c'est la corneille mantelée : malgré les cris des vanneaux qui se réunissent pour la fatiguer de leur vol et de leur voix plaintive, elle emporte leurs œufs successivement, au bout de son bec, après les avoir transpercés.

Quelquefois les femelles pondent dans une simple excavation formée par le pied d'un bœuf ou d'un cheval. Quoique ces nids soient toujours près des lieux marécageux, ils se trouvent placés sur un petit monticule ou sur un sillon des champs voisins, de manière à ce que les œufs soient préservés du contact de l'eau.

Quand on entre dans un marais, dans un champ où se trouvent des nids de vanneaux, les pères et les mères signalent aussitôt, sans le vouloir, la présence de leurs petits ou de leurs œufs, en voltigeant au-dessus du champ et en poussant des cris plaintifs. Plusieurs nids se trouvent ordinairement placés les uns près des autres. Bien des fois, en parcourant avec mes jeunes amis Eugène Lelong, Alfred Goyard, Daniel Métivier, Guillaume Bodinier et Louis Manceau, les landes de Bécon, nous avons trouvé des nids de vanneaux en assez grand nombre, près des endroits où l'eau séjournait encore, et qui n'étaient que très-imparfaitement desséchés. Lorsque les petits étaient nouvellement sortis de leurs nids, les cris des parents devenaient de plus en plus vifs et plaintifs, à mesure que nous dirigions nos pas vers les lieux où était cachée la jeune famille. Les petits vanneaux se glissaient avec une grande agilité à travers les herbes de. ces prairies marécageuses, poussaient un petit cri, puis allaient se tapir immobiles, le long d'une touffe épaisse ou dans une légère excavation. Leur immobilité était tellement complète, leur silence si profond, leur affaissement si grand, qu'il nous était très-difficile de les capturer, d'autant plus qu'ils étaient en quelque sorte collés à la terre, et surtout assez loin de l'endroit où ils avaient fait entendre leur dernier cri. Ruse bien simple, mais qui souvent a déjoué toutes nos recherches.

Le vanneau est d'un caractère très-enjoué. Il se balance dans l'air en exécutant toute espèce d'évolutions gracieuses ; à terre il est sans cesse en mouvement ; il s'élance en l'air pour retomber, puis s'élancer de nouveau, retomber encore, et parcourir le terrain en bondissant par une série de petits vols entrecoupés. Cet oiseau rend un véritable service aux constructions navales en mangeant de grandes quantités de *tarets*, espèce de mollusques qui perforent les pilotis et les bois submergés.

Aussi la Hollande est-elle son séjour de prédilection ; là, il dévore des quantités innombrables de ces tarets qui minent et détruisent insensiblement les digues protectrices. Là, il combat avec une grande énergie les ennemis des intérêts bataves, et, pour toute récompense, loin d'être placé sous la protection des lois, le vanneau est en quelque sorte proscrit de la Hollande, puisqu'on y permet et on y encourage la vente de ses œufs dont on fait un commerce considérable.

# FAMILLE DES CULTRIROSTRES.

La deuxième famille de l'Ordre des Échassiers est celle des *Cultrirostres*. Cette dénomination est composée de *culter*, « couteau, » et de *rostrum*, « bec : » elle indique que les oiseaux compris dans cette famille ont le bec en forme de couteau, c'est-à-dire que la mandibule supérieure du bec s'élève et s'abaisse à volonté sur la mandibule inférieure, comme la lame du couteau se détache et se rapproche du manche, ou, ce qui est encore beaucoup plus probable, que le bec de ces oiseaux, long, pointu, fort et tranchant, ressemble à la lame d'un couteau, excepté toutefois celui de la Spatule.

Les Cultrirostres ont une démarche grave, comme des sénateurs (il s'agit bien entendu des Pères Conscrits de l'ancienne Rome) ; tous fréquentent les bords des étangs, des fleuves et des mers.

---

## GRUE CENDRÉE. — GRUS CINEREA.

J'ai publié d'abord, à part, cet article sur la *grue cendrée*. Le congrès de 1868 était sur le point de s'ouvrir, et ce modeste travail empruntait aux circonstances politiques un certain motif d'actualité. C'est qu'en effet, d'après l'opinion de savants naturalistes, les réunions habituelles aux grues présentent l'aspect intérieur d'un congrès. Ainsi Toussenel prétend que « *congrès* est dérivé du mot *con-gruere*, se rassembler, délibérer à la manière des grues. » (*Ornithologie passionnelle*, première partie, page 462.) L'on pourrait ajouter, avec plus d'exactitude encore : « crier ensemble comme les grues. »

Si cette étymologie est vraie, je crois qu'il est assez

curieux d'étudier la physionomie, les mœurs des grues, afin d'essayer de comprendre les causes pour lesquelles l'on assemble un congrès, les questions qui y sont débattues, les résolutions qui en découlent ; avantage que n'ont pas toujours ceux qui en font partie. Et pour que l'opinion mentionnée ci-dessus paraisse moins téméraire, je crois devoir donner, en premier lieu, quelques explica-

tions sur l'étymologie indiquée par l'auteur de l'Ornithologie passionnelle.

Presque tous les auteurs font dériver *congrès* de *congressus*, *réunion*, mot qui vient lui-même de *congredi*, composé de *cum*, « avec, » et *gradi*, « marcher. » Cette étymologie indique évidemment le résultat d'un vrai congrès, mais sans retracer nullement les préliminaires nécessaires pour conduire au résultat qui en découlera comme une conséquence essentielle. Or il me semble que le véritable congrès est le moyen qui prépare le résultat que l'on désire atteindre. Ce moyen, quel est-il ? Toussenel nous le fait connaître, en donnant pour racine au mot *congrès* le verbe *congruere*, signifiant, d'après tous les auteurs latins, *s'accorder*, et ayant pour racine *cum* et *gruere*, parler, babiller comme les grues. En effet, toutes les fois que l'on parle ensemble de manière à harmoniser les voix, l'on s'accorde. Et c'est ainsi qu'on a employé dans leur sens moral l'acception physique de ces mots, et que je comprends que, lorsque l'on s'est *mis d'accord* par des conférences préliminaires, on puisse ensuite *marcher ensemble*.

Je commence, maintenant, par quelques détails sur la physionomie et sur la nourriture de la grue cendrée. Cet oiseau appartient à l'ordre des Échassiers ; par sa taille qui atteint 1$^m$,20 ou 1$^m$,30, il semble dominer la plupart des autres espèces ; son attitude est grave et assez réfléchie, du moins en apparence. A juger la grue d'après son extérieur, on serait porté à croire qu'elle se livre à des pensées sérieuses. Elle fréquente les lieux marécageux, l'embouchure des rivières, les bords de la mer, et se nourrit d'herbes, de graines, de vers, d'insectes, de petits poissons et de rainettes. Les Grecs l'appelaient *la moissonneuse* à cause de son goût de prédilection pour les grains de blé.

La grue ne vit pas solitaire, car, s'il en était ainsi, l'étymologie indiquée par Toussenel ne serait pas justifiée. Dans la nation des grues, tout ce qui concerne un individu intéresse la société, et chaque grue ne reste ni indifférente ni étrangère aux besoins ou aux plaisirs de ses congénères. Lorsqu'une troupe de grues sonde les marais ou parcourt les bords des fleuves ou les rivages de la mer, pour chercher sa nourriture, le soin de veiller sur la société est confié à l'un des membres dont on a constaté l'expérience et la profonde sagesse. Ce choix n'est dû ni à la faveur, ni à des influences coupables, ni, encore moins, à un inexplicable caprice. La sentinelle choisie pour indiquer l'approche de toute espèce d'ennemis et signaler l'apparence même du plus petit danger, se place sur une élévation afin que son regard et sa voix puissent s'étendre au loin. Puis, dans la crainte de se laisser aller au sommeil et de compromettre ainsi les intérêts qui lui sont confiés, elle se tient immobile sur une seule patte, et replie l'autre sur le milieu du tarse de la première, et même quelquefois jusqu'à la hauteur du ventre. Dans cette attitude, la grue perd la grâce qu'elle déploie ordinairement, et ressemble tout naturellement à une personne qui serait forcée de conserver une posture pénible et qui l'obligerait à des contorsions peu séduisantes. C'est à cause de cette circonstance que l'on a employé, bien à tort, le mot grue dans le sens de *niais;* et c'est ainsi que Brueys a dit dans l'*Inconstant* (1, 6) : « Me prends-tu pour une grue ? » Cependant, d'après l'harmonie des os des pattes de la grue, la position que cet oiseau semble préférer à toute autre, loin de lui être pénible, lui fournit au contraire le moyen le plus simple et le plus agréable de se procurer un repos facile et de longue durée.

Là, ne s'arrête pas la prévoyance des grues, et, quand la nuit commence à étendre son voile sur toute la nature, des sentinelles choisies avec le soin indiqué précédemment sont placées autour des champs occupés par toute la troupe, et soumises à des précautions encore plus sévères. L'histoire raconte qu'une grue, placée en sentinelle, s'étant endormie au milieu de la nuit, un certain nombre de ses congénères furent dévorées par des renards. Le fait fut porté à la connaissance de toute la nation ; on la consulta sérieusement sur les moyens à prendre pour prévenir un semblable malheur, et, comme chaque grue pouvait librement faire connaître son avis, l'une d'elles émit le vœu que désormais les sentinelles tinssent dans la patte repliée une petite pierre, dont le bruit, en tombant, réveillerait celle des sentinelles qui se serait laissée aller au sommeil et aurait ainsi détendu la patte qui retenait captif le petit caillou. Ah ! si, dans la société humaine, toutes les fautes passées pouvaient être ainsi réparées, si tous les dangers futurs devaient être évités par les leçons de l'expérience, que de petits cailloux auraient à porter ceux qui sont chargés de veiller sur les intérêts publics !

Les grues, vivant par bandes assez nombreuses, se

trouvent condamnées à des déplacements continuels ; chaque jour, comme les tribus nomades de l'Amérique et de l'Afrique, elles changent de localité. Leur course est plus ou moins prolongée, selon les ressources que leur offrent les pays qu'elles parcourent.

Originaires des contrées du Nord, où elles se reproduisent, les grues abandonnent ces mêmes contrées, pour aller chercher pendant l'hiver, dans des climats tempérés, une nourriture plus facile et plus abondante. Chaque année, ces oiseaux se livrent à des voyages réguliers, et traversent la France du 15 septembre au 1er novembre, pour revenir du 15 mars au 1er avril. Mais avant d'entreprendre ces longs voyages, les grues tiennent conseil ; chaque adulte a le droit d'exprimer sa pensée sans conteste : il s'agit de confier le salut de tous à un chef revêtu d'une autorité souveraine ; on s'en rapporte au bon sens populaire qui ne trompe jamais quand il n'est pas égaré par de mauvaises influences, et qu'il est abandonné à la conscience de chacun. Tout adulte émet donc son avis, profite, à ce qu'il paraît, de la permission qui lui est concédée dans ce congrès populaire, et pense avec raison qu'il est plus avantageux, même de parler bruyamment avant la décision pour l'éclairer, que de murmurer contre elle et de la violer quand elle est prise. Ce serait donc à ces réunions, rappelant par le bruit qui s'y fait, le souvenir de certaines assemblées délibérantes, que la grue devrait son nom scientifique. En effet, *grue* dérive de *grus*, qui lui-même se lie à ghéraxos, « grue, » ghéras, « vieillesse, » gérus, « voix, » du radical sanscrit *gar*, signifiant « crier beaucoup [1], » d'où l'on a formé le verbe latin *garrire*, « bavarder. » La disposition que l'on attribue aux vieillards, de répéter souvent les mêmes choses, de *radoter*, ne pourrait-elle pas indiquer pourquoi, dans la langue

---

[1] Adolphe Pictet, *Aryas primitifs*, 1re partie, page 491. Littré, *Dictionnaire*, au mot Grue.

grecque, on suppose aux mots *grue* et *vieillard* les mèmes racines ? Cette liaison ne serait-elle pas aussi fondée sur la longue vie que l'on attribue aux grues ? En effet, Paul Jove (*Éloges des Hommes illustres*, liv. IX, ch. 1) parle avec beaucoup de vénération du philosophe Léonicus Tomæus, qui passa quarante ans en bonne harmonie avec la même grue, et mourut le même jour qu'elle. Si toutefois les grues se livrent dans leurs réunions à un bavardage assourdissant, elles adoptent du moins de bonnes résolutions auxquelles elles demeurent fidèles, avantage que n'ont pas tous les congrès.

Après donc beaucoup de bruit, de clameurs de toute nature, le choix tombe sur la grue la plus digne ; elle obtient presque toujours l'immense majorité des voix, et, si pendant le congrès il y a eu quelque apparence d'opposition, celle-ci disparaît immédiatement, car avant tout il faut sauver la chose publique. C'est alors que les grues, s'abandonnant à une joie folâtre, exécutent avec beaucoup d'entrain une véritable danse de caractère. Est-ce pour dissiper tous les petits tiraillements qui se sont manifestés pendant la discussion ? Est-ce pour rapprocher encore davantage les dissidents ? Est-ce pour célébrer le départ prochain et manifester la joie que l'on ressent d'entreprendre un lointain voyage, d'aller visiter des contrées riches en vieux souvenirs et où l'on trouvera une nourriture abondante ? Je l'ignore. Mais ce qui est constant, c'est l'exercice de la danse auquel se livrent les grues. Cette habitude avait été constatée par tous les anciens auteurs. Chez les Grecs, *grue* et *danse* étaient exprimées par le même mot. Certains peuples avaient développé chez les grues ce besoin, cette passion de la danse, pour se créer un sujet de divertissements publics. De nos jours encore les Japonais exercent les grues à la danse.

Bientôt, cependant, aux plaisirs bruyants et éphémères succède l'accomplissement des résolutions prises dans la réunion générale. La grue qui a été choisie pour sauvegarder les intérêts communs fixe le jour et l'heure du départ, la direction que l'on suivra et enfin la place que chaque membre de la nation doit occuper. Tout ce qui concerne le voyage, ainsi que le but vers lequel on se dirigera, a été sagement étudié, prévu, préparé ; rien n'est abandonné au hasard. Toute la caravane composera un triangle isoscèle ; le chef se placera à la pointe de l'angle du sommet, la base sera formée des sujets les plus vigoureux de la nation, et au milieu des deux côtés égaux seront placées les jeunes grues et celles dont la santé est délicate. La forme du triangle isoscèle permet à la famille tout entière de vaincre plus facilement la résistance de l'air : c'est un coin qui pénètre dans un corps dont les molécules se séparent sous la pression d'un choc vigoureux. Quand le chef se trouve fatigué, il cède sa place à quelque membre expérimenté, pour la reprendre plus tard. D'autres fois les grues se placent sur une seule ligne quand la société est peu nombreuse, et c'est alors une flèche qui plonge avec rapidité dans les régions de l'air.

Les grues ont un vol élevé et soutenu ; elles peuvent facilement parcourir vingt lieues à l'heure, et rester plusieurs jours sans prendre aucune nourriture. Dans ces voyages réguliers, le chef de la famille pousse de temps en temps un cri de réclame pour savoir si tous les membres peuvent suivre, si le vol n'est pas trop rapide, et tous doivent répondre. Si la réponse n'est pas générale, le chef avise promptement aux moyens de faire prendre un peu de repos, et alors la troupe tout entière s'abat dans quelque lieu favorable.

Les voyages s'exécutent ordinairement pendant la nuit afin d'éviter les attaques des oiseaux de proie ; quand ils ont lieu dans le jour, les anciens prétendaient que le silence était prescrit à tous les membres de la caravane, et que, pour en assurer l'observation, chaque grue était obligée par le chef de l'expédition à conserver dans le bec un petit caillou. Les grues qui l'avaient laissé échapper en poussant un cri étaient sévèrement punies pour avoir compromis la sécurité publique. Si, malgré toutes ces précautions, la bande était attaquée par les rapaces, immédiatement les grues modifiaient leur ordre de voyage et se réunissaient en cercles concentriques qui, en se déroulant avec rapidité les uns autour des autres, opposaient ainsi une résistance qui étourdissait les assaillants.

Chaque année, un très-grand nombre de grues se dirigent vers le centre de l'Afrique, et c'est dans ces contrées chaudes que ces oiseaux passent la saison rigoureuse de l'hiver. C'était là que, selon Aristote (*Hist. des animaux*, liv. VIII, chap. xv) et Pline (liv. IV, ch. ix), les grues livraient bataille aux Pygmées, petits hommes habitant des cavernes et montant des chevaux en rapport avec leur taille. Pline prétend même que les habitants de la ville de Géranie furent entièrement chassés de leurs demeures par les grues. Aristote fixant à trois mois environ le temps pendant lequel les grues combattaient, chaque année, les Pygmées, indique ainsi assez exactement le temps du séjour de ces oiseaux en Afrique. Quant aux Pygmées, ce n'étaient que des singes contre lesquels les grues se défendaient avec un courage héroïque. Elles suivaient en cela la tradition des Carthaginois qui eux-mêmes avaient livré aux singes de sanglants combats. La fable racontée par Aristote et par Pline était tellement répandue dans l'antiquité, qu'Homère compara, dans l'*Iliade* (liv. III), les Troyens aux grues combattant les Pygmées. Etait-ce en souvenir du courage attribué à ces oiseaux que les Egyptiens couvraient leurs boucliers avec des peaux de grues? (Hérodote, liv. VII.) Les Carthaginois avaient aussi suspendu, comme trophée et comme souvenir de leur victoire, trois peaux de singes dans le temple de Junon.

Quelques naturalistes ont pensé que les grues faisaient deux pontes, l'une dans les contrées du Nord, l'autre dans le centre de l'Afrique et principalement dans les terrains marécageux situés vers les sources du Nil. Ce serait alors pour défendre leurs œufs que les grues soutiendraient contre les singes, qui sont très-friands de cette nourriture, les combats acharnés que l'imagination des auteurs anciens a complétement défigurés. Ce qui rendrait cette hypothèse assez probable, c'est que les grues sont d'un caractère doux et craintif, et qu'elles n'affrontent le danger que lorsqu'il s'agit de défendre leur progéniture. Certains auteurs de nos jours trouveraient peut-être dans la prédilection des singes pour les œufs des grues, le principe du goût de l'homme pour les œufs à la mouillette ; les fils n'auraient que perfectionné un peu la disposition gastronomique de leurs ancêtres !

Lorsque les rigueurs de l'hiver sont passées, les grues tiennent conseil de nouveau, puis confirment dans sa souveraineté le chef qu'elles avaient choisi, si toutefois il a exécuté avec fidélité le mandat qu'on lui avait confié. Si, par une cause ou par une autre, il a compromis les intérêts qu'il devait sauvegarder, un nouveau chef est élu, et la nation prend pour le retour les mêmes précautions que pour le départ, obéit avec la même exactitude, et se dirige vers les immenses marais de la Volhynie, de la Bessarabie, de la Podolie, etc. : là les hymens se contractent, et bientôt chaque couple cherche, au milieu des joncs et des herbes, un endroit assez caché où la femelle pondra deux œufs très-gros. Leur couleur est olivâtre ou d'un brun verdâtre, parsemé de points ou de taches plus ou moins étendues et d'un gris brun. La coquille de quelques-uns de ces œufs est d'un rose cendré avec des taches d'un brun olive. Leur grand diamètre varie de 0$^m$,09 à 0$^m$,10, et le petit, de 0$^m$,06 à 0$^m$,07. Le mâle et la femelle partagent tour-à-tour les soins de l'incubation.

Quelques couples, selon l'assertion de M. Dégland, se reproduisent sur les toits des maisons isolées. Il me semble qu'il est plus probable que ces habitations sont entièrement abandonnées, car il est difficile d'admettre qu'un oiseau aussi prudent et aussi défiant que la grue confie ses petits aux caprices des hommes. A moins toutefois que l'opinion émise par le docteur Dégland ne se rapporte au Japon, où les grues sont entourées d'un véritable respect par les habitants et placées sous la protection des lois, et où, selon Kœmpfer (*Hist. du Japon*, tom. I, p. 112), le peuple n'appelle jamais autrement une grue, que « Monseigneur la grue. »

Schiller a rappelé les cris, les migrations, le vol des grues dans une charmante ballade. J'ai hésité longtemps à la transcrire ici, à cause de son étendue, mais je me suis enfin décidé à la mettre sous les yeux de mes lecteurs, pensant que cette poésie véritablement élevée leur serait agréable. La voici :

« La lutte des chars et du chant allait joyeusement réunir les tribus des Grecs dans l'isthme de Corinthe; Ibycus, l'ami des dieux, s'y rendait. — Il avait reçu d'Apollon le don du chant, une voix douce et mélodieuse. — Il venait de Rhégium, léger, dispos, plein du dieu qui l'inspire.

« Déjà notre voyageur découvre Acrocorinthe, qui lui sourit du haut de la montagne, et, en entrant dans le bois de pins consacré à Neptune, il est saisi d'une pieuse terreur : autour de lui tout est immobile; seuls des essaims de grues l'accompagnent; elles vont au loin chercher la chaleur du Midi, et forment dans le ciel un escadron grisâtre.

« Je vous salue, troupes amies, qui m'avez accompagné pendant la traversée ! Je veux voir en vous un heureux présage. Mon sort n'est-il pas semblable au vôtre : je viens de loin comme vous; comme vous j'implore un toit hospitalier. Puisse le dieu de l'hospitalité, qui défend l'étranger de l'opprobre, vous être favorable !

« Il presse vivement le pas et se voit au milieu de la forêt. Là, dans un étroit sentier, deux assassins lui barrent tout-à-coup le passage. Il faut qu'il s'apprête à combattre;

mais bientôt son bras retombe épuisé : sa main a appris à tendre les cordes frêles de la lyre; mais jamais elle n'a eu la force de bander un arc.

« Il invoque les hommes, il invoque les dieux : nul sauveur n'entend sa prière. A quelque distance que sa voix retentisse, la forêt ne donne aucun signe de vie. — « Il me faut donc mourir ici, délaissé sur un sol étranger, sans être pleuré! périr de la main de vils scélérats, sans même voir venir un vengeur! »

« Et, frappé d'un coup mortel, il s'affaisse. En ce moment, les grues passent en battant des ailes. Il les entend. — Il ne voit déjà plus — il entend près de lui leurs cris perçants et redoutables : — « O vous, oiseaux, qui traversez les airs, si nulle autre voix ne s'élève, portez plainte de mon assassinat. » Il dit, et son regard s'éteint.

« On trouve un cadavre nu, et bientôt, malgré les blessures qui le défigurent, son hôte de Corinthe reconnaît les traits de l'ami qui lui est cher. — « Ah! dit-il, me faut-il donc te retrouver ainsi, moi qui espérais ceindre le front du chanteur de la couronne du pin et le voir rayonner de l'éclat de sa gloire! »

« A cette nouvelle, tous les étrangers que rassemble la fête de Neptune versent des larmes. La Grèce entière est navrée de douleur; tous les cœurs sont contristés de sa perte. Et le peuple se rend tumultueusement chez le Prytane, et dans sa fureur il exige qu'on venge les mânes de la victime, qu'on les apaise par le sang du meurtrier.

« Mais, au milieu de cette foule, de cette mêlée flottante de peuples attirés par la magnificence des jeux, à quel indice reconnaître l'auteur d'une action si noire? Sont-ce des brigands qui l'ont lâchement assassiné? Est-ce un ennemi secret poussé par l'envie? Phébus qui éclaire toutes choses, Phébus seul pourrait le dire.

« Peut-être qu'en ce moment même il se promène effrontément au milieu des Grecs; et tandis que la vengeance le cherche, il jouit du fruit de son crime. Peut-être

il vient braver les dieux jusque sur le seuil de leur temple, et se mêle impudemment à ces flots humains qui se
pressent là-bas vers le théâtre.

« Car sur les gradins sont assis les peuples de la Grèce,
accourus en foule de près et de loin ; ils attendent, serrés
les uns contre les autres, et il semble que les étais de la
scène vont rompre sous le faix ; on entend un mugissement sourd semblable à celui des flots de la mer ; l'édifice,
fourmilière d'hommes, s'élève en courbes de plus en plus
longues, dont les dernières vont rejoindre l'azur des
cieux.

« Qui peut compter ces peuples ? Qui pourrait dire les
noms de tous ces hôtes que reçoit Corinthe ? Les uns
sont venus de la ville de Thésée, d'autres de la plage de
l'Aulide, d'autres de la Phocide, du pays des Spartiates,
de la côte lointaine de l'Asie, et de toutes les îles ; et du
haut des gradins, ils écoutaient la mélodie terrible du
chœur.

« Qui s'avance du fond de la scène, sévère et grave,
suivant la coutume antique, et qui fait le tour du théâtre
d'un pas lent et mesuré ? Ce n'est pas là la démarche
de femmes mortelles ; elles n'ont pas reçu le jour dans
une demeure terrestre : leur stature gigantesque surpasse de beaucoup la stature humaine ; un manteau noir
bat leurs flancs ; de leurs mains décharnées elles agitent
des torches qui jettent une clarté sinistre. Leurs joues sont
pâles, livides, et au lieu de cheveux flottant avec grâce
sur des fronts humains, on voit s'agiter sur leurs têtes
des serpents et des vipères gonflées de venin.

« Et terribles, rangées en cercle, elles entonnent la
mélodie de l'hymne qui pénètre le cœur et le déchire, et
tient le coupable enchaîné. Le chant des Erinnyes retentit ;
il ôte le sentiment ; il trouble les cœurs, il retentit, consu-
mant l'auditeur jusqu'à la moëlle des os, et ne souffre
pas l'accompagnement de la lyre.

« Heureux celui qui, exempt de faute et de crime, conserve son âme candide et pure ! il n'a pas à craindre notre présence vengeresse ; il marche en liberté dans la carrière de la vie. Mais malheur, malheur à qui dans l'ombre a commis le crime d'assassinat ! nous nous attacherons à la plante de ses pieds, nous, les filles redoutables de la Nuit.

« Et, s'il croit nous échapper par la fuite, nous avons des ailes, nous sommes là pour tendre des piéges sous ses pieds fugitifs, et il faudra qu'il tombe par terre. Nous le poursuivrons ainsi sans nous lasser jamais ; car aucun repentir ne peut nous apaiser. Nous le suivrons de lieu en lieu jusque chez les ombres, et là, même encore, nous ne le quitterons pas.

« Chantant ainsi, elles dansent leur ronde ; et un calme pareil au silence de la mort pèse sur l'édifice entier, comme si la divinité était proche. Et faisant le tour du théâtre, suivant la coutume antique, solennellement, d'un pas lent et mesuré, elles disparaissent derrière la scène.

« Et tous les cœurs indécis flottent encore entre l'illusion et la vérité ; chacun tremble et rend hommage au pouvoir terrible qui veille jugeant dans l'ombre, à ce pouvoir mystérieux et impénétrable, qui dirige la trame sombre du Destin, qui se révèle au fond du cœur, mais qui s'enfuit aux rayons du soleil.

« En ce moment, on entend un cri qui part tout-à-coup du gradin le plus élevé. — « Vois donc, vois donc, Timothée, les grues d'Ibycus ! » Et en un instant le ciel s'obscurcit, et on voit passer au-dessus du théâtre une armée de grues, masse confuse et noirâtre.

« — D'Ibycus ! » — Ce nom aimé ranime les regrets au fond des cœurs ; et comme sur la mer le flot succède au flot, on entend répéter de bouche en bouche : — « D'Ibycus ? celui que nous pleurons ? celui qui est mort de la main d'un assassin ? Pourquoi a-t-on prononcé son nom ? qu'est-ce que cela veut dire ? quel rapport a-t-il avec ces grues qui passent ? »

« Les questions deviennent de plus en plus pressantes, et un pressentiment ailé, prompt comme la foudre, traverse tous les cœurs : — « Attention ! c'est le pouvoir des Euménides qui se manifeste ! le pieux poète va être vengé : l'assassin se livre lui-même.... Arrêtez-le, celui qui a prononcé ces paroles : arrêtez aussi celui auquel elles s'adressaient ! »

« Celui-là les avait à peine laissé échapper, qu'il eût voulu les garder dans son cœur, mais trop tard ! Leurs lèvres pâles d'effroi trahissent bientôt leurs remords.

« On les arrête, on les traîne devant le juge : la scène se change en tribunal, et les scélérats, frappés par la foudre de la vengeance, font l'aveu de leur crime... »

(Poésies de Schiller, traduites par P.-F. Muller, p. 167 et suiv.)

Non-seulement quand elle est convoquée aux conseils de la nation, mais en tout temps, la grue a peine à prendre son essor, et, avant de pouvoir s'envoler, elle est obligée de courir. Dans cette course, dans l'ensemble de sa démarche, elle paraît se complaire en elle-même, se croire un personnage important : l'on dirait un électeur des premiers temps du suffrage universel! Selon l'observation des naturalistes anciens et modernes, les cris de la grue indiquent la pluie, et quand cet oiseau fait entendre des clameurs plus vives qu'à l'ordinaire, elles présagent la tempête.

La grue dont je viens d'indiquer quelques habitudes est appelée grue cendrée (grus cinerea). Ce nom lui a été donné pour représenter l'ensemble des couleurs de son plumage, et pour la distinguer de quelques autres espèces dont l'une porte l'épithète de virgo et est appelée assez généralement grue demoiselle. Ce nom paraît lui avoir été donné à cause de la tendance excessive qu'elle manifeste à se mirer dans tous les objets qui peuvent refléter son image, de l'affectation qu'elle apporte dans sa démarche par laquelle elle semble inviter tout le monde à l'admirer, du soin extraordinaire qu'elle met à conserver à ses plumes, surtout à celles qui se déroulent derrière son cou comme des rubans qui voltigent, toute leur grâce et tout leur brillant, enfin, à son goût très-prononcé pour la danse.

Afin de justifier cette dernière assertion, je cite un passage de la *Faune Pontique* de M. Nordmann : « Les grues demoiselles ont des habitudes singulières. Elles arrivent dans le midi de la Russie vers le commencement de mars, par troupes de deux à trois cents individus disposés en vols triangulaires. Parvenues au terme de leur voyage, les bandes restent encore ensemble pendant quelque temps ; et lors même que ces oiseaux se sont déjà dispersés par couples, ils se réunissent encore tous ensemble, le soir et le matin, de préférence par un temps serein, pour s'exercer de compagnie et pour s'amuser à danser. A cette fin, ils choisissent dans les steppes un lieu convenable, le plus souvent le rivage plat d'un ruisseau. Là, ils se placent en ligne ou sur deux ou plusieurs rangées, et commencent leurs jeux et leurs danses extraordinaires, qui ne surprennent pas médiocrement les spectateurs et dont le récit passerait pour fabuleux, s'il n'était attesté par des hommes dignes de foi. Ils dansent et sautent les uns autour des autres, s'inclinent d'une manière burlesque, avancent le cou, dressant les plumes du collier et déployant à moitié les ailes. Une autre partie, en attendant, se dispute le prix de vitesse : arrivés au terme, ils retournent, marchant lentement et avec gravité ; tout le reste de la compagnie les salue par des cris réitérés et par des inclinations de tête et d'autres démonstrations qui sont réciproques. Après avoir continué de la sorte pendant quelque temps, ils s'élèvent tous dans l'air, où voguant lentement, ils décrivent des cercles tels qu'on en voit faire à toutes les grues et aux cigognes. Après quelques semaines ces assemblées cessent, et à partir de cette époque, on voit exactement marcher ensemble, dans les steppes, un mâle et une femelle. »

Cette dernière phrase du récit de M. Nordmann me porterait à croire que ces courses, ces danses, ces jeux pourraient bien être pour les grues, ce que nous avons déjà constaté à propos d'autres espèces, une sorte de concours dans lequel les mâles développent toutes leurs grâces et toute leur agilité, pour plaire à leurs futures compagnes et avoir le privilége de les choisir selon leur désir. Le choix fait et agréé serait alors suivi pendant quelque temps de fêtes générales auxquelles prendraient part les vaincus et les vainqueurs.

Quoi qu'il en soit de cette hypothèse, j'aime à croire qui si l'étymologie proposée par M. Toussenel est fondée, et que si *entrer en congrès* dérive de *congruere*, crier à la manière des grues, cette interprétation ne peut pas s'appuyer sur les dernières habitudes de ces oiseaux, décrites par M. Nordmann, mais sur des souvenirs historiques, sur ceux des Egyptiens et des Elzévirs.

Les Egyptiens avaient fait de la grue, dans leurs hiéroglyphes, l'emblème de la vigilance qui empêche toute surprise et éloigne tout malheur. Les Elzévirs, en représentant le même oiseau appuyé sur une seule patte et tenant un petit caillou dans cette patte repliée, constataient le soin extrême qu'ils prenaient à éviter les fautes et à corriger celles qui auraient pu échapper à l'attention la plus minutieuse des compositeurs. Je dois cependant constater ici, dans l'intérêt de la vérité historique, que l'emblème régulièrement adopté par les Elzévirs était une cigogne dans laquelle certains auteurs ont cru retrouver la figure de la grue.

Puisse toute réunion, qui adoptera la grue pour emblème, prendre, comme cet oiseau, tous les moyens possibles pour éviter les fautes à l'avenir et pour réparer celles qui auraient été commises !

Si ce vœu par lequel je termine cette petite étude sur

la grue cendrée pouvait être réalisé, il ne serait plus
possible, alors, de répéter dans le même sens que Brueys,
ces paroles : « Nous prenez-vous pour des grues? »

---

## HÉRON CENDRÉ — Ardea cinerea.

La famille des hérons renferme un assez grand nombre
d'espèces, dont quelques-unes sont désignées par des épithètes qui ont assujetti ma patience à de pénibles épreuves
en me condamnant à des recherches dans lesquelles j'étais
très-disposé à crier : *Bihore*, *Bihore!* en répétant ainsi de
tout cœur le nom donné à l'*Ardea nycticorax*. Avant de
parcourir le sentier toujours si difficile des étymologies,
j'entre dans quelques détails sur les mœurs des hérons,
détails qui viendront en aide à des hypothèses que j'ap-
puierai, autant que possible, sur les habitudes de ces oiseaux et sur de nombreuses autorités.

Les hérons sont des oiseaux semi-nocturnes. Il est tout
naturel qu'ils chassent avant le lever de l'aurore et après
le coucher du soleil, puisqu'ils ont en grande partie pour
nourriture les poissons, qui ne circulent eux-mêmes le
plus souvent qu'à ces deux moments de la journée. Aux
poissons ils joignent des insectes aquatiques, des batraciens, des reptiles, et même quelquefois de petits mammifères. Solitaires par nécessité, car ils sont comme des
chasseurs à l'affût, les hérons restent plusieurs heures
appuyés sur une seule patte et dans une immobilité complète : ils représentent d'une manière bien vraie le pêcheur
ou le chasseur qu'un espoir infatigable retient des journées entières à la même place, l'œil fixé sur le bouchon
de sa ligne ou sur la petite lucarne de sa hutte, prison
glaciale à laquelle il se condamne avec une résignation
admirable, ainsi qu'à toutes les rigueurs qui y sont attachées, et dont malheureusement il ressentira plus tard

les terribles conséquences par les tortures de cruels rhumatismes. Les hérons sont d'une nature indolente, ou plutôt résignée ; ils sont sobres et supportent facilement un long jeûne ; condamnés à vivre de leur pêche, ils se trouvent souvent réduits à se contenter de peu, et sans avoir pour leur repas, comme beaucoup de pêcheurs malheureux, les ressources d'une cuisine domestique. Leur maigreur était autrefois proverbiale. C'est pourquoi Marot, en parlant d'une de ses jambes, amaigrie par la douleur d'une longue maladie, s'est exprimé ainsi :

> Tant affaibli m'ha d'étrange manière,
> Et si m'ha fait la cuisse *héronnière.*

L'occiput et le jabot de la plupart des espèces de hérons sont ornés de jolies plumes, dont quelques-unes sont très-recherchées pour les parures et se vendent assez cher dans le commerce de l'Orient. Ces plumes tombent chaque année à l'automne pour reparaître au printemps. A cette dernière époque, les hérons semblent sortis de leur caractère ordinaire : ils se poursuivent dans les airs, se livrent à de joyeux ébats, en poussant des cris très-rauques et très-retentissants. Cette dernière habitude justifie l'opinion d'Adolphe Pictet (*Aryas primitifs*, 1ʳᵉ partie, p. 492), qui soutient que « le nom allemand *reigir*, pour *hreigir*, se lie à l'ancien haut allemand *heigero*, signifiant « héron, » et dérive d'une racine perdue HRAG, qui se retrouve dans le grec KERCHÔ, KERCHNÔ, « *raucum esse, rendre rauque,* » d'où KERCHNÊ, « espèce de faucon, la crécelle, le criard par excellence. » Quant à l'ancien haut allemand *heigero*, il semble apparaître, mais un peu défiguré, dans le mot vulgaire *hégron*, sous lequel cet échassier est désigné sur les bords des rivières de l'Anjou. Mais je crois que la véritable orthographe de cette dernière expression doit être *aigueron*, dont la racine serait alors *aigue*, « eau, » et signifierait l'oiseau vivant sur les bords de l'eau, dans l'eau. D'après le dictionnaire de Trévoux, le mot « héron » vient du grec ÉRÔDIOS, encore qu'on puisse dire qu'il se tire du latin *ardea*, formé de deux mots grecs AÉRA DUÉÏN, « prendre l'essor en l'air, voler fort haut. » D'autres aiment mieux tirer le mot latin d'*arduus*, et disent qu'*ardea* a été dit comme *ardua petens*, « volant fort haut, montant aux lieux les plus élevés et inaccessibles. » Cette interprétation des racines des mots *héron* et *ardea* a l'avantage de retracer d'une manière expressive le caractère particulier du vol du héron. Ces oiseaux volent les jambes étendues en arrière, le cou replié et la tête renversée sur le dos et appuyée sur le sternum, ce qui leur permet d'opposer leur bec, dirigé horizontalement, comme une arme terrible, à leurs adversaires, auxquels ils échappent ordinairement en s'élevant à des hauteurs où on ne peut les poursuivre. C'était cette hauteur de vol qui rendait la chasse du héron très-difficile et en faisait un des plaisirs privilégiés des seigneurs, qui seuls pouvaient se procurer des faucons capables d'atteindre, dans leur vol très-élevé et presque perpendiculaire, les grosses espèces de hérons. Voici comment Belon (liv. III, p. 190) explique, dans son style naïf, la manière dont les hérons se défendent contre les faucons : « Le héron, se sentant assailly par l'oyseau de proyë, essaye à le gaigner en volant contremont, et non pas au loing en fuyant, comme quelques autres oyseaux de riuière, et luy se sentant pressé, met son bec contremont par-dessus l'œlle, sachant que les oyseaux l'assomment de coups, dont aduient bien souuent qu'il en meurt plusieurs qui se le sont fiché en la poitrine. » Aussi la chair de ces oiseaux, quoique très-maigre et très-mauvaise, était-elle réputée *viande royale* et servie sur les tables des grands seigneurs, comme le précieux trophée d'une victoire difficile.

Villughby (*Ornith.*, p. 203) attribue la maigreur du héron, non pas au jeûne forcé auquel il est souvent condamné, mais à la crainte et à l'anxiété continuelle dans laquelle il vit.

L'*Encyclopédie méthodique* (tome II, p. 108) affirme que, dans le temps où la France était encore parsemée d'étangs, les grands seigneurs faisaient planter autour de ces étangs des arbres à haute futaie afin d'y attirer les hérons et d'engager ces oiseaux à s'y reproduire sur leurs propriétés ; puis, lorsque les petits étaient éclos, on les enlevait des nids pour les engraisser et les servir ensuite sur la table des seigneurs comme un mets rare et délicieux.

Les habitants de la campagne, excellents observateurs des mœurs des oiseaux, affirment que le héron annonce le beau temps quand il vole très-haut. Cependant je trouve une opinion toute différente dans les *Livres dou trésor*, par Brunetto Latini, publiés par P. Chabaille : « Et sa nature est tele que ele apercoit que tempeste doit choir, elle vole en haut là où la tempeste n'a pooir de monter, et par là connaissent maintes gens que la tempeste vient quand ils la voient voler contremont le ciel. » (Page 207.)

Du reste, ce qui prouverait que les noms *héron* et *ardea* expriment la même idée et ont la même racine, c'est qu'à ÉRODIOS, principe du mot « héron, » certains auteurs donnent pour racine AIRÔ, « élever, » d'où ARDÉN, « en haut. » D'après Ménage, *héron* pourrait dériver du teutonique *her*, signifiant « *altus, celsus, eminens*, haut, élevé, éminent. » De plus, dans toutes les anciennes langues, le primitif *ard* veut dire « haut, escarpé, pointu. » Enfin, le mot *hir* en celtique se traduit par *long*, d'où on a fait le mot celtique *hirio*, « allongé et être allongé, » expression parfaitement justifiée par ces vers de La Fontaine :

> Un jour sur ses *longs* pieds allait je ne sais où
> Le héron au *long* bec emmanché d'un *long* cou.
>
> (Liv. VII, fabl. iii.)

Le cou du héron, et surtout celui du butor, est recouvert de longues plumes qui, dans le devant, semblent l'encadrer d'une manière mobile, et se séparent pour faciliter ses mouvements, principalement lorsque ces oiseaux poursuivent dans l'eau ou dans la vase leur proie, et ont besoin pour l'atteindre de toute la longueur et de toute la souplesse de leur cou. La Providence de Dieu a, d'une manière admirable, pourvu les hérons de tous les moyens les plus propres à leur faciliter l'accomplissement de la mission qui leur a été confiée ; voici ce que je lis dans l'*Encyclopédie* du docteur Chenu (tome VI, p. 223) : « Les doigts du héron sont d'une longueur excessive ; celui du milieu est aussi long que le tarse ; l'ongle qui le termine est dentelé en dedans comme un peigne, et lui fait un appui et des crampons pour s'accrocher aux menues racines qui traversent la vase sur laquelle il se soutient au moyen de ses longs doigts épanouis. Son bec est armé de dentelures tournées en arrière par lesquelles il retient le poisson glissant. Son cou se plie souvent en deux, et il semblerait que ce mouvement s'exécute au moyen d'une charnière, car on peut encore faire jouer le cou plusieurs jours après la mort de l'oiseau. » Enfin, la queue est très-courte ; si elle était aussi longue que celle des autres oiseaux, elle deviendrait pour les hérons un véritable embarras, car lorsqu'ils passent des demi-journées immobiles dans l'eau jusqu'au-dessus des tarses, ces échassiers seraient obligés, ou de la relever par une série d'efforts pénibles, ou de la laisser plongée dans les eaux marécageuses, ce qui serait un nouvel inconvénient. Les hérons sont condamnés à des pérégrinations assez fréquentes ; comme les tribus qui se livrent à la chasse et à la pêche, ils se trouvent forcés de chercher sur d'autres rivages la nourriture que ne leur procurent plus assez abondamment ceux qu'ils ont explorés. Ils exécutent ces voyages pendant la nuit, afin de se soustraire aux attaques des oiseaux de proie. Les hérons sont généralement très-défiants : on ne peut guère les approcher que par surprise. Quand ils sont blessés, il y a un danger réel à vouloir les saisir avec la main ; dans ce moment-là, ils feignent de rendre le dernier soupir, puis replient en arrière leur cou, en en dissimulant la longueur sous les plumes du dos, et tout-à-coup le détendent comme un ressort puissant et cherchent à crever les yeux de leurs adversaires avec leur bec si fort et si acéré. Je connais des chasseurs inexpérimentés qui ont été blessés très-gravement par des hérons qui avaient eu recours au stratagème que je viens d'indiquer.

Un certain nombre d'espèces de hérons habitent l'Anjou, ou viennent s'y reproduire. Quelques autres le traversent chaque année d'une manière assez régulière.

La première espèce mentionnée dans la Faune de Maine-et-Loire est le héron *cendré, **ardea cinerea**,* qui doit sa dénomination particulière à la couleur de l'ensemble de son plumage.

Cet échassier niche dans notre département, mais en petit nombre ; il confie son nid à des arbres élevés, et le compose de bûchettes et de petits joncs desséchés et grossièrement réunis. La femelle pond trois ou quatre œufs d'un bleu pâle, légèrement verdâtre et sans aucune tache. Le grand diamètre varie de $0^m,060$ à $0^m,065$, et le petit, de $0^m,042$ à $0^m,044$. Ordinairement un certain nombre de ces nids sont confiés au même arbre ou à des arbres voisins, de manière à former une véritable colonie. Je transcris ici les détails intéressants que je trouve dans le savant ouvrage de M. Gerbe (*Ornithologie Européenne*, t. II, page 288) :

« Jadis le héron cendré était beaucoup plus commun en France que de nos jours. Les déboisements, les desséchements des marais où il trouvait une abondante nourriture, le peu de sécurité qu'il rencontre l'ont chassé de beaucoup de localités où il se reproduisait. Les héronnières de Fontainebleau, si célèbres du temps de François Ier, ont disparu depuis de longues années, et celles, en petit nombre, qui existent tant en Vendée qu'en Champagne, finiront probablement aussi par disparaître.

« Parmi les héronnières que nous comptons encore, la plus remarquable est sans contredit celle qui s'est formée à Champignol, département de la Marne, dans un parc appartenant à la famille de Sainte-Suzanne, et qui s'y maintient grâce à la surveillance active d'un garde spécial.

« M. Lescuyer de Saint-Dizier a fait sur cette héron-nière, au congrès scientifique tenu à Troyes en 1864, une communication verbale des plus intéressantes. D'après les procès-verbaux des séances dont M. J. Ray a eu l'obli-geance de nous adresser un extrait, les hérons qui for-ment la colonie de Champignol, habitent la forêt pendant six mois seulement. Leur arrivée et leur départ se font avec une merveilleuse régularité. M. Lescuyer a constaté qu'ils arrivent tous les ans à la héronnière, le 6 mars, et qu'ils l'abandonnent le 6 août.

« Pendant le séjour qu'ils y font, on les voit s'éloigner tous les soirs pour aller à la recherche de leur nourriture, et leurs excursions nocturnes s'étendent quelquefois à trois ou quatre kilomètres au loin ; le nombre des indivi-dus qui la composent, en y comprenant les jeunes, s'élève à peu près à un millier. M. Lescuyer a compté cent soixante-douze nids dans moins d'un hectare, et a cons-tamment vu, debout, sur chacun d'eux, un héron faisant sentinelle. Le seul arbre sur lequel il soit monté suppor-tait huit de ces nids. Ils étaient construits en plate-forme, avec des bûchettes se croisant, et contenaient en tout vingt-huit petits. La population de ce seul arbre, en tenant compte des pères et des mères, était donc de quarante-quatre individus. »

Je lis dans Belon (*Nature des oiseaux*, p. 189) un passage curieux qui confirme l'opinion émise par M. Gerbe, qu'au-trefois le héron cendré se reproduisait dans nos contrées en beaucoup plus grand nombre qu'aujourd'hui : « En basse Bretagne, les hérons sont moult fréquens, où ils font leurs nids sur les rameaux des arbres des forêts de haulte fustaye et pour ce qu'ils nourrissent leurs petits de poissons, et qu'en les abêchant, grande quantité en tombe par terre : plusieurs ont prins occasion de dire avoir esté en un pays où les poissons qui tombent des arbres engraissent les pourceaux. »

Le même auteur (liv. III, p. 189) décrit ainsi les anciennes héronnières de Fontainebleau : « Entre les choses notables de l'incomparable dompteur de toutes substances animées, le grand roy Françoys, fit faire deux bastimêts, qui durent encore à Fontainebleau, qu'on nomme les héronnières. Il sembloit que les éléments mesmes et les qualitez têperées d'iceux, obéissent à ses commandements : car de forcer nature, c'est ouurage qui se resentenir de quelque partie de diuinité. Aussi ce divin roy, que Dieu absolue, auoit rendu plusieurs hérons si aduïts, que venants de sauuage, entrants seans, comme par un tuyau de cheminée, se rendoient si enclins à sa volonté, qu'ils y nourrissoyent leurs petits. L'on dit communement que le héron est viande royale. Par quoy la noblesse françoise fait grand cas de les manger, mais encore plus des héronneaux. Toutefois les estrangers ne les ont en si grande recommandation. »

D'après les observations de M. Lescuyer (pag. 35), les dimensions des nids du héron gris sont considérables ; celui que ce savant a mesuré avait un mètre de diamètre, trente centimètres d'épaisseur, et son poids était de neuf kilogrammes cinq cents grammes.

Les hérons semblent prendre en affection les arbres qui ont servi de berceau à leur progéniture, et, tant qu'ils séjournent dans la même localité, ils aiment à se réunir avec leurs petits sur les arbres auxquels ils avaient confié leur nid.

La vie des hérons serait très-longue si l'on admettait comme vrai un fait rapporté par la *Gazette* (année 1723, pag. 255). Le voici : « L'empereur d'Autriche chassant au mois de mai 1723, prit un héron au pied duquel on trouva un anneau qui lui avait été mis en 1651 (c’est-à-dire soixante-douze ans auparavant) par Ferdinand III, aïeul de Sa Majesté impériale. On l’ôta pour en mettre un autre avec cette inscription : *Pris par Charles VI en 1723*, puis on le relàcha. »

M. Lescuyer, que j’ai le plaisir, comme je l’ai déjà dit, de compter parmi mes honorables amis, a eu la bienveillance de m’adresser, en janvier 1869, une épreuve d’une étude très intéressante et très-complète sur le héron gris et sur la héronnière d’Écury-le-Grand : ce travail est extrait de l’*Annuaire des provinces*, année 1869 (chez Le Blanc-Mardel, libraire à Caen) ; il rectifie et complète le rapport de M. Ray, cité précédemment, d’après M. Gerbe.

M. Lescuyer démontre, par une série de faits et par des observations d’une logique rigoureuse, que les hérons sont des oiseaux très-utiles, et, comme beaucoup d’autres, victimes d’injustes préjugés, que si ces oiseaux causent quelquefois un léger préjudice aux intérêts des propriétaires et des pêcheurs, ce préjudice est largement compensé par les incontestables services qu’ils rendent, que, dans ce cas même, ils sont de précieux auxiliaires prélevant un mince salaire pour un travail pénible et persévérant. M. Lescuyer a vérifié les assertions des anciens naturalistes, et constaté que le héron gris se nourrit de vipères, de couleuvres, de grenouilles, de mulots, de rats d’eau, de campagnols, de plantes marécageuses et de cadavres de petits mammifères et d’insectes en putréfaction (page 9). L’auteur prouve que dans les environs de la héronnière d’Écury-le-Grand les vipères sont très-rares, tandis qu’elles pullulent dans les autres localités au point qu’un villageois, le sieur Rozier, de Saint-Blin, a eu pour sa part dans une seule année 1,400 francs de primes pour la destruction de ces reptiles. De plus, les hérons combattent la trop grande multiplication des couleuvres, des lézards, qui détruisent les œufs des oiseaux insectivores ; celle des grenouilles, des crapauds qui dévorent beaucoup d'œufs de poissons, surtout ceux de la carpe qui sont déposés sur les herbes marécageuses parmi lesquelles vivent les batraciens ; enfin, ils purgent les eaux de petits animaux et d'insectes dont les bavures, les suintements, les déjections de toute nature et les cadavres en putréfaction exercent une influence mauvaise sur la qualité des eaux ; d'où il résulte évidemment que le héron gris rend des services incontestables.

M. Lescuyer a donc ainsi défendu les véritables intérêts des propriétaires contre eux-mèmes, et réhabilité les hérons dans l'esprit de tous ceux qui étudient l'histoire naturelle sans aucune prévention et avec le seul désir de trouver la vérité. L'opinion défendue avec une conviction profonde par mon honorable ami n'est pas nouvelle, car Buffon constatait en son temps que les insulaires de Taïti professaient pour le héron un respect qui tenait de la superstition, que, de plus, cet oiseau était protégé en Angleterre, enfin que, dans l'ancienne loi mosaïque (Deutéronome, chap. xiv, verset 16) il était interdit de manger l'ibis et le héron ; or l'ibis, auquel le héron semble assimilé par le texte hébreu, était reconnu comme un oiseau sacré par les Égyptiens, et, quoiqu'il se nourrît en partie de poissons, les services qu'il rendait lui avaient mérité les honneurs de l'embaumement, comme à tous ceux dont la vie avait été utile et dont la mémoire n'avait pas été flétrie au tribunal de l'opinion publique.

---

## HÉRON POURPRÉ. — Ardea purpurea.

Le héron pourpré est presque de la taille du héron cendré ; il en diffère quant aux nuances de son plumage auxquelles il doit son épithète vulgaire. Toutefois le héron *pourpré* n'est pas rouge, comme semblerait l'indiquer son nom ; seulement un roux vineux assez prononcé se déroule en plaques sur le poitrail et sur le dos de cet échassier. C'est l'un des plus beaux et des plus élégants oiseaux de l'Europe. D'un autre côté, par sa démarche et par ses poses il paraît encore plus stupide que le héron cendré ; il se laisse aussi plus facilement approcher que le précédent.

Voici ce que je lis dans la *Faune Pontique* de M. Nordmann : « Étant peu chassé dans nos parages, le héron pourpré ne montre aucune défiance. A l'approche de l'homme il ne prend pas la fuite, mais il cherche à se soustraire aux regards par toutes sortes de gestes bizarres et de postures contraintes. »

Le héron pourpré est beaucoup plus commun en Anjou que son congénère : il s'y reproduisait en assez grand nombre, il y a quelques années ; mais la chasse persévérante que lui ont faite les propriétaires et les fermiers des étangs et des rivières, sous prétexte que ces oiseaux dépeuplaient leurs cours d'eau, ont détruit presque toutes les héronnières. J'ai visité, plusieurs fois, avec plaisir, celle qui se trouvait dans l'étang de Chaloché ; M. Gaignard de la Renloue offrait avec une grande bienveillance une gracieuse hospitalité aux ornithologistes qui désiraient étudier *en plein soleil* la nidification des hérons, et, pour leur faciliter cette étude, il faisait transporter sur une charrette, à plus de deux kilomètres de distance de son habitation, le bateau destiné à pénétrer au milieu des joncs sur lesquels reposaient les nids. Ces joncs, d'une hauteur de plusieurs mètres, formaient un assez vaste bouquet vers le milieu de l'étang. Les nids, au nombre de douze à quinze, se trouvaient réunis au centre des joncs. Ils étaient formés par ces mêmes joncs repliés les uns sur les autres en forme d'entonnoir. Les bords extérieurs de cette espèce de coupe, très-apparente pendant les premiers jours de l'incubation, disparaissaient bientôt sous le poids de la couveuse, et plus tard le nid ne présentait plus qu'une coupe aplatie.

L'étang principal de Chaloché est entouré de très-grandes landes qui se déroulent en ondulant sur une superficie considérable. Il est donc très-difficile d'approcher de cet étang sans être aperçu par les hérons, dont quelques-uns sont toujours en sentinelle dans un des arbres plantés sur la rive gauche. Dès que la sentinelle pousse le cri d'alarme, toutes les femelles s'envolent précipitamment et vont se réfugier dans les arbres. C'est là que plusieurs fois j'ai pu examiner à loisir la pose si singulière que prennent les hérons pour monter de branche en branche, et même pour rester immobiles dans la même situation. Ils se tapissent en quelque sorte de manière que tout leur corps, y compris le cou et le bec, représente une ligne droite ; c'est dans cette singulière position qu'ils avancent les pattes l'une après l'autre, pour s'appuyer sur les branches et monter comme pourrait le faire un homme dans une échelle bien exactement perpendiculaire.

Chacun des nids que j'ai visités contenait de trois à cinq œufs d'une couleur bleue uniforme, mais un peu plus verte que celle de l'espèce précédente. Le grand diamètre était de $0^m,055$ à $0^m,058$, et le petit, de $0^m,035$ à $0^m,04$. La couleur de ces œufs s'efface très-facilement au contact de l'air et sous l'action du temps : ils prennent alors une teinte qui permet trop souvent aux marchands de les vendre pour des œufs d'Autour.

Je relate ici un fait qui me semble prouver que le héron pourpré n'est pas toujours fidèle au mode de nidification que je viens de décrire. Dans les premiers jours du mois de juillet 1870, je reçus une lettre de M. François de Rochebouet, qui m'engageait à me transporter au château de Rouvoltz, pour y étudier une réunion de quelques nids qu'un des gardes avait découverts, non loin du parc du château. Le 23, je partais d'Angers pour me rendre à l'aimable invitation qui m'avait été adressée, et, après avoir reçu une bienveillante et cordiale hospitalité, je me dirigeais, avec MM. François et Gaston de Rochebouet, vers le taillis, but de nos explorations. La chaleur était tropicale ; aussi fallait-il toute l'énergie qu'inspire le désir des découvertes pour soutenir notre ardeur ; c'était, du coup, une excursion *en plein soleil*. Nous entrons sous bois, non sans nous exposer à être suffoqués et par l'excessive chaleur, et par des émanations qui nous indiquaient que la colonie que nous cherchions n'était pas très-éloignée. Après avoir parcouru environ trois cents mètres, obligés à une pose difficile à dépeindre, nous atteignons un carrefour, dans lequel la couleur des branches du taillis avait disparu sous une épaisse couche de fiente ; sur la terre, on eût pu recueillir une assez forte provision de guano. En un espace circulaire de trois à quatre mètres de diamètre, cinq couples de hérons pourprés avaient élu domicile et établi leurs nids. Ces nids, composés de bûchettes et de quelques feuilles desséchées de roseaux, étaient fixés à-peu-près à 1^m,60 de terre. Les petits, déjà assez forts, étaient tous fixés le long des branches, dans cette position que j'ai déjà décrite plusieurs fois ; ils ouvraient le bec aussi large que possible, et laissaient retomber leur langue, indiquant ainsi la soif brûlante qui les dévorait. On peut expliquer assez facilement pourquoi les hérons avaient choisi ce taillis pour y établir leurs nids. Poursuivis sans cesse par les pêcheurs et par les enfants, qui leur font une guerre acharnée sur l'étang de Chaloché, ces oiseaux s'étaient réfugiés dans le taillis de M. de Rochebouet, qui se trouve à 1,500 mètres environ du séjour habituel des hérons. Cette distance étant facile à franchir, les hérons ont pu élever leurs petits et leur procurer une nourriture abondante, si l'on en juge par les débris de poissons entassés au-dessous des nids. Notre investigation étant terminée, nous nous hâtâmes de regagner la route pour respirer un peu plus à l'aise. Je remportai, toutefois, un des hérons, afin de pouvoir le faire empailler et constater ainsi d'une manière positive son identité. L'époque avancée de l'année indiquait que les hérons ne s'étaient fixés dans ce taillis qu'après avoir essayé de se reproduire sur les étangs de Chaloché ; car ordinairement la ponte a lieu vers la fin de mars ou dans les premiers jours d'avril.

Afin de pouvoir étudier d'une manière plus complète cette question, j'avais prié M. François de Rochebouet de faire exécuter par ses gardes quelques recherches l'année suivante. Mon désir fut réalisé, et, le 27 avril 1871, M. de Rochebouet me conduisait à son château, en société d'un excellent ami, M. Crouvezier, négociant à Paris, et réfugié près de nous pour échapper, avec ses enfants, aux actes de cruelle sauvagerie des prétendus fédérés. Arrivés à Rouvoltz, dont tout le personnel était resté à Angers, nous fîmes, grâce à l'entrain de M. François de Rochebouet, un de ces déjeuners dont le souvenir ne s'efface pas de la mémoire et qui me rappelait ceux de mes excursions ornithologiques accomplies dans mes *bonnes années*. Cette fois nous n'avions pas à redouter les rayons brûlants du soleil ; le vent soufflait avec violence ; la pluie tombait par intervalle, et les taillis, plus qu'humides, étaient peu agréables à fouiller. Cependant nous y pénétrâmes, et nous pûmes constater, dans la même localité que celle de l'année précédente, une dizaine de nids, dont l'un se trouvait à 0$^m$,80 au-dessus de terre ; il se rapprochait ainsi des nids des étangs de Chaloché, placés à une pareille hauteur, parmi les joncs. Avant de s'être fixés dans cette localité, les hérons avaient établi deux nids dans la futaie voisine du château ; ces derniers étaient à 8 ou 10 mètres d'élévation. Un troisième couple avait élu domicile dans un vieux nid de pie. Après avoir commencé leur ponte dans cette futaie, les trois couples l'avaient quittée pour aller se fixer avec la colonie du taillis. Les faits étant bien constatés, nous regagnâmes le château en nous permettant, le long des sentiers, une petite chasse au lapin. M. François de Rochebouet et M. Crouvezier firent chacun une victime, et je me permis d'immoler une très-belle poule d'eau en plumage de noces. Empaillée par M. Deloche, elle devait être, pour M. Crouvezier, un souvenir de son excursion au château de Rouvoltz et de l'aimable et gracieuse réception du jeune propriétaire de ce beau domaine. Après une fortifiante collation, nous remontions en voiture, et à neuf heures, nous rentrions dans nos foyers.

Quelques semaines plus tard, je retournais au château de Rouvoltz avec le jeune Albert Crouvezier, et, cette fois, nous pûmes constater encore que les hérons avaient été forcés de choisir, dans la même année, un quatrième domicile. Poursuivis d'une manière incessante dans les grands roseaux de l'étang de Chaloché, dans la futaie et dans le taillis du domaine de Rouvoltz, ils avaient établi leurs nids sur l'extrémité des petits joncs auxquels les rousseroles fixent ordinairement le berceau de leur jeune famille. Ces nids ne ressemblaient pas à ceux que les hérons construisent ordinairement parmi les roseaux: ils consistaient simplement en quelques petits joncs entremêlés et appuyés sur l'extrémité de quelques autres joncs semblables ; excessivement légers, ils suivaient les différents mouvements imprimés par le souffle du vent ; aussi ne comprenions-nous pas comment ils pouvaient supporter la couveuse. Les huit nids établis dans les conditions que je viens de décrire étaient éloignés les uns des autres, et séparés même par une distance assez considérable ; circonstance qui n'a pas lieu ordinairement, car les nids constituent une colonie dont tous les membres ont fixé leurs berceaux à côté les uns des autres.

---

## HÉRON AIGRETTE. — Ardea egretta

Le héron aigrette et le héron garzette composent, dans beaucoup d'ornithologies, un Genre qui se distingue des hérons proprement dits par des formes plus sveltes, un bec plus mince et moins élevé à la base, par des jambes dénudées encore sur une plus grande étendue, enfin, par leur plumage entièrement blanc dans toutes les saisons et par les aigrettes que forment au printemps les plumes du dos et les scapulaires, plumes qui alors atteignent et dépassent même l'extrémité des ailes, et qui présentent des barbes décomposées et filiformes. Le héron aigrette a l'occiput dépourvu de plumes *extraordinairement allongées*, tandis que celui du héron garzette est orné de deux plumes longues et étroites; cette différence, jointe à celle de la taille, sert à distinguer les deux espèces. D'après la dernière explication que je viens de donner, il est évident que le mot *aigrette* ne doit pas être pris ici dans son acception ordinaire, puisque le héron blanc ne porte pas une aigrette, au sens que l'on donne communément à ce mot, c'est-à-dire comme synonyme de huppe, quoiqu'il ait des plumes occipitales un peu plus ou un peu moins allongées.

Le héron aigrette, *ardea egretta*, habite le sud-est de l'Europe et le nord de l'Afrique; il manifeste très-rarement sa présence dans l'ouest de la France, et, dès lors, dans notre département. Toutefois, plusieurs sujets y ont été remarqués, et l'un d'eux, tué, au moment de la grande inondation de la Loire en 1856, près de la Daguenière, fait partie de la riche collection ornithologique de notre Musée. Monté avec un soin tout particulier par notre habile préparateur, M. Deloche, il est un des oiseaux qui attirent et fixent l'attention des amateurs. Ce héron a une taille plus élevée encore que celle du héron pourpré, et même que celle du héron cendré. La taille du premier ne dépasse pas 0$^m$,80 à 0$^m$,82, ni celle du second, 1$^m$,05 à 1$^m$,07, tandis que le héron aigrette du Musée atteint 1$^m$,12 de hauteur.

Ce héron a séjourné pendant plusieurs jours dans la localité où il a été tué; il manifestait une excessive défiance, et c'est au zèle persévérant de M. Deloche, auquel

la présence de cet échassier avait été signalée, que le
Musée doit cette richesse qui nous a été si souvent enviée.
M. Deloche s'était transporté à la Daguenière, et avait
promis aux chasseurs de canards une forte récompense
s'ils lui apportaient l'objet de ses désirs. Après avoir déjoué pendant longtemps les embûches des chasseurs, cet
oiseau est enfin tombé sous le plomb d'un domestique attaché au service d'un moulin.

Je reviens à l'étymologie du mot *aigrette :* Belon, et
après lui Ménage, font dériver *aigrette*, dans le sens de
« touffe de plumes, » de *aigrette*, « sorte de héron, » parce
que cet oiseau porte en effet une aigrette. Cette explication me semble reposer sur un cercle vicieux ; pour en
sortir, les auteurs que je viens de citer pensent que l'aigrette a été ainsi nommée à cause de l'aigreur de sa voix ;
ce serait alors revenir d'une manière indirecte à l'étymologie du mot héron, *raucum esse*, « avoir le cri rauque. »
Mais Diez rapproche avec raison ce mot de l'italien *aghi-
rone*, du provençal *aigron*, en patois du Berry *égron* (*Dict.*
de Littré). *Aigre* lui-même a pour étymologie *acer*, en
latin, AKROS, en grec, signifiant « pointu, » de AKIS, AKÊ,
« pointe. » Or, dans l'ancien français, « aigre » a souvent
le sens de « vaillant, » comme *acer* en latin. D'où il me
semble résulter que l'épithète donnée à ce héron ne signifie pas qu'il a une aigrette, une touffe de plumes
comme ornement de son occiput, puisqu'il en est presque
dépourvu, mais que les plumes du dos et que les scapulaires, chez les adultes en plumage de noces, sont à tige
*épaisse, raide*, à barbes décomposées et *filiformes* et, dès
lors, très-pointues comme un faisceau d'aiguilles, ce qui
est le signe caractéristique de cette espèce, puisqu'elle est
la seule dont les plumes ne se recourbent pas vers la
pointe. C'est alors une aigrette en ce sens que les plumes
qui composent l'ornement de ces hérons au moment du
printemps restent *inflexibles*, et semblent former un faisceau d'aiguilles, de pointes acérées.

Quelle que soit l'opinion que l'on se forme sur ces hypothèses, leur exposé procure évidemment la connaissance d'un caractère spécial des plumes du héron aigrette.

Ces plumes sont très-recherchées dans tout l'Orient; les Persans, les Turcs et les autres peuples de ces contrées aiment à les employer comme un ornement de leur turban, et elles deviennent ainsi le signe distinctif des puissants et des riches.

Avant que les chapeaux ne fussent en usage, la noblesse française ornait assez souvent avec des plumes du héron aigrette un côté du bonnet qui lui servait de coiffure. De nos jours, les dames, et même quelques fashionnables, ont remplacé les anciennes aigrettes par des plumes de geai ou de paon; est-ce un symbole, est-ce un progrès de nos mœurs?

Les hérons aigrettes choisissent pour se reproduire des terrains marécageux; la femelle pond dans un nid formé de roseaux repliés, ou même sur quelques arbres émondés et plantés sur les bords des marais, trois ou quatre œufs d'un vert bleuâtre et très-pâle. Ces œufs n'ont aucune tache; leur grand diamètre est de $0^m,055$ à $0^m,058$, et le petit, de $0^m,040$ à $0^m,042$.

Charles Bonaparte appelle le héron aigrette *egretta alba* et *nigrirostris*. Cette dernière épithète indique que le bec jaune de cet échassier a l'arête et le bout d'un noir foncé, couleur qui fait ressortir encore d'une manière plus sensible l'éclatante blancheur des plumes de la tête et de tout le corps de ce bel échassier.

---

## HÉRON GARZETTE. — Ardea garzetta.

Ce héron, beaucoup plus petit que les précédents, traverse l'Anjou assez régulièrement, chaque année; il y séjourne pendant quelque temps pour se diriger vers les pays qu'il habite tour-à-tour, les bords de la mer Noire, les contrées méridionales de l'Europe et le nord de l'Afrique. Il se reproduit dans les îles du Danube où il niche en assez grandes colonies, ainsi que dans certaines contrées de l'Espagne et de l'Afrique.

Son nom dérive du mot espagnol *garza*, servant à désigner le héron. « Les Portugais, » dit Cadamosto (*Hist. générale des voyages*, tom. II, page 291), « appelèrent les îles désertes du golfe d'Arguin, au cap Blanc, *isola das Garzas*, ou îles aux Hérons, parce qu'ils y trouvèrent tant d'œufs de ces oiseaux qu'ils en remplirent deux barques. » Pour obtenir un pareil résultat, il fallait que les deux barques fussent bien étroites ou que les hérons fussent très-nombreux, et qu'il y eût une colonie composée des grandes espèces, car les œufs du héron garzette sont bien petits pour pouvoir suffire à remplir des barques ; leur longueur varie de 0<sup>m</sup>,045 à 0<sup>m</sup>,048, et leur diamètre, de 0<sup>m</sup>,030 à 0<sup>m</sup>,035. La femelle en pond de trois à cinq sur un nid préparé au milieu des grands joncs ; leur couleur uniforme est d'un bleu verdâtre très-pâle ; ils présentent une particularité qui sert à les distinguer de ceux de quelques autres espèces : ils sont pointus aux deux bouts.

Ces îles désertes du golfe d'Arguin sont situées près les côtes du Sahara, au nord des îles du Cap-Vert ; elles sont entourées de récifs dangereux, sur lesquels vint naufrager, en 1816, la frégate *la Méduse*. Ah ! si l'équipage infortuné de ce navire avait eu, comme les Portugais, la ressource des œufs de hérons, que de victimes de moins la France aurait eu à inscrire sur la liste formée par ce terrible drame !

Dans le récit du voyage d'Adanson au Sénégal (p. 80), je trouve un passage qui justifie la relation de Cadamosto, et qui prouve la justesse de l'hypothèse que j'avais formulée en supposant que non-seulement les hérons se réunissent pour nicher par colonies très-nombreuses, mais encore que ces colonies générales sont elles-mêmes sub-divisées en colonies particulières composées de beaucoup d'espèces de hérons. Voici ce passage qui démontre aussi que l'extrême défiance que manifestent, dans nos contrées, les hérons, ne leur est pas naturelle, mais qu'elle est chez eux, comme chez tous les autres oiseaux, le résultat des poursuites auxquelles ils sont condamnés par les hommes, qui croient trouver en eux des concurrents redoutables pour la pêche.

« On arriva le 8 à Lammai, petite île sur le Niger ; les arbres étaient couverts d'une multitude si prodigieuse de hérons de toute espèce, que les Laptots qui entrèrent dans un ruisseau dont cette île était alors traversée, remplirent en moins d'une demi-heure, un canot, tant des jeunes qui furent pris à la main ou abattus à coups de bâton, que des vieux, dont chaque coup de fusil faisait tomber plusieurs douzaines. Ces oiseaux sentent un goût d'huile de poisson qui ne plaît pas à tout le monde. »

C'est dans ces contrées et en société avec le héron gar-zette que se trouve une autre espèce de héron qui ne visite pas notre Anjou, mais dont il me serait pénible de ne pas raconter les mœurs, d'une manière au moins sommaire, comme une preuve touchante de la Providence de Dieu et de sa tendre sollicitude envers les animaux.

Les habitudes du héron *bubulcus* ou *garde-bœuf* sont beaucoup plus diurnes que celles de ses congénères ; cet échassier fréquente les pâturages où séjournent les troupeaux de buffles ; il aime à suivre ces animaux pour capturer les vers et les insectes qui sortent de terre sous la pression exercée par leur marche ou par leur course pesante. De plus il se tient très-souvent sur le dos des buffles, descend et remonte le long des flancs de ces animaux, en s'accrochant par ses ongles à leur cuir épais ; dans cette visite, il imite le pic-vert quand celui-ci grimpe autour des arbres, il s'appuie sur les pennes de sa queue ; pendant ces investigations, le garde-bœuf distribue des

coups de bec à droite et à gauche, par devant, par derrière, avec une grande énergie, et les buffles se prêtent
très-volontiers à cette manœuvre, parce qu'elle a pour
but de les délivrer des insectes qui s'attachent à leur peau,
la pénètrent même et leur occasionnent de cuisantes
douleurs auxquelles le héron met fin en tuant et en mangeant ces ennemis.

Là, ne s'arrêtent point les services que le garde-bœuf
rend à ses pourvoyeurs. Pendant que les buffles sont occupés à paître dans les immenses prairies où ils vivent
par bandes innombrables, ils se trouvent exposés aux attaques des ennemis dont ils ne peuvent constater l'approche,
lorsque leur pesante tête tond l'herbe qui leur sert de
nourriture. C'est alors que le héron, debout sur le dos de
ces animaux, le cou tendu et l'œil au guet, remplit le rôle
de sentinelle dévouée et vigilante, et, dès que les hautes
herbes des savanes se courbent sous les bonds du lion ou
sous ceux de la panthère, ou dès qu'elles s'inclinent à
droite ou à gauche pour laisser se dérouler les sillons
tracés par le pas des chasseurs, le héron garde-bœuf
pousse un cri strident, et aussitôt tous les buffles s'enfuient
avec la plus grande rapidité, du côté où leur gardien s'est
envolé, c'est-à-dire du côté opposé à la marche de leurs
ennemis. Bien des fois les chasseurs ont maudit la vigilance du héron garde-bœuf qui les privait d'une proie
qu'ils poursuivaient depuis longtemps, en ayant recours
à toutes sortes de ruses presque toujours déjouées par une
si infatigable sentinelle.

C'est à cette habitude que le héron *garde-bœuf* doit son
nom ; mais, quelque expressif qu'il soit, je lui préfère de
beaucoup celui sous lequel les Arabes le distinguent : ils
le nomment *abou ghanam*, c'est-à-dire le *père aux troupeaux*.
Il veille effectivement sur les buffles avec une sollicitude
paternelle que rien ne peut fatiguer, et qui a inspiré ces
plaintes à Adolphe Delelorgue dans le récit de ses voyages
et de ses chasses aux buffles : « Il n'y a point d'oiseaux

au monde que j'aie autant maudits que les *hérons garde-bœufs*. »

Cet échassier est, comme son congénère, un oiseau très-élégant et très-gracieux ; comme lui aussi il semble prendre plaisir à relever plusieurs fois de suite, et avec une grande vivacité, le panache flexible de son aigrette.

## HÉRON BIHOREAU. — Ardea nycticorax.

Le bihoreau, dont le nom a exercé si longtemps ma patience et m'a imposé de si persévérantes recherches, est peut-être l'oiseau le plus gracieux de toute la famille des hérons ; ses longues plumes noires, qui partent de l'occiput pour retomber en flottant sur le dos, sont très-recherchées pour entrer dans la composition des panaches. Le bihoreau visite notre département d'une manière régulière ; il y séjourne même assez longtemps dans les marais de l'Authion et dans ceux de la Maine. Comme la plupart de ses congénères, il est semi-nocturne, et commence sa chasse de prédilection, aux poissons, aux batraciens, aux insectes aquatiques, vers le coucher du soleil. C'est alors que, dans sa course au milieu des terrains marécageux parsemés d'arbres et de buissons qui servent à dissimuler sa présence, il fait entendre un cri enroué, *ka-ka-ka*, qui lui a mérité l'épithète *nycticorax*, de nyx, nyktos, « nuit » et de corax, « corbeau, corbeau de nuit, corbeau nocturne. » Ce cri lugubre, devenu encore plus sinistre par le moment où il se fait entendre et par les lieux d'où il s'échappe, a été comparé aux vomissements d'un homme se débattant contre les étreintes de la mort, aux soupirs d'une personne qu'on étouffe et qui crie au secours ; c'est le râle déchirant des mourants. Ce cri qui avait été constaté par quelque naturaliste, à une époque bien éloignée de la nôtre, avait engagé ce savant à représenter ces sou-

pirs étouffés du héron par une expression caractéristique,
et il l'avait désigné par le mot *Bihoreau*. Ses successeurs
ont adopté la même épithète, sans se rendre compte de sa
signification, et, dès lors, grande difficulté pour la retrouver. Maintenant que j'en ai rencontré le sens véritable,
il me paraît être un peu comme la route d'Amérique après
le voyage de Christophe Colomb !

Selon plusieurs anciens auteurs, *Bihore*, *Bihorre*, est un
mot par lequel on invoque le secours public, formé de
*Bia-Hora*, clameur qui s'entend au loin, ou de *Bia-fora*,
crier « au meurtre, à l'assassin. » *Bia* est pour *via*, « voie,
chemin, » et *Fora* pour *foras*, « sortez, au secours,
allez, venez dehors ! » en latin, *via foras*. (Du Cange.)

Le *Registre du Connétable de la Bourgogne* (fol. 92) constate que les habitants de cette province étaient obligés de
sortir de leurs maisons quand ils entendaient crier *Bia-
fora !* de prendre leurs armes et de se mettre à la disposition des autorités locales : « *Et tenentur venire ad clamorem
BIAFORA cum armis et sequi præpositum.* »

Je joins ici quelques textes confirmant les assertions
précédentes : « *Biaforo* est cri à mort ; *Biaforo*, crier aux
alarmes, au meurtre. »

« Lequel Galabert s'escrya à haulte voix à *Biafforo*, qui
est un mot du langage du païs (Gascogne) disant qu'il
estoit mort. »

« Le suppliant soy sentant ainsi navré et blecé du dit
coup, cria à haulte voix, *Bihore*, *Bihore*, au dit Martin son
maistre, disant qu'il estoit mort. » (*Glossaire français* de
Du Cange.)

Il me semble donc suffisamment prouvé que l'épithète
*Bihoreau* a été donnée au héron qu'elle détermine pour
rappeler son cri, caractère qui le distingue de ses congénères, tout en le rapprochant du *Butor*, et cri qui ressemble
à celui que pousse un homme que l'on étouffe et qui appelle au secours.

Le Bihoreau niche dans les marais, parmi les joncs, et

quelquefois sur la tête des arbres émondés qui se trouvent sur les bords des terrains marécageux. La femelle pond de trois à cinq œufs d'un bleu pâle, verdâtre et sans taches. Le grand diamètre varie de 0ᵐ,048 à 0ᵐ,050, et le petit, de 0ᵐ,034 à 0ᵐ,036.

En Anjou les pêcheurs donnent au Bihoreau le nom de *Roupeau*. Cette dénomination paraît être très-ancienne, car elle était connue du temps de Belon ; et Aldrovande (*Or- nith.*, liv. XX, ch. x) donne les motifs de ce nom vulgaire : « ROUPEAU *a rupibus in quibus nidificat ad Oceanum Galli- cum, teste Petro Bellonio ;* — appelé *Roupeau* du nom des rochers sur lesquels il niche près la mer de France, comme l'atteste Pierre Belon. »

## HÉRON CRABIER. — ARDEA RALLOIDES.

Le héron crabier est commun dans l'Europe méridio- nale et orientale, ainsi que dans le nord de l'Afrique ; il traverse notre département d'une manière assez irrégulière, et ne s'y arrête que très rarement. Ce héron se distingue de ses congénères par les nombreuses plumes allongées et linéaires qui tombent de son occiput et forment une espèce de huppe, ou plutôt de touffe très-épaisse. Il est d'un caractère plein d'audace, et, lorsqu'il attaque avec une grande énergie ses ennemis, ou qu'il se trouve sous l'empire de la crainte ou de la colère, il relève cette touffe épaisse, qui se développe alors sur sa tête comme une huppe échevelée et lui donne un air terrible. Est-ce cette habitude que les naturalistes ont voulu retracer en désignant ce héron par l'épithète de *crabier?* Ce mot dérive du latin *carabus*, qui lui-même vient de καρα-βος, dont la racine est κέρας, « corne. » L'adjectif *crabier* indiquerait alors que, dans les moments d'irritation, les plumes occipitales de cet oiseau se dressent sur sa tête et se replient vers leur extrémité de manière à représenter des cornes recourbées. Cette hypothèse peu plausible pourrait cependant s'appuyer sur l'opinion de plusieurs auteurs qui désignent le héron crabier sous le nom de *comata* ou héron à longue chevelure ou *héron chevelu ;* César appelait *Gallia comata,* « *Gaule chevelue,* » celle où les peuples portaient de longs cheveux, expression qui a pour racine *comata*, de κομή, principe du mot *comète.* La véritable racine de *crabier* est καραβος signifiant « langouste, homard, crabe, » et indiquant quelle est la nourriture ordinaire de ce héron qui vit de mollusques maritimes et fluviatiles. Quant au mot *ralloides*, il est composé de *rallus*, « râle, » mot de basse latinité, et du grec εἶδος, « forme, oiseau qui ressemble au râle ; » cette dernière dénomination me paraît très-exacte, et indique la différence qui existe entre le crabier et les hérons précédents. Le crabier se perche très-rarement : il se tient presque constamment dans les marécages parsemés de longues herbes et de petits joncs, entre lesquels il se glisse avec rapidité en courant à la manière des râles, dont il se rapproche encore par ses tarses très-peu élevés.

Le crabier est d'un naturel peu farouche. Il paraît aimer beaucoup la société de ses congénères : aussi le trouve-t-on souvent avec d'autres espèces. Il niche dans les joncs et dans les herbes des endroits marécageux. La femelle pond de trois à cinq œufs d'un bleu vert très-clair, dont le grand diamètre varie de $0^m,038$ à $0^m,040$, et le petit, de $0,028$ à $0^m,030$.

Plusieurs des hérons crabiers tués dans notre département n'avaient pas le même nombre de plumes occipitales ; il serait intéressant de vérifier si le nombre de ces plumes augmente avec l'âge des sujets. La couleur noirâtre de ces plumes tranche avec le reste du plumage, qui est blanc.

## HÉRON BUTOR. — Ardea stellaris.

Plusieurs auteurs appellent ce héron le *butor étoilé*, pour le distinguer d'une autre espèce qui est très-commune sur les rives de la baie d'Hudson, en Amérique. Dans la nombreuse famille des hérons, chaque espèce forme presque un Genre ; celle-ci se distingue des précédentes par ses tarses plus courts, par un cou médiocre et par des doigts longs et forts. Le cou est couvert en arrière d'un duvet fin, et, en avant, de plumes longues et flottantes qui donnent à cet oiseau, quand il prend certaines poses, un air stupide très-remarquable. Le héron butor se reproduit en Anjou. Il passe la plus grande partie de la journée perché sur les branches des arbres plantés dans les lieux marécageux, et quelquefois même appuyé, dans une posture grotesque, sur des roseaux. Il ne chasse que le soir, et non-seulement il vit de poissons, de batraciens et d'insectes aquatiques, mais il visite encore les bois dans lesquels il poursuit les mulots et les souris, qu'il attend, avec patience, à sortir de leurs trous ou à y pénétrer ; on lui reproche de faire quelquefois la guerre aux petits oiseaux et à ceux qui sont blessés ou malades. Ce héron est plus solitaire et plus défiant encore que ses congénères. Il manifeste chaque année sa présence dans les vastes marais d'Écouflant, près Angers ; c'est là qu'en se promenant le soir, à l'époque du printemps, sur les bords de la Maine, on peut entendre le cri de cet oiseau, qui ressemble au mugissement prolongé d'un taureau : c'est à cette habitude qu'il doit son épithète *butor*, formée du vieux mot latin *butorius*, que l'on fait dériver de *bos-taurus*, « bœuf-taureau. » Gmelin l'appelle *ardea botaurus*, et Belon dit : « Qu'il n'y a bœuf qui put crier si haut. » En Anjou, les habitants des bords des rivières l'appellent le *bœuf*, le *buard*, le *beugleur*, le *bœuf d'eau*. Le cri du butor peut, au printemps, lorsque l'air est calme, être entendu à deux kilomètres de distance. Quelques naturalistes prétendent que, pour produire ce mugissement si singulier et si sonore, le butor enfonce son bec dans l'eau. Cet échassier a des formes peu gracieuses et des mœurs peu sympathiques ; de plus, il est excessivement dangereux de s'approcher de lui quand il est blessé, car il vise toujours à crever les yeux de son adversaire, et il agit en cela d'une manière sournoise et dissimulée. Pour tous les motifs que je viens d'énumérer, l'adjectif *butor* convient parfaitement à cet échassier, puisque ce mot désigne ordinairement un être maladroit, grotesque et brutal.

Quant à la dénomination *stellaris*, « étoilé, » elle peint d'une manière expressive la variété de son plumage, qui est émaillé de taches noires, sur un fond jaunâtre, et semées transversalement. Scaliger, cité par Buffon (édit. in-4°, tom. VII, page 416), prétend que « les épithètes *stellaris* et *asterias*, qui désignent le butor, paraissent tirer leur origine de l'essor que chaque soir il prend vers les astres et par lequel il semble se perdre sous la voûte des étoiles, plutôt que des taches de son plumage disposées en pinceaux et en étoiles. »

Belon (*Hist. des oiseaux*, page 193) prend le mot *butor*
dans le sens d'indolent, de paresseux, parce qu'il dit avec
raison que le butor manifeste pendant toute la journée
une incroyable insouciance, et qu'il ne paraît se réveiller
de sa léthargie diurne que lorsque le soleil cache sa lumière. Voici le passage de cet auteur : « Le butor, chemi-
nant, va plus lentement qu'on ne saurait dire, et est appelé par Aristote *lourd* et *paresseux*, et était aussi nommé
*Phoix*, d'un esclave paresseux nommé *Phoix*, qui fut
transformé en butor ; encore pour aujourd'hui le vulgaire
se ressent de son antiquité sur ce passage, qu'en injuriant
un homme paresseux pense l'outrager que de le nommer
*butor*. »

Molière a employé ce mot au féminin : « Est-ce, madame, qu'à la cour une armoire s'appelle une *garde-robe?*
— Oui, *butorde*, on appelle ainsi le lieu où l'on met les
habits. » (*La comtesse d'Escarbagnas*, scène III.) Marot,
dans son Églogue au roi, a rendu d'une manière très-
expressive la puissance du héron butor :

> J'oy d'autre part le piverd jargonner,
> Siffler l'ecousfle et le butor *tonner.*

*Écousfle* était dans l'ancien français le nom donné au
milan. Aldrovande (*Ornithologie*, liv. XX, chap. XXVI) dit
que le butor est appelé *trombone* dans plusieurs localités
de l'Italie, parce que le cri de cet oiseau rivalise avec le
son d'une trompette : « *In quibusdam Italiæ locis* TROMBONE
*dicitur a voce tubæ sonum æmulante.* »

Le butor niche au milieu des touffes de roseaux qui
poussent dans les prairies marécageuses d'une grande
étendue ; son nid est très-bien caché, et il est très-difficile
de pouvoir y parvenir avant que les petits ne soient en-
volés. On ne peut fouiller ces touffes de roseaux que
lorsque les herbes qui les entourent sont fauchées, et
alors il est trop tard pour capturer les œufs. Aussi pendant longtemps ces œufs ont-ils été rares, et beaucoup

d'auteurs n'ont-ils pu en déterminer ni les dimensions ni la couleur. M. Dégland était tombé lui-même dans une véritable erreur sur la couleur de ces œufs ; son savant continuateur, M. Gerbe, s'est empressé de la rectifier. Cette erreur était d'autant plus facile à commettre, que tous les œufs des espèces que nous avons décrites sont d'une couleur bleu uniforme et plus ou moins foncé ; celle des œufs du butor, au contraire, rappelle un peu les teintes de l'ensemble de son plumage : elle est d'un jaune pâle et régulier ; quelques-uns sont d'une couleur beaucoup plus foncée ; le nombre de ces œufs varie de trois à quatre ; le grand diamètre est de 0$^m$,05 à 0$^m$,052, et le petit, de 0$^m$,034 à 0$^m$,036.

## HÉRON BLONGIOS. — ARDEA MINUTA.

Malgré toutes les difficultés que j'ai rencontrées dans l'explication des mots qui désignent plusieurs espèces de hérons, je suis obligé de dire avec le poète : « *In cauda venenum*, — A la fin, le poison ; » car je me trouve, en terminant la famille des hérons, en présence d'une expression française dont je n'ai pu entrevoir d'une manière satisfaisante l'étymologie. Tous les auteurs donnent à cette espèce l'épithète *blongios*, sans qu'aucun d'eux ait laissé même soupçonner le motif de cette dénomination. Mais avant d'exposer quelques détails sur les mœurs de cet oiseau, j'indique d'une manière sommaire la racine du mot *lentigineux*, *lentiginosa*, servant à caractériser une espèce de héron d'Amérique dont la présence aurait été signalée en Anjou ; les nuances de son plumage se rapprochent de celles du butor, et c'est à ces nuances qu'il doit ces noms qui dérivent de *lentigo*, signifiant *marbrure*, *rousseur*, mot qui a lui-même pour racine *lens*, *lentis*, « lentille. » Ce n'est toutefois qu'avec la plus grande réserve que je mentionne la présence du héron lentigineux en Anjou. Heureusement qu'en ce qui concerne l'ornithologie on ne peut craindre d'être poursuivi pour fausses nouvelles, et cependant je prends mes précautions afin de ne pas me montrer trop téméraire.

Je reviens au héron blongios désigné sous l'épithète *minuta*, « petit, » parce que cette espèce est la plus petite de toutes celles qui visitent l'Europe. Beaucoup de naturalistes l'appellent *Botaurus* ou *Butor minutus*, parce qu'il se rapproche du Butor étoilé par plusieurs traits de ressemblance ; mais il s'en éloigne aussi par beaucoup de caractères : son cou est moins dénudé que celui du butor ; son plumage jaune est coloré par de longues taches noires longitudinales ; enfin, la livrée du mâle est très-différente de celle de la femelle. Le blongios fait souvent entendre un son étouffé et assez continu. C'est à ce son qu'il doit son nom vulgaire, *filassier* et *pilon*, parce que les pêcheurs l'ont comparé avec beaucoup de justesse à celui que poussent les filassiers quand, avec leur pilon, ils broient le lin ou le chanvre. Sur les bords de la Loire, du côté de Béhuard, de Savennières, etc., le blongios est généralement nommé *come*, et cependant cette expression ne peut être prise dans le sens de huppe, car les plumes occipitales de cet oiseau sont très-peu apparentes. Brisson l'a désigné par l'épithète *nœvia*, « tacheté, » à cause des belles bandes noires qui se déroulent sur les scapulaires. Le héron blongios arrive au printemps, dans notre département, pour s'en éloigner vers l'automne ; quelques couples y restent toute l'année. Cet échassier est répandu en grand nombre sur les bords de tous les cours d'eau et dans les endroits marécageux. Il niche dans les roseaux, dans les osiers, et sur les têtes des arbres émondés plantés dans les marais. J'ai trouvé les nids de cet oiseau dans les joncs près de ceux de la fauvette rousserolle et de la fauvette effarvate ; ces nids sont composés de petites baguettes et de brins de roseaux des-

séchés; quelques-uns sont plats comme des nids de tourterelles, d'autres sont creux en forme d'entonnoir. Aussi,
est-ce avec un véritable étonnement que j'ai lu ce passage
dans Toussenel (*Ornithologie passionnelle*, 1<sup>re</sup> partie, p. 371) :
« Le héron blongios niche à terre, au plus épais des four-
rés d'herbes, à l'instar du butor. » Cette affirmation est
complétement inexacte, du moins en ce qui concerne les habitudes du héron blongios, en Anjou. J'ai trouvé bien des
fois des nids de cet échassier ; ils étaient toujours placés de
1<sup>m</sup>,50 à 2 mètres au-dessus de l'eau ou de la surface de la
terre, et toujours dans des endroits peu fourrés, de manière
qu'il était très-facile de les apercevoir. Voici quelques détails sur le dernier de ces nids que j'aie étudié. Dans le mois
de juin 1868, après avoir reçu une aimable hospitalité
chez M. le curé de Brissarthe, je me dirigeai avec mon
jeune ami, Daniel Métivier, vers la rivière où nous trou-
vàmes un canot préparé par les soins de M. l'abbé Baillif.
Puis, gràce au permis concédé par la bienveillance de
M. le Préfet, nous pùmes fouiller toutes les sinuosités du
cours de la Sarthe et pénétrer dans les lagunes parsemées
de grands roseaux. La chaleur était excessive, et l'équipage de l'embarcation avait presque épuisé toutes ses
forces, sans avoir fait d'autre découverte que celle de nids
de fauvette effarvate, de fauvette rousserolle et de fauvette phragmite, lorsqu'en contournant un petit îlot,
j'aperçus à l'extrémité en aval quelques petites bùchettes
grossièrement réunies et appuyées sur des roseaux, à deux
mètres environ au-dessus de l'eau ; elles supportaient deux
œufs de héron blongios. Cette courte description peut
convenir à presque tous les nids de cet échassier, du
moins à ceux que j'ai étudiés dans notre département.

Le père partage avec la mère le soin de l'incubation, et,
quand la femelle couve les œufs, le màle veille avec une
grande sollicitude sur la couveuse ; c'est cette vigilance
même, trop accentuée, qui sert à diriger vers le berceau
de la jeune famille les ornithologistes expérimentés. Quand

on approche d'un nid dans lequel les petits ont quelques
semaines d'existence, tous, au cri du mâle et à l'avertis-
sement donné par la femelle, montent le long des branches ou des roseaux, en s'allongeant de manière à faire
de tout leur corps une ligne entièrement droite. Cette
posture, si extraordinaire et si bizarre, est aussi prise par
les blongios adultes. Lorsque les petits commencent à
sortir du nid, leur corps est couvert d'une peau jaune
sur laquelle sont semées de petites touffes d'un duvet de
même couleur qui laissent entièrement apercevoir la
peau, dont la nuance est peu gracieuse. On dirait une
vieille feuille de parchemin sur laquelle seraient appli-
qués d'une manière irrégulière quelques poils isolés. Sous
tous les nids que j'ai trouvés, j'ai constaté des débris assez
nombreux d'arêtes de poissons; observation qui ne peut
s'accorder avec le sentiment des naturalistes affirmant
que le blongios ne vit que d'insectes aquatiques. Le vol
du blongios a quelque chose du moelleux de celui des
chouettes : il s'effectue sans bruit. Cet oiseau n'a pas toujours recours au vol pour échapper à ses ennemis, et bien
souvent il fuit à travers les roseaux et les herbes avec
une rapidité qui le rapproche du râle. Quoique très-petit,
il devient dangereux quand il est blessé, et son bec est
alors une arme terrible. Un jour que je fouillais les touffes
de roseaux si nombreuses, il y a quelques années, sur les
bords de l'Authion, j'étais accompagné du garde de Corné,
qui dirigeait notre léger bateau. En frappant sur les
joncs avec nos rames, nous fîmes envoler un blongios
mâle, en sentinelle près de son nid ; le garde lui tira un
coup de fusil, l'abattit, puis s'élança à terre pour saisir sa
victime. Au moment où le garde tendait le bras pour
capturer le héron, celui-ci replia en arrière son cou, et
le distendant tout-à-coup avec une rapidité incroyable,
frappa de son bec un des doigts du garde et lui fit une
blessure assez profonde. Pour se débarrasser de son ennemi, le garde balança le bras quelques instants, et finit

par faire lâcher prise à son adversaire et le lancer au loin, non sans avoir poussé un cri dont le souvenir ne s'est pas encore effacé de ma mémoire.

La femelle du héron blongios pond de quatre à six œufs oblongs, d'un blanc terne. J'en ai trouvé quelques-uns sur la coquille desquels on voyait quelques taches jaunâtres ; leur grand diamètre varie de $0^m,032$ à $0^m,035$, le petit, de $0^m,022$ à $0^m,026$. J'ai remarqué que les œufs capturés sur la tête des arbres étaient beaucoup plus ronds que ceux des nids confiés aux roseaux ou aux osiers ; caractère qui semblerait indiquer l'existence de deux races.

En observant les différentes espèces de hérons, j'avais pu constater que toutes avaient l'habitude de nicher en colonies plus ou moins nombreuses. Aussi était-ce avec surprise que je n'avais trouvé les nids de blongios qu'isolés les uns des autres. Désirant recueillir sur cette question des renseignements plus précis encore qu'autrefois, je pris, dans le mois de juillet 1869, la résolution d'aller demander de nouveau l'hospitalité à l'excellent curé de Brissarthe et de fouiller avec son concours bienveillant les lagunes formées par les sinuosités du cours de la Sarthe, et où niche, chaque année, le héron blongios. Après des efforts pénibles et longtemps poursuivis, j'ai pu, dans un terrain marécageux d'environ cent mètres de longueur, grâce au concours puissant de mes confrères, MM. Simon et Pehu, trouver sept nids de blongios. Ce résultat m'a semblé favoriser l'opinion que si les blongios ne nichent pas en colonies proprement dites, ils établissent du moins leurs nids dans une espèce de cantonnement.

Avant de terminer cette étude sur le héron blongios, il m'est impossible de ne pas soumettre au lecteur une hypothèse sur l'étymologie du mot *blongios*, étymologie à laquelle j'avais semblé renoncer en commençant cette notice ; mais il m'est si difficile de briser entièrement avec une

vieille habitude, que je consens à mériter, une fois de plus
encore, la note de *téméraire*. Le héron blongios vit en
grande partie de poissons, malgré l'opinion contraire de
quelques naturalistes; toutes les fois que j'ai trouvé le
nid de cet oiseau, des débris de poissons, des arêtes couvraient le terrain situé au-dessous ou près du berceau de
la jeune famille. La position constante de ces nids, placés
non loin de l'eau ou suspendus sur l'eau, indique par là
même, pour les blongios comme pour les autres oiseaux,
quelle doit être la nourriture ordinaire de ces échassiers.
Sur les bords de la Loire, les pêcheurs donnent au blongios le nom de *come*, et désignent par le même mot le
derrière de leur bateau, le *sentineau*, le réservoir auquel
ils confient les poissons qu'ils capturent; ces pêcheurs
ont donc voulu assimiler par un même mot et le blongios
et leur *sentineau?* Quel serait le motif de cette assimilation,
si ce n'est que l'estomac du héron est pour eux une *come*,
qui recèle beaucoup de petits poissons? Cette interprétation n'est-elle pas encore justifiée par l'acharnement avec
lequel les pêcheurs tuent les blongios et détruisent leurs
nids, croyant ainsi faire disparaître de dangereux rivaux?
Enfin, la chair du blongios exhale, surtout quand on fait
son autopsie, une odeur très-prononcée d'huile de poisson.
Il me semble donc bien constaté que le poisson compose
en grande partie la nourriture du héron blongios. Il reste
à expliquer comment cet échassier capture sa proie. Le
héron blongios est, avec la bécasse, le seul oiseau de
tout l'Ordre des Echassiers, dont le tarse soit emplumé.
Cette particularité, très-significative, indique donc que le
blongios n'est pas constitué, comme ses congénères, pour
pénétrer dans l'eau et y attendre sa proie, en conservant
plus ou moins longtemps une immobilité complète; de
plus, la petite longueur de ses jambes vient encore confirmer mon assertion. Comment alors capture-t-il les
poissons? Le héron blongios imite le martin-pêcheur : il
se perche sur les branches des arbres plantés près les

bords des cours d'eau, ou même sur les roseaux in-
clinés, et, de cet observatoire, il se laisse tomber sur les
petits poissons qui passent près de lui. Dès-lors ce caractère distinctif, qui ne convient qu'à cette seule espèce et
qui la sépare d'une manière très-tranchée de toutes les
autres, serait le principe de sa dénomination particulière,
et *blongios* ne représenterait qu'une variante du mot *plon-
gios* ou *plongeur ;* cette hypothèse, que je propose avec une
grande réserve, me sourit beaucoup plus que celle qui
donnerait à *blongios*, pour radical, le mot *blond*, et s'appuierait alors sur la couleur de cet échassier, sans le déterminer pour cela d'une manière bien précise, car le
héron lentigineux et le héron butor sont au moins aussi
blonds que le blongios, ou plutôt, les nuances de leur
plumage sont d'un jaune plus ou moins prononcé ; puis
enfin, la livrée du mâle est entièrement différente de celle
de la femelle.

Je crois devoir consigner ici une vieille légende angevine.

Il existait autrefois, dans la commune de la Pouèze, un
antique manoir dont le seigneur voulut associer à son
bonheur et à sa fortune, non pas une riche châtelaine,
mais la personne qui saurait fixer son amour et mériter
sa sympathie. Après plusieurs années d'attente et de recherches multipliées, le seigneur du Mas, tel était le nom
du château, fixa son choix sur une jeune personne dont
la modestie égalait la beauté. La demande du comte ne
fut pas agréée immédiatement, et la future châtelaine
mit pour condition à son consentement, que le seigneur
du Mas ne chercherait jamais à voir les pieds de celle
qu'il désirait épouser. La condition fut acceptée, et pour
qu'elle pût se réaliser entièrement, la jeune comtesse
avait toujours des robes un peu plus longues que celles
que portent les femmes de nos jours ! Le soir, toute lumière était éteinte lorsque les deux époux devaient rega-

gner le lit conjugal. Le seigneur du Mas, qui avait accepté assez facilement la condition qu'on lui avait imposée, imita notre père Adam, et, plus le fruit était défendu, plus il désirait, plus il cherchait les moyens de satisfaire sa curiosité. Ce désir non réalisé devint pour le comte un tourment qui le déchirait le jour et la nuit : tant il est vrai que le bonheur ne se rencontre pas souvent sur la terre, et moins encore dans le sein de l'opulence que dans celui d'une médiocrité laborieuse ! La promesse que le jeune comte avait faite lui apparaissait, dans ses moments de loisirs si nombreux, comme un fantôme prenant plaisir à torturer son esprit et à enflammer son imagination. Ses jours étaient tristes et ses nuits plus encore ; ses forces s'épuisaient, et ses traits amaigris semblaient annoncer qu'un mal intérieur le poussait vers la tombe. Un soir qu'il avait cherché bien en vain, dans les bosquets de son parc, une distraction à la pensée qui ne lui laissait aucun repos, le comte trouva un vieux serviteur de sa famille, un villageois qui, depuis bien des années, venait, à chaque automne, passer quelques jours au château, pour *tiller* et préparer le lin récolté dans la réserve du domaine seigneurial. La tristesse du comte ne put échapper à l'œil perspicace du filassier; celui-ci en demanda la cause avec tant d'instance que le secret lui en fut confié. « Le moyen de satisfaire votre désir est très-simple, » dit alors le bon villageois : « veuillez semer de la cendre près du lit conjugal, vous pourrez le lendemain voir très-distinctement l'empreinte des pas de madame la châtelaine. » Ce conseil sembla illuminer d'un éclair d'espérance le visage assombri du jeune homme. Il rentra au château et déroula lui-même une couche épaisse de cendre sur la descente de lit, puis il attendit, non sans une véritable anxiété, le moment du coucher. A peine la châtelaine eut-elle mis les pieds sur la cendre qu'elle comprit le stratagème auquel son mari avait eu recours pour éluder la promesse qu'il lui avait faite, et tout-à-coup elle s'écria d'une voix terrible :

> O Mas! ô Mas!
> Tu m'épias,
> Tu périras,
> Toi et ton Mas!

Puis le château s'affaissa sur lui-même, la terre s'entr'ouvrit et tout disparut. A la place où était la demeure splendide du comte du Mas, il n'existe plus qu'un étang marécageux dans lequel le malheureux filassier, changé en héron blongios, a fixé son séjour forcé, et où il fait entendre, là plus encore qu'ailleurs, des sons entrecoupés et le souffle pénible et prolongé de son ancien métier.

Il ne me reste plus qu'à tirer la morale de cette légende, morale bien facile à déduire. Il est toujours très-dangereux de se laisser séduire par la curiosité, et de chercher à éluder, même indirectement, les promesses que l'on a faites, les engagements que l'on a contractés.

Cette légende me rappelle la métamorphose d'Ardée, ville capitale des Rutules, plus ancienne que Rome, et qui est aujourd'hui un bourg, près de la rivière de Numico, à vingt kilomètres à l'orient d'Ostie, et dont le nom se lie au nom générique des hérons, *Ardea*.

> ..... Turnusque cadit; cadit Ardea, Turno
> Sospite dicta potens : quam postquam barbarus ensis
> Abstulit, et tepida latuerunt tecta favilla,
> Congerie e media, tum primum cognita, præpes
> Subvolat et cineres plausis everberat alis.
> Et sonus, et macies, et pallor, et omnia, captam
> Quæ deceant urbem, nomen quoque mansit in illa
> Urbis, et ipsa suis deplangitur Ardea pennis.

« Turnus tombe, et avec lui tombe Ardée, célèbre par sa puissance tant que vécut Turnus. A peine a-t-elle été renversée par le fer, à peine ses toits ont-ils disparu sous la cendre brûlante; soudain, du milieu de ses ruines s'élance un oiseau qu'on vit alors pour la première fois ; il agite ses ailes et soulève autour de lui un nuage de poussière. Ses cris, sa maigreur, sa pâle couleur, tout est l'emblème d'une ville détruite ; il garde même le nom d'Ardée, et semble, par le battement de ses ailes, en déplorer la ruine. » (*Métamorphoses d'Ovide*, liv. XlV, v. 574 et suivants.)

## CIGOGNE BLANCHE. — Ciconia alba.

L'épithète française et l'épithète latine sont justifiées par la couleur du plumage de cet échassier ; il ne s'agit donc plus que de rechercher l'étymologie du mot *ciconia*, principe du nom français *cigogne*, qui autrefois s'écrivait *cigoigne* et *cigongne* et en Picard *chigogne*. Pour entrevoir d'une manière assez plausible la racine du mot *ciconia* qui semble se rattacher au sanscrit, il faut faire ressortir un caractère particulier à cet oiseau, caractère qui a frappé les naturalistes dans tous les siècles.

Pline, liv. X, chap. xxi, s'exprime ainsi : « *Sunt qui ciconiis non esse linguas confirment;* — il se trouve des gens qui affirment que les cigognes n'ont pas de langue. » Belon énonce la même idée, mais d'une manière différente : « par quoi le bruit qu'elles font, est un son que font les maschouëres se donnants les unes contre les autres et nô pas voix venants des poulmos. » (Liv. IV, page 202.)

Quoique la cigogne n'ait pas de voix, ni de cri proprement dit, elle fait entendre un son tout particulier, que Juvénal, sat. I, v. 11, a indiqué, mais d'une manière incomplète : « *Quæque salutato crepitat Concordia nido;* — la Concorde dont le sanctuaire retentit des cris de la cigogne, quand cet oiseau salue son nid au retour du printemps. » Voici le moyen que cet échassier prend pour produire le cri indiqué par Juvénal et par Belon : il frappe les mandibules de son bec l'une contre l'autre, et fait entendre un claquement assez bizarre en renversant en même temps le cou en arrière, de manière que la mandibule inférieure se trouve en haut, et, à mesure que la cigogne redresse le cou, le claquement se ralentit pour finir quand la tète a repris sa position naturelle. Ce procédé très-bizarre, ce cri tout exceptionnel, ont dû frapper les premiers naturalistes qui ont étudié les habitudes de la cigogne, et les déterminer à donner à cet oiseau un nom rappelant cette particularité exceptionnelle. C'est ainsi que les Arabes lui ont donné le nom *lak lak*, onomatopée exacte du cri de la cigogne. « D'après cela, » dit Adolphe Pictet (*Aryas primitifs*, I^er vol., pag. 492), « je vois dans *ciconia* un composé de l'interrogatif sanscrit *ki* ou *kim*, c'est-à-dire, *quam parum*, *combien peu* et de la racine *kan* ou *kvan*, sonare, sonner. Le mot latin *ciconia* serait ainsi synonyme du sanscrit *kinkani*, de kim-kan, « clochette, » *quam parum sonans*, « combien peu elle sonne. » Ainsi, selon l'opinion d'Adolphe Pictet, l'expression *ciconia* aurait été donnée à la cigogne pour faire connaître que cet oiseau n'a d'autre voix qu'un son semblable à celui d'une petite clochette, ou mieux encore au bruit des *castagnettes*.

La cigogne blanche est d'un caractère doux, sociable; elle ne fuit pas le voisinage de l'homme; elle vit de souris, de rats, de batraciens, de couleuvres, d'anguilles, etc.; elle s'apprivoise très-facilement dans les jardins et dans les parcs, où elle se nourrit d'insectes et de vers de toute espèce; comme la grue, elle se tient souvent immobile, appuyée sur une seule patte, et conserve cette position pendant des heures entières. En liberté, la cigogne recherche les bords des rivières et les lieux marécageux. Elle fixe son nid composé de bûchettes et d'herbes sèches dans les endroits élevés, quelquefois dans les marais, souvent sur les toits des maisons, ou sur le haut des cheminées. Elle se reproduit en grand nombre dans les vastes marais de la Hollande et sur les bords du Rhin. « En Alsace, les habitans lui préparent une aire ; c'est une vieille roue de voiture portée à plat par le trou du moyeu au haut d'un long mât. Les Hollandais disposent des caisses sur le toit des maisons, et eux si propres, si jaloux de la netteté extérieure de leurs édifices, ne refusent jamais à la cigogne la libre disposition du toit qu'elle a choisi pour établir son nid, malgré les inconvénients qui en peuvent résulter. » (*Magasin pittoresque*, année 1834.) Dans ces pays elle est extrêmement utile : elle détruit les reptiles et les petits rongeurs qui y pullulent ; aussi est-elle sous la protection des lois et des habitants. Pline (liv. X, ch. xxxi) dit qu'en Thessalie celui qui tuait une cigogne était puni de mort ; cette loi sévère était justifiée par les véritables services que rendait cet oiseau en purgeant le pays de serpents dangereux. C'était le même motif qui privait les gastronomes romains de pouvoir faire figurer cet échassier sur leurs tables, où ils se plaisaient à étaler toutes les différentes espèces d'oiseaux.

Les cigognes reviennent constamment aux mêmes nids ; elles s'y installent s'ils sont conservés, les rétablissent s'ils sont défaits. C'est à cette habitude que Juvénal fait allusion. Dans sa *Satire* I$^{re}$, v. 11, il affirme que chaque année une cigogne venait se fixer dans un nid posé sur le haut du temple de la Concorde à Rome. Ce nid est pour les cigognes un asile sacré, et, lorsqu'elles s'en éloignent pour aller visiter d'autres climats, elles font, en passant devant le berceau de leurs jeunes familles, entendre le claquement des mandibules de leur bec, seul bruit qui puisse prouver leurs sentiments. Les nids contiennent ordinairement de trois à quatre œufs d'un blanc légèrement grisâtre et sans taches. Le grand diamètre est de 0,$^m$082 à 0$^m$,086, et le petit, de 0$^m$,056 à 0$^m$,060.

Le père et la mère élèvent leurs petits avec une sollicitude et une tendresse admirables; aucun danger, aucune crainte ne peut les éloigner de leur couvée. Les *Annales bataves* de l'année 1536 rapportent qu'une cigogne de Delft, qui, dans l'incendie de cette ville, avait inutilement essayé d'enlever ses petits, aima mieux se laisser brûler avec eux que de s'en séparer. M. Bory Saint-Vincent a cité un exemple vraiment étonnant de cette persistance de l'amour maternel chez la cigogne : « Peu de temps après la bataille de Friedland, le feu, mis par des obus, se communiqua à un vieil arbre sur lequel une cigogne avait son nid et couvait alors ses œufs; elle ne les quitta que lorsque la flamme commença à s'approcher, et alors, voltigeant perpendiculairement au-dessus, elle semblait guetter l'instant de pouvoir enlever ses œufs au désastre qui les menaçait; plusieurs fois on la vit s'abattre sur le foyer comme pour combattre la flamme; enfin, surprise par la chaleur et la fumée, elle périt dans une dernière tentative. » (*Encyclopédie d'histoire naturelle* du Dr Chenu, vol. VI, p. 217.) « Lors de l'incendie de Kelbra, en Russie, on vit ces oiseaux ingénieux improviser un service de pompes et éteindre le feu. Le fait est affirmé par un auteur peu connu, il est vrai, mais qui a l'avantage de se nommer Okarius de Rudolstadt. » (Toussenel, *Ornithologie passionnelle*, vol. Ier, p. 376.) Cette tendresse et cette sollicitude ne se bornent pas aux soins prodigués aux jeunes cigognes; elles s'étendent encore aux cigognes vieilles ou blessées et, dès lors, incapables de se procurer la nourriture qui leur est nécessaire. Toutes celles qui sont valides se disputent le soin de venir en aide à celles qui souffrent; une nourriture abondante et choisie est fournie à ces dernières par la colonie tout entière dont elles font partie, et surtout par les descendants des infirmes. Aussi, dans les hiéroglyphes, l'emblème de la cigogne signifiait-il « piété filiale et bienfaisance, » et la loi grecque qui faisait aux enfants une obligation de nourrir leurs parents vieux ou malades, était-elle désignée sous le nom de cet oiseau : «*Lex pelargonia*, » du mot grec PÉLARGOS signifiant « cigogne. » L'expression PÉLARGOS était très-caractéristique : composée de PÉLOS « brun livide, noirâtre, » et d'ARGOS « blanc, » elle indiquait les deux couleurs qui se partagent les nuances du plumage de la cigogne, chez qui l'extrémité des ailes et de la queue est d'un brun noirâtre, et le reste du plumage, d'un blanc uniforme. Voici comment Belon exprime cette croyance : « La cigogne a le bruit d'avoir enseigné que les enfants nourrissent les pères en vieillesse. » (Liv. IV, p. 201.)

Toussenel affirme « que la loi *Pelargonia* a passé aussi dans nos codes, mais qu'elle a oublié de passer dans nos mœurs. » (*Ornithologie passionnelle*, I^re partie, p. 375.) Reproche bien cruel et cependant trop vrai, et qu'Aristophane adressait déjà de son temps aux fils oublieux de leurs devoirs envers les auteurs de leurs jours.

La cigogne blanche aime les climats tempérés ; aussi séjourne-t-elle, pendant l'hiver, en Afrique, pour quitter cette contrée quand les grandes chaleurs y exercent leur influence tropicale. Shaw prétend qu'avant d'entreprendre leur voyage d'émigration, les cigognes se réunissent en très-grand nombre pour tenir conseil ; c'est une Conférence, mais qui aboutit à des résolutions pratiques ! Voici le texte de cet auteur : « On remarque que les cigognes, avant de passer dans un autre pays, s'assemblent quinze jours auparavant, de tous les cantons voisins, dans une plaine, y forment une fois par jour une espèce de *divan*, selon l'expression du pays, comme pour fixer le temps précis de leur départ et le lieu où elles se retirent. » (Tome II, p. 167.) D'après Pline, les cigognes auraient l'habitude de mettre en pièces celle qui arrivait la dernière au rendez-vous après l'heure fixée. Grand Dieu ! si un pareil système était suivi à l'égard des membres de nos assemblées délibérantes, ne serait-il pas à craindre que bientôt la salle ne fût entièrement vide, et que le combat ne cessât faute de combattants ! Selon le même auteur, le lieu où ces oiseaux se réunissaient en Asie était appelé *la plage aux serpents* (liv. X, chap. xxxi). Malgré le très-grand nombre de cigognes qui assistent à ces conférences, il paraît, chose singulièrement édifiante et cependant peu pratiquée de nos jours, qu'elles s'entendent facilement sur les questions qui y sont posées. Je cite encore un passage du docteur Shaw qui fera comprendre combien est incalculable le nombre des cigognes composant les bandes qui émigrent : « Vers le milieu d'avril 1722, notre vaisseau était à l'ancre sous le mont Carmel, je vis trois vols de cigognes dont chacun fut plus de trois heures à passer et s'étendait plus d'un demi-mille en largeur. » (Tome II, page 167.)

Les cigognes ont un vol soutenu, et par suite elles effectuent des voyages très-longs sans être obligées de se reposer.

La mythologie prétendait qu'Antigone fut changée en cigogne. Voici sur ce sujet le texte de Belon (liv. IV, p. 201) : « Les poëtes feignent que Antigone, sœur de Priam, devint si glorieuse pour sa beauté, qu'elle osa se comparer à Junon. De quoy icelle déesse estant moult courroussée, la convertit en cigogne. »

---

## CIGOGNE NOIRE. — Ciconia nigra.

Je n'ai que quelques lignes à consacrer à la cigogne noire : les épithètes qui servent à la distinguer de sa congénère s'expliquent d'elles-mêmes ; elles indiquent quelle est la différence caractéristique qui sépare ces deux espèces. Ma tâche étymologique est donc cette fois bien simple ; malheureusement il n'en est pas toujours ainsi. Cependant l'épithète *noire* ne doit pas être prise dans son acception ordinaire : cette dénomination n'est vraie que par opposition aux couleurs de la cigogne blanche. Les nuances du plumage de la cigogne noire sont d'un brun mêlé de reflets violets et verts. Cet échassier est beaucoup moins répandu en Europe que le précédent ; il apparaît rarement dans notre Anjou ; il habite surtout le nord de l'Allemagne et les vastes marais de la Lithuanie ; on le trouve aussi en assez grand nombre en Suisse, dans certaines parties des Alpes françaises et en Italie. Dans ces contrées, il remplace la cigogne blanche, qui y est en petite quantité. D'un caractère beaucoup plus farouche que sa congénère, la cigogne noire se laisse difficilement approcher ; elle se tient ordinairement dans les lieux marécageux, où elle se nourrit de batraciens, de reptiles et surtout de poissons.

Je transcris ici quelques renseignements très-curieux sur les mœurs de la cigogne noire ; je les emprunte à l'étude de MM. Amédée Alléon et Jules Vian (*Revue de zoologie*, juillet 1869) : « Le huitième aigle impérial, déniché dans la forêt de Belgrade, le 11 juin 1864, a été élevé par nous, dans une volière particulière, en société d'une cigogne noire, prise au nid, trois jours après, dans la même localité ; ces deux oiseaux, âgés d'une dizaine de jours lorsque nous les avons réunis, ont toujours vécu, non-seulement en bonne intelligence, mais dans une grande intimité. Ils jouaient ensemble ; la cigogne passait des heures à éplucher le plumage de l'aigle ; nous la nourrissions de poissons, mais souvent l'aigle lui présentait de petits lambeaux qu'il arrachait à ses goëlands ; la cigogne les trempait dans l'eau et les lui rapportait lorsqu'elle ne pouvait les manger. Lorsque nous les séparions, c'étaient des cris continuels de part et d'autre. L'aigle ayant été tué le 6 novembre, la cigogne est restée trois jours sans manger. Le premier fait partie de la collection de Houdan, et la cigogne, aujourd'hui revêtue de son beau plumage d'adulte, se promène à Paris, dans la cour de Me Verreaux, venant familièrement à l'appel de ses nouveaux hôtes.

« Cette intimité entre un aigle et une cigogne noire ne

doit pas être un fait accidentel ; elle doit reposer sur quelque prévision de la nature, car les cigognes noires se rencontrent par milliers dans ces ouragans d'oiseaux de proie qui traversent le Bosphore au printemps ; elles passent confondues avec les aigles et les autres rapaces, les heurtant souvent des ailes, tant les rangs sont serrés. Nous ne les voyons pas au retour d'automne, ce qui n'est pas étonnant, car alors chaque espèce a, pour ainsi dire, son passage. Cette réunion des cigognes noires aux rapaces indique au moins une affinité naturelle, et laisserait supposer que ces oiseaux, si différents de constitution, vivent en société, pendant l'hiver, en Asie. »

La cigogne noire confie son nid, composé de bûchettes et d'herbes desséchées, aux pins et aux sapins des vastes forêts. Ce nid contient de deux à trois œufs d'un blanc légèrement salé et sans taches. Leur grand diamètre varie de 0<sup>m</sup>,076 à 0<sup>m</sup>,078, et le petit, de 0<sup>m</sup>,052 à 0<sup>m</sup>,054. Ces dimensions indiquent que la cigogne noire est plus petite que la blanche ; la différence entre la taille des deux espèces est de quinze à vingt centimètres.

---

## LA SPATULE BLANCHE. — Platalea leucorodia.

Cet échassier visite régulièrement l'Anjou, et quelquefois il manifeste sa présence en bandes nombreuses ; son nom français *spatule* dérive du latin *spatula*, qui est lui-même un diminutif du grec σπάτη, « épée large » dont la racine probable est σπάω, signifiant « arracher, tirer, tirailler, » etc. La spatule dont on se sert en chirurgie est un instrument rond par un bout et plat par l'autre, qui a une ressemblance assez frappante avec la forme du bec de l'oiseau que je décris, ressemblance qui lui a fait donner le nom vulgaire sous lequel il a toujours été désigné. L'épithète *blanche* indique la couleur générale du plumage de la spatule, qui est d'un beau blanc, à l'exception toutefois de la poitrine, où se déroule chez les adultes un large plastron d'un jaune roussâtre. Cette particularité assez significative m'avait fait supposer pendant assez longtemps que la dénomination *leucorodia* pourrait être formée de LEUKOS, « blanc, » et de RODÉIOS, « couleur de rose ; » et rappeler ainsi la teinte du large plastron de la spatule ; mais j'ai dû abandonner cette hypothèse, les anciens auteurs affirmant que la spatule était appelée en grec LEUKOS ÉRÔDIOS, « blanc héron ou héron blanc, » étymologie qui me sourit beaucoup moins que celle que j'avais avancée, car elle ne peut caractériser d'aucune manière l'échassier que nous étudions. Elle ne peut lui convenir que parce que la spatule se rapporte aux hérons par sa forme, par la hauteur de ses tarses, enfin par sa huppe. Cette huppe étant blanche, tandis que celle des hérons est ordinairement noire ou grise, pourrait alors justifier l'épithète donnée à la spatule. C'est pour rester fidèle à l'opinion que je viens d'indiquer que Gloger veut que l'on écrive *Leucerodia* et non pas *Leucorodia*. Quant au mot *platalea* ou *platea*, il dérive du grec PLATUS, ÉIA, « large, exposé à tous les yeux, » d'où est venu *platea*, « place publique, forum. » D'après Belon, on donnait à la spatule le nom de *cueillier*, et celui de *pale*, formé de *pala*, signifiant pelle, et même l'extrémité d'une rame. Il est de toute évidence que ces différentes dénominations avaient pour but de désigner la spatule par une expression représentant la forme si bizarre, du moins en apparence, du bec de cet échassier. La spatule, comme tous les autres oiseaux, a reçu de Dieu une mission à remplir, et dès lors cet échassier a dû être constitué dans les conditions nécessaires pour accomplir cette mission. La spatule fréquente les bords des mers et ceux des grands fleuves ; là, elle vit de petits poissons, d'insectes, de vers aquatiques et de petits coquillages ; la forme de son bec ne lui permet pas de manger une proie considérable ; elle ne pique pas, elle écrase plutôt tout ce qui lui sert de nourriture ; elle purge les bords de la mer et des fleuves d'une multitude de vers et de petits insectes qui pullulent par myriades, et qui échappent au bec acéré des autres échassiers. La spatule fait avec son bec le même bruit que la cigogne ; sa langue est très-petite, et elle est condamnée aussi à un mutisme complet. Cet échassier est d'une grande douceur et d'une excessive timidité ; il aime la société de ses congénères, et forme avec eux des bandes considérables. La spatule niche sur les arbres, sur les joncs et sur les buissons. Son nid, formé de petites baguettes et d'herbes marécageuses, contient trois ou quatre œufs oblongs, blancs ou bleuâtres, quelquefois sans taches, mais le plus souvent parsemés de taches roussâtres qui semblent presque effacées. Le grand diamètre varie de $0^m,064$ à $0^m,066$, et le petit, de $0^m,044$ à $0^m,046$.

Cet oiseau se reproduit en grande quantité sur les bords de la mer Noire et dans les marais de la Hollande et de l'Angleterre. Plusieurs fois, j'ai vu des troupes assez nombreuses de spatules parcourir les contours de la petite île du Mé, non loin du Croisic, et saisir avec adresse et avec rapidité les débris de mollusques et de poissons cartilagineux que la mer avait rejetés sur le rivage. Entre les deux extrémités larges et arrondies de leur long bec, les spatules semblaient broyer leur proie avec la même puissance que le fer des coiffeurs, ou de ceux qui font les *gaufres*, saisit et presse les objets qu'il écrase. Pendant que les spatules se livraient à leur mastication, l'une d'elles, placée en sentinelle sur une hauteur, veillait au salut commun, et, dès que j'approchais à deux ou trois cents mètres de la troupe, la vedette faisait craquer son bec, et toute la troupe s'envolait pour aller se reposer beaucoup plus loin.

# TROISIÈME FAMILLE.

## Longirostres.

La troisième famille des Échassiers est désignée, dans la Faune de Maine-et-Loire, par l'épithète de *Longirostres* (*longum* « long, » *rostrum* « bec »). Sous cette dénomination assez caractéristique sont groupés un nombre considérable d'oiseaux auxquels la Providence a donné un bec long, grêle, arqué en totalité ou par partie, ou même entièrement droit, dans quelques espèces. J'ai dit que l'épithète « longirostre » me paraît être seulement *assez caractéristique*, parce qu'elle pourrait convenir aux Cultrirostres pourvus aussi d'un bec long, mais fort, tranchant et ordinairement aigu et conique ; c'est pour cette raison que je voudrais, comme plusieurs naturalistes, donner à cette famille le nom de *Ténuirostres*, — *tenue*, « menu, faible, » *rostrum* « bec, » oiseaux dont le bec est effilé et faible. La différence essentielle, qui existe dans la forme du bec des oiseaux de ces deux familles, indique évidemment que leur genre de nourriture ne doit pas être le même. Les Longirostres, comme les Cultrirostres, fréquentent les bords vaseux des fleuves, des mers, des étangs, mais c'est pour rechercher une proie beaucoup plus petite que les seconds, proie composée de vermisseaux, d'insectes et de petits mollusques. Chaque espèce a reçu de Dieu les armes nécessaires pour accomplir la mission qui lui a été confiée, et nous trouverons, en déroulant le tableau sommaire des mœurs des oiseaux de cette famille, des preuves incontestables de la sagesse de la Providence divine. Dans cette Étude, nous constaterons encore et même très-souvent le combat persévérant des oiseaux contre les insectes aquatiques, combat que j'ai signalé bien des fois pour démontrer l'utilité, la nécessité

même de protéger les oiseaux et de travailler à multiplier leurs services, en réfutant les préjugés dont ils
sont les victimes et dont les conséquences compromettent
les véritables intérêts de l'homme et les lois de l'harmonie
générale.

---

## IBIS NOIR ou FALCINELLE. — Ibis falcinellus.

L'ibis noir est un bel oiseau qui visite, d'une manière
assez irrégulière, notre département ; plusieurs sujets y
ont été tués à différentes époques et font partie des collections particulières ou de celles des musées. Son plumage à reflets et à teintes métalliques varie selon les
époques de l'année, et cette variation explique les épithètes
qui ont été données à cet échassier : quelques auteurs ont
cru le déterminer d'une manière exacte en l'appelant ibis
*noir;* d'autres, au contraire, l'ont nommé ibis *vert*, « vi-
ridis, » et enfin ibis *couleur de feu*, « igneus. » Ces dénominations si différentes peuvent s'expliquer non-seulement
par les modifications que subit le plumage de cet oiseau,
selon les époques de l'année, mais surtout par celles qui
sont la conséquence de l'âge.

L'épithète *falcinellus*, « falcinelle, » dérive de *falx, falcis*
« faux, faucille, » et indique que le bec de l'ibis est arqué,
en forme de faux, de faucille. Les Arabes appellent cet
oiseau *mengel, abou mengel*, « la faucille, le père la faucille, »
dénomination beaucoup plus expressive que le mot *falcinelle*. Les ornithologistes attestent généralement qu'ils
ne comprennent pas le motif de la forme donnée par Dieu
au bec de ces oiseaux. Cette forme existant, elle doit né-
cessairement avoir une raison d'être, car tout dans la
nature étant l'œuvre d'un Dieu souverainement intelligent
et sage, rien ne peut être attribué à une erreur ou à un
caprice. Sans préjuger d'une manière positive cette ques-

tion, il me semble que la forme arquée donnée au bec
des ibis, des courlis, etc., doit faciliter beaucoup le travail
de ces oiseaux, qui cherchent leur nourriture dans des
terrains vaseux, en décrivant autour d'eux des lignes cir-
culaires. Enfin, la courbure très-prononcée de leur long
bec ne les force pas à avoir la tête toujours penchée jusqu'à terre et dans une position pénible et fatigante. Avec
la forme de leur bec, ces oiseaux peuvent donc décrire
plus facilement la même courbe que suit le bras des
hommes condamnés à briser le lin ou le chanvre ou
même les mottes de terre. Si le modeste travail que je
poursuis, depuis longues années, avait revêtu le caractère
d'une Faune, la description méthodique et scientifique du
bec de chaque espèce d'oiseau aurait pu révéler, d'une
manière bien sensible, le plan de la Providence. Cette
observation me rappelle un souvenir que je crois devoir consigner ici, à l'appui de l'opinion que je viens
d'émettre. Dans la Nouvelle-Zélande se trouve un oiseau
étudié récemment, et auquel les savants ont donné le
nom d'*aptéryx*, A « sans » et PTÉRON « aile. » Cet oiseau,
dont la taille varie entre celle d'une grosse poule et celle
d'une petite oie, n'a que des ailes rudimentaires et presque nulles, terminées par un ongle fort et arqué et formées de petites barbes effilées et d'une couleur de brun
ferrugineux.

Des auteurs le classent parmi les *nullipennes*, *nulla* « aucune » et *penna* « plume, aile. » Par ce caractère, l'aptéryx
se rapproche des autruches, des casoars ; par ses pieds, il
paraît appartenir aux gallinacés, et la forme de son bec
semble devoir le ranger parmi les Longirostres. Ce bec
est perforé, dans toute sa longueur, de deux tuyaux,
commençant aux narines pour finir à l'extrémité de la
mandibule supérieure, où se trouve un orifice, organe
très-subtil de l'odorat. La forme si insolite du bec de cet
oiseau révèle donc la sagesse du Créateur. L'aptéryx se
tient, pendant le jour, dans les endroits les plus sombres

des forêts de la Nouvelle-Zélande ou dans les hautes herbes touffues des prairies marécageuses. Les indigènes nomment cet oiseau *kiwi*, expression qui représente son cri et qui prouve que l'onomatopée joue, surtout chez les sauvages, un grand rôle dans la composition des noms. Les Nouveaux-Zélandais, assez friands de la chair de l'aptéryx et plus désireux encore de se procurer les quelques plumes de cet oiseau qui servent à orner le costume de leurs chefs, aimaient autrefois à poursuivre le kiwi avec des chiens dressés à cette chasse ; aujourd'hui, ils y ont renoncé, du moins en grande partie, à cause de la fatigue excessive que leur causait cet exercice.

L'aptéryx dissimule tellement sa présence, il court avec une si grande rapidité quand il est découvert, se défend avec une telle énergie au moyen de ses pieds contre les chiens, que la chasse de cet oiseau impose des courses très-pénibles sans procurer des résultats bien satisfaisants. Le kiwi ne sortant pas, pendant le jour, de la retraite ténébreuse qu'il prépare lui-même entre les racines chevelues des arbres des forêts presque impraticables de la Nouvelle-Zélande, ne peut chercher sa nourriture que lorsque la nuit est complétement venue ; et encore choisit-il le moment où les ténèbres sont le plus épaisses. Dès lors, il semble qu'il devrait être doué, comme les chouettes et les rapaces nocturnes, d'une vue qui servît à le diriger dans ses courses, pendant les nuits sombres. Il n'en est rien : le kiwi est doté de deux petits yeux, impuissants à lui venir en aide pour trouver et distinguer les longs vers qui composent sa nourriture, et qui séjournent dans les terrains marécageux et les vases bourbeuses des prairies de la Nouvelle-Zélande. Mais la conformation de son bec, conformation qui au premier coup d'œil paraît si bizarre, supplée à l'impuissance de sa vue ; il promène, en tous sens, son long bec dans la vase bourbeuse, et l'excessive finesse de l'odorat, dont le siège est à l'extrémité de cet organe, l'avertit de la présence des vers qui doivent composer sa nourriture. Ainsi se révèle un nouveau trait de sagesse de la Providence de Dieu.

Des études récentes ont servi à distinguer trois espèces ou trois variétés de l'aptéryx, qui toutes ne se trouvent que dans les forêts de la Nouvelle-Zélande.

J'abandonne le kiwi et je reviens à l'ibis ; là, je me trouve en présence d'une sérieuse difficulté étymologique. Quelle est la racine du mot ibis ? A cette question, le dictionnaire de M. Littré répond : « Ibis, nom français de l'oiseau sacré des Egyptiens, vient du mot latin *ibis*, qui dérive lui-même du grec ιβις, dont la racine appartient à la langue égyptienne. » Une telle réponse est loin d'être une solution ; elle laisse subsister la difficulté dans toute sa force, et je me vois condamné à essayer de parcourir une route parsemée d'obstacles. Pour en triompher plus facilement et parvenir au but que je me propose, je vais dérouler en partie le tableau des fables qui se rattachent au souvenir de l'ibis ; puis, je constaterai les habitudes réelles de cet oiseau, et j'espère ainsi arriver à émettre une hypothèse en harmonie avec la véritable donnée de la science ornithologique.

Voici d'abord l'opinion de Belon sur les ibis :

« Les Egyptiens ont eu l'ibis en grande vénération pour ce qu'il les délivre des serpents. Car où il en trouve il les mange, et s'il en est saoul, il ne les laisse en vie. Les Egyptiens, qui estoyent plus cérémonieux que tous les autres hommes, sentants que tels oyseaux leur faisoyent proufit en leur mangeant les serpents, les auoyent en vénération, non-seulement en leur vie, mais aussi après leur mort ; parquoy afin qu'ils ne fussent priuez de sepulture les faisoyent confire en diuerses manières. » (Belon, liv. IV, page 200.)

Cette opinion était basée sur les textes d'Hérodote, de Pline, etc., et sur l'histoire entière des Egyptiens. « Or, j'entrepris, » dit Hérodote, « d'aller en une marche prochaine de la ville Buto, ayant entendu qu'il y avait des serpents volants. Arrivé que je fus, je vis os et échines de serpents, tant qu'il n'est possible plus : car ils y sont à tas, plus ci, moins là ; mais en général beaucoup. Le lieu se comporte ainsi : une saillie étrécie de montagnes vous jette en une campagne fort grande, attenant d'une autre qui est de l'Egypte. Le bruit commun tient que par là, sur le printemps, les serpents volants volent d'Arabie en Egypte, et que, en droit ce pas, les ibis leur viennent au devant, qui non-seulement les gardent de passer mais davantage les tuent et défont. A cette cause, les Arabes honorent grandement les ibis et les Egyptiens aussi. » (Hist. d'Hérodote, traduction de Pierre Saliat, vol. in-8, Henri Plon, 1864, page 147.)

Après un texte aussi positif, l'erreur de Belon et des autres naturalistes ou historiens paraît très-excusable. De plus la narration d'Hérodote se fortifie encore par la vénération dont les Egyptiens entouraient les ibis. Tout homme qui tuait même involontairement un de ces oiseaux était puni de mort. « Quiconque tuait ibis, encore qu'il ne le pensât faire, la loy par nécessité le condamnait à mourir. Et pour entendre la raison, fault sçauoir qu'il mange les serpents d'Egypte. » (Belon, liv. IV, p. 200.) Les Livres Saints constatent aussi que Dieu avait défendu aux Israélites de manger les ibis. (Lev., ch. xiv, 13-17).

Un grand nombre d'ibis étaient élevés et nourris dans les temples, et pouvaient en sortir pour se promener dans les rues et y recevoir des témoignages de sympathie superstitieuse. Les Egyptiens pensaient que les plumes des ibis avaient la propriété de frapper de stupeur et même de mort les serpents, les crocodiles !!

Cicéron, Pline, etc., s'unissent à Hérodote pour affirmer que les Egyptiens invoquaient religieusement les ibis à l'arrivée des serpents, et adressaient à ces oiseaux des supplications pieuses et pressantes pour les appeler à leur secours contre ces ennemis ailés qui, selon toute vraisemblance, n'étaient que des nuées de sauterelles.

Les prêtres Egyptiens conservaient aussi dans de grandes volières un certain nombre d'ibis qu'ils faisaient parader dans les cérémonies extérieures du culte de la déesse Ibis, figurée sur tous les monuments religieux et à laquelle cet oiseau était consacré. On la représentait par de petites statuettes, que l'on trouve en grande quantité dans les fouilles pratiquées sous les anciens temples égyptiens.

L'historien Josèphe (*Livre des Antiquités*, 2, chap. x) prétend que Moïse, allant en guerre contre les Ethiopiens, aurait emporté dans des cages de papyrus un grand nombre d'ibis pour faire la guerre aux serpents. Savigny, dans son Histoire naturelle et mythologique de l'ibis, pense que Moïse était simplement suivi par des cathartes, qui d'ordinaire accompagnent les armées pour dévorer les cadavres.

Les prêtres d'Hermopolis prétendaient que l'ibis pourrait bien être immortel, et pour le prouver ils montrèrent à Appien un de ces oiseaux qui, selon eux, était si vieux, qu'il ne pouvait plus mourir ! Cette hypothèse se trouvait en contradiction avec une autre opinion des mêmes prêtres, qui affirmaient que les ibis étaient tellement attachés au sol de l'Egypte, que si on les en éloignait, ces oiseaux succombaient immédiatement, victimes de leur douleur et de leurs regrets profonds. Malheureusement l'opinion des prêtres d'Hermopolis se trouve combattue par la grande quantité de momies d'ibis qui prouvent que ces oiseaux étaient sujets à la mort comme de simples mortels, et qu'après leur vie, les Egyptiens leur rendaient les mêmes honneurs qu'aux hommes dont l'existence avait été utile à la patrie. Les ibis étaient embaumés et renfermés dans des vases en terre cuite et de forme oblongue. On trouve un grand nombre de ces vases dans les puits de la plaine de Saccara, appelés *Puits des oiseaux*. Non-seulement les Egyptiens embaumaient les ibis, mais ils préparaient même les œufs de ces oiseaux et les con-

fiaient ensuite aux vases renfermant les oiseaux sacrés.
M. Servaux, chef du bureau des travaux historiques au
Ministère de l'Instruction publique, s'est procuré plusieurs
de ces œufs parfaitement conservés, et en a offert quelques-uns à M. Gerbe, savant auteur de l'*Ornithologie
européenne*.

Depuis la troisième édition de ce travail, M. Servaux a eu
la bienveillance délicate de m'envoyer par l'entremise de
l'un de mes amis deux de ces œufs qui comptent bien
des siècles d'existence.

Un des motifs qui peuvent expliquer la vénération des
Égyptiens pour les ibis, c'est que ce peuple était convaincu que les dieux devaient prendre la figure de l'ibis,
toutes les fois qu'ils voulaient se manifester aux hommes,
et que c'est sous cette forme que Mercure avait appris
aux mortels les arts et les sciences, et qu'il s'était caché
lorsque les dieux avaient été forcés de quitter l'Olympe
après l'escalade des Titans. Aussi Cambyse se servit-il de
cette croyance superstitieuse pour prendre Peluse. Il mit
un grand nombre d'ibis entre son armée et les Égyptiens,
et ceux-ci ne voulurent pas lancer leurs flèches sur les
Perses, de peur de tuer ou de blesser quelques-uns de
leurs dieux.

La vénération des Égyptiens pour l'ibis sacré s'étendait
aussi à l'ibis noir. Les momies de ces deux oiseaux se
trouvent confondues dans les vastes catacombes de Mem-
phis, et leurs figures s'harmonisent sur tous les monuments et dans les hiéroglyphes.

Il résulte donc évidemment des textes que j'ai cités, des
détails que je viens d'énumérer, que les ibis étaient chez
les Égytiens l'objet d'un véritable culte fondé sur la reconnaissance motivée par les prétendus services que ces
oiseaux rendaient au pays en le purgeant des serpents et
des reptiles de toute espèce. Cette opinion s'est perpétuée
jusqu'à nos jours, et G. Cuvier s'exprime ainsi : « Quoique
l'ibis ne paraisse pas être de taille à lutter contre les ser-

pents, cette raison ne peut tenir contre des preuves positives, telles que des descriptions, des figures, des momies. » Enfin, ce savant ajoute qu'il a « trouvé dans une momie d'ibis, des débris non encore digérés de peau et d'écailles de serpents. » (*Annales du Muséum*, chapitre xx, page 132.) Aussi en présence de telles autorités, ne suis-je pas étonné qu'un savant linguiste, auquel je m'étais adressé par l'entremise de l'un de mes amis, afin de connaître la racine égyptienne du mot ibis, ait cru trouver dans cette dénomination l'idée de *dévorer* et de *dévorer beaucoup;* de sorte que, selon ce savant, le mot ibis eût signifié l'oiseau *dévoreur par excellence*, dans le sens qu'il mangeait beaucoup et qu'en mangeant ainsi il rendait d'immenses services au pays qu'il purgeait de reptiles dangereux.

Malgré tant d'autorités nombreuses et savantes, je ne puis accepter l'étymologie du mot ibis dans le sens que je viens d'indiquer, parce qu'elle me paraît reposer sur des renseignements complétement dénués de vérité. Je vais exposer les mœurs positives de l'ibis, et j'espère y trouver la racine égyptienne du nom donné à cet oiseau. G. Cuvier eût dû, pour juger sérieusement cette question, dégager son intelligence de tous les souvenirs chimériques de l'antiquité. La première condition pour que l'ibis pût dévorer en Egypte des serpents, et surtout des serpents ailés, c'est que cet oiseau fût armé pour soutenir cette lutte d'une manière victorieuse, et qu'il y eût, en Egypte, des serpents ailés. Or, l'ibis n'est nullement armé, quant aux pieds et quant au bec, pour se livrer à un pareil combat; de plus, le temps où cet oiseau arrive en Egypte indique qu'il a une tout autre mission que celle qu'on lui a prêtée; enfin, les débris de serpents et d'écailles trouvés dans une momie ne seraient pour moi qu'un nouveau témoignage de la croyance erronée des Egyptiens.

Voici maintenant le résumé des observations fournies par la véritable science ornithologique.

L'ibis sacré et l'ibis noir vivent de petits coquillages
fluviatiles, de sangsues, de vers, d'insectes et de débris de
végétaux aquatiques. Dès lors ils fréquentent, de préférence à tout autre lieu, celui où ils trouvent une nourriture plus facile et plus abondante. Or, chaque année, le
Nil, en couvrant de ses eaux, d'une manière régulière, la
plus grande partie de l'Egypte pour y répandre la fécondité et l'abondance, entraînait dans son cours des quantités
considérables d'insectes, de vers de toute espèce, qu'il jetait sur ses rives ou qu'il faisait sortir de terre, à mesure
que l'inondation se répandait au loin. C'était à ce moment
que les ibis apparaissaient ; ils précédaient la crue du Nil
de quelques jours, ou plutôt ils en suivaient les développements. Pour les Egyptiens, ces oiseaux étaient des mes-
sagers annonçant une bonne nouvelle, celle de la crue
du Nil, principe et véritable cause de la richesse de
l'Egypte, et plus la crue devait être considérable et apporter avec elle de vers, d'insectes, plus les ibis se mon-
traient en grand nombre. Ces oiseaux étaient donc pour
les Egyptiens ce que sont pour nous, à un autre point de
vue, les gracieuses hirondelles, aimables messagères dont
on salue l'arrivée et dont on regrette le départ. Dans la
Basse-Egypte, les habitants appellent l'ibis ABOU-HANNÈS,
« *Père de Jean*, » parce que cet oiseau apparaît aux environs de la Saint-Jean, pour s'en éloigner vers le mois de
janvier. Or, l'inondation se produit dans le mois de juin
pour finir vers la fin de décembre. Il y a donc une relation entre le séjour de l'ibis et l'inondation du Nil, et, de
plus, on peut parfaitement expliquer pourquoi ces oiseaux
restaient quelque temps en Egypte après la retraite des
eaux. Les ibis précédaient et accompagnaient les flots
envahisseurs du Nil ; ils s'arrêtaient lorsque la crue suspendait son cours, puis ils suivaient la marche des eaux et
récoltaient sur les terres abandonnées par le fleuve des
myriades d'insectes qu'y avait déposés la crue, et dont la
présence eût pu compromettre la récolte en dévorant les

semences que l'on confiait à la terre aussitôt que les eaux s'étaient retirées. C'est pourquoi Forcellini a pu dire : « *Auxilium sacræ veniunt cultoribus ibes ;* les ibis sacrés viennent en aide aux laboureurs. » Il est facile d'admettre que les ibis devaient rester en Egypte quelque temps après la rentrée des eaux dans leur lit ordinaire, et que ce séjour devait se prolonger tant que les terrains détrempés par l'inondation et couverts d'une vase épaisse et molle pouvaient fournir aux ibis une nourriture facile et abondante. Quand le soleil brûlant de l'Egypte venait dessécher les bords du Nil et le limon qui y était déposé, les ibis disparaissaient, de même que les hirondelles nous abandonnent avec la saison qui leur procure les nuées d'insectes ailés composant leur nourriture. D'après cette connaissance des mœurs de l'ibis, je serais porté à croire que le nom donné à cet oiseau par les Egyptiens devait signifier l'*oiseau de bon augure, le messager, l'envoyé porteur de bonnes nouvelles, l'oiseau de passage par excellence*, et que la racine de ce nom pourrait bien être le mot hébreu *Eber*, d'où est venu *Iberes, Ibérie*, et signifiant « passage. » Dès lors, l'ibis serait « l'oiseau qui passe » et dont le passage annonce la fertilité et l'abondance. C'est pour cela que dans les hiéroglyphes, la figure de l'ibis ne signifiait pas dévorer, mais représentait la fertilité et l'abondance. Pour pouvoir appuyer mon hypothèse sur une véritable autorité, je l'ai soumise à M. le vicomte de Rougé, directeur du Musée égyptien. Ce savant a bien voulu me venir en aide, en m'écrivant la lettre que je transcris ici :

« L'ibis sacré a pour nous, dans l'écriture hiérogly-

phique, le mot ⬚ *Heb*. Je ne vois rien qui

puisse rapprocher ce nom des idées de *dévorer, manger ;* mais on peut facilement trouver une analogie entre ce nom et les verbes de mouvement qui signifient *passer* au

neutre et *envoyer* à l'actif ; car le radical ⬚ *Heb* a

ces deux sens. On ajoute alors la jambe en marche pour compléter le groupe et en fixer la signification. Ainsi le mot *Heb* se prête très-bien à vos conjectures.

« Paris, 5 juin 1869. »

Je crois donc, sans être trop téméraire, pouvoir, en m'appuyant sur l'autorité de M. le vicomte de Rougé et sur les véritables mœurs de l'ibis, émettre l'opinion que le nom donné à cet oiseau signifiait le *passager*, le *messager porteur de bonnes nouvelles*, *l'envoyé par excellence*. Puis les Egyptiens, ayant remarqué que la crue du Nil coïncidait toujours avec l'arrivée de l'ibis et qu'elle cessait après le départ de cet oiseau, lui ont attribué cette crue, et c'est alors que les ibis sont devenus l'objet d'une vénération superstitieuse. Victimes d'une croyance erronée, les Egyptiens, comme beaucoup d'autres peuples, prenaient l'effet pour la cause ; de même encore, dans beaucoup de localités, l'apparition de l'effraie est regardée comme une cause de mort, tandis que la présence de ce rapace nocturne est simplement motivée par l'émanation des miasmes que répandent les corps des malades qui commencent à se décomposer.

Peut-être pourrait-on m'objecter que le sens du mot *ibis*, employé par les Egyptiens, devait représenter l'erreur dans laquelle était le peuple égyptien ? Cela est vrai, mais alors comment concilier ce sens avec l'opinion de M. le vicomte de Rougé, juge dont l'autorité est incontestable en pareille matière et qui, en tout cas, suffit pour justifier de témérité l'hypothèse que j'ai émise et soutenue.

Je termine cette dissertation, peut-être déjà trop longue, par quelques détails sur le caractère de l'ibis. Cet oiseau, nommé par les anciens *courlis noir*, est d'un caractère peu farouche, aimant à vivre et à nicher en société ; il marche pas à pas et très-gravement, comme s'il voulait, dans ses investigations, ne laisser échapper aucune proie. Avec ses pattes, l'ibis remue la terre et cherche à lui communiquer un petit frémissement qui détermine les vers à sortir de leur retraite, et c'est alors qu'il saisit avec beaucoup d'adresse les insectes, à mesure qu'ils se présentent à la surface du sol. Quand l'ibis se trouve au milieu d'un terrain boueux, comme le limon déposé par le Nil, il se sert de son bec, long de 14 à 15 centimètres, pour remuer cette boue en imprimant à son bec un mouvement de rotation rapide. Les auteurs anciens avaient cru trouver dans le plumage de l'ibis et dans la forme de son bec arqué quelque rapport avec les phases de la lune. Quand on poursuit l'ibis falcinelle, il ne s'éloigne guère et se *remise* près du point de départ. Quelquefois il se perche, mais assez rarement. Cet oiseau vole très-haut, le cou en avant et les jambes tendues en arrière pour établir un contrepoids ; dans son vol, il pousse quelquefois des cris rauques. Le mâle est beaucoup plus gros que la femelle. Les ibis ne sont plus maintenant entourés d'un culte superstitieux. Les Arabes et les Egyptiens en prennent beaucoup au filet, pendant l'automne, au moment où le Nil rentre dans son lit ordinaire ; on trouve de ces oiseaux sur les marchés de la Haute-Egypte, et jusqu'à ce moment-ci l'autopsie de ces ibis n'a pu fournir aucune preuve à l'appui de la narration chimérique d'Hérodote.

M. Savigny, qui a combattu avec une grande énergie l'opinion des anciens auteurs et celle de G. Cuvier, a fait l'autopsie de plus de vingt ibis, sans trouver dans leur estomac la moindre apparence d'écailles ou de débris de serpents et surtout de serpents ailés, inconnus en Egypte. La chair de l'ibis, après l'inondation, lorsque cet oiseau a trouvé une nourriture abondante dans le limon bourbeux du Nil, est assez estimée.

L'ibis noir niche en colonies assez nombreuses ; la femelle pond, dans un nid composé de quelques débris de roseaux, quatre ou cinq œufs, sur la couleur desquels se sont trompés MM. Dégland et Nordmann : ces œufs présentent une très-belle nuance, d'un bleu uniforme et un peu velouté ; leur grand diamètre varie de 0^m,056 à 0^m,058, et le petit, de 0^m,038 à 0^m,040.

L'erreur de MM. Dégland et Nordmann était d'autant plus facile à commettre, que les œufs de l'ibis sacré sont d'une couleur blanche striée de quelques taches et le plus souvent de petits filets d'un brun noirâtre. Quelques-uns de ceux que j'ai reçus n'avaient aucune tache, mais la couleur de la coquille était d'un blanc jaunâtre. Ces œufs se rapprochent de ceux de la spatule blanche, et quoi-qu'ils aient des dimensions plus petites et qu'ils soient plus effilés aux extrémités, ils sont assez souvent, dans les relations commerciales, confondus avec ceux de cet oiseau. Je connais plusieurs jeunes collectionneurs qui ont été, à cet égard, victimes de leur inexpérience.

---

## COURLIS CENDRÉ. — Numenius arquata.

Aux différents noms de cet échassier pourront, sans beaucoup de difficultés, se rattacher ses mœurs et les nuances de son plumage. Les courlis se distinguent des ibis par leur face emplumée, par deux doigts plus courts et plus robustes, et, surtout, par la couleur de leurs plumes. Le courlis doit son nom au cri *courrili, cour-lis*. L'épithèthe *cendré* indique quelles sont les nuances de son plumage composées de plusieurs teintes de la même couleur grise, plus ou moins foncée, et qui s'harmonisent d'une manière assez agréable. La dénomination savante, *Numenius*, représente, sous une autre forme, la même idée que l'adjectif *arquata*, signifiant *arqué, figure d'arc*, et indiquant la forme du bec du courlis.

*Numenius* est dérivé de néoménia, « nouvelle lune ; » composé de néos, « nouvelle, » et de méné, « lune. » Ce

mot exprime ainsi, d'une manière originale, mais bien
vraie, la figure du bec de cet oiseau se rapprochant de la
nouvelle lune, à cause de la forme de son bec *en croissant*.
Les Grecs désignaient cet échassier sous le nom d'HÉLÔRIOS,
dont la racine est HÉLOS, signifiant « marais, eau dor-
mante, » et dès lors HÉLÔRIOS était un oiseau vivant dans
les marais et les eaux dormantes. « *Elorius*, » dit Aristote,
« *avis est apud mare victitans*, » le courlis est un oiseau se

nourrissant sur les rivages de la mer. » Les Grecs modernes appellent le courlis MAGRINATI, l'oiseau « au long
nez. » Les Allemands le nomment *Brachvogel*, *Revenvogel*,
*Vetter-Windrogel*, « l'oiseau des jachères, de pluie, d'o-
rage, de vent, » d'après les circonstances qui accompagnent
son apparition dans leur pays. Nouvelle preuve que les
noms donnés aux oiseaux ne sont pas vides de sens. Les
courlis se servent de leur bec, trois fois plus long que leur
tête, pour ébranler la terre et se procurer les vers qui
servent à leur nourriture. Ils imitent en cela les pêcheurs,
qui communiquent à la terre un ébranlement saccadé

pour faire sortir de leurs retraites les lombrics qui doivent
servir d'appàt à leurs lignes. A la commotion imprimée
par le bec du courlis, les vers apparaissent à la surface de
la terre comme lorsqu'ils sont troublés dans leurs demeures souterraines par le passage des taupes.

Les courlis sont assez nombreux sur les bords de la
Loire; ils parcourent très-lentement et avec une démarche
grave tous les contours des grèves, afin qu'aucune proie
ne se dérobe à leurs investigations. Un jour que, dans
ma jeunesse, j'étudiais les marches et les contre-marches
de deux courlis cendrés, sur les bords d'une longue grève
située près l'île Denis, à Saumur, je cédai à la tentation
de tirer un coup de fusil sur l'un de ces échassiers. Le
courlis, blessé grièvement, se livra à des efforts impuissants pour reprendre son vol; pendant ce temps-là, son
compagnon de voyage se soutenait en l'air au-dessus de
lui en poussant de petits cris, et semblait, en le frappant
de ses ailes, chercher à lui venir en aide pour fuir la rive
inhospitalière; le blessé parvint avec ce secours à exécuter une série de petits bonds et à gagner ainsi le cours
de la Loire, sans être abandonné par son congénère, qui
voltigea au-dessus de lui jusqu'au moment où un employé de l'octroi vint avec son bateau se saisir de la victime pour me la remettre ensuite. Selon toute probabilité, ces deux courlis étaient unis par les liens de l'hymen,
qui, pour eux, ne devaient être rompus que par la mort
ou par la nécessité.

Lorsqu'on les poursuit, les courlis courent très-vite et
très-longtemps avant de prendre leur essor. Ils comptent
avec raison sur leur agilité, qui est très-remarquable,
ainsi que la grâce qu'ils déploient dans leur fuite.

Le courlis cendré a les pieds bruns, tandis que le courlis
corlieu les a verdâtres. Il niche sur les plages et dans les
endroits marécageux, et pond quatre ou cinq œufs très-
gros et très-ventrus, d'un jaune un peu verdâtre et sale.
Ces œufs sont parsemés de taches irrégulières qui varient

du gris au noir. Le grand diamètre est de 0$^m$,060 à 0$^m$,064, et le petit, de 0$^m$,048 à 0$^m$,052. Les jeunes courlis peuvent se suffire à eux-mêmes, et dès qu'ils sont éclos, ils ne reçoivent aucun soin de leurs parents. Leur nourriture se compose de limaçons, de vers, de lombrics et de petits mollusques. « Les courlis paissent dedans les prairies humides des achées, qu'ils tuent avec le bec hors de terre, comme aussi mangent toute manière de vermine. » (BELON, pag. 204-205.) D'après la relation de plusieurs officiers de marine, la chair du courlis cendré, très-estimée dans certaines contrées, serait même regardée à Terre-Neuve comme un mets royal ou impérial. Cependant, elle est, en général, peu appréciée en Europe, parce qu'elle conserve un goût trop prononcé de marécage.

---

## COURLIS CORLIEU. — NUMENIUS PHÆOPUS.

La notice consacrée à cet échassier sera courte ; ses mœurs diffèrent peu de celles du précédent, et deux des noms qui lui sont donnés ont déjà été expliqués. L'épi-

thète *corlieu* est encore une onomatopée représentant le
cri particulier à ce courlis. « Il a gaigné son nom de son
cri. car en volant, il prononce : *corlieu.* » (BELON.) L'adjectif *phæopus* retrace un des caractères qui distinguent
le corlieu de ses congénères. Cette dénomination est composée de PHAÔN, PHAÔNOS, « brillant, » et POUS, PODOS,
« pied, » et indique que le corlieu à les pieds d'une couleur plus brillante, plus prononcée que ceux du cendré ;
ses pieds sont en effet verdâtres ou plutôt *plombés.* Le
corlieu vit dans les endroits marécageux et sur le bord
des rivières ; il se nourrit de petits mollusques, de vers, etc.
Son nid est confié aux prairies humides ou aux bords marécageux des cours d'eau. La femelle pond quatre ou cinq
œufs, plus petits et surtout plus allongés que ceux du
précédent. Leur couleur, d'un olivâtre sombre, est parsemée de taches noirâtres et d'un brun foncé. Ces taches
sont beaucoup plus multipliées vers le gros bout que sur
le reste de la coquille. Le grand diamètre varie de 0$^m$,058
à 0$^m$,060, et le petit, de 0$^m$046 à 0$^m$,048.

L'extrémité du long bec du corlieu est pourvue de nerfs
d'une grande sensibilité, qui lui permettent de sentir sa
proie lorsqu'il fouille dans les terrains boueux. Ces échassiers vivent en petites bandes ; lorsqu'ils sont poursuivis, ils
s'élèvent en l'air en poussant de grands cris, et tourbillonnent en rond au-dessus de la tête du chasseur, sans
toutefois se laisser approcher facilement. Dans cette espèce, le père et la mère témoignent une grande sollicitude pour leurs petits ; quand ceux-ci sont découverts,
leurs parents viennent à leur secours en voltigeant autour de la tête de leurs ennemis, en les enlaçant de cercles
qu'ils décrivent avec une très-grande rapidité et qu'ils
accompagnent de cris répétés, confus et assourdissants.
Quant aux petits, ils présentent alors un spectacle curieux :
ils se sauvent le plus vite possible, et dans leur course
inhabile, se culbutent, se renversent les uns sur les
autres ; on dirait des enfants inexpérimentés montés sur

des échasses et marquant chacun de leurs pas par une chute. Puis, lorsqu'ils sont tombés, pour échapper à la vue de leurs ennemis, ils cachent leur tête dans les trous qui se trouvent sur leur passage, un peu comme l'autruche, enfonçant sa tête dans le sable du désert pour se dérober à la vue de ceux qui la poursuivent!

## BÉCASSE ORDINAIRE. — Scolopax rusticola.

Le nom attribué à cet oiseau a eu pour but de représenter la forme du bec qui en est le caractère le plus significatif. La tête de la bécasse lui donne une physionomie toute particulière; ronde et d'une grosseur presque démesurée, placée sur un corps auquel elle ne semble pas unie par le cou, elle est dotée de deux yeux proéminents et très-développés, et enfin elle porte un bec double de la longueur de cette tête. Le mot *bécasse* est donc formé de *bec* et de l'ancien français *acée* ou *asée*, d'où l'on a formé *hache*, qui dérive du vieux latin *accia*, lui-même dérivé du grec AXINÊ, « hache. » Tous ces mots semblent avoir pour racine première le sanscrit *aksh*, signifiant « péné-

trer : » c'est donc la forme du bec de la bécasse, forme si
remarquable et que nous allons étudier, qui a déterminé
les savants à lui donner le nom sous lequel elle est connue. C'est le même motif qui l'a fait appeler par les Latins
*scolopax*, expression dérivant du grec SCOLOPAX, et dont la
racine est SCOLOPS, « pieu dont on perce la terre. »

Je copie textuellement un passage de M. H. de la Blanchère, et j'y trouve de nouveau une preuve bien évidente
de l'infinie sagesse de la Providence de Dieu.

« L'organe le plus remarquable de la bécasse est son
bec. Cet admirable instrument est tout à la fois un *doigt*,
un *nez*, et un *bec*. Plus long que la tête de l'oiseau, il est
droit ou légèrement infléchi vers la terre, cylindrique
dans sa plus grande étendue, mais renflé à son extrémité
qui est molle et couverte d'une multitude de petites cavités que l'on a comparées, avec raison, à celles qui recouvrent le nez d'un chien. La mandibule supérieure porte,
en outre, une rainure plus ou moins marquée de chaque
côté et partant des narines.

« La structure de ce bec a cela de remarquable que,
outre les nerfs olfactifs qui le parcourent dans toute sa
longueur et se réunissent à son extrémité — ce qui m'a
fait dire que c'était un *nez*, — il est muni d'une paire de
muscles destinés à un mécanisme tout particulier — ce
qui m'a fait dire que c'était un *doigt*. — Car au moyen de
ces muscles, quand la bécasse a enfoncé son long bec dans
la vase ou dans la terre molle pour y saisir l'insecte ou
le ver que son *bec-nez* lui a fait sentir et qu'elle ne manque
jamais, l'extrémité seule de cet organe a la faculté de
s'entr'ouvrir pour saisir sa proie. Après quoi, une fois le
bec ramené à la surface de la terre, il s'ouvre tout à
son aise pour engloutir, d'un mouvement insensible de
succion, le butin qu'avait saisi son extrémité.

« Quel merveilleux organisme ! Il paraît prouvé que les
petits creux semés à l'extrémité du bec, ordinairement
humides pendant la vie — mais se desséchant et dispa-

raissant après la mort — sont le siége d'un odorat d'une finesse dont nous ne pouvons avoir une idée. En effet, aidé par lui, l'oiseau découvre à une profondeur assez grande dans la vase ou dans la terre mouillée, la senteur d'un petit ver ou d'une larve d'insecte. Prodigieux ! Et en dedans du bec, voyons cette langue à pointe aiguë, longue, sans doute préhensible, et enlaçant, comme une pince intelligente, les vers que l'extrémité des mandibules vient de saisir. »

Cette belle description due à la plume savante de M. H. de la Blanchère, et qui montre d'une manière si évidente l'attention de la Providence de Dieu se révélant dans les plus petits détails de l'organisme des oiseaux, rend encore plus sensibles et plus vraies les remarques que j'ai faites à l'occasion des mœurs de l'aptéryx. Elle démontre aussi combien les ornithologistes ont eu raison de chercher dans le bec de la bécasse le caractère qui devait servir à déterminer cet oiseau.

L'épithète *rusticola*, employée par le plus grand nombre des auteurs pour désigner la bécasse ordinaire, pourrait être la réunion de *rusticè*, « en campagnard, » et *colere*, « habiter, » et signifier « oiseau qui se tient à la campagne, » ou bien une expression irrégulièrement formée du verbe *rusticor*, « demeurer à la campagne. » Mais cette explication ne me semble pas la véritable. *Rusticola* a été employé pour *rusticula*, qu'on trouve dans les anciens traités d'ornithologie ; dès lors *rusticula* serait simplement un adjectif ajouté à *gallina* sous-entendu, et signifierait « poule champêtre, poule sauvage. » Cette interprétation serait fondée sur les formes de la bécasse, qui se rapprochent de celles des petites poules. Forcellini a inscrit dans son Dictionnaire ces mots de Columelle : « Rusticula id est *gallina rustica* ; la bécasse, c'est-à-dire la poule rustique. » *Rusticula* n'est du reste qu'un diminutif de *rustica*.

De plus, Belon (liv. V, page 272), dit : « Les Grecs la

nomment XILORNITA, c'est-à-dire *poule de bois*. Gaza fuyant
son vulgaire grec, lui fait un nom latin à son plaisir, la
nommant *gallinago.* »

Pour compléter cette notice, il me reste à parcourir
plus en détail les mœurs si intéressantes de la bécasse,
dont la physionomie paraît stupide, mais qui nous révé-
lera des prodiges de tendresse maternelle et de sublime
dévouement. La bécasse habite les hautes montagnes
boisées de l'Europe, d'où elle descend dès que le froid se
fait sentir, c'est-à-dire vers le mois d'octobre ou de
novembre ; elle entreprend alors isolément des voyages
longs et réguliers qui s'étendent du pôle à l'équateur.
Un vieux dicton populaire dit :

> « A la Saint-Denis
> Bécasses en tous pays. »

C'est-à-dire le 9 du mois d'octobre. Dans leurs voyages,
ces échassiers sont assez souvent forcés par la lassitude
de s'abattre sur les navires où ils deviennent la proie des
matelots. Quelquefois emportés par la violence des vents,
ils viennent, dans certaines contrées, se briser la tête contre
les verres des phares aux gardiens desquels ils procurent
de véritables ressources. Quand le froid est très-intense,
les bécasses se cantonnent près des sources chaudes. Dans
les conditions ordinaires, les bécasses ne volent pendant
le jour que quand on les y force. Par sa couleur, ses habitudes, la bécasse se rapproche des oiseaux semi-nocturnes. Elle ne voit bien que lorsque le crépuscule lui
vient en aide : c'est ce qui explique sa sortie des bois
quand les ténèbres commencent à se répandre sur la terre.

Ses organes visuels et proéminents sont admirablement
conformés pour la concentration des rayons confus du
crépuscule. C'est alors que la bécasse parcourt les terres
nouvellement labourées, et qu'elle se dirige avec une
grande rapidité vers les lieux humides où elle trouve facilement sa nourriture ordinaire. Quand elle est canton-

née dans les forêts, elle tourne et retourne avec une grande adresse les feuilles tombées à terre, et les soumet à un examen minutieux pour capturer les insectes et les vers qui étaient cachés sous ces débris. Cet oiseau est le seul avec le héron blongios, dans l'Ordre des Echassiers, dont le tarse soit emplumé, ce qui indique qu'il n'est pas destiné à pénétrer dans les rivières, mais seulement dans les terrains humides, et à vivre sur les bords des petits cours d'eau. Là, il se nourrit de vers, d'insectes, de lima-çons, etc. Dans les terres molles, la bécasse extrait avec une grande habileté, au moyen de son bec qui lui sert de sonde, les vers qui y sont cachés.

La bécasse court très-vite pendant le jour, et ne vole d'elle-même que lorsque la nuit est venue : quand on la force à s'envoler, elle s'élève en l'air en décrivant des zig-zags, puis s'abat dans les clairières pour se réfugier plus loin sous les cépées, et se tapir à terre sur des feuilles des-séchées avec la couleur desquelles s'harmonisent les teintes de son plumage. Dans cette position, elle laisse le chasseur passer près d'elle sans faire le moindre mouve-ment. Lorsqu'elle est blessée, elle se dérobe assez souvent à la poursuite du chasseur par une série de strata-gèmes.

Quand la bécasse se pose à terre, elle étale ordinaire-ment sa queue comme si elle faisait la roue ; c'est un moyen bien simple de diminuer la secousse que lui ferait ressentir l'interruption subite de son vol.

Dès lors que la bécasse vit régulièrement dans les bois et qu'elle s'y reproduit, elle devrait être classée parmi les oiseaux des forêts ; mais ce qui s'oppose à une telle clas-sification, c'est que cet échassier ne se perche jamais. La bécasse niche à terre dans un petit enfoncement naturel, recouvert de feuilles sèches et quelquefois de brins d'herbes, et le plus souvent près des tas de fagots qui se trouvent dispersés dans les grands bois ou dans les taillis. La femelle pond de trois à cinq œufs très-ventrus, d'une couleur jaune sale, parsemés de taches rousses et cendrées ; leur grand diamètre est de 0$^m$,040 à 0$^m$,044, et leur petit, de 0$^m$,024 à 0$^m$,026.

L'Encyclopédie d'histoire naturelle du D$^r$ Chenu (Oiseaux, VI$^e$ partie, page 204), relate les assertions d'un ornithologiste qui affirme « avoir trouvé un nid de bécasse dont la femelle ne pouvait consentir à s'éloigner du berceau de sa future famille et qui s'aplatissait sur ses œufs toutes les fois qu'il s'approchait. Il ajoute avoir vu souvent le mâle couché près de sa compagne, les deux oiseaux appuyant leurs becs sur le dos l'un de l'autre. »

Un certain nombre de ces nids ont été trouvés en Anjou ; j'ai reçu plusieurs fois des œufs de bécasse, que M. le comte Walsh de Serrant et d'autres propriétaires avaient eu la bienveillance de m'envoyer. Si les nids des bécasses ne sont pas capturés plus souvent, si même on a douté longtemps que cet oiseau se reproduisît en Anjou, c'est que sa ponte a lieu de très-bonne heure, en février ou en mars, lorsque les fagots ne sont pas encore enlevés des forêts. Quand on pénètre dans ces forêts pour recueillir le bois, les petites bécasses ont déjà quitté leur berceau. Cependant quelques naturalistes prétendent que la bécasse fait plusieurs pontes chaque année, et ils fondent leur opinion sur ce que l'on trouve dans certaines localités des nids de ces oiseaux jusque dans le mois d'août. Ces dernières couvées pourraient être celles des oiseaux dont les premières n'auraient pas réussi, et, sous ce rapport, la bécasse rentrerait dans la règle générale.

Nous venons de constater que la bécasse niche dans les forêts, dans les taillis, et que d'un autre côté elle quitte chaque fois ces forêts, ces taillis pour aller, plus ou moins loin, chercher sa nourriture dans les lieux humides ou près des petits cours d'eau. Dès lors se présente une sérieuse et très-grave difficulté : comment cet oiseau pourra-t-il procurer à ses petits une nourriture abondante, s'il est condamné à multiplier des courses très-longues,

et par conséquent très-fatigantes, pour apporter un grand
nombre de fois des vers, des insectes capturés à des distances considérables? Il a donc fallu que la bécasse fût
douée d'un instinct qui lui permît de résoudre ce problème. Dieu n'a pas manqué à son œuvre, et il a inspiré
à cet oiseau un véritable dévouement pour ses petits.
Chaque soir donc, le père et la mère de la jeune famille
vont à la recherche d'un lieu offrant de grandes ressources en insectes et en vers de toute espèce ; puis, quand
ils ont trouvé cette mine féconde, ils reviennent rapidement près de leurs petits, et commencent aussitôt le déménagement de la jeune famille ; le père et la mère se mettent à l'œuvre, et transportent leurs petits près des ressources découvertes ; là ils peuvent leur procurer une
nourriture abondante sans s'exposer à des courses multipliées et très-pénibles. Puis, quand le véritable repas
de la journée est terminé, les parents transportent une
seconde fois leur progéniture dans leur berceau. Le
transfert de la jeune famille est un fait certain, dont la
nécessité s'explique par l'impossibilité où se trouveraient
les bécasses de nourrir leurs petits, s'il n'avait pas lieu.
Comment s'exécute-t-il ? Là est la difficulté. Les anciens
auteurs prétendaient que la bécasse se servait de son bec
pour emporter ses petits ; ce moyen est peu admissible.
D'autres ont affirmé avec pas plus de raison qu'elle les
emportait sur son dos. Des naturalistes ont affirmé avoir
vu des mères transporter leurs petits avec le secours de
leurs pattes, et enfin d'autres ont constaté que la bécasse
opérait le déménagement de la jeune famille en serrant
les oisillons entre sa gorge et son bec. Le père et la mère
ont recours aux mêmes moyens pour éloigner pendant le
jour leur jeune famille du danger qui la menace. Dans le
cours de l'année, la bécasse est muette, si ce n'est au moment où l'hymen se contracte entre le mâle et la femelle.
Les bécasses font alors entendre, en se poursuivant dans
l'air et en décrivant lentement des cercles concentriques

qui se croisent et s'enlacent d'une manière continue, un
cri que l'on peut représenter d'une manière bien impar-
faite par ce mot : *crrroû, crrroû*... C'est ce cri qui a déterminé à nommer *croule* la chasse que l'on fait aux bécasses
à cette époque de l'année. Le chasseur, placé dans les taillis
situés près des terres humides, pourra tirer les bécasses
qui tournoient au-dessus de sa tête, et multiplier ses
coups jusqu'à ce que les victimes soient tombées sous son
plomb meurtrier. A cette époque, le sentiment qui anime
les bécasses les fait triompher de toute crainte, même de
celle de la mort.

Dans le temps de leur migration, on rencontre quelquefois des troupes nombreuses de bécasses dans la même
localité ; cependant elles ne voyagent pas par bandes,
elles s'envolent isolément, et arrivent les unes après
les autres dans les localités qui leur offrent le plus de
ressources. On a remarqué souvent une très-grande différence de taille dans les bécasses, ce qui a déterminé
plusieurs naturalistes à en reconnaître deux ou trois
espèces. Cette distinction n'est pas fondée ; mais on constate dans ces oiseaux, comme dans beaucoup d'autres, des
variétés, des races, dont les différences dépendent de l'âge
des individus et surtout des localités qu'ils habitent ; car
ces localités, par la nourriture plus ou moins abondante
qu'elles procurent, par les variations mêmes d'un cli-
mat plus ou moins rigoureux, peuvent et doivent exercer
une grande influence sur le développement des proportions de l'oiseau et même sur certaines nuances de son
plumage. La bécasse s'apprivoise facilement. Voici un passage cité dans l'*Encyclopédie d'histoire naturelle* du D<sup>r</sup> Chenu
(Oiseaux, VI<sup>e</sup> partie, pag. 207): « A l'ombre d'un pin et de
quelques arbrisseaux coule à Saint-Ildefonse, en Espagne,
une fontaine qui entretient constamment l'humidité du
sol ; on y apporte le terreau frais le plus riche en vers
qui s'enfoncent et se cachent en vain ; la bécasse les découvre, soit à quelque ébranlement léger, peut-être à son

odorat ; elle enfonce son bec dans la terre jusqu'à la na-
rine et le retire toujours emportant un ver qu'elle déploie
dans toute sa longueur en relevant le bec, et qu'elle
avale petit à petit par un mouvement presque insensible. »
En tout temps elle a été un mets très-recherché par les
gastronomes qui ont eu recours à toutes les inventions
de l'art culinaire pour augmenter encore le parfum ou la
délicatesse de ce gibier. Voici ce que disait Belon, il y a
plus de trois siècles : « C'est à bon droit qu'en la cuisant
tout ce qu'on réserve de meilleur pour lui faire de la
saulse est ce qu'on jecte ès autres oyseaux, sçauoir est,
ses excrements avec les trippes. » (Liv. V. pag. 273.) Donc
du temps du savant médecin et ornithologiste du Mans,
les gastronomes appréciaient à un point de vue exceptionnel la bécasse et la *saulse* dont on l'accompagnait. De nos
jours, les disciples de saint Hubert qui se piquent de gastronomie, préparent la tête de la bécasse avec une *saulse*
que moi profane j'aurais pu manger, même le Vendredi-
Saint, sans être exposé à faire autre chose qu'un véritable
sacrifice et une sérieuse mortification. On fend la tête de
la bécasse dans la longueur du crâne ; puis, quand la
cervelle est à jour, on sépare les deux parties de la boîte
osseuse, l'on se munit d'une chandelle de *suif* que l'on fait
fondre de manière à ce que le suif brûlant se mêle à la
cervelle et remplisse entièrement le crâne. On referme le
tout, et l'on promène avec délicatesse la tête de la bécasse
sur la flamme d'une bougie en la tournant entre ses doigts
de manière à ce que le bec de l'oiseau fasse l'office d'une
broche de rôtissoire. Enfin, quand l'exécutant pense que
la cervelle et le suif se sont harmonisés de manière à ne
faire qu'un seul tout, on subdivise rapidement ce mets
délicieux et l'on sert chaud ! Malheur alors au convive
inexpérimenté qui aurait l'audace de ne pas trouver exquise la tête de la bécasse ainsi préparée, il serait bafoué
et avec raison, car il prouverait que depuis Belon le goût
culinaire aurait rétrogradé !

D'après un texte de Martial, il paraît que chez les Romains les bécasses étaient plus communes et moins chères que les perdrix.

> *« Rustica sim, an perdix, quid refert, si sapor idem est ?*
> *Carior est perdix : sic sapit illa magis. »*

« Que je sois bécasse ou perdrix, qu'importe, si je suis un mets aussi friand ?

« La perdrix est plus chère, voilà ce qui la rend plus délicate. » (Martial, liv. XIII, épig. 76.)

---

## BÉCASSINE ORDINAIRE. — Scolopax gallinago.

Les mots *Bécasse, Scolopax* ayant été expliqués dans la notice précédente, et les mœurs des bécassines se rapprochant beaucoup de celles de leur congénère, je n'aurai que quelques lignes à ajouter pour compléter ici les détails que réclame la tâche que je me suis imposée.

La dénomination *bécassine* étant un diminutif indique évidemment que l'oiseau qu'elle représente est plus petit que la bécasse ; elle en diffère non-seulement par sa taille, mais encore par son tarse beaucoup plus élevé et par le bas des jambes qui est dénudé au-dessus de l'articulation tibiale. Ce caractère indique que les bécassines sont destinées beaucoup plus que les bécasses à pénétrer dans les petits cours d'eau et à circuler dans les prairies humides. Aussi la bécassine ne fréquente-t-elle pas les taillis et les bois, et se tient-elle presque toujours sur les bords des étangs marécageux ou des prairies situées près des rivières.

Les bécassines ne vivent pas ordinairement en société ; le besoin seul les réunit ; leurs formes sont plus élancées et plus gracieuses que celles de la bécasse. La bécassine niche à terre dans un petit enfoncement garni de quelques feuilles ou de quelques filaments de plantes, à l'abri d'une touffe d'herbe ou d'un buisson. La femelle dépose dans ce nid grossièrement préparé quatre ou cinq œufs piriformes ou ventrus. Leur couleur d'un brun roussâtre foncé est parsemée de taches noirâtres, plus nombreuses ordinairement vers le gros bout, et reliées entre elles par des traits noirs disséminés en zigzag. Le grand diamètre varie de $0^m,038$ à $0^m,040$, et le petit, de $0^m,028$ à $0^m,030$. Le mâle seul se perche et, pendant que la femelle couve ses œufs, il s'élève en l'air à une hauteur considérable pour redescendre avec la rapidité de la balle et s'arrêter au-dessus du berceau de la future famille en déployant ses ailes qui lui servent de parachute. Pendant ces évolutions aériennes, il répéte un chant, du reste assez monotone, et sous ce rapport il est le seul chanteur de l'Ordre des Échassiers. En dehors du chant que la bécassine aime à redire au moment de la nidification, elle fait entendre un petit sifflement quand elle s'envole. Puis elle répète une espèce de bêlement plaintif qui l'a fait nommer par les paysans, dans quelques contrées, *chèvre céleste*, *chèvre volante*. Comme toutes les autres bécassines, elle vole contre le vent. Quant à la délicatesse de sa chair, Toussenel la proclame, avec l'accent d'une profonde conviction, le premier rôti du monde !

L'expression *gallinago*, qui sert à désigner la bécassine ordinaire, me semble être un diminutif de *gallina*, et signifier « petite poule, » ou être un composé de *gallina* « poule, » et *ago* « faire, imiter la poule. » Cette double interprétation pourrait s'appuyer sur le passage cité précédemment, dans lequel Belon dit que les Grecs désignent la bécasse sous le nom de « *poule de bois*; » dès lors la bécassine serait la *petite poule*.

Je transcris ici quelques détails intéressants que me transmet l'un de mes anciens élèves, M. Henry Bry, actuellement contrôleur des contributions directes du canton de Chalonnes : « Pendant mon séjour à Mâcon, en 1858, je fus invité, dans les premiers jours de septembre, à une partie de chasse à courre dans la montagne (la montagne par opposition à la Bresse, la plaine). En parcourant les monts et les vaux, je fus surpris de voir se lever, sous mes pieds, des bécassines qui par leur plumage me parurent être en jeune âge. Naturellement ce fait singulier me fit demander des explications. J'appris que, vers le mois de mai, les bécassines s'établissent dans les *courbes* situées près des sources d'eau chaude. Ces oiseaux profitent d'un pas de vache voisin des rigoles destinées à dessécher la prairie ; là elles assemblent quelques brins d'herbe et y font leur couvée. Quant au mot *courbe*, il signifie le lieu où finit la pente de la montagne et où commence la vallée. M. Richard, percepteur, qui comme moi s'est livré dans sa jeunesse à des courses ornithologiques, m'a dit avoir trouvé dans le Limousin deux nids de bécassines dans des conditions identiques à celles que je viens de décrire. J'avais fait le projet de retourner au mois de mai suivant vers les lieux où je pensais trouver un trésor ; mais l'homme propose et Dieu dispose. Au mois d'octobre 1858, on m'appelait en Anjou. »

---

## BÉCASSINE DOUBLE. — Scolopax major.

Cette bécassine doit aux dimensions de sa taille les adjectifs qui, en français et en latin, servent à la caractériser. Ses formes sont moins gracieuses que celles de la précédente. Beaucoup plus rare dans nos contrées que la bécassine ordinaire, elle se plaît à habiter dans les vastes marais de la Pologne et de la Russie, et cependant elle préfère les bords des eaux vives à ceux des eaux stagnantes. On la trouve en assez grand nombre dans certaines parties de la Sibérie. Quand le froid se fait sentir d'une manière intense dans ces contrées désolées par les rigueurs de l'hiver, la double bécassine entreprend des voyages dans les pays méridionaux, et visite même l'Algérie. Ordinairement elle accomplit ses pérégrinations seule, et quelquefois en petites bandes. Quand on la force à s'envoler, elle part sans pousser aucun cri. La femelle pond trois ou quatre œufs dans un nid composé de quelques brins de petits joncs et qu'elle établit dans les marécages de la Sibérie et dans ceux du nord de l'Allemagne. Ces œufs d'un roux clair et quelquefois verdâtre sont parsemés de taches et de points noirs. Leur grand diamètre est de 0$^m$,040 à 0$^m$,042, et le petit, de 0$^m$,030 à 0$^m$,032. Les véritables œufs de la double bécassine sont très-difficiles à se procurer, et leur prix, assez élevé, l'est beaucoup plus que celui des œufs de tous les oiseaux de cette famille. Ils ont donné lieu à des fraudes commerciales. Ceux de la bécassine ordinaire varient tellement de forme et de grosseur qu'ils peuvent servir à tromper les ovologistes inexpérimentés. Ce qui peut encourager encore cette fraude, c'est que le prix de vingt de ses œufs n'égale pas celui d'un seul œuf de la bécassine double.

---

## BÉCASSINE SOURDE. — Scolopax gallinula.

Je retrouve ici l'idée énoncée déjà dans les notices précédentes, et l'épithète *gallinula*, « petite poule, » exprime toujours, d'après une racine qui se diversifie, le même point de vue sous lequel les bécassines ont été envisagées. Cette bécassine, plus petite que ses congénères, est assez répandue dans notre département, qu'elle traverse en automne et au printemps. Elle aime à se cacher dans les herbes des prairies humides et sur les bords des cours d'eau. Là, elle se nourrit de vers, d'insectes aquatiques qu'elle capture avec beaucoup d'adresse. Elle doit l'épithète de *sourde* à une habitude qui la caractérise bien.

Cette bécassine se laisse approcher de si près, qu'elle ne
part que sous les pieds du chasseur ou des chiens qui
l'accompagnent ; dès lors, elle a paru être *sourde*, c'est-à-
dire ne pas entendre le bruit qui aurait dû lui révéler le
danger qui la menaçait. Quand elle part, son vol est plus
régulier que celui de la bécasse et des autres espèces de
bécassines, il est moins formé de crochets en zig zag. Cet
échassier se reproduit en Sibérie et même dans quelques
régions tempérées de l'Europe. La femelle choisit de
vastes marécages et y établit son nid composé de quelques petits joncs et de débris de plantes aquatiques ; elle
y dépose quatre ou cinq œufs assez ventrus, d'un brun
olivâtre ou d'un brun jaunâtre, parsemés de taches d'un
cendré noirâtre et de points de même couleur qui assez
souvent forment, par leur réunion vers le gros bout, une
calotte noire. Leur grand diamètre varie de 0$^{m}$,032 à
0$^{m}$,034, et le petit, de 0$^{m}$,023 à 0$^{m}$,025. Ces œufs sont très-
difficiles à se procurer, et la fraude que j'ai déjà signalée
précédemment se reproduit, hélas ! souvent à leur sujet.
La bécassine *sourde* pourrait aussi être appelée *muette*, car
elle ne pousse aucun cri quand elle s'envole. Sa chair
est considérée comme très-délicate, et, pour quelques gastronomes, elle disputerait même la palme à la bécassine
ordinaire.

---

## BARGE A QUEUE NOIRE. — LIMOSA MELANURA.

Les barges sont des oiseaux tristes, timides, aimant à
se tenir cachés dans les roseaux et dans les hautes herbes
des endroits marécageux. Elles vivent de vers, de larves,
d'insectes aquatiques qu'elles capturent en fouillant dans
tous les sens, avec leur long bec, les boues et les sables
vaseux. Ce long bec est mou, flexible, parcouru dans
toute sa longueur par des rainures profondes qui contri-

buent à développer en lui une grande délicatesse de tact, et vient en aide à l'oiseau pour lui faire trouver sa proie.

Les différents noms qui ont été donnés à la barge rappellent d'une manière très-caractéristique son habitude principale et une variété de son plumage. *Barge* est la traduction d'un mot de basse latinité, *bargia*, *barga*, pris dans le même sens que *barca*, qui ainsi que le précédent dérive du grec BARIS, signifiant « canot, » et d'où l'on a fait *barque*. Dans l'ancien français, une *barge* était une petite barque, et sur les bords de la Loire, *barge* signifie encore une barque à voile carrée qui sert à la pêche.

« Anne de Boulen fut arrêtée dans sa *barge*, lorsqu'elle revenait de Greenwich. » (LARREY.)

« Comme un vilain on le fait charrier,<br>
« On le met en *barge* marinier. »

*(Le Songe creux.)*

La barge était donc un petit bateau, pénétrant là où les vaisseaux ne pouvaient naviguer : « *Barca est quæ cuncta navium commercia ad litus portat*, la barge ou la barque est une espèce de canot qui sert à transporter au rivage le chargement des navires. » (ISID., liv. XIX, ch. I.) Ce bateau recevait aussi les soldats qui voulaient faire une descente sur le territoire ennemi, et qui se trouvaient forcés de quitter les navires pour gagner le rivage au moyen de barques plates et pouvant pénétrer même dans les vases des bords de la mer. Pourquoi alors a-t-on nommé *barge* l'oiseau que nous étudions ? Le motif de cette dénomination me paraît facile à donner. Les naturalistes, et plus encore les marins, ont vu un trait de ressemblance entre les barques pénétrant, stationnant dans les vases profondes du rivage de la mer et des embouchures des rivières, et les oiseaux qui y fixaient leur séjour habituel, et ils ont désigné par un seul nom et les barques et les oiseaux. Quant au mot *limosa*, il rappelle la même idée et

la rend plus sensible encore, car il dérive de *limus*, signifiant « boue, fange, limon, » et convenant dès lors parfaitement à l'oiseau qui cherche et trouve sa nourriture dans
les vases des rivages de la mer, ce qui l'a fait appeler par
les marins « la bécasse de mer. » Enfin, pour compléter
et rendre encore plus sensible le rapport qui existe entre
les barges et le nom des lieux qu'elles habitent, il est
convenable d'ajouter que le mot *barge* signifiait aussi,
dans l'ancien français, la fosse destinée à recevoir l'eau
des gouttières et dès lors à contenir un terrain boueux
détrempé par la pluie. Quant à l'adjectif *melanura*, il ré-
présente la même idée que les mots « *à queue noire ;* » il
est composé de MÉLAS, MÉLAÏNA « noire, » et OURA « queue. »
Le vol de la barge est rapide, sa voix perçante, criarde,
glapissante. Dans cette espèce, le mâle est plus petit que
la femelle, et, tous les deux, ils sont soumis à différentes
mues. La barge niche dans les joncs et dans les hautes
herbes des prairies humides ; la femelle pond ordinairement quatre œufs piriformes, de couleur olive un peu
foncée ; ils sont parsemés de taches d'un brun pâle et
toujours plus nombreuses et plus foncées vers le gros
bout. Quelques-unes de ces taches semblent être effacées
et se confondre avec les nuances de la coquille. Le grand
diamètre est de 0$^m$,054 à 0$^m$,062, et le petit, de 0$^m$,036 à
0$^m$,040 ; les dimensions que je viens d'indiquer prouvent
que ces œufs varient beaucoup, et cette variation donne
souvent lieu à bien des fraudes.

---

## BARGE ROUSSE. — LIMOSA RUFA.

Cette barge, plus petite que la précédente, s'en distingue
encore par les nuances de son plumage, nuances caracté-
risées par les deux épithètes *rousse* et *rufa* exprimant la
même idée. Ses habitudes sont celles de sa congénère ;

comme elle aussi, elle visite les climats tempérés, quand l'hiver fait sentir ses rigueurs dans les régions qu'elle habite ordinairement. Le plumage de cet échassier est soumis, chaque année, à deux mues. Le plumage des mâles se revêt au printemps d'une nuance de roux très-prononcée ; celui des femelles subit cette modification beaucoup plus tard. Ce sont ces variations, se renouvelant plusieurs fois chaque année et à des époques différentes, selon les sexes, qui ont donné lieu à des erreurs multipliées. C'est ainsi qu'une troisième espèce de barge a été admise, puis rejetée, admise de nouveau et enfin rejetée décidément par tous les naturalistes. Il a été constaté que la troisième barge n'était que la femelle de la *barge à queue noire* revêtue de sa livrée d'été. Cette espèce fictive avait été appelée la *Barge de Meyer, Limosa Meyeri ;* elle avait été dédiée par Temminck au savant Hermann de Meyer, né en 1801 à Francfort-sur-le-Mein, et qui se livra particulièrement à l'étude de la géologie et de la paléontologie.

La barge rousse se reproduit dans les contrées septentrionales de l'Europe et dans quelques parties de la Hollande et de l'Angleterre ; elle établit son nid dans les endroits les plus marécageux et y dépose quatre œufs piriformes, moins allongés que ceux de l'espèce précédente. Leur couleur est roussâtre et parsemée de taches d'un roux plus foncé et même d'un brun noir ; elles sont plus multipliées vers le gros bout. Le grand diamètre est de $0^m,054$ à $0^m,060$, et le petit, de $0^m,035$ à $0^m,036$.

---

## BÉCASSEAU COCORLI. — Tringa subarquata.

Aux barges succède, dans la Faune de Maine-et-Loire, le groupe des *bécasseaux*, dont le nom indique, entre les oiseaux qu'il représente et la bécasse, certaines analogies

en même temps que des dimensions plus petites. En effet,
tous les oiseaux réunis sous le nom de *bécasseaux*, sont
généralement de petite taille; ils s'éloignent des bécasses
par un bec moins dilaté et sans sillon médian à l'extrémité, par des ailes plus étroites; ils diffèrent des chevaliers et des barges par des jambes moins élevées et surtout par l'absence des palmes aux doigts. Les bécasseaux
aiment à parcourir les sables qui bordent les mers, à visiter les flaques d'eau, les prairies humides et les terrains
marécageux. Leur bec qui est mou et flexible dans toute

son étendue, même à la pointe, annonce qu'ils sont destinés à ne chercher leur nourriture que dans l'eau, dans
les vases ou dans les terres et les sables détrempés, et
non dans les terrains durs et desséchés. Leur nourriture
se compose de vers mous, d'insectes aquatiques et de
petits mollusques; pour capturer leur proie, ils pénètrent
dans l'eau jusqu'au genou, en élevant les ailes. Les bécasseaux parcourent les sables avec une très-grande rapidité,
et leur course est très-gracieuse; souvent aussi ils suivent
le mouvement des flots et recueillent les vers que la mer
laisse à découvert, quand elle rentre dans son lit. Lorsque
ces ressources leur manquent, les bécasseaux poursuivent
les mouches, les insectes terrestres, les petits scarabées;

mais cette nourriture n'est pour eux qu'accidentelle. Ces oiseaux vivent ordinairement en sociétés plus ou moins nombreuses ; souvent même ils se mêlent aux troupes des petits pluviers et des chevaliers. Leur vol est très-bizarre, il ressemble à celui des bandes d'étourneaux ; c'est une série de lignes brisées, sans qu'on puisse comprendre le motif de ces zigzags, ni deviner si le vol va continuer ou être interrompu. Ces détails nous éloignent de la question étymologique et je les continuerais même bien volontiers, imitant en cela l'élève qui diffère le plus possible d'aborder une question difficile qu'il doit traiter. Mais enfin, il faut se résigner.

Les bécasseaux sont désignés par les ornithologistes sous le nom de *tringiens* ou *tringinés*, dont la racine est *tringa*. Dans les glossaires anciens et nouveaux, je lis *tringa*, « nom latin du bécasseau et principalement du *combattant*. » Je suis donc condamné à chercher un rapport entre l'expression *tringa* et les mœurs des bécasseaux, et surtout de celles du *combattant*. Une double tâche m'est imposée ; je vais essayer de remplir immédiatement la première partie, et je remettrai la seconde à l'article du bécasseau *combattant*. Le mot *tringa* étant écrit dans les anciens auteurs *tryngas*, indique que la racine primitive de cette expression latine doit se trouver dans la langue grecque. Pendant toute l'année, lorsqu'ils courent ou s'envolent, les bécasseaux poussent des cris aigus, stridents ; mais ces cris constituent une harmonie formidable au moment de la nidification. A cette époque, les bécasseaux donnent, sur les rivages de la mer ou des vastes marais, des concerts capables de fatiguer même les oreilles les plus blindées ; leur nom pourrait donc, sous ce rapport, représenter, indiquer leur cri désagréable et dériver du grec TRIZÔ, TRISSÔ, signifiant « crier d'une manière fatigante. » Je n'ai pour appuyer cette hypothèse qu'un texte d'Aristote : « *Trygon* dicitur etiam avis quædam solo hoc nomine mota quæ ex turturum genere fuisse videtur, ita dicta a stridore quæ edit. — On appelle aussi *trygon* un certain oiseau connu seulement sous ce nom, et qui paraît être du genre des tourterelles; on le nomme ainsi du cri strident qu'il pousse. » La racine grecque est TRIZÔ, TRISSÔ, « crier. » Est-ce à ce cri, qui s'entend de très-loin et que les bécasseaux font entendre en s'élevant assez haut dans les airs et quelquefois même perpendiculairement, que ces oiseaux doivent leur nom vulgaire, *alouettes de mer?*

Lorsque je rédigerai la notice du combattant, je soumettrai à l'appréciation de mes lecteurs une autre hypothèse, et je m'y croirai d'autant plus autorisé, que le mot *tringa* désigne d'une manière spéciale le *combattant*, et que ce n'est que par extension que cette expression a été appliquée à tous les bécasseaux. Quant à l'épithète *subarquata*, ajoutée à *tringa*, elle est composée de *sub* « au-dessous, » et *arquata*, « courbée en forme d'arc, » et indique que le bec du *bécasseau* cocorli est sensiblement recourbé à sa pointe et en dessous, et qu'il a la forme d'un arc. Le nom vulgaire *cocorli* est je crois une onomatopée, représentant d'une manière incomplète le cri de cet échassier.

Le bécasseau cocorli traverse notre département à l'époque de ses migrations; car, comme tous ses congénères, il se livre aux grands voyages. Il habite les rivages des mers du Nord, et c'est dans les régions arctiques, sur le bord des eaux, qu'il se reproduit. La femelle pond trois ou quatre œufs d'un gris jaunâtre ou verdâtre, parsemés de points ou de taches d'un brun qui varie du roux au noir. Le grand diamètre est de 0$^m$,036 à 0$^m$,038, et le petit, de 0$^m$,024 à 0$^m$,026. Dans cette espèce, comme dans toutes celles des autres bécasseaux, dès que les petits sont sortis de la coquille, ils courent et peuvent se suffire à eux-mêmes.

## BÉCASSEAU BRUNETTE. — Tringa variabilis.

Les mœurs des différentes espèces de bécasseaux s'harmonisant entre elles, je n'aurai à traiter que la question étymologique, car les habitudes décrites précédemment peuvent s'appliquer dans leur ensemble aux bécasseaux qu'il nous reste à étudier. L'épithète *brunette*, servant à désigner le bécasseau qui nous occupe, indique la couleur de l'ensemble de son plumage; elle est formée du mot *brun*, dérivant lui-même d'une ancienne expression scandinave, *bruni*, signifiant « incendie, feu, ce qui est noirci par le feu. » (Littré.) On retrouve dans le chaldéen et dans le celtique la même racine et la même idée ; du chaldéen *ur* on a formé en latin *urere* « brûler, etc. » et du celtique *br* dérive « briller, brûler, brasier, brunir, brun. » Quant à l'adjectif *variabilis*, il peut s'appliquer très-exactement aux œufs, au plumage et même aux proportions de ce bécasseau. Les nuances du plumage du bécasseau brunette se modifient, selon les saisons et même selon les sexes, de telle manière que ces variations ont donné lieu à beaucoup de distinctions, qui ne reposaient pas sur les données de la véritable science ornithologique. De plus, cette espèce renferme des sujets dont les proportions sont très-différentes; c'est ce qui a déterminé plusieurs auteurs à nommer *bécasseau de Schinz*, *tringa Schinzii*, une variété du bécasseau brunette qui paraît être une race plus petite et non une espèce véritablement différente de l'autre. Le pays de prédilection du bécasseau brunette est le nord de l'Europe; cependant il habite la Suisse et même il s'y reproduit, ce qui lui a mérité le nom d'*alpina*, « bécasseau des Alpes. » Pendant l'hiver, cet échassier émigre dans le midi de l'Europe et jusque dans l'Afrique septentrionale. Le bécasseau brunette niche sur le bord des lacs, sur les montagnes élevées. La femelle pond quatre ou cinq œufs un peu piriformes; leur couleur est verdâtre; ils sont parsemés de taches et de points d'un brun noir ou d'un gris roux; les nuances de ces œufs varient beaucoup, ainsi que leurs dimensions. Le grand diamètre est de $0^m,032$ à $0^m,035$, et le petit, de $0^m,022$ à $0^m,025$. Quelquefois ce bécasseau est désigné sous le nom de *bécasseau à collier*, à cause des taches brunes qui se déroulent sur la couleur blanchâtre de son cou.

## BÉCASSEAU TEMMIA. — Tringa temminckii.

Ce bécasseau, qui est désigné quelquefois sous le nom de *pusilla*, « petit, » est, avec le *bécasseau échasses*, le plus petit de tous les oiseaux de ce groupe qui habitent l'Europe. Le *temmia* doit son nom à l'ornithologiste hollandais, célèbre par ses ouvrages d'histoire naturelle et aussi par la critique spirituelle que Toussenel s'est plu à faire de toutes les classifications formulées par Temminck. Ce bécasseau habite l'Angleterre, la Hollande, l'Allemagne; il traverse la France, au printemps et en automne. Il se nourrit de vers et même de petits coquillages; pour les saisir, il pénètre dans l'eau jusqu'aux ailes, qu'il tient

élevées au-dessus de la surface, et, dans cette position, il
se livre à une course rapide. Quand il s'est emparé d'une
petite coquille, il élève la tête et secoue sa proie avec une
grande adresse pour en faire tomber l'eau qui s'y est in-
troduite et pouvoir ensuite la manger plus facilement.
Le temmia vit en petites bandes, et, le soir, il parcourt
avec une grande vitesse et en poussant de petits cris les
bords des rivières ou des marais jusqu'à ce qu'il ait trouvé
un lieu favorable pour y passer la nuit. Il y a quelques
années, j'étais dans les marais de la Baumette, avec
M. Mangeon, l'ancien maître de chapelle de la cathédrale ;
le froid se faisait déjà vivement sentir, c'était vers la fin
du mois de novembre, et la nuit commençait à nous envelopper de ses ténèbres. Nous poussions notre frêle embarcation à travers les roseaux et les longues herbes des
bords de la Maine pour regagner le rivage, lorque nous
remarquâmes une petite troupe de cinq échassiers qui
tourbillonnait non loin de nous et dont le vol en zigzag
et très-rapide nous parut assez curieux. Nous suspen-
dîmes notre manœuvre pour jouir des évolutions de ces
oiseaux ; ces évolutions se continuèrent assez longtemps en
décrivant une série de lignes brisées que nous ne pouvions
expliquer et dans lesquelles ces bécasseaux se tenaient
le plus près possible les uns des autres. Cependant
ces échassiers se maintenaient toujours à une assez grande
distance de nous ; enfin ils s'en rapprochèrent un instant ;
M. Mangeon en profita pour tirer un coup de fusil qui
abattit deux victimes. L'une d'elles tomba dans les herbes
et ne put être retrouvée à cause des ténèbres de la nuit ;
l'autre fait maintenant partie de la collection du Musée
d'Angers. Le bécasseau temmia ne se reproduit que dans
les contrées boréales de notre continent et principalement
dans la Laponie. C'est par erreur que le vénérable doyen
des études ornithologiques en Anjou, M. Millet de la Turtaudière, a dit dans sa Faune, que le temmia dépose ses
œufs sur les grèves de la Loire ; il a confondu les œufs

de ce bécasseau, qu'il n'avait pas étudiés, avec ceux du petit pluvier à collier. Le prix très-élevé des œufs du temmia suffirait pour démontrer l'erreur de M. Millet ; car les œufs qu'il attribue à ce bécasseau sont très-communs sur les sables de notre beau fleuve, et c'est par centaines que je les ai trouvés. La femelle du bécasseau temmia pond trois ou quatre œufs de couleur olivâtre ou noirâtre, parsemés de taches et de points d'un brun roux ou même d'un noir assez prononcé. Leur grand diamètre est de 0<sup>m</sup>,026 à 0<sup>m</sup>,028, et le petit, de 0<sup>m</sup>,018 à 0<sup>m</sup>,020. Dans les différents envois qui m'ont été faits de la Laponie et des autres contrées du nord de l'Europe, j'ai remarqué de grandes variations dans les nuances et dans les dimensions des œufs du bécasseau temmia ; variations qui peuvent servir à les confondre facilement avec les œufs des autres espèces de petits bécasseaux.

---

## BÉCASSEAU PETIT ou ÉCHASSES. — Tringa minuta.

Ce bécasseau a les mêmes habitudes que le précédent avec lequel il peut être assez facilement confondu ; cependant ses proportions sont encore un peu plus petites ; c'est ce qui justifie l'épithète *minuta* « petit. » Quant à la dénomination *échasses*, elle est motivée par la dénudation de ses jambes et la longueur de ses tarses, qui sont un peu plus élevés que ceux du temmia. Il semble dès lors, à cause de sa petite taille, être monté sur des jambes de bois, sur des échasses. Ainsi que la plupart de ses congénères, le *bécasseau petit* habite les contrées septentrionales de l'Europe et de l'Asie, qu'il abandonne pendant la saison rigoureuse de l'hiver pour se livrer à de grandes migrations. Il se reproduit dans les vastes marécages de la Sibérie du Nord ; ses œufs, au nombre de trois ou de quatre, sont d'un jaune verdâtre et quelquefois noirâtre, parsemés de taches et de points d'un brun roux variant jusqu'au noir. Leur grand diamètre est de 0<sup>m</sup>,027 à 0<sup>m</sup>,029, et le petit, de 0<sup>m</sup>,019 à 0<sup>m</sup>,020. Ces œufs sont encore beaucoup plus rares que ceux du temmia, dont ils se rapprochent par la forme et par les nuances de la coquille.

## BÉCASSEAU CANUT ou MAUBÈCHE. — Tringa cinerea.

Le bécasseau *maubèche* est le plus gros des oiseaux de son Genre, mais il est loin d'en être le premier par son intelligence. Cet échassier semble courir au-devant du danger, sans le craindre et même sans le soupçonner. Il se jette aveuglément dans tous les piéges ; aussi d'innombrables bécasseaux sont-ils capturés sur toutes les plages des mers où ils abordent pour se reposer, dans leurs migrations lointaines. Il suffit d'un maubèche pour attirer dans les piéges, même les moins déguisés, des bandes considérables de ces oiseaux. Le nom de *maubèche*, sous lequel ce bécasseau est ordinairement désigné, paraît composé d'un vieux mot français, *mau*, pour *mal*, *mauvais*, et de *bèche*, transformation de *bec*. *Maubèche* signifierait alors « mauvais bec, » et, dans un sens figuré, « mauvaise langue ou langue inutile, impuissante. » Dans le premier sens, *maubèche* indiquerait que cet échassier serait moins bien doté que ses congénères et que son bec serait plus court ; signification qui se justifierait, puisque le bec du bécasseau maubèche est à peine aussi long que sa tête. Dans le deuxième sens, il indiquerait, ce qui est vrai, que cet oiseau ne se sert pas de sa langue, puisque, contrairement à l'habitude des autres bécasseaux, il ne jette de cris que très-rarement, lorsqu'il court ou lorsqu'il vole. Quant à l'épithète *canut*, je pense pouvoir l'appliquer au bécasseau maubèche dans le sens où M. Littré l'emploie pour les ouvriers de Lyon. Selon ce savant membre de l'Institut, le nom de *canut* donné à l'ouvrier en soie, pourrait venir de *cannette ;* or cannette est un diminutif de *canne*, dérivant du latin *canna* et du grec κάννα, κάννη, « jonc, roseau. » Si le nom donné à l'ouvrier se justifiait parce qu'il se sert de roseaux pour se livrer à son travail, ne pourrait-il pas se justifier, à plus forte raison, quand il désigne un oiseau qui vit dans les endroits marécageux, dans les terrains plantés de roseaux ? De plus, le *maubèche*, non-seulement cherche sa nourriture dans les terrains couverts de longues herbes et de roseaux, mais encore il y établit son nid, composé lui-même de quelques débris de ces plantes. La femelle pond quatre ou cinq œufs ventrus, d'un gris verdâtre un peu roux, et parsemés de taches et de points d'un brun noir plus ou moins foncé. Leur grand diamètre varie de 0$^m$,036 à 0$^m$,040, et le petit, de 0$^m$,028 à 0$^m$,030.

Le maubèche habite ordinairement les terrains marécageux du cercle arctique, qu'il abandonne quand le froid devient trop intense. L'adjectif *cinerea*, « cendré, » représente les nuances de l'ensemble du plumage du maubèche, composé de blanc rayé de noir et de brun. D'après cette dernière explication, l'on pourrait peut-être prendre *canut* dans un sens différent de celui que j'ai indiqué, et faire dériver cette expression du vieux mot français *canu* ou *chanu*, employé autrefois pour désigner l'homme qui avait des cheveux blancs ou gris semés de blanc ; alors *canut* et *cinerea* auraient la même signification, et le mot français ne serait plus qu'une traduction vieillie du latin.

## BÉCASSEAU VIOLET. — TRINGA MARITIMA.

La première question à résoudre au sujet de ce bécasseau, dont la notice étymologique est très-facile, est celle-ci : Cet échassier visite-t-il notre département ? Doit-on lui concéder le droit de passage? Des naturalistes, des chasseurs, ont constaté sa présence en Anjou ; je lui donne dès lors d'autant plus volontiers le droit de cité, qu'il est bien difficile d'admettre que, dans ces troupes innombrables de bécasseaux de toute espèce qui entreprennent régulièrement de lointains voyages, il ne se trouve pas à traverser notre département, quelques-uns des oiseaux qui se dirigent vers d'autres contrées. Les circonstances dépendant de la rigueur du froid, de la violence, de la direction du vent, ne doivent-elles pas modifier quelquefois l'itinéraire habituel de ces troupes voyageuses? De plus, si j'admets facilement que le *becasseau violet* visite notre département, c'est que les noms sous lesquels il est désigné n'augmenteront pas sérieusement mon labeur. L'épithète *violet* retrace l'ensemble des nuances de son plumage. Quant à l'adjectif *maritima*, « maritime, » il indique que ce bécasseau, plus encore que ses congénères, fréquente les bords de la mer. Il aime effectivement à parcourir les sables des rivages et les bords boueux des cours d'eau ; mais on le trouve rarement dans les eaux stagnantes des marais. Il vit de frai de poisson, d'insectes et de petits coquillages. Quand il est poursuivi, il se blottit à terre et ne part souvent que sous les pieds du chasseur. Dans ses migrations il voyage seul ou par couple, mais rarement en troupes nombreuses. Ce bécasseau se reproduit dans les contrées les plus voisines du pôle Nord. La femelle dépose, sur le sable des rivages, trois ou quatre œufs allongés et un peu piriformes, d'une couleur gris-olivâtre, striés de taches de dimensions très-variées. Ces taches d'un roux ou d'un noir pâle sont entremêlées de petits points noirs d'une nuance beaucoup plus foncée. Assez souvent ces taches forment une calotte vers le gros bout. Le grand diamètre est de 0$^m$,035 à 0$^m$,037, et le petit, de 0$^m$,023 à 0$^m$,025.

## BÉCASSEAU COMBATTANT. — Tringa pugnax.

Le bécasseau dont je vais décrire les mœurs sert de
trait d'union entre les *tringiens* et les *chevaliers* ; même par
l'ensemble de ses habitudes il semblerait appartenir plutôt aux seconds qu'aux premiers, et cependant il est le
véritable type des bécasseaux, puisque le nom de *tringa*
lui a été donné d'une manière toute spéciale, et qu'il n'a
été appliqué aux autres bécasseaux que par extension.
C'est donc dans les mœurs du *combattant*, que nous devons
trouver les notions nécessaires pour découvrir la véritable
étymologie du mot *tringa ;* étymologie que nous avons
déjà essayé d'indiquer. Dans cette espèce les mâles sont
beaucoup plus nombreux que les femelles, et lorsque le
moment de contracter l'hymen approche, les femelles se

procurent le malin plaisir de n'accepter pour s'unir à elles que les preux vainqueurs de leurs concurrents. A cette époque de l'année « chaque mâle commence par se cravater le col d'une fraise resplendissante dont les dentelles débordent sur sa poitrine, envahissent peu-à-peu les épaules, la tête et finissent par couvrir tout le devant du corps d'une housse mobile, inquiète, animée, frissonnante. C'est la cotte de mailles du nouveau chevalier, c'est son armure de corps. » (Toussenel, *Ornithologie passionnelle*, 3ᵉ édition, 1ʳᵉ partie, page 411.) Quant à la couleur de cette armure, elle se diversifie non-seulement dans chaque individu, mais encore chaque année, de sorte que l'on ne peut rencontrer deux combattants dont le bouclier soit revêtu des mêmes nuances. Lorsque l'armure est complète, les combats commencent avec un entrain véritablement chevaleresque. Pendant que les mâles se disputent l'avantage de pouvoir trouver des compagnes, celles-ci, réunies en troupes assez nombreuses, assistent aux tournois dont elles doivent être la récompense, et excitent par de petits cris l'ardeur des batailleurs. Quand l'un d'eux est vaincu, il prend la fuite pour cacher la honte de sa défaite ; il suffit alors qu'il rencontre dans sa course une femelle dont les cris semblent lui jeter un défi ironique, pour qu'il revienne sur ses pas et recommence, avec une énergie nouvelle et presque sauvage, un combat dont la conséquence sera encore souvent un second revers. Ces combats individuels se continuent pendant plusieurs semaines, et ils sont suivis et entremêlés de batailles rangées, dans lesquelles un certain nombre de combattants s'unissent pour attaquer une troupe d'adversaires plus heureux qu'eux dans les luttes particulières. Ces batailles ont lieu assez régulièrement, un peu comme les exercices du camp de Châlons, le matin et le soir ; ce sont les deux moments de la journée les plus favorables, où les troupes peuvent se livrer à des évolutions longues et pénibles. Les bécasseaux combattants s'avancent donc en colonne serrée,

les uns contre les autres, chacun développant sa collerette, son armure, le plus possible, afin d'en dérouler
toutes les nuances brillantes aux regards des femelles, et
pour présenter un bouclier plus étendu aux coups de son
adversaire. Quand la lutte commence, chaque combattant
tend la tête en avant pour que son bec blesse ou tienne
à distance son congénère ; et pour effrayer encore davantage son compétiteur, il dresse les plumes de sa tête
en forme de huppe, développe ses yeux outre mesure,
et se donne la physionomie d'un chef de tribu sauvage.
Après des passes et des contre-passes, selon les règles
d'une véritable stratégie, la mêlée générale finit toujours par la retraite de l'un des deux bataillons qui
laisse sur le champ de combat plusieurs estropiés. Quand
le nombre de ces derniers est devenu assez considérable,
l'équilibre se rétablit entre les sexes, et alors les hymens
se contractent, pendant que les vaincus promènent leurs
regrets et leur honte sur les rivages solitaires. Les détails
que je viens de donner suffisent surabondamment pour
justifier les épithètes *pugnax*, « combattant, » données à ce
bécasseau, et semblent indiquer la véritable étymologie
du mot *tringa*. Dans le dictionnaire d'Alexandre, on
trouve TRYNGAS, nom d'un oiseau, « le vanneau peut-
être ? » Or ce mot paraît avoir une analogie très-grande
avec THRIGOS et THRINKOS « chaperon, mantelet de rempart » et THRINKOÔ « entourer d'une fortification. » Dès
lors le mot *tringa*, employé d'abord pour désigner d'une
manière spéciale le combattant, indiquerait que ce combattant porte dans les combats une espèce de mantelet,
de rempart, qu'il est entouré d'une apparence de fortification, de blindage, et signifierait en quelque sorte « *le
blindé, le cuirassé.* » Accepté dans ce sens, le mot *tringa*
exprimerait une idée très-caractéristique et très-vraie.
Après le temps de la nidification, le combattant conserve
un peu de son humeur guerroyante ; et cette humeur est
partagée par les femelles, et pour quelques vers, pour

quelques insectes, pour la possession d'une partie de plage
ou d'une flaque d'eau, des combats se multiplient et deviennent même sérieux, surtout s'il y a des spectateurs
dont la présence excite l'amour-propre des adversaires.
*Tringa* alors ne serait-il pas un mot dérivé de *trico*, verbe
de basse latinité signifiant « chicaner, quereller ? » Quelques auteurs ont donné à cet échassier une épithète qui,
sous une autre forme, représente la même idée : ils le
nomment *philomacus*, de PHILÉÔ, « j'aime, » et MACHÉ
« combat. »

Le combattant ne conserve sa collerette, sur laquelle se
dessinent les figures et les couleurs les plus variées, que
pendant trois à quatre mois de l'année ; quand la saison
de la nidification est passée, le mâle revêt un plumage
peu brillant et semblable à celui de la femelle. C'est peut-
être à cause de ce changement complet de plumage, que
l'on attribue aux femelles l'humeur guerroyante des mâles,
car les deux sexes ne peuvent plus être distingués. C'est
encore cette modification profonde dans la livrée du combattant, qui a donné lieu à beaucoup d'erreurs et à des
distinctions d'espèces qui n'existaient pas. Ce bécasseau
traverse chaque année notre département, et quelques
couples ont niché dans les marais de l'Authion, près
Beaufort. Peut-être étaient-ce des estropiés qui, après les
combats dans lesquels ils avaient été blessés, s'étaient
vus condamnés à ne pas suivre leurs congénères dans
leurs longues migrations.

La femelle dépose sur quelques débris de joncs ou
d'herbes, dans les terrains marécageux, quatre ou cinq
œufs ventrus ou un peu piriformes, d'un gris verdâtre ou
jaunâtre ; ils sont parsemés de taches d'un brun variant
du roux au noir ; les dimensions et les nuances de ces
œufs sont très-différentes. Le grand diamètre est de
$0^m.040$ à $0^m.044$, et le petit, de $0^m,030$ à $0^m,033$. Le bécasseau combattant se laisse approcher très-facilement, et
souvent il ne part, comme la bécassine sourde, que sous

les pieds du chasseur. Il aime à se tenir appuyé sur un tarse, et quand il veut changer de place, il s'avance en sautant à cloche-pied. Sur les rivages des mers, les marins lui ont donné le nom de *paon de mer*, expression qui est peu exacte, car la collerette seule de ce bécasseau est revêtue de couleurs brillantes pendant quelques mois de l'année, et jamais sa queue ne porte les ornements de l'oiseau consacré à Junon. Cette expression ne pourrait se justifier que dans le sens *d'orgueilleux*, et sous ce rapport elle aurait une grande vérité. Grâce au concours intelligent et persévérant de M. Deloche, habile conservateur du musée, le cabinet ornithologique d'Angers renferme une des plus belles et des plus riches collections de combattants en livrée de noces. Elle se compose de trente sujets, dont les armures sont entièrement différentes, et qui varient du noir au blanc et du gris au rouge.

------

## CHEVALIER ARLEQUIN. — Totanus fuscus.

En commençant à expliquer les noms des oiseaux groupés sous la dénomination de *chevalier*, je me trouve en face de nouvelles difficultés étymologiques, dont la solution, si elle peut être plausible, ne sera pas sans intérêt et servira à combattre un certain nombre de croyances erronées. Le principal caractère qui sépare les chevaliers des bécasseaux proprement dits, est la solidité de leur bec, qui leur permet de vivre et de chercher leur nourriture dans les terrains secs. La nourriture de ces oiseaux varie selon les espèces; ils vivent de vers, d'insectes, de frai de poisson, de mollusques, de petits crustacés, quelquefois de poissons et même d'algues. Leur vue est très-perçante, ils aperçoivent à des distances considérables les plus petits insectes; ils manifestent une pa-

tience soutenue pour attendre leurs victimes. Leurs tarses
très-élevés constituent leur deuxième caractère distinctif
et leur permettent de s'avancer dans l'eau à une certaine
profondeur; puis, quand ils ont capturé quelque proie,
ils annoncent leur succès par un mouvement de queue et
par un petit cri de satisfaction qui attire leurs congénères
et les engage à venir partager leur découverte.

C'est à ce dernier caractère, c'est-à-dire à la hauteur
de leurs tarses, que ces oiseaux doivent leur nom, ainsi
qu'à leur allure libre, dégagée, et à leur course rapide.
Voici le texte de Belon : « Les Français voyant un oysillon haut encruché dessus ses jambes quasi comme
étant à cheval, l'on nommé *chevalier*. Il est très-bien muny
de bonnes plumes qui est cause qu'il a moindre charnure
qu'il ne paraît. Cette petite corpulence montée sur si
hautes échasses, chemine gaiment et court moult légèrement. » (Livre IV, page 207.) *Chevalier* est donc synonyme
de *cavalier*, et *cavalier* dérive ainsi que CABALLÈS, « cheval, »
du latin *caballus*, qui lui-même se lie au sanscrit
*tchpaala*, signifiant « rapide. » Dès lors, le mot *chevalier*,
employé pour désigner les oiseaux qui nous occupent,
est une expression très-juste rappelant l'idée et de leurs
longs tarses qui paraissent donner à ces échassiers la
hauteur d'un cavalier assis sur son cheval, et en même
temps l'idée de leur course aussi rapide que celle des
chevaux.

Pourquoi a-t-on donné à la première espèce de *chevalier*
le surnom d'*arlequin?* Avant d'entrer dans la discussion
de l'étymologie de ce nom, je dois dire que le chevalier
qu'il désigne est déterminé dans la langue latine par l'adjectif *fuscus*, signifiant « brun, noirci, » et servant à faire
connaître les nuances du plumage de cet échassier. La
racine du mot *arlequin* devra donc, probablement, renfermer quelque analogie avec cette idée de « brun, de
noirci par le feu. » D'après Ménage, *arlequin* dérive de
l'italien *arlechino*. Cet auteur pense que les comédiens ita-

liens étant venus en France, sous Henri III, et l'un d'eux
ayant visité M. Harlay de Chauvalon, fut appelé *harle-
quino*, d'après l'usage qui donne le nom des maîtres aux
valets. Je laisse bien volontiers à Ménage le bénéfice d'une
pareille étymologie, et, pour ne pas trop m'exposer à de
nouveaux avertissements, je préviens mes lecteurs que je ·
ne la leur donne que *sous toutes réserves*. Quant à l'étymologie qui suit, je la salue de tout cœur! qu'elle soit la
bienvenue ! D'après Génin , « *hellequin, herlequin, arlequin*
n'est autre que l'*alichino* de l'Enfer du Dante, ou le *diable*,
diable assez connu pour devenir un personnage de
théâtre. » (*Variations du langage français*, p. 460 et suiv.)

L'opinion de Génin vient se fortifier encore de l'autorité de A. de Chevalet. Voici ce que je lis dans l'*Origine
et la formation de la langue française* (2ᵉ édit., t. I, p. 405).
« Hellequin , fantôme fameux au moyen âge. Il passait
pour un démon malfaisant, conduisant à sa suite une
légion d'autres démons que l'on appelait la *mesnie Hellequin*, la *famille de Hellequin*. Hellequin signifie étymo-
logiquement *fils de l'enfer*, du tudesque *helle, hella, hello*,
« enfer, » et de *kind, kint*, « fils, enfant. »

Dans le nouveau *Recueil des Contes*, etc., publié par
M. Jubinal (tom. I, pag. 284), on lit cette piquante description de l'avocat :

> « Avocats portent grand dommage,
> Pourquoi mettent leur âme en gage
> Lor langue est pleine de venin :
> C'est la mesnie *Hellekin*.
>
> Avec eux portaient deux bières
> Où il avait gens trop avable
> Pour chanter la chanson au diable;
> Il i avoit un grand jaiant
> Qui alors trop forment braïant,
> Vestu de ert et de bon boissequin ;
> Je crois que c'estoit *Hellequin*,
> Et tuit li autre sa *maisnie*
> Qui le suivent toute enraigie. »

(*Roman de Fauvel*, cité par M. P. Paris dans les *Mémoires de la
bibliothèque du roi* , t. I , p. 325.)

« On appelait *milites hellequinii* la mesnie d'Hellequin ; » mesnie, en vieux français, signifie famille. Le cimetière d'Arles, où furent enterrés des martyrs et où se livra un grand combat, était considéré au moyen âge comme étant très-souvent visité par la mesnie d'Hellequin ; les tombeaux s'ouvraient, la terre se soulevait, etc. Ces lieux étaient censés visités et bouleversés par des *hellequins* ou par des *diables*.

Pierre de Blois compare certains ecclésiastiques vanieux aux fantômes de la mesnie hellequin, ombres formées de vent et d'un peu de nocturne vapeur. (*Opp.*, 22, col. 2.)

Le mot *mesnie* dérive du vieux latin *mansionata*, formé de *mansio*, « maison. »

« Et sur ce, je supplie Notre-Seigneur de vous donner et à vostre *mesnie* toute consolation. » (*Marg.*, Lettre 129.)

Il me paraît suffisamment démontré, par les citations précédentes, qu'il serait inutile de multiplier encore, que les expressions *arlequin*, *hellequin* ont la même signification et que toutes les deux elles représentent des *diables*, des fils de *diables*. Il me reste à dire pourquoi le chevalier dont je rédige la notice, a été surnommé *arlequin* ou *hellequin*, et quel trait de ressemblance peut exister entre cet échassier et le diable et la mesnie du diable.

Toutes les espèces de chevaliers émigrent en troupes considérables, soit qu'ils quittent leurs plages de prédilection pour aller visiter des climats plus doux pendant les rigueurs de l'hiver, soit qu'ils retournent dans les contrées où doivent au printemps se contracter leurs hymens. Chaque espèce forme une bande à part, et semble obéir à un chef.

Quand, pendant les nuits sombres, plusieurs de ces bandes, composées de milliers d'individus, viennent à se rencontrer, il en résulte une mêlée épouvantable, dans laquelle tous les rangs sont rompus et les espèces confondues. Pour pouvoir retrouver ses congénères et rentrer dans son bataillon respectif, chaque chevalier pousse des cris qui vont toujours *crescendo* et constituent un véritable charivari infernal ; on dirait toute la mesnie d'Hellequin se livrant à la rage d'un combat d'enfer. Dans le mois de février 1857, une de ces mêlées eut lieu, pendant la nuit, au-dessus de la ville d'Angers, et plusieurs personnes furent réveillées en sursaut et crurent à une émeute dont les clameurs confuses allaient se perdre dans les airs. M. le docteur Dumont vint le lendemain me demander quelques renseignements sur le vacarme aérien dont il n'avait pu connaître la cause. Plusieurs chevaliers blessés et recueillis dans les prairies et dans les marais de la Baumette furent apportés à M. Deloche, conservateur du Musée ; ils prouvaient que le choc entre les différentes troupes de chevaliers avait été terrible, et qu'ils s'étaient frappés d'*estoc* et de *taille*. Ces luttes aériennes sont connues dans tout le pays, depuis bien des siècles, et ont donné lieu à beaucoup de légendes ; aussi est-ce à tort que le vénérable M. Millet, dans sa Faune, semble attribuer ces croyances seulement aux personnes crédules de l'Anjou ; voici ce passage (tom. II, pag. 299) : « C'est dans ce cri répété par chaque individu de ces différentes troupes, que les *personnes crédules de l'Anjou* ont cru reconnaître une chasse toute particulière qui s'effectue dans les airs et à laquelle ils ont donné le nom de *Chasse Hennequin*, en lui attribuant des choses aussi merveilleuses qu'absurdes, mais surtout pour certaines espèces dont la voix forte et éclatante, en imitant, quoique imparfaitement, l'aboiement du chien, ne leur laisse aucun doute sur leur croyance. » Une espèce de chevalier, que nous étudierons plus tard, est surnommée l'*aboyeur*, dès lors sa voix a pu, dans cette circonstance, être considérée comme celle des chiens de la mesnie du diable. Il me paraît donc assez naturel que, puisque la croyance populaire attribuait la lutte que je viens de décrire à la famille Hellequin, les naturalistes se servissent de ce nom

ur désigner un des principaux auteurs de ce vacarme
'ernal, et qu'ils nommassent *arlequin* ou *hellequin* le pre-
er membre du groupe des chevaliers ; ce nom lui con-
nait d'autant mieux que c'est le chevalier dont le plu-
ige est le plus sombre et même d'un brun enfumé, sur-
it lorsqu'il est revêtu de sa livrée d'été.

Le *Magasin pittoresque* (année 1853, page 252) a raconté,
us le titre de *Traditions des Vosges*, une légende sur la
*esnie d'Hellequin*, regardée dans le pays comme étant le
ésage de grands malheurs.

Pour compléter ma tâche étymologique, en ce qui con-
rne le chevalier arlequin, il me faudrait indiquer la
cine du mot *totanus*, sous lequel il est désigné dans la
ngue des savants. Cette racine, quelle est-elle? Je
gnore et je ne puis formuler à ce sujet que de simples
pothèses. Dans tous les glossaires de haute et de basse
linité, on lit : « *totanus*, nom latin du chevalier. » Cette
ponse est loin d'être satisfaisante. Je pense que *totanus*,
récente latinité, a été formé de l'italien *totano*, mot qui
rt à désigner dans cette langue les oiseaux d'eau. Cette
rnière expression serait-elle dérivée par corruption de
*sto*, signifiant « vite, prompt, rapide, » et ayant alors le
ème sens que *chevalier*?

La terminaison du mot *totanus* semblerait indiquer l'ha-
tat, et dès lors cette expression, comme beaucoup de
lles qui sont employées pour caractériser les oiseaux,
ppellerait la localité où les chevaliers ont été étudiés,
u bien celle où on les trouve en grand nombre. Or,
otana étant une ville d'Espagne de la province de Murcie,
expression *totanus* semblerait indiquer que les chevaliers
nt assez multipliés dans cette contrée.

Je laisse à d'autres la solution de ce problème, et je ter-
ine par quelques détails sur les mœurs et sur la nidi-
cation du chevalier arlequin. Cet échassier, comme tous
es congénères, paraît toujours inquiet quand il parcourt
es rivages de la mer ou les bords des cours d'eau; il

s'arrête à la moindre apparence de danger, et, comme le célèbre chevalier espagnol, il n'est brave que quand il n'y a pas de péril. Lorsque, sous l'impression de la crainte, il se dispose à prendre son vol, il s'y prépare par un mouvement saccadé et successif, et imprime à tout son corps un balancement en avant et en arrière.

Afin de n'être point surpris par ses ennemis, le chevalier arlequin confie à des sentinelles vigilantes le soin d'avertir ses congénères de l'approche du danger. Cette fonction est remplie avec une très-grande exactitude ; dès qu'il y a même une simple apparence de péril, un cri très-accentué se fait entendre, et toute la troupe cherche son salut dans une fuite précipitée, en rasant la surface du sol ou de l'eau, et en s'élevant ensuite, avec la rapidité d'un éclair, pour disparaître dans les airs.

Le chevalier arlequin vit d'insectes aquatiques, de petits limaçons, etc. Il paraît se complaire à marcher et à courir dans l'eau, en s'y plongeant jusqu'au ventre. Il peut facilement être réduit en captivité, et, dans les jardins, il capture avec une grande adresse toute espèce de vers et d'insectes. Sa chair est très-appréciée des gastronomes.

Le chevalier arlequin se reproduit dans les vastes marécages du nord de l'Europe. La femelle pond de trois à cinq œufs. M. Gerbe, dans sa savante *Ornithologie européenne*, où il s'est plu avec tant de soin et d'exactitude à décrire les œufs de tous les oiseaux et à indiquer les dimensions et les nuances de leur coquille, avoue que les œufs du chevalier arlequin lui sont inconnus.

Plus heureux que M. Gerbe, j'ai reçu une vingtaine de ces œufs, dans les différents envois qui m'ont été faits par des naturalistes allemands, et je puis dès lors combler cette lacune.

La couleur de la coquille est d'un jaune olivâtre plus ou moins foncé et souvent un peu verdâtre ; elle est parsemée dans toute sa superficie de taches d'un brun roux ou noirâtre; les unes sont d'une nuance très-prononcée; les autres, d'une nuance beaucoup plus pâle, paraissent être, en quelque sorte, une seconde couche de la couleur de la coquille, couche plus accentuée que la première. Ces œufs sont piriformes; leur grand diamètre varie de $0^m,042$ à $0^m,045$, et le petit, de $0^m,030$ à $0^m,032$.

## CHEVALIER GAMBETTE. — Totanus calidris.

L'ensemble des mœurs des chevaliers ayant été décrit précédemment, je me bornerai, dans les notices consacrées à chaque espèce, à relater les détails particuliers qui s'harmonisent avec les dénominations servant à représenter ces oiseaux.

L'expression vulgaire *gambette* dérive d'un vieux mot français signifiant *jambes*, et indique que cet échassier, selon la naïve remarque de Belon, « est un *oysillon haut encruché dessus ses iambes.* » Quant à l'adjectif *calidris*, le même auteur ajoute en parlant du chevalier gambette : « Il est blanc par dessous le ventre, cendré par la teste et par dessus le col, griculé dessous les œlles et la queuë. Ceste est la raison pourquoy il nous a semblé que c'est luy qu'Aristote a nommé *calidris*, car au troisième chapitre du huitiesme livre des Animaux, il dit : Quin etiam *calidris* cui cinereus color distinctus variè. » (Belon, liv. IV, pag. 207.) Cet auteur se trompe; le chevalier gambette est différent du chevalier gris. L'épithète *calidris* dérive du grec CHALIX « petite pierre, petit caillou, » et indique que le chevalier auquel elle est donnée fréquente les sables des rivages plus souvent que ne le font la plupart de ses congénères.

D'un caractère peu farouche, le gambette aime la société de ses semblables, et il ne trouve jamais une nourriture un peu abondante sans inviter par un cri très-accentué ses congénères à venir s'associer à son festin. L'invitation est toujours acceptée, et l'on voit le nombre des convives s'augmenter rapidement, sans qu'il y ait des luttes, comme parmi beaucoup d'autres espèces d'oiseaux. Le chevalier gambette préfère les eaux salées aux cours des fleuves, préférence que vient encore justifier sa dénomination *calidris*, car les flots de la mer se déroulent ordinairement sur d'immenses plages de sable et de gravier.

Cet échassier niche dans les prairies marécageuses. Ses œufs, au nombre de quatre ou de cinq, sont ventrus. Leur couleur, d'un roux clair et d'un jaune verdâtre, est parsemée de taches noirâtres ou brunes plus ou moins foncées. Le grand diamètre est de 0$^m$,047 à 0$^m$,049, et le petit, de 0$^m$,031 à 0$^m$,033.

Une des habitudes du chevalier gambette, qu'il partage du reste avec un grand nombre d'oiseaux d'eau, est de boire souvent, d'aimer à se baigner et surtout à se laver très-fréquemment les pieds et les *jambes*. Le soin de propreté est, pour le gambette comme pour ses congénères, un moyen puissant de conserver son agilité ; il débarrasse ainsi ses pieds et ses tarses de la vase et de tout ce qui pourrait entraver sa course, en rendant ses *jambes* plus pesantes.

---

## CHEVALIER CUL-BLANC. — Totanus ochropus.

Le nom vulgaire donné à ce chevalier se justifie par les nuances des plumes de sa queue. Celle-ci est coupée carrément et marquée de trois ou quatre bandes transversales, noirâtres, sur ses pennes intermédiaires. Ces bandes diminuent en nombre et en largeur jusqu'à la penne la plus externe qui se trouve souvent toute blanche. Quant à l'adjectif *ochropus*, il indique d'une manière peu exacte la couleur des pieds de cet échassier. Il est composé de OCHROS « pâle, jaune pâle, » et POUS « pied ; » cependant la véritable couleur des pieds de ce chevalier est d'un *cendré verdâtre*. Le cul-blanc est très-répandu dans notre département ; il vit isolé ou par petites troupes de deux à trois individus. On le rencontre sur le bord des marais, des fossés, des étangs entourés de bois. Il est très-défiant, et s'envole dès qu'il aperçoit au loin le moindre danger. Il jette alors un petit cri très-aigu, et décrit, en s'élevant dans les airs, des zigzags accompagnés, pendant quelque temps, de ces mêmes cris qui se rapprochent de ceux de l'hirondelle. Je l'ai vu souvent plonger dans les marais, pour saisir les petits vermisseaux, en élevant les ailes au-dessus de l'eau et en les agitant avec un frémissement accompagné de cris de satisfaction.

Plusieurs savants allemands ont constaté que cette espèce niche dans les vieux nids de merle, etc. Malgré cette autorité, il est généralement admis que le cul-blanc dépose ses œufs à terre, au milieu des herbes touffues, ou sous un épais buisson au bord de l'eau, ou enfin parmi les pierres ou sur le sable des rivages solitaires.

Ce nid est parfaitement dissimulé, car il a échappé jusqu'à ce moment-ci aux recherches des ornithologistes angevins ; et cependant le chevalier cul-blanc niche en Anjou ; on y rencontre de temps en temps, vers la fin de juin, des couvées qui accompagnent leurs parents, surtout le matin et le soir. Dès qu'un ennemi apparaît au loin, le père ou la mère de la jeune famille pousse un cri très-aigu, et alors tous les petits se tapissent parmi les pierres, les sables ou les herbes, pendant que les chevaliers volant au-dessus de la tête de l'ennemi, cherchent à l'étourdir et à le fatiguer par leurs cris. Les œufs au nombre de trois à cinq, sont piriformes, d'un gris roussâtre parsemé de petits points roux ou brunâtres. Quelquefois des taches brunes ou noirâtres se réunissent pour former une espèce de calotte.

Le grand diamètre est de 0<sup>m</sup>,036 à 0<sup>m</sup>,038, et le petit, de 0<sup>m</sup>,026 à 0<sup>m</sup>,028. Dans quelques contrées la chair de ce chevalier est assez estimée ; cependant en général on la recherche peu, à cause de l'odeur forte dont elle est imprégnée.

---

## CHEVALIER PERLÉ. — Totanus macularia.

Cette espèce appartient à l'Amérique septentrionale ; ce n'est donc que par accident qu'elle manifeste sa présence en Europe. Toutefois quelques naturalistes affirment qu'elle se reproduit en Italie sur les rives du Pô. Plusieurs ornithologistes angevins ayant constaté le passage du chevalier perlé dans notre département, je lui concède volontiers le droit de cité.

Les adjectifs *perlé* et *macularia* représentent la même idée : ils indiquent que le plumage de cet oiseau est couvert de toutes parts de taches symétriques ; le mot *grivelé*, sous lequel il est désigné assez souvent, rend la même pensée, d'une manière encore plus sensible. Ce chevalier n'offre aucune habitude particulière dans l'ensemble de ses mœurs ; il niche dans les terrains marécageux de l'Amérique du Nord. Ses œufs, au nombre de trois à cinq, sont jaunâtres et même quelquefois un peu verdâtres, striés de points et de taches variant du cendré au noir.

Le grand diamètre est de 0^m,032 à 0^m,034, et le petit, de 0^m,022 à 0^m,024.

## CHEVALIER GUIGNETTE. — Totanus hypoleucos.

Le Guignette est le plus petit de tous les chevaliers qui visitent notre département. Il se plaît à parcourir le bord des grèves de la Loire, et à capturer dans sa course rapide les insectes et les vermisseaux qui se trouvent dans le limon déposé sur le sable par les flots du fleuve. Quand il s'envole, et surtout le soir, il fait entendre un cri plaintif et répété. Il balance sa queue comme le font les bergeronnettes, et lorsqu'il est blessé, il plonge très-bien pour échapper au chasseur et au chien qui le poursuivent. Le chevalier guignette est d'une grande défiance ; il ne peut être approché que par surprise. Bien des fois, dans ma jeunesse, je l'ai chassé, et je n'ai pu le tirer qu'en dissimulant, avec beaucoup de soin, ma présence. Pendant l'automne, il est très-gras, et sa chair est délicate. Chaque année, le chevalier guignette se reproduit en assez grand nombre dans notre département ; dès le mois d'août, on rencontre, sur les grèves de la Loire et le long des petits cours d'eau, des troupes de guignettes, composées du père, de la mère et de leur jeune famille. Mais jusqu'à ce moment-ci aucun naturaliste n'a pu, à ma connaissance, découvrir un nid de ce chevalier. Souvent j'ai passé des journées entières à surveiller les courses des guignettes au moment de la nidification, sans avoir pu obtenir aucun résultat favorable. Je voyais le père et la mère aller, revenir sans cesse, pénétrer dans des monceaux de pierres sur les bords des ruisseaux, s'enfoncer d'un air inquiet dans des touffes d'herbes protégées par des arbrisseaux plantés au-dessus du cours de l'eau ; je m'avançais en silence, je cherchais avec un soin minutieux, et je ne découvrais rien. Le père et la mère semblaient me surveiller, épiaient toutes mes démarches, et, par les mouvements plus répétés de leur queue, m'indiquaient leur inquiétude et la proximité du berceau de leur jeune famille ; et cependant mes efforts étaient vains. Une seule fois j'ai trouvé, à un mètre au-dessus d'un ruisseau, une coupe aplatie reposant sur les racines d'un arbrisseau touffu, dont les branches, en retombant, protégeaient ce nid et lui servaient de marquise. Ce nid était formé de quelques débris d'herbes et de plantes marécageuses, et par sa forme ne ressemblait à aucun de ceux que j'avais trouvés. La présence de deux guignettes, que je surveillais depuis longtemps, et dont la course inquiète m'avait attiré dans cette espèce de lagune, me fit croire que ce nid était le fruit de leur travail. La femelle pond quatre ou cinq œufs un peu piriformes, d'un jaune sale clair, strié de points, de taches variant du rouge brun au gris cendré et au brun noir. Le grand diamètre est de 0$^m$,034 à 0$^m$,036, et le petit, de 0$^m$,024 à 0$^m$,026. Après la nidification, chaque couvée forme une petite société jusqu'au printemps suivant.

L'épithète *hypoleucos* est formée de deux mots grecs, hypo « en dessous, » et leukos « blanc, » et indique que le dessous de l'aile est blanc, caractère que l'on constate facilement lorsque ce chevalier s'envole. Quant à la dénomination vulgaire, elle m'a paru aussi difficile à expliquer que le nid de ce chevalier à trouver dans notre département. J'avais même renoncé à ce rude labeur, lorsqu'une circonstance heureuse est venue à mon aide. Plusieurs ouvrages d'ornithologie constatant que le che-

valier *guignette* se reproduit en grand nombre dans le
marais de *Guignes*, près Calais, il m'a semblé que je pouvais trouver dans cet habitat les principes de la dénomination donnée à cet échassier. En Suisse, il est appelé
*Sifflasson*, à cause de son cri quelquefois modulé, mais qui
le plus souvent ressemble à un gémissement aigu.

Peut-être serait-il plus naturel de faire dériver le nom
de cet oiseau, du verbe *guigner* signifiant « regarder
en fermant les yeux à demi, observer d'une manière
défiante et dissimulée. » Pris dans son acception ordinaire, le verbe *guigner* représenterait très-exactement
l'habitude caractéristique du chevalier qu'il détermine.

---

## CHEVALIER ABOYEUR. — Totanus glottis.

Ce chevalier domine tous ses congénères par les dimensions de sa taille et surtout par sa voix formidable, dont
le son imite assez bien l'aboiement d'un petit chien. C'est
même cette particularité très-remarquable qui a pu justifier, jusqu'à un certain point, les croyances erronées se
rattachant à la *chasse hellequin ;* car, dans ces luttes
aériennes, les chevaliers aboyeurs semblaient remplacer
les chiens dans la mesnie ou la famille des diables. L'expression *glottis* représente la même idée et dérive de
glôttis, dont la racine, glôtta ou glôssa, signifie « idiome,
langue, » et d'où a été formé glôssos « bavard, babillard. »
Ce chevalier, d'un naturel très-sauvage, vit et se reproduit dans le nord de l'Europe et de l'Asie ; il se nourrit
d'insectes, de vers, de petites coquilles et même de poissons qui nagent à la surface de l'eau. La femelle pond,
dans les terrains marécageux, quatre ou cinq œufs, un
peu allongés, et dont la couleur varie du jaune assez
foncé au gris et au verdâtre ; ils sont parsemés de taches
rousses ou d'un brun noir. Le grand diamètre est de

0<sup>m</sup>,050 à 0<sup>m</sup>,052, et le petit, de 0<sup>m</sup>,032 à 0<sup>m</sup>,034. Le chevalier aboyeur se livre à de longues migrations en visitant
les différentes contrées de l'Europe et de l'Asie.

## CHEVALIER SYLVAIN. — Totanus glareola.

Ce chevalier, que j'ai inscrit dans la Faune de Maine-
et-Loire, est souvent confondu avec le chevalier cul-blanc,
dont il diffère par une taille un peu plus petite, par la
teinte plus foncée des parties supérieures de son corps,
par la base de la queue, et enfin par les sus-caudales qui
ne sont pas blanches. Les deux épithètes qui servent à le
désigner indiquent quelles sont les habitudes caractéristiques de cet oiseau. L'adjectif *sylvain*, dérivé de *sylva*,
« bois, forêt, » fait connaître que cet échassier parcourt
les bois, les bruyères, pour y capturer des insectes, des
vermisseaux. C'est pour cette raison qu'il est appelé vulgairement *chevalier des bois*. De plus, contrairement aux
habitudes de ses congénères, il niche quelquefois dans les
bruyères et même dans les arbres des forêts, dans de
vieux nids abandonnés. Le plus souvent la femelle dépose dans les marais, sur une couche formée de quelques
herbes aquatiques, quatre ou cinq œufs piriformes et un
peu ventrus. La coquille, d'un jaune verdâtre ou roux,
est parsemée de taches et de points variant du roux foncé
au brun noir. Le grand diamètre est de 0<sup>m</sup>,036 à 0<sup>m</sup>,038,
et le petit, de 0<sup>m</sup>,028 à 0<sup>m</sup>,030. Ces œufs offrent de nombreuses et belles variétés. Le deuxième adjectif *glareola*,
formé de *glarea*, « gravier, gros sable, » indique que le chevalier sylvain ne se tient pas seulement dans les forêts et les
bruyères, mais qu'il parcourt aussi, et même le plus souvent, les rives des fleuves et les sables de la mer. Ce chevalier court avec une grande rapidité et avec une grande
élégance; il vit ordinairement en petites troupes, dont

tous les individus s'envolent en même temps, lorsqu'un danger se présente, et vont se reposer plus loin sans se séparer dans cette remise. Pendant leur vol, ils font entendre un petit cri ressemblant à un coup de sifflet modulé et agréable qui leur a fait donner par les chasseurs le nom vulgaire, *Ramage*. Dans quelques traités d'ornithologie, ce chevalier est désigné sous le nom de *sylvestris*, « de forêt, » et *palustris*, « de marais, » expressions qui représentent presque les mêmes idées que les mots *sylvain* et *glareola*.

---

## TOURNE-PIERRE A COLLIER. — Strepsilas collaris.

Pour terminer la longue série de la famille des Longirostres, il ne me reste plus qu'à étudier deux échassiers qui forment deux Genres assez différents entre eux, et qui se distinguent facilement du groupe précédent. Le premier est le *tourne-pierre à collier;* les dénominations vulgaires et savantes données à cet oiseau représentent, d'une manière très-caractéristique, ses habitudes. *Strepsilas* dérive de strepsis, « action de tourner, » dont la racine est stréphô, « tourner, » et las poétique pour laas, « pierre, rocher; » *collaris* signifie « collier d'attache. » Le *tourne-pierre* court avec une très-grande rapidité, et retourne avec une adresse remarquable les pierres, les galets qu'il rencontre sur son passage. Pour remuer, retourner ces pierres et ces galets, il se sert de la partie plane et retroussée de son bec qui fait l'effet d'un levier naturel. Sous les pierres assez grosses qu'il renverse avec une excessive habileté, il découvre et saisit des vers, des insectes et une grande quantité de petites coquilles bivalves. C'est à cette habitude que l'on doit attribuer non-seulement ses dénominations ordinaires, mais aussi l'épithète *interpres*, épithète beaucoup trop philosophique pour être comprise facilement. Le mot *interpres* signifie *interprète*, « qui traduit, » et dans un sens plus relevé, *celui qui découvre des choses obscures, inconnues, cachées à* l'intelligence des autres. C'est ainsi que, dans la langue latine, l'astronome qui suit dans les cieux la marche des astres échappant aux regards du vulgaire, qui découvre des planètes nouvelles, est appelé *interpres cœli*, « l'interprète du ciel. » Je suis, toutefois, porté à croire que l'épithète *interpres*, donnée au tourne-pierre, doit être prise dans un sens moins relevé, et qu'elle signifie seulement « l'oiseau qui découvre, qui manifeste une nourriture cachée aux regards des autres oiseaux. »

Le tourne-pierre, comme presque tous les échassiers, habite communément les contrées du Nord, dont les immenses plages maritimes lui offrent un vaste champ de bataille et des ressources sans cesse renouvelées par le mouvement des flots de la mer. Il émigre vers les régions tempérées, pendant les froids rigoureux de l'hiver. Chaque année, il manifeste son passage en Anjou. Cet oiseau est d'un caractère doux et familier ; il se prive facilement, et pourrait rendre de grands services dans les jardins, en poursuivant les insectes qui se cachent sous les pierres.

La femelle pond sur le sable, dans un petit creux qu'elle prépare parmi les gros graviers, trois ou quatre œufs presque ronds, d'un gris verdâtre ou jaunâtre, striés de points et de taches d'un gris plus foncé ou presque noir. Quelquefois on remarque des traits qui se développent en zigzag, entre les taches. Le grand diamètre de ces œufs est de 0<sup>m</sup>,040 à 0<sup>m</sup>,042, et le petit, de 0<sup>m</sup>,030 à 0<sup>m</sup>,032.

---

## L'ECHASSE A MANTEAU NOIR. — Himantopus
### MELANOPTERUS.

Les noms vulgaires de l'échasse se comprennent facilement ; ils indiquent que les tarses de cet oiseau sont très-élevés. Les expressions scientifiques représentent les mêmes idées. *Himantopus* est formé de HIMAS, HIMANTÔS, « lanière, » et POUS, PODOS, « pied, » et signifie « oiseau dont les pieds semblent liés avec des lanières, » comme les échasses le sont aux jambes de ceux qui s'en servent. *Melanopterus* est composé de MÉLAS, MÉLANOS, « noir, » et de PTÉRON, « aile. » Les ailes de l'échasse étant d'un noir foncé, le recouvrent par là même d'un *manteau noir*. Les longs tarses de cet oiseau sont d'une telle faiblesse qu'ils ne lui permettent guère que de marcher dans des vases détrempées; sur terre, il est peu *solide sur ses bases*. Si sa marche est un peu chancelante, son vol est très-rapide, et, pour en accélérer encore la rapidité, l'échasse jette en arrière ses longues jambes, suppléant à la queue qui manque presque entièrement; elles font dès lors équilibre au cou et

à la tête. Le bec de l'échasse est très-faible et recourbé vers le milieu, et c'est avec son secours que cet oiseau capture, dans des vases détrempées, les vers, les insectes, les petits mollusques qui constituent sa nourriture. Quand plusieurs de ces échassiers sont réunis, ils se placent sur une même ligne et s'avancent de front et du même pas, afin de pouvoir se livrer à une investigation complète, et s'aider mutuellement pour ne laisser échapper aucune proie.

L'échasse niche ordinairement dans les vastes marais de la Russie et de la Hongrie; mais, chaque année, quelques couples se reproduisent dans les autres contrées de l'Europe. M. Courtiller, fondateur du Musée de Saumur, a reçu une femelle tuée sur son nid dans les marais de la

Dive, et moi-même, à une autre époque, j'ai obtenu des œufs recueillis dans la même localité. Le nid de l'échasse est composé d'herbes et de débris de petits joncs; il renferme trois ou quatre œufs très-gros et un peu piriformes; leur couleur, variant du brun jaunâtre au verdâtre, est parsemée de larges taches d'un gris ou d'un noir foncé et de points de même nuance. Le grand diamètre est de $0^m,045$ à $0^m,047$, et le petit, de $0,032$ à $0^m,034$. Ces œufs offrent de nombreuses variétés. Pendant que la femelle se livre au travail de l'incubation, le mâle reste en sentinelle non loin de la couveuse, et fait entendre un cri accentué à l'apparence du moindre danger. Aussitôt le couple s'envole en répétant un cri prolongé, pour se reposer plus loin en manifestant un vif sentiment de crainte, et tromper ainsi les ennemis en les attirant loin du berceau de la jeune famille. Les échasses nichent souvent en colonies assez nombreuses.

## FAMILLE DES PTÉRODACTYLES.

Dans la Faune de Maine-et-Loire, la quatrième famille des Echassiers est celle des *Ptérodactyles*. Cette famille ne comprend qu'un Genre et une seule espèce.

Le mot *ptérodactyle* est composé de PTÉRON, « aile, » et DACTYLOS, « doigt, » et signifie oiseau à *doigts ailés*. Pour comprendre le sens d'une pareille expression, il suffit d'étudier la forme exceptionnelle des doigts de l'oiseau qui compose cette famille. L'avocette a trois doigts réunis par une membrane échancrée dans le milieu. Le pouce, qui est presque nul, est très-élevé de terre et ne peut servir pour la marche. Le doigt médian est lié aux deux autres par des membranes incomplètes qui font, en quelque sorte, des deux doigts externes deux ailes manœuvrant autour d'un centre.

## AVOCETTE A NUQUE NOIRE. — Avocetta
### recurvirostra.

Quelle est l'étymologie du mot *avocette?* Je commence
cette notice par une question dont je laisse la solution
aux savants. Je n'ai pu entrevoir même imparfaitement
les éléments d'une réponse plausible. M. Littré, dans son
*Dictionnaire*, dit que *avocette* dérive de l'italien *avocetta*. Il
me restait donc à chercher dans les naturalistes italiens
la véritable racine du mot *avocetta*. Or, voici ce que je lis
dans Aldrovande (liv. XIX, pag. 114) : *Avis hæc apud
Italos avocetta vocatur nescio quâ ratione;* « cet oiseau est
appelé en Italie *avocetta*, je sais par quel motif. »

Le savant naturaliste bolonais avouant qu'il ignore la
racine du mot consacré par sa langue maternelle, je
pourrais sans trop d'humilité faire de même et passer
outre. J'ose cependant émettre cette hypothèse : le mot
*avocetta* ne dériverait-il pas du verbe *avocare*, signifiant
*détourner*, et, en s'appliquant à la forme du bec de cet
oiseau, ne se rattacherait-il pas au sens exprimé par l'adjectif *recurvirostra?* Les expressions à *nuque noire* indiquent
que les plumes du sommet et du derrière de la tête de l'avocette sont d'une couleur noire et semblent représenter une
espèce de calotte oblongue, se déroulant depuis le bec

jusqu'à la base du cou de cet échassier. Quant à l'adjectif *recurvirostra*, il indique le caractère distinctif de cet oiseau, et représente la forme de son bec, forme si singulière qu'au premier coup d'œil, on a peine à la comprendre; *recurvirostra* est composé de *recurvum*, « retroussé, » et *rostrum*, « bec. » Le bec de l'avocette est beaucoup plus long que sa tête, très-grêle, flexible, ressemblant à de la baleine, déprimé, sillonné en dessus et en dessous, retroussé et se rétrécissant insensiblement jusqu'à la pointe, qui est très-mince.

Cette conformation du bec de l'échasse démontre qu'elle est destinée à ne se nourrir que d'aliments très-mous et n'offrant aucune résistance. Afin de pouvoir les recueillir plus facilement, les tarses de cet oiseau sont presque tranchants en avant, et séparent ainsi les vases dans lesquelles l'avocette cherche et trouve sa nourriture. La disposition de ses pieds facilite ses courses dans les terres détrempées par les eaux, sans avoir toutefois les inconvénients des pieds entièrement palmés qui rendraient sa marche beaucoup plus pesante, à cause du dépôt de boue qui s'attacherait naturellement sur les membranes reliant les doigts dans toute leur longueur. Enfin l'avocette nage facilement quand la profondeur de la vase est trop considérable pour qu'elle puisse y circuler. Afin de saisir sa proie, l'avocette fauche en quelque sorte la boue avec son bec; lorsque cette proie est très-molle et très-petite, elle l'avale facilement; quand elle est assez grosse pour résister à la faiblesse de son bec, elle la lance en l'air, et la reçoit ensuite dans son bec avec une grande habileté. Souvent on aperçoit l'avocette cherchant sa nourriture au milieu des flocons d'écume de la mer, que la structure de son bec lui permet de sonder dans tous les sens sans aucune résistance. Quoique d'un caractère très-doux et aimant la société de ses congénères, cet oiseau est très-défiant et se laisse difficilement approcher. Cette excessive défiance est le seul moyen qu'ait l'avocette d'échapper au danger. Elle est dépourvue des ressources de la plupart des autres échassiers; son bec est impuissant à la défendre, sa course et.son vol sont peu rapides. Peut-être son nom dériverait-il d'*avo-care, advocare* ; il signifierait alors oiseau qui détourne du danger ses congénères, en les appelant dès qu'un péril même éloigné se présente?

L'avocette est très-commune sur les bords de la mer Noire; là, elle niche par petites colonies, ainsi que dans un grand nombre de contrées de l'Europe. La femelle dépose sur le sable ou dans les herbes deux ou trois œufs très-piriformes, d'un gris clair ou jaunâtre ou même noirâtre. La coquille est parsemée de taches, de traits, de points irréguliers d'une nuance noirâtre représentant plusieurs couches superposées plus ou moins foncées. Le grand diamètre est de 0ᵐ,048 à 0ᵐ,052, et le petit, de 0ᵐ,032 à 0ᵐ,034.

## FAMILLE DES MACRODACTYLES.

L'Ordre des Échassiers se termine par la famille des *Macrodactyles*, renfermant un certain nombre d'espèces qui s'harmonisent bien entre elles. L'expression *macro-dactyles* est formée de MAKROS, « long » et de DACTYLOS, « doigt. » Elle indique que les oiseaux désignés par ce mot sont pourvus de doigts très-longs. Là, nous retrouvons encore une preuve sensible de la Providence divine. Les macrodactyles sont destinés à vivre dans les marais, au milieu des herbes et des joncs, à poursuivre sur les feuilles des plantes aquatiques les insectes de toute espèce qui y pullulent, à les capturer même quand ils circulent sur la surface de l'eau ou quand ils pénètrent dans son sein ; dès lors, Dieu a donné à ces échassiers de très-longs doigts qui leur permettent de courir sur les feuilles et sur les plantes aquatiques en procurant à leurs pieds une base très-large et aussi très-solide. Plus ces oiseaux déplacent, par les grandes dimensions de leurs doigts, une masse considérable d'eau, plus ils peuvent se soutenir facilement à la surface, sans enfoncer. Enfin ceux qui séjournent d'une manière plus continue sur l'eau ont les pieds lobés, ce qui leur permet de nager facilement.

Un des caractères les plus saillants des macrodactyles est de vivre solitaires et de se tenir cachés au milieu des herbes et des roseaux. Dans leur vol, ils ne jettent pas leurs jambes en arrière comme le font la plupart des échassiers; mais ils les laissent tomber perpendiculairement. Le nombre d'œufs que pondent les macrodactyles est généralement beaucoup plus considérable que celui des espèces précédentes.

---

## LE RALE D'EAU. — Rallus aquaticus.

Dans le langage vulgaire, le mot *râle* désigne le bruit que les moribonds font entendre en respirant, et qui est produit par le passage de l'air à travers les mucosités accumulées dans le larynx et dans la trachée-artère. Ce cri, toujours si pénible et si déchirant pour le cœur des parents, des amis entourant le lit d'agonie des personnes qui leur sont chères, a beaucoup de rapport avec le cri fatigant du râle; c'est à lui que cet oiseau doit son nom qui, dès lors, est une onomatopée. Diez, d'après Buffon, y voit le verbe *râler*, à cause du cri de cet oiseau, et Scheler cite, à l'appui de cette opinion, que le râle est dit en provençal *ronfle*, du verbe *ronfla*, « ronfler », et en allemand *wiesenschnarcher*, « le ronfleur des prés. » A la notice du râle de genêt, nous retrouverons un nom très-caractéristique représentant aussi le cri de rappel de cet échassier.

L'adjectif *aquaticus*, « aquatique, » indique que le râle auquel il a été donné, vit principalement sur l'eau, ou près de l'eau. Ce râle, comme ses congénères, a le corps comprimé, la poitrine étroite, les jambes fort musculeuses, un plumage serré et court.

Dieu l'a constitué de manière à pouvoir remplir la mission qui lui a été confiée. Le râle peut séparer avec une grande rapidité les herbes les plus pressées, se glisser entre elles; son sternum comprimé fait en quelque sorte l'office de *coin*, et prépare au reste du corps un passage facile. Les muscles des jambes de cet oiseau lui permettent une course non-seulement rapide, mais encore très-soutenue. C'est à cet avantage que l'on doit l'origine de l'adage populaire : « *Courir comme un râle.* » Craintif et solitaire, le râle d'eau est presque crépusculaire; pendant la journée, il se tient caché dans les herbes des marécages ; ce n'est que le soir qu'il se livre volontiers à des pérégrinations lointaines. Quand il est poursuivi, il court très-longtemps sur les plantes aquatiques avant de prendre son essor; et, avant même de se résoudre à recourir au vol, il grimpe sur les arbustes pour s'y cacher et échapper ainsi aux chiens et aux chasseurs. Le râle d'eau vit

de petits mollusques, de limaçons, de vers, d'insectes et
de graines de plantes aquatiques. Non-seulement cet oiseau visite chaque année notre département, mais il s'y
reproduit. Il niche parmi les joncs et les roseaux, sur des
filaments de plantes desséchées. La femelle pond de six
à dix œufs un peu oblongs, d'un blanc légèrement jaunâtre ou laiteux, quelquefois même d'un verdâtre très-
pâle ; la coquille est parsemée de taches et de points vio-
lacés ou d'un rouge noirâtre. J'en possède quelques-uns
dont l'une des extrémités est recouverte, d'une manière
irrégulière, de larges taches foncées. Les nuances et les
dimensions de ces œufs varient beaucoup.

Le grand diamètre est de 0$^m$,036 à 0$^m$,039, et le petit,
de 0$^m$,025 à 0$^m$,027. Les véritables œufs du râle d'eau sont
assez difficiles à se procurer ; on les confond très-souvent
avec ceux du râle de genêt, dont ils diffèrent par la
nuance toujours plus jaune de la coquille et par les
taches et les points beaucoup moins nombreux et réguliers, enfin, par les dimensions, qui sont un peu plus
petites.

## RALE DE GENÊT. — Rallus crex.

Ce râle est distinct de son congénère par le plumage,
par la forme du bec et par la dimension des doigts qui
sont moins longs et indiquent dès lors que cet oiseau ne
doit pas avoir les mêmes habitudes, ni habiter les mêmes
lieux que le râle d'eau. Il fréquente les prairies, les
bruyères, les taillis humides et les terrains plantés de
genêts, ainsi que le bord des eaux. Il se nourrit d'insectes, de vermisseaux, de semences de genêt, et c'est à
cette habitude, ainsi qu'aux lieux qu'il parcourt, qu'il
doit son nom vulgaire. Quant à l'expression *crex*, c'est
une onomatopée représentant d'une manière bien exacte

le cri : *crek, crek, crek*, qu'il répète pendant le jour et pendant la nuit, huit, dix et douze fois de suite, en paraissant l'accentuer de plus en plus. Le mâle semble prendre plaisir à suivre les chasseurs ou les voyageurs en répétant son cri, pour le suspendre pendant quelque temps et le recommencer plus tard dans un nouvel endroit bien éloigné du premier. C'est dans ces circonstances qu'il court avec cette rapidité devenue proverbiale. Il décrit alors une série de courbes qui s'enlacent et se déroulent de mille manières, et finissent par lasser l'ar-

deur des chiens les plus vigoureux et des chasseurs les plus intrépides. Quelques auteurs l'appellent *Rallus pratensis*, « râle des prés. » Cette dénomination est plus exacte que celle de *râle de genêt*, parce qu'elle représente mieux la vie ordinaire de cet oiseau, qui fixe son séjour dans les prairies humides. Il se reproduit en très-grande quantité en Anjou, et surtout dans les vastes prairies qui s'étendent depuis Angers jusqu'à Écouflant et Briollay. Le plus grand nombre des couvées ne réussit pas, parce que les faucheurs commencent leur travail avant que les petits ne soient éclos ou assez grands pour échapper à leurs ennemis quand l'herbe est coupée. Pendant de longues années, l'un de mes anciens élèves, M. Poulain,

instituteur à Écouflant, a eu la bienveillance de faire
recueillir, par les faucheurs, les œufs trouvés dans les
nids sur lesquels l'instrument avait passé, et c'est par
centaines et par milliers que ces œufs m'étaient apportés,
surtout lorsque la Maine, en débordant sur les prairies,
avait retardé pour les râles le moment favorable d'établir
leurs nids. Chacun de ceux-ci contient de six à dix œufs,
d'un gris jaunâtre ou verdâtre ou même violacé; leur
coquille est parsemée de taches ou de points roux ou d'un
gris foncé. Les nuances et les dimensions offrent de très-
nombreuses variétés. Le grand diamètre est de 0^m,035 à
0^m,040, et le petit, de 0^m,025 à 0^m,030. J'en possède dans
ma collection quelques-uns qui n'ont que 0^m,020 de longueur et 0^m,015 de diamètre. Quand les petits sortent de
la coquille qui les tenait captifs, ils portent une livrée
toute différente de celle de leurs parents; ils sont revêtus
d'un duvet noir foncé. Le râle de genêt entreprend de
très-longs voyages, dans lesquels il s'associe aux cailles ;
c'est pour cette raison que les Grecs l'appelaient *Ortygo-
metra*, « conducteur ou plutôt mère des cailles, » de ORTYGS,
« caille, » et de MÈTÈR, « mère. » La chair de cet oiseau est
très-appréciée en automne par les gastronomes. Un passage de Belon prouve que de son temps on reconnaissait
à ce gibier un mérite que le savant ornithologiste et médecin relate ainsi dans son style naïf : « Le râle est bien
renommé es festins de noz côtrées; car estant de goust
un peu sauvage, il irrite l'appetit pour mieux se saouller
de boire. » (Liv. IV, pag. 113.)

---

## GALLINULE MAROUETTE. — GALLINULA PORZANA.

La marouette est l'un des plus gracieux oiseaux de l'Europe : elle se rapproche beaucoup plus du râle que de la
poule d'eau ; c'est pour cette raison que plusieurs natu-

ralistes l'appellent le *râle perlé*, expression représentant les différentes nuances de son plumage qui s'harmonisent très-agréablement. Cet oiseau vit dans les marais et dans les prairies humides; il court avec une agilité remarquable sur les feuilles de nénuphar et sur les plantes aquatiques. Dans le mois de juin 1869, lorsque je fouillais les vastes marais de la Baumette avec mes confrères, M. l'abbé Simon et M. l'abbé Péhu, pour découvrir des nids de *Sterne épouvantail* (Sterna nigra), nous vîmes tout-à-coup un couple de marouettes sortir d'une touffe de petits roseaux; elles couraient devant nous à quelques pas, s'arrêtant quand nous nous arrêtions, pour continuer ensuite leur course selon l'impulsion que nous donnions à notre embarcation. Pendant plus d'un quart d'heure, ces deux jolis oiseaux nous accompagnèrent en nous précédant toujours à une petite distance, puis ils disparurent entre les roseaux, lorsqu'ils pensèrent que le danger qui menaçait leur jeune famille était passé. Selon toute probabilité, les petits de ce couple étaient cachés, comme je l'ai constaté d'autres fois, sous les larges feuilles de nénuphar, et les parents suivaient tous nos mouvements, ou plutôt les précédaient lentement pour nous éloigner des objets de leur tendresse et tromper notre recherche en nous dirigeant vers un côté opposé. Non-seulement la marouette vit dans les marécages, mais elle s'y reproduit et forme, avec des herbes entrelacées, une coupe peu profonde et mobile. Cette coupe n'étant pas fixée, comme celle de la gallinule d'eau, à des roseaux ou à des joncs, peut suivre les différentes variations du niveau de l'eau et s'élever ou descendre avec la crue. Elle n'a pas l'inconvénient d'être submergée, à moins qu'une véritable inondation ne vienne entraîner au loin le berceau de la jeune famille. Dans les crues subites de la Maine, quelques nids de marouettes ont été charriés sur les prairies des environs d'Angers, et les œufs recueillis dans la boue, lorsque la rivière rentra dans son lit ordinaire, me furent envoyés par quel-

ques-uns de mes anciens élèves. Ces œufs sont ordinairement au nombre de huit à dix ; leur forme est allongée,
et leur couleur, d'un jaune clair et sale et assez souvent
noirâtre, est parsemée de taches cendrées d'une nuance
plus ou moins foncée et quelquefois même d'un brun très-
accentué. Le grand diamètre est de 0ᵐ,033 à 0ᵐ,035, et le
petit, de 0ᵐ,022 à 0ᵐ,024. La marouette fait ordinairement
deux couvées par an ; le nombre d'œufs de la seconde
est moins considérable que celui de la première. Cet oiseau, qui est muet pendant une grande partie de l'année,
fait entendre pendant la nidification un cri saccadé que
l'on peut représenter par *Wuit, Wuit,* et qui est répété
d'une voix perçante, non-seulement par une marouette,
mais par toutes celles qui se trouvent dans le même marécage. Quand l'une d'elles a commencé à faire entendre
ce cri, toutes les autres s'empressent, à l'envi les unes des
autres, de se mêler à cette espèce de babil, ressemblant
plus à un charivari qu'à un concert. Les détails que je
viens de donner sur les mœurs de la marouette, qui se
plaît, comme d'autres de ses congénères, à se plonger
dans l'eau, à ne laisser à la surface que sa tête, et à y
séjourner assez longtemps pour échapper à la poursuite
de ses ennemis, ces détails m'ont éloigné beaucoup de la
question étymologique, ou plutôt en ont préparé la réponse. J'ai fouillé bien des glossaires ; aucun ne m'ayant
indiqué même indirectement la racine du mot *marouette,*
je crois pouvoir, en m'appuyant sur les habitudes de cet
oiseau, émettre l'hypothèse que cette dénomination a été
formée de la vieille expression *marois,* signifiant autrefois
« marécage, marais et même mer, » et qui a été le principe du verbe *maroier,* « diriger, gouverner un vaisseau
sur mer. » Dès lors *marouette* signifierait « oiseau qui habite, qui vit, qui navigue dans les marais, » sens parfaitement justifié par les habitudes de l'échassier qu'il désigne. C'est, je crois, le motif qui a déterminé plusieurs
naturalistes à faire du mot *marouette* une expression géné-

rique appliquable aux différentes espèces d'oiseaux vivant de la même manière dans les marais ; ils les ont ainsi désignés : *marouette baillon*, *marouette poussin*, etc. Quant à l'adjectif *porzana*, il n'est que le mot italien *porzana* servant aux gens de Bologne à désigner la marouette qui se trouve en très-grande quantité dans les marais situés aux environs de cette ville.

---

## GALLINULE POUSSIN. — GALLINULA PUSILLA.

Ici les recherches étymologiques sont faciles : *poussin* et *pusilla* expriment la même idée, et indiquent que cette gallinule est de petite taille. Elles sembleraient même faire soupçonner que cet échassier est le plus petit du Genre auquel il appartient. C'est, je crois, le motif réel qui lui a fait donner l'épithète de *poussin*. Mais depuis l'époque à laquelle cet oiseau a été décrit, une autre espèce a été découverte, et les proportions en sont un peu plus petites que celles de la gallinule que nous étudions ; le mot *pusilla* ne doit donc plus être pris dans son sens rigoureux. Malgré la petitesse de sa taille, le poussin est peut-être le plus intrépide et le plus infatigable coureur de tous les oiseaux de l'Europe. Ses mœurs sont celles de la marouette : il aime à se cacher dans les roseaux ; mais quand il est découvert, il court avec une rapidité excessive, décrit une quantité de lignes qui s'enlacent et se déroulent tour-à-tour, puis, par une série de courbes, il s'éloigne et se rapproche ainsi du point de départ ; grâce à tous ces

stratagèmes, il dépiste et fatigue les chiens les plus
exercés et les plus vigoureux. Aussi a-t-il reçu des chasseurs un nom très-caractéristique : *le crève-chiens*. Quand
le poussin redoute d'être atteint dans sa course rapide, il
se jette à l'eau, plonge, ou grimpe sur un buisson ou sur
une couche épaisse de roseaux, et, immobile dans cette
nouvelle position, il laisse tranquillement passer auprès
de lui chiens et chasseurs. Le poussin choisit une petite
élévation au milieu des marécages, et c'est sur cette élévation qu'il établit son nid composé de feuilles et de tiges
de plantes aquatiques entrelacées. Dans mes nombreuses
courses ornithologiques, je n'ai trouvé qu'un seul nid de
cet oiseau. Il était placé dans une touffe de petits joncs
situés au milieu d'une des *flaques* d'eau qui parsèment les
anciennes landes de Bécon. La femelle pond de six à dix
œufs d'un jaune olivâtre, avec quelques petits points ou
légères taches brunes représentant une nuance un peu
plus foncée que celle de l'ensemble de la coquille. Ces
taches, ces points sont beaucoup moins accentués que
dans les œufs des espèces précédentes. Très-souvent
même ils sont à peine visibles. Le grand diamètre de ces
œufs varie de 0$^m$,026 à 0$^m$,028, et le petit, de 0$^m$,020
à 0$^m$,022.

## GALLINULE BAILLON. — Gallinula baillonii.

La gallinule Baillon a deux centimètres de moins que
la précédente ; elle porte le nom d'Emmanuel Baillon,
l'ami de Buffon, mort à Abbeville en 1803. Ce savant naturaliste a préparé le plus grand nombre des oiseaux de
mer et de rivière qui composent la collection du Muséum
de Paris. C'est lui qui le premier a déterminé la gallinule
à laquelle est consacrée cette courte notice, et a indiqué
les différences qui la séparent de ses congénères. Vieillot

a cru devoir consacrer ce souvenir en donnant à cet échassier le nom de l'ornithologiste d'Abbeville. Le Baillon a les mêmes habitudes que le poussin avec lequel il vit en très-bonne harmonie ; comme lui, il a recours à une course très-rapide et à une série de stratagèmes intelligents pour échapper à ses ennemis. Cet oiseau niche près

de l'eau dans les endroits marécageux ; la femelle dépose, dans un nid formé de plantes entrelacées, de six à dix œufs ayant la forme d'une olive et presque la couleur de ce fruit. La nuance de la coquille, d'un roux olivâtre pâle, est parsemée de taches et de points presque imperceptibles formant une seconde couche un peu plus foncée. Le grand diamètre est de 0$^m$,025 à 0$^m$,027, et le petit, de 0$^m$,018 à 0$^m$,020. Ces œufs sont faciles à confondre avec ceux de l'espèce précédente ; cependant leur nuance est toujours plus pâle, leurs dimensions un peu plus petites. La chair du Baillon, comme celle du poussin, est très-estimée en automne.

## GALLINULE ou POULE D'EAU. — GALLINULA CHLOROPUS.

La première dénomination *gallinule* exprime à peu près la même signification que la seconde; elle est un diminutif de *gallina*, « poule, » et signifie dès lors « petite poule. » L'adjectif *chloropus* est formé de CHLÔROS, « vert, » et de POUS, PODOS, « pied, » et indique que la poule d'eau a les pieds verts. Cependant cette belle couleur, qui recouvre les pieds de la gallinule en remontant jusqu'aux genoux, n'existe que pendant le temps de la nidification. A cette même époque, une jarretière d'un rouge brillant se déroule autour de l'articulation du genou, et la plaque qui se dilate sur le front de l'oiseau revêt la même couleur. Quand le temps de l'hymen est passé, toutes ces vives couleurs disparaissent, et la gallinule reprend son vêtement de deuil et sa livrée noirâtre. C'est la jarretière d'un rouge orangé que la poule d'eau revêt chaque année au moment des noces, qui avait engagé Toussenel à réclamer pour cet oiseau le nom d'*armillaire*, d'*armilla*, « petit cercle, bracelet, et ornement des bras, » et par extension, *jarretière*. Cet auteur pensait que la dénomination *armillaire* serait beaucoup plus juste que celle de *poule d'eau*, puisque la gallinule a peu de ressemblance avec la poule. D'un caractère très-craintif, la poule d'eau dissimule sa présence en se cachant dans les roseaux et les joncs touffus et dans les broussailles qui encadrent les bords des étangs et des marais. Quand elle est découverte, elle court assez longtemps sur les feuilles de nénuphar, avant de se décider à voler. Son vol est cependant plus facile et plus soutenu que celui des râles. Pour se dérober à la poursuite des chasseurs, elle plonge facilement, et reste ensuite assez longtemps cachée dans l'eau en ne laissant apercevoir que sa tête à la surface de l'eau. Elle grimpe aussi avec beaucoup d'agilité sur les arbrisseaux

situés sur les bords des marais, et y reste tranquille jusqu'à ce que le danger soit passé. Quand elle se croit en
sûreté, la gallinule se promène avec beaucoup de grâce
et de légèreté sur les feuilles et sur les plantes des marais
en relevant à chaque pas sa queue à demi-étalée ; elle passe
et repasse bien des fois dans les mêmes endroits, paraissant toujours trouver une proie échappée à ses premières
investigations. Elle se nourrit d'insectes, d'herbes et de
graines de plantes aquatiques. La poule d'eau se reproduit en très-grand nombre dans toutes les localités de
l'Anjou. Son nid est formé de feuilles et de plantes des
étangs ; il représente une coupe assez large et un peu
profonde. J'ai trouvé sur l'étang Saint-Nicolas quelques
nids recouverts d'une espèce de tonnelle qui dérobait la
mère et les œufs aux regards de leurs ennemis. Ce per-
fectionnement est attribué par les gens de la campagne
aux vieilles femelles instruites par l'expérience à veiller
avec un soin particulier sur leur progéniture. La poule
d'eau trahit fréquemment sa demeure ou son nid par un
cri bref, très-sonore et métallique, qu'elle fait entendre
quand l'approche du danger l'engage à changer de place.
Le nid contient de six à dix œufs d'un roux jaunâtre ou
d'un jaune d'ocre foncé, parsemés de taches et surtout de
points bruns ou d'un gris noirâtre ou violacé. On peut,
en enlevant les œufs, sans défaire le nid, obtenir une seconde et même une troisième ponte. Dans ce cas, le
nombre des œufs diminue à chaque ponte, et les nuances
de la coquille et des taches deviennent de plus en plus
foncées. Les dimensions de ces œufs varient beaucoup.
Ordinairement le grand diamètre est de 0$^m$,040 à 0$^m$,046, et
le petit, de 0$^m$,028 à 0$^m$,032. Chaque année, la poule d'eau
aime à établir son nid à peu près dans les mêmes endroits ;
elle paraît se choisir de véritables cantonnements. Sa
chair est peu estimée, même pendant l'automne.

# FOULQUE MACROULE ou JODELLE, JUDELLE. —
## FULICA ATRA.

Ma tâche étymologique était bien facile dans les deux
dernières notices ; il n'en sera pas de même dans celle-ci
consacrée à la Foulque Macroule, et j'y retrouverai
bien des incertitudes ; heureux si je puis en dissiper quelques-unes ! Je commence par relater les principales habitudes de la foulque, appelée souvent la *grosse poule d'eau*.
Cet oiseau se nourrit d'insectes, de coquillages, de vers,
de végétaux aquatiques et même de petits poissons. Il
séjourne dans les étangs, dans les marais parsemés de
joncs, de roseaux et de plantes touffues. La foulque se
cache encore plus que la poule d'eau, et il est très-difficile
de l'apercevoir, si ce n'est au moment où elle s'envole en
poussant un cri qui trahit sa présence. Elle niche en
très-grande quantité dans notre département.

Pour répondre à l'invitation pressante de M. Aimé d'Andigné Le Gris, je m'étais rendu au château de la Grifferaye,
dans le mois de juin 1866, accompagné du cher frère Vic-
torin, directeur de la pension Saint-Julien, et de mes jeunes
amis Daniel Métivier, Eugène Lelong, Guillaume Bodinier et
Louis Manceau. La caravane était au complet, et, par suite,
une excursion sérieuse était préparée et destinée à fouiller
des marais importants. M. d'Andigné nous reçut avec
une bienveillance paternelle et nous offrit une hospitalité vraiment patriarcale. Après un repas où la gaieté
ordinaire des convives était encore vivifiée par les espé-
rances du lendemain, chacun se retira dans sa chambre
pour se préparer à soutenir les labeurs d'une course lointaine. Dès le lever du jour, tout le monde était à son
poste, et bientôt chacun prenait place dans un véhicule
qui nous emportait rapidement vers le but de nos désirs ;
M. d'Andigné nous accompagnait, désirant diriger lui-

même tous les détails du voyage. Après deux heures d'une course rapide, nous descendîmes de voiture, et nous commençâmes à sonder, dans la commune de la Chapelle-Saint-Laud, les bords d'un étang encadré de landes et de bois taillis dont le sol était sillonné intérieurement par de nombreux trous de blaireaux. Le garde de M. Gouin du Bois-Grollier, propriétaire de l'étang, détache un léger bateau ; l'un de mes jeunes amis, Daniel Métivier, s'y lance avec moi, et nous parcourons, en tous sens, les sinuosités de l'étang. De distance en distance apparaissaient de petits monticules, dont la base avait de 40 à 50 centimètres de diamètre, et le sommet de 20 à 30 centimètres de largeur. Le sommet de ces différents monticules était généralement arrondi, couvert d'une touffe épaisse d'herbes, et s'élevant de 15 à 20 centimètres au-dessus de la surface de l'eau. Sur presque tous ces monticules nous trouvâmes un nid de foulque contenant, selon l'habitude, de six à douze œufs. Je signale cette circonstance parce que c'est la seule fois que j'aie rencontré les nids de la foulque dans de pareilles conditions. Après une visite faite au propriétaire du domaine, nous remontons en voiture et nous nous dirigeons rapidement vers l'étang de Singé, but principal de notre excursion. Arrivés sur les bords de cette immense pièce d'eau, nous fîmes un repas très confortable, grâce à la prévoyance de M. d'Andigné qui avait confié à notre véhicule des provisions de toute sorte. La joie des convives était cependant un peu tempérée par la crainte de ne pouvoir fouiller l'étang, car aucun bateau n'apparaissait sur le rivage. Après des recherches assez longues, le garde fut trouvé, et il nous offrit la seule embarcation dont il pût disposer. C'était une *noyette*, c'est-à-dire un moyen déguisé de faciliter la *noyade*. Elle était oblongue, mesurant un mètre 30 centimètres de longueur et 40 centimètres de largeur ; l'eau y pénétrait par plusieurs trous. Après quelques hésitations, le feu sacré de la science triompha de toutes craintes, et l'équipage s'embarqua. Il était composé de l'intrépide Guillaume Bodinier et d'un pilote. Nous nous *arrimons* en entrelaçant et en doublant nos jambes, puis nous nous asseyons dans une position difficile à dépeindre. Nous ramons avec nos mains, ayant eu soin de nous munir d'une perche destinée à empêcher, dans les graves circonstances, notre esquif de chavirer. Le sort en est jeté, et nous voguons vers une touffe de roseaux où nous capturons un très-beau nid de grèbe castagneux. Ce premier succès enflamme notre courage et soutient notre confiance. Réunissant alors tous nos efforts, nous atteignons bientôt un magnifique bouquet de grands joncs au-dessus desquels se jouaient des sternes épouvantails, et qui retentissait du chant si accentué de la fauvette rousserole. A peine avions-nous franchi la première enceinte des joncs, que nous apercevons un vaste et magnifique nid de foulque. Ce berceau, composé de couches superposées de plantes aquatiques, avait de grandes dimensions. Sur ses bords se tenaient deux petites foulques écloses depuis quelques instants seulement; leur belle tête, couverte d'un duvet rouge éclatant, tranchait sur le reste du plumage d'un noir profond et parsemé autour du cou de quelques brins d'un duvet blanc. Elles étaient encore tout humides du liquide de la coquille qu'elles venaient de briser. Près d'elles se débattait une jeune sœur ou un jeune frère retenu encore captif dans la moitié de la coquille de sa prison. Les deux jeunes foulques debout sur les bords de leur berceau, comme des marins sur l'avant de leur navire à l'approche d'un danger, suivaient avec une grande anxiété les manœuvres de notre équipage. Malheureusement ces manœuvres étaient contrariées par les touffes épaisses de roseaux et par l'eau qui pénétrait dans notre embarcation. Pleins d'espérance, nous saluions de nos voix, de nos mains, le terme désiré de notre entreprise, mais ce terme semblait s'éloigner de plus en plus. Nous luttons avec une nouvelle énergie ; encore quelques efforts et nous pourrons saisir les deux foulques, mais au moment même où nous tendions les bras, les deux jeunes oiseaux plongent et disparaissent sous les larges feuilles de nénuphar. Pendant plus de vingt minutes nous les poursuivons, frappant avec notre perche les feuilles qui leur servent d'abri.

Les foulques paraissent et disparaissent tour-à-tour, nageant et plongeant selon que le réclame leur salut. L'équipage suait, était rendu et prêt à s'avouer vaincu, lorsque, cédant à un élan sublime, la moitié de l'équipage se penche trop rapidement sur les bords de l'esquif, glisse dans le marais, et, grâce à un bain de pied un peu forcé, rapporte d'une manière triomphante les foulques captives. Pour faire contrepoids au choc produit par la secousse de mon équipage, je m'étais couché sur la *noyelle* en me cramponnant des deux côtés aux roseaux. M. d'Andigné, les dames et les jeunes personnes qui s'étaient jointes à lui pour suivre les péripéties de cette excursion nautique, crurent que l'équipage, le pilote et même le navire, tout avait fait naufrage. Mais quelques instants après, nous sortions de la touffe de roseaux, avec des chants de victoire, et ramant de toutes nos forces vers le rivage. Le vent était violent et froid, et il fallait se hâter de réchauffer l'équipage et le pilote. Pendant cet épisode, un autre se déroulait sur les bords de l'étang. Notre jeune ami Daniel Métivier, brûlant du désir de s'associer et à nos recherches et à nos dangers, avait obtenu du garde la concession de ses hautes bottes de marais. Avec une ardeur plus courageuse que prudente il avait introduit ses pieds, ses cuisses, dans cette chaussure formidable, et comme un preux des temps antiques, sans craindre le danger, il s'était avancé dans l'eau pour en explorer le contour. Malheureusement la force ne répondit pas à son courage ; l'une des bottes, s'enfonçant dans une épaisse couche de vase, ne put être retirée ; la jambe sortit de son enveloppe peu flexible, et l'intrépide explorateur, perdant l'équilibre, fut condamné à quitter momentanément la position verticale pour subir l'horizontale et regagner le rivage dans un état plus compromis encore que celui de mon équipage. Pour combattre la sensation communiquée par le contact de l'eau, les naufragés et leurs compagnons firent une petite libation de vin généreux, s'enveloppèrent de couvertures de voyage et regagnèrent par une course très-rapide le castel de M. d'Andigné, où l'on fit disparaître toutes les traces laissées par les épisodes de ce drame. Le lendemain nous rentrions à Angers, emportant les deux foulques qui, enfermées dans un mouchoir, vécurent encore deux jours après avoir supporté les fatigues du siége qu'elles avaient subi avec tant de courage. Elles font maintenant partie de ma petite collection d'oiseaux, qui sont presque tous des souvenirs de mes excursions ornithologiques. Ah ! si mon honorable ami, si l'irréconciliable adversaire de mes clients privilégiés nous eût accompagnés dans cette excursion, comme dans beaucoup d'autres, il eût pu constater que nous consacrions quelques instants de *nos bonnes années à étudier l'ornithologie en plein vent, comme en plein soleil, et non pas seulement dans la lecture des livres de tout âge !*

Le nid de la foulque est ordinairement composé de joncs et de roseaux desséchés et entassés de manière à former une large coupe aplatie, assez élevée au-dessus de la surface de l'eau. La femelle y monte et en descend par deux pentes inclinées qui se correspondent de chaque côté. Non loin de ce nid se trouve assez souvent une autre coupe beaucoup moins considérable, qui sert de lieu de repos au mâle, et lui permet de veiller sur le berceau de sa jeune famille. Ces deux coupes peuvent s'élever et s'abaisser selon la variation de la crue, parce qu'elles ne sont pas fixées aux roseaux, mais seulement enclavées dans les touffes des plantes aquatiques. Les œufs, au nombre de six à douze, sont oblongs, roussâtres et parsemés de points d'un brun noir dont les nuances sont plus ou moins foncées. Souvent la coquille de ces œufs revêt la couleur du café au lait. Le grand diamètre est de 0<sup>m</sup>,054 à 0<sup>m</sup>,058, et le petit, de 0<sup>m</sup>,034 à 0<sup>m</sup>,037. Comme je l'ai raconté, les foulques plongent et nagent dès qu'elles sont sorties de la coquille. Je reviens aux étymologies. *Foulque* n'est que la traduction de *fulica*, employé par Virgile, et de *fulix*, que je trouve dans les œuvres de Cicéron. Ces deux expressions ont pour racine *fuligo*, *fuliginis*, « vapeur noire, suie de cheminée. » Elles représentent parfaitement la couleur du plumage de la foulque, appelée vulgairement *diable de mer*. Cette dernière dénomination peut me venir en aide pour comprendre le mot *jodelle*. Autrefois on nommait *jodelet* un bouffon ou tout autre acteur qui faisait rire par ses sottises ; on disait de quelqu'un de niais : « C'est le jodelet de la compagnie. » Dans ce sens, *jodelet* se rapprocherait *d'arlequin* et dès lors de *diable*, comme je l'ai démontré dans la notice sur le chevalier arlequin. Cette hypothèse se trouverait fortifiée encore par le mot *judelle*, employé comme équivalent de *jodelle*, et le remplaçant dans la plupart des anciens auteurs. Or *judelle* a pour principe *judée*, nom du bitume, de l'espèce d'asphalte qui surnage à la surface des eaux de la mer Morte. Entre cette substance noire poussée dans tous les sens par le mouvement des flots et par l'action des vents et la foulque *noire*, « atra, » nageant sur les eaux, le rapport me paraît assez sensible. Enfin, dans beaucoup de localités, elle est désignée par le mot *morelle* dérivant de *more*, « homme noir. » Quant à l'expression *macroule*, elle n'est qu'une ancienne forme de *macreuse*, composée de *macer*, « maigre, » et d'*anas*, « canard. » A l'article de la véritable macreuse, je donnerai des détails pour expliquer l'usage de l'Eglise, permettant de manger les macreuses pendant le carême et les autres jours consacrés à l'abstinence, par la raison que ces oiseaux étaient réputés « maigres, » à cause du goût de marécage et de poisson que conservait leur chair, naturelle-

ment peu succulente, surtout à l'époque du printemps,
et dès lors pendant le carème. Vers la fin de l'automne,
la chair de la foulque devient un peu plus mangeable
parce que la nourriture de cet oiseau est alors presque
exclusivement végétale. Scheler prétend que les mots
*macroule*, *macreuse*, ont la même origine que *maquereau*,
dérivant de *macula*, « tache. » Cette étymologie pourrait
se justifier si elle s'appliquait à la marouette, « râle
tacheté ; » mais elle n'est nullement justifiée par le plumage de la jodelle, qui est d'un noir de suie uniforme.
Toussenel propose d'appeler la foulque *albirostre*, de
*album*, « blanc, » et *rostrum*, « bec, » ou *galeorostrum*, de
*galea*, « casque, » et *rostrum*, « bec, » parce que cet oiseau
se fait remarquer par une protubérance cornée d'une belle
couleur blanche, qui remonte du bec sur la partie fron-
tale et la recouvre comme d'un casque. Les pieds de la
jodelle sont lobés et festonnés ; ils indiquent que cet
oiseau est le trait d'union naturel entre les macrodactyles et les *palmipèdes* proprement dits.


## PHALAROPE PLATYRHYNQUE. — Phalaropus
### PLATYRHYNCHUS.


L'Ordre des Échassiers se terminera dans ce modeste
travail par le Phalarope platyrhynque. Cet oiseau vient-il
en Anjou ? Doit-il être classé parmi les macrodactyles ?
Double question qu'il est sage d'élucider avant d'aborder
la discussion étymologique. Le phalarope est un charmant petit échassier habitant les régions polaires, se
nourrissant d'insectes et de petits mollusques, qu'il capture avec une grande adresse sur les rivages des mers
ou à la surface des flots. Revêtu d'un plumage fourni et
d'un duvet épais, comme tous les oiseaux qui cherchent
leur nourriture à la surface de l'eau, il paraît courir

beaucoup moins facilement qu'il ne nage. Chaque année
la tempête l'éloigne des contrées qu'il habite ordinairement, et en transporte des troupes nombreuses sur les
différents rivages des mers. Sa présence en Anjou est
donc possible, et, puisqu'elle est affirmée par plusieurs de
nos collègues linnéens, je l'admets sur l'autorité de leur
témoignage. Quant à la place qu'il doit occuper dans la
classification, la diversité des opinions est tellement
grande, que je puis inscrire le phalarope après la foulque, sans trop m'écarter de la vérité. Beaucoup d'auteurs

appellent cet oiseau *Phalaropus fulicarius*, et indiquent
par là-même le rapport qu'ils reconnaissent exister entre
la foulque et le phalarope. Comme la macroule, il a les
pieds festonnés, mais avec une différence qui est indiquée
par le nom *phalaropus*, composé de PHALARON, « harnais, »
et de POUS, « pied, » et signifiant *pied harnaché*, à cause
de la forme retombante des festons de chaque côté des
doigts. Ces doigts antérieurs sont garnis à leur base d'un
repli membraneux qui occupe la longueur de la première
phalange et se continue de chaque côté du doigt en suivant une bordure qui se termine à l'ongle. Les savants
ont cru saisir une ressemblance entre cette membrane et
un harnais qui, comme cette membrane, se développe

et se replie selon les circonstances, ou plutôt avec les
housses qui retombent en festonnant autour des flancs de
l'animal qu'elles recouvrent. La racine pourrait être
composée de PHALAROS, « brillant, » et POUS, « pied, » et
indiquer l'élégance des festons des pieds du phalarope.
Quant à l'épithète *platyrhynque*, elle dérive de PLATUS,
« large, » et de RHYNCHOS, « bec, » et fait connaître que cet
échassier a un bec d'une largeur assez considérable pour
la taille de l'oiseau. Le phalarope se reproduit dans le
nord de la Sibérie et au Groenland ; il niche sur les bords
déserts des grands lacs. La femelle pond trois ou quatre
œufs roussâtres ou jaunâtres, dont la coquille est parsemée de taches, de points d'un brun noirâtre plus ou
moins foncé. Le grand diamètre est de 0^m,028 à 0^m,030,
et le petit, de 0^m,019 à 0^m,021. Le phalarope est un
nageur infatigable et un intrépide plongeur ; il capture
avec une grande habileté les insectes ailés qui voltigent
au-dessus des flots, que cet échassier parcourt dans tous
les sens en décrivant une série de lignes qui s'enlacent
et se déroulent tour-à-tour.

## SEPTIÈME ORDRE. — PALMIPÈDES.

Dans la Faune de Maine-et-Loire, les Palmipèdes
composent le septième et dernier Ordre de la section
ornithologique. Cet Ordre comprend un très-grand nombre de familles, de genres et d'espèces. Tous les oiseaux
groupés sous le nom de palmipèdes diffèrent souvent
entre eux par leur taille et par leurs habitudes ; le carac-

tère qui les unit, et qui semble harmoniser cet ensemble d'espèces si disparates, est la forme de leurs pieds, forme qui a servi à donner à cet Ordre le nom de *Palmipèdes*, mot composé de *palma*, « paume, palme, » et de *pes, pedis*, « pied. » *Palme* en zoologie se dit des doigts des animaux lorsque ces doigts sont réunis par une membrane, tout en restant distincts. Ils représentent alors une espèce de main ouverte. Cette disposition toute particulière des pieds des palmipèdes, fait de la réunion de leurs doigts par une membrane plus ou moins large, plus ou moins complète, une espèce de rame se développant, se rétrécissant à volonté et indiquant que tous les oiseaux rangés sous cette dénomination sont destinés par la Providence à vivre sur l'eau d'une manière plus ou moins continue. Aussi la plupart des ornithologistes ont-ils remplacé la dénomination de *palmipèdes* par celle de *nageurs, natatores*.

Destinés à passer leur vie sur l'eau ou près de l'eau, à plonger dans ses profondeurs ou à voler à sa surface, les palmipèdes ont reçu de Dieu tous les dons nécessaires à l'accomplissement de la mission qui leur était confiée. Le plumage de tous les oiseaux de cet Ordre est composé de plumes vernissées ou enduites d'une huile secrétée par les glandes folliculaires de la peau. Leurs plumes très-serrées constituent un tout imperméable au moyen d'un suc huileux que les oiseaux font, à leur gré, sortir de deux glandes *coccygiennes*, en les pressant avec leur bec, pour enduire ensuite de ce suc chaque plume séparément. Cet enduit, ce vernis permet à l'eau de glisser sans effort sur le plumage des palmipèdes, sans y pénétrer, et dès lors, sans arrêter ces oiseaux dans leur natation. Enfin leur peau est très-épaisse, et son tissu cellulaire est garni d'une graisse abondante qui empêche encore l'action de l'eau sur le plumage recouvrant un duvet épais et serré, destiné à préserver les palmipèdes de l'atteinte des froids rigoureux.

Quelques auteurs désignent cet Ordre sous le nom de *Remipèdes*, formé de *remus*, « rame, » et de *pes*, *pedis*, « pied. » Cette dénomination est très-caractéristique et très-juste. Elle indique d'une manière expressive que les pieds de ces oiseaux sont constitués pour la natation, et que cette natation s'exécute au moyen de rames. Les pieds sont unis à des tarses généralement courts, robustes, comprimés, plus ou moins implantés à l'arrière du corps pour faciliter encore les mouvements natatoires et servir en même temps de rames et de gouvernail. Ces pieds sont palmés entre les doigts jusque près des ongles, ou seulement garnis d'une membrane lobée, mais assez large.

Les formes des palmipèdes sont en général moins gracieuses que celles des échassiers, surtout lorsque ces oiseaux sont à terre. Il est facile de constater, d'après leur démarche lourde et chancelante, que la terre n'est pas leur élément. Un certain nombre d'espèces, cependant, développent dans leur vol ou dans leur natation une légèreté et une grâce tout exceptionnelles.

Presque tous les palmipèdes vivent en famille. Quelques espèces habitent la haute mer, et ne viennent à terre que pour s'y reproduire. Ces oiseaux se réunissent en troupes innombrables pendant la saison rigoureuse de l'hiver, et entreprennent alors de très-longs voyages. Dans ces migrations, ils poussent des cris de rappel qui se font entendre de très-loin.

Les palmipèdes vivent de poissons, de frai, de vers, de mollusques, de crustacés, de graines et de substances végétales. Certaines espèces saisissent leur nourriture en rasant la surface de l'eau, d'autres en interrompant leur vol rapide pour plonger et se relever aussitôt ; enfin, quelques-uns conservent assez longtemps une position perpendiculaire dans l'eau pour capturer leur proie, ou vont la chercher jusque dans les profondeurs du lit des fleuves.

Chez quelques espèces, le mâle diffère essentiellement de la femelle par sa taille et par les nuances du plumage.

Les œufs, les plumes et le duvet des oiseaux de cet Ordre fournissent des ressources abondantes au commerce et à l'industrie.

## PREMIÈRE FAMILLE.

### Lamellirostres.

Cette Famille comprend un très-grand nombre d'espèces; elle doit son nom à la forme du bec des oiseaux groupés sous cette dénomination. *Lamellirostres* est composé de *lamella*, « lamelle, petite lame, » et de *rostrum*, « bec. » Les palmipèdes qui composent cette Famille ont le bec épais et garni de lamelles ou de petites lames disposées sur ses bords en forme de dents effilées et très-aigues. Cette disposition du bec permet aux lamellirostres de saisir très-fortement leur nourriture et de la triturer avec facilité.

### OIE CENDRÉE. — ANSER FERUS.

Avec la Famille des lamellirostres recommencent les difficultés étymologiques dont quelques-unes m'ont paru insurmontables; du moins mes efforts persévérants n'ont pu les résoudre. Pour arriver plus promptement à la fin du travail que je me suis imposé, je laisserai de côté les quelques étymologies que je n'ai pu harmoniser avec les mœurs des oiseaux que je vais décrire, abandonnant à de plus érudits la solution de ces problèmes.

Autrefois on désignait l'oie sous le nom d'*oue*. Ainsi dans la *farce de Patelin*, se trouve cette phrase :

« Il doit venir manger de l'oue. »

Les anciens auteurs écrivaient le nom de cet oiseau avec un *y*, l'*oye*.

Ménage prétend que cette dénomination dérive d'*auca*,

expression formée d'*avis*, *avica*, *auca* et enfin *oye*. D'après Littré, *oie* a pour étymologie le mot de basse latinité *auca*, de *avica*, dérivé fictif de *avis ;* et cet auteur ajoute : « Le nom général *avica*, « oiseau, » a été réduit à un sens spécial, comme *jumentum*, « bête de somme, » a donné *jument.* » Cette citation viendra corroborer l'hypothèse que je vais soumettre à mes lecteurs. On peut trouver dans

le languedocien une preuve en faveur de l'opinion de
Ménage; l'oie y est nommée l'*auque*. En italien, elle est
désignée par le mot *oca*. Si l'on admet pour racine de
l'expression française le substantif *avis*, oie signifierait
alors l'*oiseau par excellence*. Cette hypothèse pourrait se
justifier soit par les proportions de l'oie qui surpassaient
celles de la plupart des oiseaux connus des Romains, soit
parce que les anciens préféraient la chair de l'oie à celle
du plus grand nombre des rôtis qui figuraient sur la table
des gastronomes. C'est ainsi que saint Jérôme a pu dire,
en comparant l'oie au paon, qui, pendant une longue période de temps, a été regardé comme un mets délicat :
« *Anserem comedunt, pavonem eructant,* — ils mangent
l'oie et ils vomissent le paon. » Durant plusieurs siècles,
l'oie fournit un rôti qui était le principal honneur de la
table de nos ancêtres. Peut-être aussi les Romains avaient-
ils voulu consacrer par le sens attaché au nom de l'oie
le souvenir du service que cet oiseau avait rendu en sau-
vant le Capitole, service si important aux yeux des habitants de Rome, que la première fonction des censeurs, en
prenant possession de leur charge, était de passer le bail
pour la nourriture des oies élevées aux frais de l'Etat.
(Pline, liv. X, chap. xxii.) Enfin, la gastronomie, qui a
joué un si grand rôle dans la vie des Romains, n'aurait-
elle pas pu considérer comme un oiseau privilégié celui
dont ce peuple avait su apprécier à un si haut degré
toute la délicatesse, tant ils goûtaient la saveur du foie
de ce palmipède, et même celle du rôti fourni par ses
pattes! Déjà dans ces temps reculés, on était parvenu à
développer le foie de l'oie d'une manière si prodigieuse
que les gastronomes de nos jours ont bien de la peine à
égaler ceux de l'antiquité :

> « Adspice, quam tumeat magno jecur ansere majus !
> Miratus, dices, hoc, rogo, crevit ubi ? »

« Vois combien ce foie d'oie est plus gros que l'oie même la plus
grasse ! Tu diras, étonné : d'où vient celui-ci ? »

( MARTIAL, liv. XIII, épig. 58 ).

J'ajoute au passage précédent un passage de Pline :
« Nostri sapientiores qui eos jecoris bonitate novere. Far-
tilibus in magnam amplitudinem crescit : exemptum
quoque lacte mulso augetur. Nec sine causa in quæstione
est, quis primus tantum bonum invenerit. Scipione Metellus vir consularis, an M. Seius eadem ætate eques
romanus. Sed (quod constat) Messalinus Cotta, Messalæ
oratoris filius, palmas pedum ex his torrere, atque pa-
tinis cum Gallinaceorum cristis condire reperit. Tribuetur
a me culinis cujusque palma cum fide. — Plus sages, les
Romains ont connu la bonté de son foie. Cette partie devient prodigieusement grosse dans les oies qu'on en-
graisse ; on l'augmente encore en la faisant tremper dans
du lait miellé. Ce n'est pas sans raison qu'on cherche
l'auteur d'une si belle découverte, s'il faut en faire honneur à Scipion Metellus, personnage consulaire, ou à
M. Séius, chevalier romain, qui vécut dans le même
temps. Mais, du moins, un fait certain, c'est que le
secret de rôtir les pattes d'oie et d'en composer un ragoût
avec des crêtes de poulet, appartient à Messalinus Cotta,
fils de l'orateur Messala. Car chacun des inventeurs re-
cevra de moi fidèlement la palme qui lui est due. » (Pline,
liv. X, ch. xxvii.)

« Les Anciens, » dit Belon, « n'ont rien jugé de meilleur
en l'oye que le foye et l'ont trouvé de bonne digestion.
Onc ne sut que la gresse de l'oye n'ait eu louange de
vertu pour médecine. Il appert en plusieurs passages des
anciens qu'elle estoit en commun usage et délices des
Romains. » (Liv. III, page 177.)

Dans le récit du repas de Nasidienus, Horace fait
figurer un foie d'*oie blanche*, farci de figues grasses :

« Pinguibus et ficis pastum jecur anseri albi. »
(Liv. II, satire VIII, vers 88.)

Ainsi, les gastronomes modernes n'ont pas même recueilli la gloire d'avoir découvert que le foie gras des

oies blanches avait un mérite supérieur à celui des oies
d'une couleur différente ! Les anciens les avaient devancés
dans ce raffinement culinaire.

Les étymologistes admettent sans conteste que le mot
*oiseau* dérive du bas-latin *aucellus* et même d'*avicellus*, diminutif d'*avis;* je me crois donc fondé encore davantage
à regarder comme très-probable l'hypothèse que j'ai proposée sur l'origine du nom du palmipède dont je vais
essayer plus tard de décrire les habitudes.

L'épithète *cendrée* indique les nuances du plumage de
cette oie, qui est aussi appelée *première*, parce qu'elle est
la principale et même l'unique source de l'oie domestique.

Quant au mot générique *anser*, servant à désigner
toutes les variétés de cette espèce, il paraît dériver du
sanscrit *hansa*, dont la racine probable est *has*, « *ridere,
rire,* » par allusion au cri peu mélodieux de l'oiseau et à la
manière dont il ouvre son bec pour le pousser. (Adolphe
Pictet, I^{re} partie, p. 388.) En bas-breton, l'oie est désignée
sous le nom de *gwaz*, d'où l'on aurait fait *jas*, représentant l'oie mâle, et signifiant « jaser, gazouiller. » L'étymologie indiquée par Pictet est très-caractéristique, car
elle peint d'une manière bien évidente l'habitude des oies
mâles d'ouvrir le bec d'une façon ridicule et de pousser
alors des cris sifflés qui ressemblent à un rire prolongé et
trop forcé pour être naturel. Dans ces circonstances, le
cri du mâle se rapproche du sifflement des vipères. Chez
les peuples de l'antiquité, l'oie était consacrée à Junon,
la déesse de la jalousie ; le sifflement que le mâle fait entendre quand on approche de sa femelle semblerait justifier l'opinion des Romains et des Grecs. Ce dernier
peuple appelait l'oie χήν, dont la racine est χαίνω,
« bailler, crier, ouvrir la bouche, avoir l'air niais. » Cette
dénomination vient fortifier l'hypothèse de Pictet, en prouvant que chez les différents peuples on avait voulu désigner l'oie d'après son habitude la plus caractérisée.

L'épithète *ferus*, « sauvage, » indique que cette espèce ne vit pas en domesticité.

Je passe aux renseignements généraux qui conviennent à toutes les espèces de ce Genre. Les oies vivent presque exclusivement de végétaux qu'elles tondent comme le font les brebis ; elles sont beaucoup moins aquatiques que les canards, dont elles diffèrent par un bec plus court et plus large à sa base, par des tarses plus élevés et, dès lors, par une démarche plus gracieuse et plus assurée. Il est facile de constater, en étudiant les oies, que ces palmipèdes sont conformés pour vivre en grande partie à terre. Doués d'une ouie délicate et d'une vue excellente, ces oiseaux se laissent difficilement approcher ; c'est à ces qualités que les oies ont dû l'honneur de sauver Rome en annonçant, pendant la nuit, l'approche des Gaulois qui avaient trompé la vigilance des chiens préposés à la garde du Capitole. Aussi chaque année, à l'anniversaire de ce grand événement, une somme était-elle votée pour l'entretien des oies sacrées, et, le même jour, les chiens étaient fouettés d'une manière ignominieuse sur la place publique, en punition de leur silence coupable.

> « Hæc servavit avis Tarpeii templa tonantis,
> Miraris ? Nondum fecerat illa Deus.

« C'est grâce à cet oiseau que fut sauvé, sur le mont Tarpéien, le temple du maître de la foudre. Tu t'en étonnes ? Il n'était point encore l'œuvre d'un Dieu. »

(Martial, liv. XIII, épigramme 74.)

Les oies entreprennent de longs voyages. Pour les exécuter, elles se placent sur une seule ligne, ou elles disposent leurs rangs de manière à former un triangle isocèle.

> « Turbabis verus, nec litera tota volabit,
> Unam perdideris si Palamedis avem.

« Tu dérangeras le triangle, et le Delta ne sera plus entier au sein des airs si tu en ôtes un seul des oiseaux de Palamède. »

(Martial, liv. XIII, épigramme 75.)

Par cette disposition, l'oie qui est à la tête de la ligne ou au sommet du triangle, fend l'air avec plus d'effort que ses compagnes auxquelles elle prépare la route ; aussi la voit-on abandonner son poste après quelques instants, et se placer à l'arrière-garde afin de se reposer. Cette manœuvre intelligente se renouvelle sans cesse, de sorte que toutes les oies remplissent tour-à-tour les fonctions les plus pénibles et celles qui sont les plus faciles. Aussi le dicton populaire : « *bête comme une oie,* » est-il en contradiction évidente avec les habitudes de ces oiseaux, et ne peut-il se justifier que par la manière dont les oies ouvrent le bec et sifflent en poursuivant les personnes qui passent près d'elles ; dans cette circonstance, les oies sont bien éloignées effectivement de rechercher une pose gracieuse, et de présenter aux spectateurs une physionomie sympathique.

Les oisillons restent très-longtemps sous l'autorité de leurs parents, et c'est pour les défendre de toute attaque que ceux-ci, par un sentiment exagéré de la tendresse paternelle et maternelle, ouvrent le bec d'une manière ridicule, et font entendre un sifflement semblable à celui de la couleuvre quand elle est poursuivie. Les Egyptiens, ne considérant que les sentiments de vigilance paternelle qui animent les mâles et la longue soumission des petits à leurs parents, avaient placé les oies parmi les oiseaux sacrés, et les avaient représentées, dans leurs hiéroglyphes, comme un des emblèmes du dévouement paternel et de la piété filiale.

Pendant leurs longues migrations aériennes les oies font entendre un cri très-sonore et souvent répété, qui est en même temps un cri de rappel et un signal propre à exciter le courage de tous les membres de la bande et, en particulier, de ceux dont les forces sembleraient défaillir. Chaque année des troupes nombreuses de ces oiseaux se dirigent vers le Sud ; l'époque de leur passage est un indice certain de l'approche de la saison rigoureuse et, par là-même, de la durée plus ou moins longue de l'hiver. Les pygargues suivent les oies dans leurs lointains voyages, les attaquent avec une grande persévérance, et immolent chaque jour de nombreuses victimes. Aussi, quand un froid rigoureux se fait sentir en Anjou, et que les bandes d'oies viennent s'abattre dans nos vastes plaines marécageuses, peut-on constater la présence d'un certain nombre d'aigles pygargues qui ne quittent notre pays que lorsque les oies se sont elles-mêmes envolées vers les régions du Nord.

Les jambes des oies, placées très-peu à l'arrière du corps, indiquent que ces oiseaux sont mieux organisés que la plupart des Palmipèdes pour séjourner à terre; grâce à cette conformation, les oies passent sur les rivages les journées entières et ne restent sur l'eau que pendant la nuit. Ces palmipèdes ne plongent que pour se baigner, et non pour chercher leur nourriture, qui est presque entièrement végétale.

L'oie cendrée se reproduit dans les contrées boréales et dans les marécages de l'Angleterre, du Danemarck, de l'Allemagne et de la Russie. La femelle établit son nid parmi les joncs, sur lesquels elle dépose de huit à quatorze œufs d'un blanc jaunâtre et quelquefois verdâtre. Leur grand diamètre varie de $0^m,084$ à $0^m,090$, et le petit, de $0^m,056$ à $0^m,062$. La femelle se livre seule aux fonctions pénibles de l'incubation. Pendant ce temps, le mâle exerce une surveillance rigoureuse et persévérante dans les localités voisines du berceau de la future famille.

---

## OIE VULGAIRE. — Anser segetum.

Les habitudes de cette espèce ressemblant à celles que je viens de décrire, je me bornerai à quelques courtes no-

tions étymologiques, qui cette fois n'offrent pas de difficultés sérieuses. L'épithète *vulgaire* indique que l'oie
qu'elle caractérise est plus commune et plus répandue que
les autres espèces. L'oie vulgaire apparaît dans notre département en troupes nombreuses, et elle le traverse deux
fois, la première à l'époque des moissons (c'est à cette
circonstance qu'elle doit son nom *segetum*, « des moissons ») ; et la seconde fois pendant l'hiver, puis elle regagne
les régions boréales à l'époque du printemps. Je me rappelle que, dans l'hiver rigoureux de 1829 à 1830, des
bandes considérables d'oies vulgaires, ne pouvant plus
séjourner dans les marais ni sur les petits cours d'eau
qui étaient gelés depuis assez longtemps, furent obligées
de chercher un refuge sur la Loire qui charriait d'énormes
glaçons. Saisies entre les glaces qui se heurtaient avec
rapidité les unes contre les autres, les oies poussaient des
cris déchirants, jusqu'au moment où elles succombaient
sous un choc sans cesse renouvelé ! Appuyé sur le parapet
des ponts de Saumur, je contemplais avec plusieurs de
mes amis ce spectacle d'une lutte fatale et dont le souvenir n'est pas encore effacé de ma mémoire.

L'oie vulgaire niche dans les marécages de la Russie et
des autres contrées du Nord. Cette espèce ressemble
à l'*Oie à bec court*, avec laquelle elle est confondue par un
certain nombre de naturalistes ; cette dernière est appelée
*brachyrhychus*, mot formé de BRACHYS, « court, » et de RHYN-
CHOS, « bec. » L'oie à bec court ne diffère de l'oie vulgaire
que par le bec plus court, la teinte jaune du bec moins
étendue, le croupion plus cendré et des pieds plus pâles
et dont la couleur est plutôt rougeâtre que jaune. Les
deux espèces ou les deux variétés réunies dans cette
même notice se reproduisent sur les herbes et les roseaux
des marais des contrées boréales. La femelle pond de huit
à douze œufs d'un blanc sale, dont le grand diamètre
est de 0$^m$,084 à 0$^m$,086, et le petit, de 0$^m$,055 à 0$^m$,057.

Ellis (tome II, page 171) affirme que « la fiente sèche

des oies sauvages sert de mèche aux Esquimaux pour mettre dans leurs lampes en guise de coton. »

***

## OIE RIEUSE. — Anser albifrons.

Ici ma tâche étymologique est facile ; elle consiste simplement à expliquer les deux épithètes qui servent à caractériser cette espèce. *Albifrons*, mot composé de *Albus*, *albi*, « blanc, » et de *frons, frontis*, « front, » indique que l'oie rieuse a sur la tête, sur le front, de larges taches blanches qui encadrent ses yeux et son bec. Quant à l'adjectif *rieuse*, elle pourrait déjà se justifier par l'étymologie indiquée par Pictet, et qui fait dériver le mot *anser* d'une expression sanscrite signifiant « rire et *bailler*. » De plus Edwards, qui s'est servi de l'épithète *rieuse* pour désigner l'*Anser albifrons*, dit qu'il a employé cette expression parce qu'elle peignait très-bien le cri de ce palmipède, cri ressemblant à un éclat de rire.

L'oie rieuse vient beaucoup moins souvent dans notre département que les espèces précédentes. Elle voyage en troupes innombrables, et s'abat dans les champs cultivés où elle exerce de véritables ravages. Elle se nourrit de graines et de plantes. La femelle pond, dans les marais des contrées du Nord, de huit à douze œufs d'un blanc sale, ayant de 0$^m$,080, à 0$^m$,084 de longueur, et de 0$^m$,054 à 0$^m$,058 de diamètre.

***

## OIE BERNACHE. — Anser leucopsis.

L'épithète française donnée à cette oie se rattache à une série d'erreurs qui, pendant bien des siècles, ont été adoptées même par les savants. La *bernache* habite les contrées les plus glaciales du Nord ; elle ne s'en éloigne que pendant les hivers les plus rigoureux. Les habitants des rivages des climats tempérés voyant les bernaches arriver subitement sur les côtes, par bandes innombrables, et ne connaissant ni le pays ni les habitudes de ces oiseaux, se sont laissé égarer dans un système de fictions plus ou moins ridicules pour expliquer la génération de ces palmipèdes. Ce sera dans ces fictions mêmes que nous trouverons l'étymologie du mot *bernache*. Buffon (édition in-4°, tome IX, pag. 94 et suivantes) rapporte, en paraissant y ajouter foi, le sentiment de ceux qui pensent « que c'est dans les vieux mâts et autres débris de navires tombés et pourris dans l'eau, que se forment d'abord, comme de petits champignons ou de gros vers, qui peu à peu se couvrent de duvet et de plumes, achèvent leur métamorphose en se changeant en oiseaux, » et ces oiseaux sont les bernaches. Buffon continue ainsi : « D'autres pensent que ce ne sont ni des fruits ni des vers, mais des coquilles qui enfantent les bernaches, et Moier affirme avoir ouvert plus de cent de ces coquilles *anatifères* et avoir trouvé dans chacune d'elles un oiseau tout formé !! »

Fulgose (livre I, chap. VI) prétend « que les arbres qui portent les fruits donnant naissance aux bernaches ressemblent à des saules, qu'au bout de leurs branches se produisent de petites boules gonflées offrant l'embyron d'un canard qui pend par le bec à la branche et, que, lorsqu'il est mûr et formé, il tombe à la mer et s'envole ! » Vincent de Beauvais aime mieux « l'attacher au tronc et à l'écorce dont il suce la sève jusqu'à ce que, déjà grand et tout couvert de plumes, il s'en détache. » C'est cette dernière erreur qui a fait désigner la bernache sous le nom d'*Anser arboreus*, « l'oie arbre. » Une des îles Orcades, situées dans l'Océan Atlantique et appartenant à l'Angleterre, est appelée *Pomonia* parce que l'on pensait que le prodige raconté par Vincent de Beauvais se réalisait sur les arbres de cette île.

Cet exposé sommaire des fictions ridicules qui ont entouré la génération des oies bernaches fera comprendre facilement le motif qui a engagé les naturalistes à désigner ce palmipède par le nom qui lui est généralement consacré. *Bernache* dérive, selon M. Littré, du bas-latin *bernaca, bernicla*, en anglais *barnacle*, d'un mot irlandais ainsi adopté parce qu'une opinion populaire faisait naître cet oiseau des *bernacles* ou *bernicles*, coquillages attachés aux végétaux du bord de la mer où il place son nid. Quelques-unes de ces coquilles portent même le nom de *conques anatifères*, « conques qui portent, qui engendrent les canards. »

L'épithète *leucopsis* est formé de leukos, « blanc, » et d'ops, opos, « visage. » Cette dénomination fait connaître que la bernache a le front et les joues d'un blanc assez pur. Belon la désigne sous le nom de *nonnette* ou de *religieuse*, parce que le plumage des ailes de la bernache est entrecoupé de bandes ondulées blanches et noires ; couleurs, qui d'après Belon, la faisaient ressembler au costume des religieuses.

La chair de l'oie bernache est très-délicate. Ce palmipède se reproduit dans les régions les plus froides des deux hémisphères. La femelle pond de huit à douze œufs d'un blanc jaunâtre ou légèrement verdâtre. Le grand diamètre varie de 0$^m$,070 à 0$^m$,076, et le petit, de 0$^m$,050 à 0$^m$,054.

---

## OIE CRAVAN. — Anser bernicla.

Cette oie a été très-longtemps confondue avec la précédente, et c'est la raison pour laquelle on l'a désignée sous le nom de *bernicla*, qui n'est qu'une variante de *bernache*, et dérive lui-même du bas-latin *bernaca, barnaces, bernicla*.

D'après Gesner, *cravan* serait un dérivé de deux mots allemands, *grau*, « brun, » et *ent*, « canard, » et signifierait alors *canard brun*. Cette expression se justifierait par la couleur du plumage de l'oie cravan lequel est d'un gris brun ou noirâtre et uniforme; caractère qui sert à la distinguer de la bernache.

Quelques auteurs pensent que l'adjectif *cravan* rappelle simplement l'erreur de ceux qui croyaient que certaines espèces d'oies étaient engendrées par des coquillages, et

que ce nom a été donné à ce palmipède parce qu'il était censé naître dans les *cravans*, coquilles bivalves de l'Ordre des *Brachiopodes*, mollusques dont la bouche est portée sur un long pédicule charnu, appelé *pousse-pied*. Ces mêmes coquilles ont été aussi nommées *anatifères* et *anatifes*, de *anas*, « canard, » et *fero*, « porter, produire, engendrer. » Elles s'attachent à la cale des navires. La cravan est aussi désignée sous le nom de *nonnette*. Voici le passage de Belon sur cette dénomination : « Le dessus de sa teste, le long du col par le derrière et par le deuant de l'estomach, porte les plumes fort noires, mais dessous le bec jusqu'à la moitié du col, et au-dessous des yeux la couleur en est blanche se rapportant à l'habit des nonnains qui ont leurs couurechefs noirs doublez de blanc. » (Livre III, pag. 158-159.) A la page 166, Belon désigne la cravan sous le nom de *canne à collier*, parce que, de chaque côté du cou, une tache d'un blanc pur se distingue de la couleur d'un noir terne répandu sur la tête, sur le cou et sur le haut de la poitrine. Cette particularité explique pourquoi quelques naturalistes ont pensé que *cravan* pouvait être pris dans le sens d'*oie à cravatte*. Ce palmipède était un des oiseaux sacrés des Egyptiens ; il habite les contrées tempérées, et est beaucoup plus aquatique que ses congénères ; il nage pendant des journées entières, s'apprivoise facilement, et se reproduit en captivité. Les œufs, au nombre de huit à douze, sont d'un blanc pur ou roussâtre. Leur longueur est de $0^m,07$ à $0^m,08$, et leur diamètre de $0^m,05$ à $0^m,06$.

---

## CYGNE SAUVAGE. — Cycnus musicus.

Le cygne règne sur les eaux par sa beauté, par sa grâce et même par sa force. D'une blancheur sans égale, d'un port majestueux quand il est à terre, le cygne est encore plus élégant lorsqu'il se livre à la natation sur une belle nappe d'eau ; ses pattes lui servent de puissantes rames ; ses ailes concaves semblent se gonfler sous l'action du vent, et son long cou paraît se replier avec souplesse jusque sur sa poitrine. Le cygne soigne son plumage avec une recherche presque affectée ; il semble s'admirer lui-même en se contemplant dans le cristal des eaux limpides. Il éloigne du lieu de son séjour les autres oiseaux et même les chevaux qui pourraient, par leur présence, salir la propreté des étangs sur lesquels il se joue. Le cygne se défend avec succès, même contre les aigles,

et souvent, dans ces combats, il terrasse ses adversaires
avec ses ailes assez vigoureuses pour briser les jambes
des jeunes chevaux qui s'aventurent au milieu des eaux.
Mais c'est surtout lorsqu'il s'agit de protéger ses petits,
que le cygne manifeste une grande énergie et un courage vraiment héroïque. Le mâle nage en avant ; les petits se tiennent derrière, et la femelle ferme la marche en
jetant sans cesse un regard scrutateur pour découvrir les

ennemis qui pourraient survenir. Puis, afin de procurer
un peu de repos à ses petits, le père les promène sur son
dos ; l'on croirait volontiers que le roi Henri IV se serait
inspiré de ce touchant tableau pour l'imiter en jouant avec
ses enfants. Quand les ardeurs du soleil sont trop vives,
ou lorsque le vent souffle avec trop de violence, le cygne
met ses petits à l'abri en les enveloppant de ses ailes gonflées. Ces quelques détails, bien sommaires et bien incom-
plets, sur les mœurs du cygne, peuvent cependant venir
en aide à l'étymologie de son nom. D'après Littré, « *cygne*

dériverait du latin *cycnus*, du grec ΚΥΚΝΟΣ, qui tient lui-
même au latin *ciconia* par l'intermédiaire du sanscrit
*cakuni*, signifiant l'*oiseau*, » et voudrait dire alors, l'*oiseau par
excellence*. Cette acception serait très-juste en l'appliquant
surtout à une catégorie particulière, à celle des oiseaux
d'eau. Sous ce rapport, le cygne peut très-bien être regardé comme le palmipède régnant sur les eaux, de
même que l'aigle règne dans les régions élevées de l'air.
Bien plus, le règne du cygne est le règne de la douceur
et de la paternité; il ne se sert de sa force que pour défendre sa jeune famille.

Le cygne rend de grands services : il vit presque exclusivement de racines et de plantes qu'il arrache au fond de
l'eau avec le secours de son cou long, flexible et doué
d'une force prodigieuse dûe aux vingt-trois vertèbres qui
le sillonnent intérieurement. A l'extrémité du cou se
trouve un bec armé de scies tranchantes, et la mandibule
supérieure est terminée par un onglet corné très-solide
et approprié à la mission que la Providence a confiée au
cygne. C'est avec ces moyens puissants que cet oiseau
purifie les cours d'eau, les marécages, en arrachant
toutes les plantes qui pourraient en corrompre la limpidité et la pureté, et qu'il combat les miasmes dangereux,
les exhalaisons pestilentielles, et, par suite, les fièvres
contagieuses. Il suffit de quelques cygnes dans un étang
pour assurer la limpidité de l'eau et sa pureté. Le bec du
cygne sauvage est noir et couvert à sa base d'une cire
jaune qui se prolonge jusque sur les lorums en entourant
les yeux. Le cygne domestique a le bec rouge dans toute
sa longueur, à l'exception de l'extrémité de la mandibule
supérieure qui est noire, ainsi que l'excroissance charnue
qui s'élève vers la base de la même partie du bec. C'est
cette différence notable qui a fait appeler *tuberculé* le cygne
domestique. En-dessous des plumes extérieures, le cygne
est revêtu d'un duvet bien fourni qui garantit le corps de
l'oiseau des impressions de l'eau. Ce duvet, d'une grande

mollesse et d'une blancheur parfaite, est très-recherché dans l'industrie.

Le cygne ne chante ni pendant sa vie ni à l'heure de sa mort. Il ne fait entendre qu'un sifflement sourd et strident. Cependant le cri du cygne sauvage est moins désagréable que celui du cygne domestique. L'adjectif *musicus*, « musicien, » ne s'appuie que sur une erreur des anciens, qui admettaient qu'à ses derniers moments le cygne faisait entendre une suave et douce mélodie.

> « Dulcia defecta modulatur carmina lingua
> Cantator cycnus funeris ipse sui.

> « Sa langue, prête à se glacer, fait entendre de doux accords : le chant de la mort du cygne, c'est le cygne lui-même. »

(Martial, liv. XIII, épigramme LXXVII.)

Hésiode appelle le cygne AERSIPOTAS « *altivolans*, volant dans les régions élevées, » parce que le vol de cet oiseau est élevé en même temps qu'il est rapide.

Le cygne apparaît en Anjou pendant les hivers rigoureux ; des bandes assez nombreuses de ces palmipèdes vinrent s'abattre dans les marais de notre département vers la fin de 1829 et les premiers mois de 1830. Plusieurs cygnes furent tués près Saumur, et vendus à des maîtres d'hôtel qui en firent des pâtés trouvés délicats par les gastronomes, peut-être à cause de leur rareté ! Le cygne sauvage établit son nid au milieu des roseaux ; ce nid est formé d'une épaisse couche flottante, composée d'herbes desséchées, sur laquelle la femelle pond de six à huit œufs blancs, un peu roussâtres ou verdâtres ; cette couleur me semble être le résultat de leur contact avec les herbes. Les œufs du cygne domestique sont d'un gris verdâtre. Leur grand diamètre varie de $0^m,10$ à $0^m,12$, et le petit, de $0^m,069$ à $0^m,071$. Comme la femelle de l'oie, celle du cygne met un jour d'intervalle entre la ponte de chaque œuf.

La marche du cygne paraît plus embarrassée que celle

de l'oie ; cette difficulté provient de ce que le cygne a les pieds plus courts et plus en arrière que ne le sont les pieds de l'oie, particularité qui prouve que le cygne est conformé plus pour la natation que pour la course à terre.

La vie de ce palmipède est très-longue, et, selon plusieurs auteurs, elle se prolongerait pendant un siècle entier.

***

## CYGNE DE BERWICH. — CYCNUS BERWICHII OU CYCNUS MINOR.

Les mœurs de ce cygne sont les mêmes que celles du précédent. Il habite tous les grands lacs du nord de l'Europe, et surtout les eaux douces de l'Islande, contrée dans laquelle il se reproduit. La femelle pond de six à huit œufs d'un blanc un peu jaunâtre ; leur longueur est de $0^m,095$ à $0^m,10$, et leur diamètre, de $0^m,065$ à $0^m,070$. Ce palmipède est désigné sous le nom du savant qui a établi les caractères servant à distinguer ce cygne de son congénère. L'adjectif *minor*, « petit, » indique que cet oiseau est plus petit que le précédent. Son bec est jaune à la base et un peu renflé. Enfin, les plumes de son front représentent un angle obtus.

***

## CANARD SAUVAGE. — ANAS BOSCHAS.

Le Genre canard renferme un grand nombre d'espèces visitant l'Anjou. Parmi ces espèces, plusieurs sont désignées par des noms vulgaires dont la signification a été pour moi l'objet de longues et de pénibles recherches. Si quelques-unes de ces dénominations, mais en très-petit

nombre, se dérobent à mes investigations, j'imiterai les
généraux d'armée : je tournerai la position et je passerai
outre, en me bornant à donner des détails sur les mœurs
de ces palmipèdes.

L'ancien nom français du canard était *ane* de *anas* d'où
l'on a formé plus tard *cane* et *canard*, que Diez rattache
à l'allemand *kahn*, « bateau, » principe du vieux latin
*canardus*, « espèce de navire. » (Chevalet, tome II,
pag. 136.) D'après Roquefort, le canard serait ainsi nommé
de son cri répété *can-can*. Si l'on admet que *canard* dérive
du mot *anas*, il s'agit de rechercher l'étymologie de cette
expression. *Anas* a pour principe ΝΈΤΤΑ, ΝΈΣΣΑ, de ΝΑΌ,
« nager. » *Canard* signifie donc *le nageur*, dénomination
exacte, mais qui n'est peut-être pas assez caractéristique, car
elle convient à beaucoup d'autres oiseaux. Quant à l'adjectif
*boscas*, il vient du grec ΒΟΣΚΑΣ, ΒΟΣΚΑΔΟΣ dont la racine est
ΒΟΣΚΏ, « brouter, paître, » et indique l'habitude de ce palmipède de brouter les pointes des végétaux et de tondre
l'herbe avec une grande facilité. Ménage se demande si
le mot *cane* n'aurait pas été donné à cet oiseau parce qu'il se
plaît parmi les cannes et les roseaux. Ce qui pourrait
rendre cette hypothèse tant soit peu plausible, c'est que,
selon Cascneuve, *cane* vient de l'hébreu *kaneh*, signifiant
*arundo* vel *calamus*, « roseau. »

L'épithète *sauvage* sépare ce palmipède de toutes les
espèces réduites en domesticité. Le mâle se distingue de
la femelle par quatre plumes moyennes de la queue qui
sont relevées en boucle. Dans toutes les espèces de canards
le mâle est beaucoup plus gros que la femelle, particularité entièrement opposée à celle qui existe dans les
oiseaux de proie, dont les mâles sont d'un tiers plus petits
que les femelles.

Le mot *canard* est synonyme de *tromperie*, de *fausse
nouvelle*, de *choses impossibles*. Les différents sens qu'on
attache à ce mot s'appuient-ils sur les mœurs de cet
oiseau? Je pense qu'on peut trouver quelque analogie

entre les habitudes du canard et le dicton populaire.

Lorsque les rigueurs de l'hiver amènent dans nos contrées des troupes innombrables de canards qui viennent s'abattre sur les cours d'eau et dans les vastes marais, des chasseurs se réfugient dans des huttes formées par les branches repliées de jeunes arbres et d'osiers, ou dans des cabanes recouvertes de feuillages et placées sur de légers bateaux. Là, ces chasseurs passent les jours et les nuits à attendre les canards sauvages ; mais pour attirer ceux-ci à portée de fusil de leurs huttes, ils dressent des canards domestiques à servir d'*appeaux*.

Ces derniers poussent des cris de rappel quand ils aperçoivent les bandes de leurs congénères, puis s'envolent pour aller au-devant d'eux et les engager à s'abattre près de la hutte d'où doit partir le plomb meurtrier. La conduite du canard domestique peut donc être regardée comme un symbole personnifiant le mensonge, la perfidie, puisque ce palmipède vole au-devant de ses semblables, paraissant leur offrir un lieu de repos et d'hospitalité, tandis qu'il les conduit à la mort. Le sens attaché vulgairement au mot *canard* peut donc ici s'appuyer sur les mœurs de ce palmipède. De plus cet oiseau trompe souvent les chasseurs par sa stratégie. Lorsque les bandes de canards s'envolent à l'approche du danger ou lors même qu'elles se préparent à s'abattre, elles s'élèvent verticalement, poussent de grands cris, tourbillonnent plusieurs fois, puis rasent la surface de l'eau assez longtemps avant de nager. De sorte que le chasseur est presque toujours trompé dans son attente, car le gibier qu'il poursuivait est bien loin de l'endroit où il avait cru le voir se reposer. Il en est de même de la femelle ; lorsqu'elle couve, elle ne revient jamais directement sur son nid, mais elle suit une série de lignes brisées. Dans ces différentes circonstances le canard est donc un trompeur, et, dès lors, son nom peut rappeler le mensonge et ce qui est faux.

Enfin le canard est omnivore, et son appétit est insatiable ; il mange de tout et en une telle quantité que souvent la réalité, dans cette conjecture, n'a pas même le cachet de la vraisemblance.

Sous ce rapport encore, le mot *canard* se lie à l'idée de choses impossibles ou du moins bien extraordinaires. Ces choses deviennent encore beaucoup moins croyables quand il s'agit de *canards américains*. On connaît la légende d'après laquelle un habitant du Nouveau-Monde, voulant introduire en Europe une espèce de canard originaire de son pays, apporta sur le navire une douzaine de ces palmipèdes qu'il entourait de ses soins vigilants. Hélas ! quel ne fut pas son étonnement lorsqu'ayant négligé, par suite d'une indisposition de quelques jours, de visiter la cabine dans laquelle étaient renfermés les douze canards, il n'en trouva plus qu'un seul qui avait dévoré ses onze congénères ! Quel estomac ! Quel canard !

Les différents canards s'unissent entre eux, et de ces unions naissent des individus formant des espèces fictives et donnant lieu à des classifications erronées. Un canard est donc un être difficile à déterminer et dont on ignore la véritable souche.

La cane ordinaire, unie au canard masqué ou canard de l'Inde, donne naissance au *mulard*, dont le foie sert à composer des pâtés que les gastronomes proclament la merveille des merveilles culinaires.

Aucun des canards de l'Europe ne se perche, tandis que tous ceux de l'Amérique sont doués de cette faculté. Ici on reconnaît encore une preuve de la Providence de Dieu qui a donné au canard du Nouveau-Monde un moyen puissant d'échapper à la poursuite des serpents qui désolent ces contrées lointaines.

La nourriture du canard sauvage est végétale et animale : pour se la procurer, non-seulement il nage, et visite les marais et les cours d'eau dans tous les sens, mais il plonge aussi en immergeant son cou et une partie de

son corps, et occupe ainsi une position perpendiculaire
pendant un temps assez long pour lui laisser le loisir
de chercher dans la vase des marais les herbes et les
insectes qui s'y sont réfugiés.

Chaque année quelques couples se reproduisent en
Anjou. Le nid formé, à l'extérieur, de feuilles sèches, de
racines, d'herbes, et, à l'intérieur, de plumes et de duvet
que la femelle s'arrache chaque jour jusqu'au moment de
l'éclosion, est placé parmi les buissons ou les bois des
marécages, et quelquefois sur la tête des vieilles souches.
Les œufs, au nombre de dix à quatorze, sont d'un gris
verdâtre pâle, et se distinguent de ceux du canard domestique par des dimensions un peu plus petites et par des
nuances moins foncées. Le grand diamètre est de $0^m,054$
à $0^m,060$, et le petit, de $0^m,040$ à $0^m,042$. Pendant l'incubation rien ne peut éloigner la femelle de son nid; elle ne
le quitte qu'à l'approche de l'homme, dont elle semble
même quelquefois braver la présence.

## CANARD TADORNE. — Anas tadorna.

Afin de pouvoir justifier, du moins en partie, l'hypothèse que je vais soumettre à mes lecteurs, sur le mot
*tadorne*, je commence par relater ici quelques passages
des anciens auteurs. Le premier appartient à Rabelais, et
indique une étymologie que je suis loin d'admettre. La
voici : « La *tadourne* est une sorte d'oie, plus grosse que
le canard et qui se faisant moins entendre que les autres
oies, aura pu avoir été appelée de la sorte de *taciturna*
« taciturne. » (Nouv. édit. an 1732, tome I^er, livre I,
chap. xxxviii, pag. 276.)

« La tadorne, » dit Belon, « est oiseau moult ressemblant à une canne, mais on la voit rarement en France,

sinon ès courts des grands seigneurs, à qui on les apporte des autres provinces du dehors. » (Liv. III, pag. 172.)

Dans les dessins qui accompagnent le texte d'Aldrovande, on trouve *tardone.*

L'adjectif qui sert à désigner le canard qui est le sujet de cette notice, a donc été écrit, de différentes manières,

*tadourne, tardone.* Les variations dans l'orthographe de ce mot peuvent servir à trouver le principe d'une expression employée par tous les auteurs sans qu'aucun d'eux ait indiqué, du moins à ma connaissance, la racine de cet adjectif. Il est évident, d'après les textes énoncés ci-dessus, et qu'il serait facile de multiplier, que les anciens naturalistes comparaient le tadorne à une oie *moult grasse,* et qu'ils la désignaient sous le nom de la *tadourne* ou la

*tardone*. Dès lors cette expression ne serait-elle pas l'équivalent du mot outarde, provenant des mêmes racines,
mais présentées dans un sens inverse, et composée de
*tarde*, « grasse, et *ourne*, *orne*, *oue*, « oiseau, oie ? » Cette
hypothèse pourrait se justifier par l'opinion des anciens
auteurs qui tous prenaient le tadorne pour une oie et une
oie grasse.

Buffon appelait ce palmipède *canard-renard*, *canard-lapin*;
en latin il est désigné sous le nom de *vulpanser*, de *vulpes*,
« renard, » et *anser*, « oie, renard-oie. » Ces expressions me
sourient beaucoup plus que celle de *tadorne*, parce qu'elles
ont l'avantage de représenter une des habitudes caractéristiques du palmipède qu'elles déterminent. Ce canard
est le seul, parmi tous ses congénères, à chercher, comme
le renard, comme le lapin, un gîte pour y établir son nid
et y élever sa jeune famille. Quelques auteurs même prétendent que le tadorne dispute aux lapins leurs garennes,
et que par sa ténacité il reste maître du terrain. Dans
toutes les langues cet oiseau porte un nom qui rappelle
l'habitude que je viens de relater. Sur les bords de la mer,
le tadorne niche dans les fentes des rochers; au milieu
des endroits marécageux, il se réfugie dans les trous des
vieux arbres. La femelle pond de douze à quatorze œufs
d'un blanc un peu verdâtre. Le grand diamètre est de
0$^m$,062 à 0$^m$,065, et le petit, de 0$^m$,044 à 0$^m$,046.

Quand la ponte est terminée, la femelle recouvre ses
œufs d'un duvet blanc et très-fin dont elle se dépouille elle-
même. Pendant tout le temps de l'incubation, le mâle se
tient en vedette sur les dunes. Dès que les petits sont
éclos, leurs parents les conduisent à la mer.

Le tadorne ne se mêle pas aux bandes des autres espèces
de canards, il voyage par couples ou par petites bandes. Il
se nourrit de vers de mer, de sauterelles, de petits poissons, de plantes marines, de leurs racines et de petits coquillages qui se détachent du fond de la mer sous l'action
des flots agités. Ces débris de coquillages se mêlent à

l'écume, et sont capturés très-facilement par le tadorne dont le bec, aplati vers le bout et renflé à la base de la mandibule supérieure, décrit une ligne concave favorisant la mission confiée à ce palmipède par la Providence de Dieu.

Le tadorne est encore appelé le *canard des Alpes* parce qu'il niche dans la fente des rochers qui bordent quelques-uns des grands lacs situés au milieu des montagnes.

Ce palmipède est un excellent gibier, et déjà du temps de Pline il était regardé comme le rôti le plus succulent fourni par les canards. « Suaviores epulas, olim, vulpansere non noverat Britannia : — La Bretagne autrefois ne connaissait pas de gibier plus succulent que le renard-oie. » (Pline, liv. X, chap. XXII.)

Les Grecs donnaient aux œufs de cet oiseau le premier rang après ceux du paon. Le duvet du tadorne est presque aussi fin et aussi doux que celui de l'Eider.

------

CANARD CHIPEAU ou RIDENNE. — ANAS STREPERA.

Ce canard plonge très-bien et assez longtemps. Il habite les prairies marécageuses du nord de l'Europe. Ses habitudes ressemblent à celles de ses congénères. Ma tâche se borne donc à expliquer les noms sous lesquels il est désigné en latin et dans la langue vulgaire. L'adjectif *strepera* dérive de *strepo, strepere*, « faire du bruit, » et indique que cette espèce a un cri de rappel plus accentué, plus répété et surtout plus fatigant à entendre que celui des autres canards. Aussi est-il communément appelé le *chipeau bruyant*. Quant aux dénominations *chipeau* et *ridenne*, elles ont le même sens et servent à déterminer, d'une manière expressive, mais un peu triviale, l'ensemble de la couleur du plumage de cet oiseau. *Chiper*, en terme de tannerie, signifie *passer au tan*, donner une couleur brune semblable à celle du tan. C'est ainsi qu'on appelle *basane chipée* celle qui a subi l'apprêt du tan. *Chipeau* représente donc l'idée de couleur brune, rousse, semblable au tan. C'est pourquoi les chasseurs de canards appellent le chipeau le *rousseau* ou le *roux*. *Ridenne* exprime la même idée que chipeau; aussi le canard que cette expression détermine est-il appelé indifféremment

*chipeau* ou *ridenne*. Cette dernière dénomination me semble dériver d'un vieux mot français, *ride*, servant à désigner une espèce de grosse toile jaunâtre ou d'un gris roux. Dès lors *chipeau*, *ridenne*, *rousseau* seraient trois mots servant, sous des formes différentes, à retracer la couleur dominante de ce canard. Si l'on eût conservé au palmipède dont j'essaie d'expliquer les noms vulgaires, l'épithète *ridelle*, elle eût été plus caractéristique que celle de *ridenne*. J'eusse désiré pouvoir trouver quelques motifs un peu plausibles de rattacher ces deux expressions à la même

racine. On appelle *ridelles* les côtés d'une charrette faite
en forme de râtelier. Or le chipeau est, avec le souchet, le
seul palmipède du Genre canard, dont le bec ait un caractère très-distinctif, consistant en une série de petites *ridelles* ou *lamelles* qui garnissent la mandibule supérieure.
Ces lamelles minces, longues et très en saillie au delà des
bords, recouvrent même une partie de la mandibule inférieure, sont très-visibles sur la plus grande partie du bec,
et semblent dès lors se rapprocher des *ridelles*. La chair
du canard chipeau est très-appréciée par les gastronomes.

Le ridenne niche au milieu des joncs, dans les grands
marécages du nord de l'Europe. La ponte est de douze
œufs d'un gris jaunâtre ou verdâtre très-pâle. Leur longueur est de 0$^m$,052 à 0$^m$,056, et leur diamètre, de 0$^m$,038
à 0$^m$,040.

## CANARD PILET. — Anas acuta.

Le canard pilet se rapproche beaucoup des habitudes
de la sarcelle. Peut-être est-ce à cette relation qu'il doit
d'être considéré, ainsi que la sarcelle, comme un aliment
maigre pouvant être mangé pendant les jours d'abstinence. Ce palmipède doit son nom vulgaire et son nom
scientifique à une particularité du plumage du mâle. La
queue du pilet est conique, et celle du mâle porte deux
pennes intermédiaires, effilées, dépassant les latérales, de
plus de 0$^m$,055. Ces deux pennes ressemblent à deux
flèches, et expliquent la dénomination donnée au *pilet*. Cet
adjectif se rapporte au vieux latin *pilatus*, signifiant « soldat armé d'un dard, d'un javelot, » et dérivant de *piletta*,
« javelot. » Dans les glossaires de basse latinité, on trouve
*pileatus*, « celui qui est coiffé d'un bonnet pointu. » D'où
l'on a donné le nom de *pilettes* à certains ornements en

forme de flèches qui surmontaient les *coiffes* des femmes à l'époque où celles-ci portaient des *mortiers*. De même on appelait *pileus* le bonnet que l'on fixait à l'extrémité d'une pique, d'une lance, et autour duquel se groupaient les esclaves que l'on devait vendre.

On lit dans Guillaume Guiart (année 1214) les vers suivants, justifiant le sens énoncé ci-dessus :

> « Ribaus qui de l'ost se partent
> Par les champs çà et là s'espartent,
> Li uns une *pilette* porte
> L'autre croc ou maçue torte. »

Dans notre département, les chasseurs et les pêcheurs l'appellent, en leur langage expressif, le *pointard*. M. Millet de la Turtaudière croit que ce nom a été donné au pilet parce que cet oiseau, lorsqu'il s'envole, s'élève dans l'air presque perpendiculairement en faisant une *pointe* rapide. Je pense que *pointard* n'est qu'un équivalent du mot *pilet*, et que ces deux expressions ont pour principe les longues pennes de la queue du mâle. L'adjectif *acuta*, « pointue, » vient encore fortifier mon opinion. Enfin les nouvelles ornithologies désignent le pilet sous le nom d'*acuticaude*, de *acuta*, « pointue, et *cauda*, « queue. »

Ce palmipède habite ordinairement le nord de l'Europe et de l'Amérique. Il quitte ces contrées pendant la saison rigoureuse de l'hiver et apparaît alors en Anjou par bandes assez considérables. La femelle compose dans les marais, avec des herbes desséchées, une coupe aplatie qui porte ordinairement de huit à dix œufs d'un gris verdâtre peu foncé ou roussâtre; leur grand diamètre varie de 0$^m$,054 à 0$^m$,060, et le petit, de 0$^m$,042 à 0$^m$,044.

---

## CANARD SIFFLEUR. — A̲NAS PENELOPE.

Cette espèce doit son nom vulgaire au cri perçant, aigu, *ouigneux* qu'elle fait entendre assez fréquemment, et qui sert à distinguer le *siffleur* de tous ses congénères. Le siffleur se nourrit principalement de végétaux qu'il broute comme les oies, et il ne crible pas la vase avec son bec à la manière des sarcelles et des canards. Quant au mot *Penelope*, il peut être un simple souvenir mythologique ou une expression servant à indiquer la fidélité de la femelle au mâle. Aldrovande (chap. XIX, pag. 92) prétend, d'après Isacius Tretzes, que Périthée et Icarius ayant jeté à la mer leur jeune fille, celle-ci fut sauvée par des canards qui, de la surface de l'eau, la conduisirent sur le rivage, et permirent ainsi à ses parents d'en prendre soin de nouveau. Aldrovande pense que ces canards portaient le nom de *Penelopes*, et que dès lors, ils auraient donné leur nom à la fille d'Icarius. D'autres croient, au contraire, que les canards auraient été ainsi appelés du nom de celle qu'ils avaient sauvée, et que *Penelope* serait une dénomination destinée à perpétuer l'acte de dévouement exercé par ces palmipèdes. La jeune Pénélope devint plus tard l'épouse d'Ulysse, auquel elle resta fidèle pendant toute la durée du siége de Troie, malgré les instances des prétendants qui demandaient sa main.

Pour les éloigner, Pénélope promit de donner la préférence à celui qui pourrait tendre l'arc d'Ulysse, et de se décider quand une pièce de toile à laquelle elle travaillait serait terminée. Mais elle défaisait pendant la nuit ce qu'elle avait fait pendant le jour. A son retour Ulysse tua tous ses prétendants. La femelle du canard pénélope est-elle aussi fidèle que l'épouse d'Ulysse, et le mâle est-il aussi terrible dans ses vengeances que le vainqueur de Troie ? J'abandonne aux érudits la réponse à ces deux questions, et je crois que dans la dénomination donnée au canard pénélope, il n'y a qu'un souvenir mythologique rappelant le sauvetage de la fille d'Icarius.

Quoique bonne, la chair de ce canard est cependant réputée *maigre*. Le siffleur habite les contrées orientales de l'Europe et niche dans les herbes des marais. La femelle pond de huit à douze œufs d'un gris jaunâtre et légèrement verdâtre. La longueur est de 0^m,054 à 0^m,058, et le diamètre, de 0^m,038 à 0^m,040.

## CANARD SOUCHET. — Anas clypeata.

Deux épithètes servent à distinguer ce canard de ses congénères ; l'une latine, *clypeata*, l'autre vulgaire, *souchet*. La première peut s'expliquer assez facilement, mais il n'en est pas de même de la seconde. L'adjectif *clypeata*, dont la racine est *clypeus*, « bouclier, » signifie qui « porte un bouclier. » Cette dénomination, singulière en apparence, se justifie par le vert doré des rémiges qui forment un long miroir anguleux sur l'aile quand elle est pliée. Ce miroir, un peu éblouissant, semble représenter une espèce de bouclier appuyé sur les ailes de l'oiseau. Les chasseurs, ne se préoccupant que de la couleur vive de cette partie du plumage du souchet, l'appellent le *rouget*. D'autres lui donnent le nom de *bec en cuiller*. Cette dernière dénomination est la plus caractéristique. En effet, le signe distinctif du souchet est le développement excessif de l'extrémité de la mandibule supérieure qui dépasse de moitié la mandibule inférieure. Cette particularité rapproche le bec du souchet de celui de la spatule ; aussi est-il désigné par un certain nombre de naturalistes sous ces mots : *Anas spatula*, « canard spatule. » Il me reste à indiquer, autant que possible, l'étymologie du mot *souchet*. En botanique, *souchet* est le type de la famille des *Cypéracées* et de la tribu des *Cypérées*, qui se développent sur le bord des eaux et dans les marais. Parmi les espèces comprises dans cette famille, on distingue le *souchet à papier*, « papyrus. »

Le canard auquel je consacre cette courte notice doit-il son nom vulgaire à son séjour de prédilection au milieu des marais, des souchets? S'il en était ainsi, l'étymologie aurait du moins une raison d'être. En cherchant dans les vieux glossaires quelques renseignements sur le mot *souchet*, j'ai trouvé un détail sur la *souche* ou la *bûche* de Noël, et l'on me permettra de le transcrire ici, comme pouvant être agréable à quelques-uns de mes lecteurs. En Anjou, pendant la messe de minuit, on met dans le foyer de chaque maison la souche la plus grosse que l'on puisse trouver dans le bûcher. Cette coutume est à-peu-près générale en France ; elle doit reposer sur certaines croyances populaires. Voici ce que je lis dans le *Glossaire du centre de la France*, par M. le comte Jaubert (t. I, p. 282) : « La souche ou cosse de *Nau* ou *No* est celle que l'on met dans le foyer pendant la messe de Noël, grosse pour en avoir davantage. On la conserve ensuite sous le lit du maître de la maison, et on en jette un morceau dans le foyer pendant l'orage, afin de préserver la famille contre le feu du temps. »

Je reviens au souchet : ce canard vit de petits vers, d'insectes qu'il saisit en triturant les vases avec ses lamelles très-longues qui ressemblent aux dents d'un peigne; il se nourrit aussi de petits poissons, de plantes aquatiques et de jeunes plantes des cypérées. Serait-ce le motif qui lui a fait donner son nom?

Continuons donc encore nos recherches sans trop nous décourager. A ce sujet, je me rappelle deux vers de Régnier qui peuvent trouver leur place ici, car ils peignent d'une manière bien simple et bien vraie les tribulations de tous ceux qui se livrent aux travaux intellectuels, puis *souche*, dans les anciens glossaires, signifie *soucis, inquiétudes, chagrins*, etc.

Voici les vers de Régnier :

> Nous vivons à tâtons, et, dans ce monde-ci,
> Souvent avec travail on poursuit du souci.

Roquefort pense que *souchet* dérive de *juncetus*, diminutif de *juncus*, « jonc. » Cette interprétation, dont je n'assume pas la responsabilité, s'harmoniserait avec les hypothèses que j'ai indiquées, et constaterait les lieux où séjourne le souchet, c'est-à-dire les marais semés de roseaux et de joncs. Les nouvelles ornithologies désignent le souchet sous le nom peu harmonieux de *rhynchaspis*, composé de ʀʏɴᴄʜᴏs, « bec, » et ᴀsᴘɪs, « bouclier rond. » La forme ronde du bec de ce palmipède a donc fixé d'une manière sérieuse l'attention des savants. Puisqu'il en est ainsi, il me semble que *souchet* peut représenter la même idée ; car une des espèces du souchet, plante, est appelée *cyperus rotondus,* parce que ses racines sont rondes. Enfin *souchet* signifie aussi *stupide*, et, pris dans ce sens, le nom vulgaire de cet oiseau représenterait bien la physionomie d'un oiseau qu'on dirait être étonné de porter un bec peu en rapport avec les dimensions de sa tête.

Le souchet traverse l'Anjou par bandes peu nombreuses. Sa chair est très-délicate. Ce palmipède se reproduit dans les marais et les lacs du nord de l'Europe. La femelle établit son nid au milieu des joncs et sur les débris de ces plantes. Là, elle pond de dix à quatorze œufs d'un gris verdâtre peu accentué. Leur grand diamètre est de 0ᵐ,054 à 0ᵐ,056, et le petit, de 0ᵐ,036 à 0ᵐ,037.

---

## SARCELLE D'HIVER. — Aɴᴀs ᴄʀᴇᴄᴄᴀ.

La sarcelle, que les habitants des bords des cours d'eau appellent *canette* ou *petite cane*, aime à se tenir, pendant le jour, cachée dans les fourrés situés le long des rivières ou dans les endroits fangeux des marais. Ce n'est qu'au crépuscule qu'elle se met en mouvement, soit pour changer de localité, soit pour chercher sa nourriture qui est animale et végétale. Dans son vol, le mâle fait entendre un cri perçant répété plusieurs fois de suite et qui ressemble à un coup de sifflet très-aigu. C'est à cette habitude que la sarcelle doit son nom latin : « KEKRAS *dicitur avis quæ alio nomine vocatur* KREX ; on appelle KERKAS l'oiseau qu'on désigne aussi sous le nom de CREX. » Or cette dernière dénomination dérive de CREKÔ, signifiant « faire un bruit désagréable. » Le mot *crecca* se rapproche du cri de la sarcelle qui répète plusieurs fois de suite et d'une manière sifflée *kric, kric, krec, krec.* Aussi les chasseurs l'appellent-ils le *criquet*, le *criquart*, expression très-caractéristique. Roquefort affirme aussi que le principe de *crecca* est KERKÔ, poétique pour KREKÔ, « faire un bruit strident, agaçant, en poussant la navette. »

Quelques auteurs pensent que l'épithète *crecca* conviendrait mieux à la sarcelle d'été qu'à celle d'hiver, parce que la première aime, encore plus que sa congénère, à s'ébattre dans les airs en jetant des cris sifflés.

Quant au mot *sarcelle*, il paraît être, d'après Ménage, Bouillet, etc., une corruption du latin *querquedula*. Autrefois on écrivait *cercelle* et même *cercerelle.* Selon Voss et Jos. Scaliger, *querquedula* aurait pour principe KERKE-THALLIS composé de KERKIS, KREKÔ, « faire un bruit désagréable, » et THALLIS, de THALLÔ, « être à son comble, être dans toute sa force. » Toutefois ce dernier sens est pris en mauvaise part.

Le vol de la sarcelle est rapide et élevé. Cet oiseau fréquente les eaux douces et se reproduit parmi les marécages. La femelle pond, dans un nid grossièrement façonné avec les débris des plantes, de huit à douze œufs d'un blanc jaune roux. Leur grand diamètre est de $0^m,042$ à $0^m,046$, et le petit, de $0^m,032$ à $0^m,034$. Ils ne diffèrent de ceux de la sarcelle d'été que par des proportions un peu plus petites. On la nomme *sarcelle d'hiver*, parce que c'est vers cette saison qu'elle manifeste, dans nos contrées, sa présence en plus grand nombre. Cependant quelques couples restent, toute l'année, en Anjou, et s'y reproduisent.

## SARCELLE D'ÉTÉ. — ANAS QUERQUEDULA.

Cette espèce est désignée par des noms déjà connus ; il ne me reste plus qu'à donner quelques détails sur la sarcelle d'*Été*, ainsi appelée parce qu'elle reste en France pendant le Printemps et l'Été. Son nom populaire est *halebran*, composé de deux mots allemands, *halb*, « demi, » et *ente*, « canard. » Les Allemands l'appellent *halbente*. Les sarcelles d'été sont d'un caractère très-gai. Elles aiment à jouer entre elles sur l'eau ou dans les airs, à se poursuivre en poussant des cris qui se rapprochent de ceux du râle de genêt. Ces palmipèdes vivent par couples, pendant l'été, puis ensuite par familles, et se réunissent enfin en grand nombre à l'époque de l'Automne. La sarcelle d'été dissimule très-bien son nid, qu'elle compose d'une couche épaisse de joncs et d'herbes. Ce nid, caché dans les touffes de roseaux des vastes marais, renferme six ou huit œufs oblongs, d'un blanc sale ou d'un roux jaunâtre. Leur longueur est de 0<sup>m</sup>,046 à 0<sup>m</sup>,050, et leur diamètre, de 0<sup>m</sup>,032 à 0<sup>m</sup>,034. Quoique réputée *maigre*, la chair de la sarcelle est assez estimée par les gastronomes.

## DOUBLE MACREUSE. — Anas fusca.

Dans la plupart des ornithologies, les espèces suivantes forment un Genre à part, sous le nom de *Fuligules*. Ces palmipèdes s'éloignent des canards proprement dits, non-seulement par des caractères physiques, mais surtout par des mœurs et des habitudes différentes. Les fuligules préfèrent en général les eaux salées aux cours des fleuves et des rivières, cherchent leur nourriture en plongeant, et vivent presque exclusivement de petits poissons, de vers et de mollusques bivalves.

La double macreuse forme, avec le morillon, le garrot, le milouin, le milouinan et la macreuse, une section particulière parmi les canards : c'est le groupe des *fuligules*, expression formée de *fuligo* « suie, noir de fumée. » Cette épithète indique la teinte qui domine dans le plumage de ces palmipèdes. Les fuligules se distinguent encore des canards par le pouce qui n'est pas élevé comme celui de leurs congénères, mais réuni aux doigts par une membrane assez accentuée. Cette disposition particulière des doigts des fuligules indique que ces oiseaux sont conformés pour se livrer à une natation sous les eaux, et, dès lors, destinés à la pêche soit des poissons, soit des coquilles sous-marines. De plus, leur marche à terre est très-pesante et très-difficile ; enfin ils s'éloignent beaucoup de tout esprit de domesticité.

La naissance des macreuses a été, pendant de longs

siècles, entourée des mêmes préjugés que celle des oies, bernaches, etc. Certains auteurs pensaient que ces oiseaux naissaient du fruit d'un arbre des îles Orcades, d'autres qu'ils étaient engendrés par des mousses marines, par l'écume de la mer, par les bois pourris, enfin par les coquilles anatifères. Aristote croyait que les macreuses étaient le résultat d'une génération spontanée, fruit de la corruption des végétaux. Voici comment Guillaume de Saluste, seigneur du Bartas, a décrit, dans ses vers, la croyance populaire sur cette question :

> « Ainsi souls soy Boote, ès glaceuses campagnes,
> Tardif, void des oiseaux qu'on appelle granaignes
> Qui sont fils, comme on dit, de certains arbrisseaux,
> Que leur feuille féconde anime dans les eaux.
> Ainsi le vieil fragment d'une barque se change
> En des canars volans, ô changement estrange !
> Mesme corps fut iadis arbre vert, puis vaisseau.
> Naguères champignon et maintenant oiseau. »

( Le sixiesme iour de la sepmaine, dernière édition, 1611 , page 309.)

Les naturalistes, les médecins, les philosophes ayant admis et propagé les erreurs citées plus haut sur la génération des macreuses, ces oiseaux furent classés parmi les aliments maigres comme ayant pour principe les arbres, les végétaux, etc. Le pape Innocent III s'éleva contre cette erreur, et condamna cet abus vers la fin du douzième siècle. Le préjugé était tellement enraciné que la défense du Pape ne put l'ébranler, et que la macreuse continua à être mangée comme un aliment maigre jusqu'au commencement du dix-septième siècle. Maintenant encore un grand nombre de personnes agissent sous l'influence de cette croyance erronée. Gérard de Ver ayant constaté dans son voyage au Groënland que les macreuses étaient des canards, on chercha un prétexte de maintenir, quand même, la permission de manger ces palmipèdes, les jours d'abstinence. On affirma alors que le sang des macreuses était froid, qu'il ne se condensait pas, que leur graisse, comme celle des poissons, avait la propriété de ne se figer jamais. Les macreuses furent donc assimilées aux poissons, et, sous un autre point de vue, réputées encore aliments maigres. C'est aussi sous l'influence de ce préjugé que l'on dit d'un homme peu courageux qu'il a du *sang de macreuse* dans les veines. Un motif plus plausible pourrait justifier la concession de manger les macreuses, les jours de jeûne et d'abstinence : c'est que « leur chair est un piètre régal, » selon l'expression de Toussenel, « qui peut se manger sans péché dans les jours de pénitence. » En effet, la chair de la double macreuse est noire, coriace, huileuse, sentant le marécage et d'un goût très-désagréable.

Je reviens à la question étymologique. Scheler prétend que *macreuse* a la même racine que *maquereau*, dérivant de *macula*, « tache. » Cette hypothèse ne peut pas même s'appuyer sur une apparence de vérité, puisque le plumage de la double macreuse est d'un brun noir uniforme, exprimé par l'adjectif latin *fusca*, « noir, brun. » Roquefort pense que *mercoot*, *marcol*, termes hollandais, ont formé *macrouse*, puis *macreuse*. L'hypothèse la plus probable, et qui s'appuie sur les anciens préjugés, donne pour racine à *macreuse* l'adjectif latin *macer, macera, macerum*, « maigre, peu charnu, » et *anas*, « canard, » expression signifiant dès lors, *canard maigre*. La macreuse que j'étudie en ce moment a été appelée *double* parce qu'elle a des proportions plus fortes que la macreuse ordinaire. La taille de la première l'emporte de six centimètres sur celle de la seconde.

La double macreuse préfère les eaux salées aux eaux douces ; elle habite les mers polaires. Là ces palmipèdes plongent jusqu'à dix mètres de profondeur pour chercher sur les rochers sous-marins les petites coquilles qui s'y attachent. Ils restent longtemps sous l'eau, et, quand un de ces canards plonge, toute la bande, quelque nom-

breuse qu'elle soit, le suit et l'imite au même instant.
C'est cette habitude qui occasionne chaque année la capture d'un très-grand nombre de macreuses. Lorsque les
froids rigoureux forcent ces oiseaux à se réfugier sur les
côtes des régions tempérées, les chasseurs tendent d'immenses filets au dessous de l'eau qui baigne les bancs où
se trouvent les coquilles servant de nourriture à ces canards. Ceux-ci, en plongeant, s'enlacent dans les filets, et
l'on en capture ainsi un nombre considérable.

Les macreuses se reproduisent dans les régions du
Nord, et, en grande quantité, sur les côtes de la Suède et
de la Norwége. Le nid de ces oiseaux, placé dans les
herbes marécageuses, contient de huit à douze œufs
d'un blanc gris jaune. Le grand diamètre est de 0<sup>m</sup>,062 à
0<sup>m</sup>,064, et le petit, de 0<sup>m</sup>,046 à 0<sup>m</sup>,048.

## CANARD MACREUSE. — ANAS NIGRA.

La notice consacrée à ce canard sera très-courte, les
noms ayant été expliqués précédemment. L'épithète *nigra*,
« noire, » exprime la même idée que *fusca*, mais avec une

nuance plus prononcée. La macreuse habite les régions arctiques, qu'elle abandonne pendant les hivers rigoureux. Elle arrive sur les côtes de la France en troupes innombrables. En Picardie on la capture, comme la double macreuse, avec des filets tendus dans la mer au-dessus des bancs sur lesquels reposent les moules et les autres coquilles bivalves. Pendant plusieurs siècles, on a attribué à la macreuse la même origine qu'à la double macreuse. Ce palmipède se reproduit en grande quantité sur les rivages des mers et dans les endroits marécageux des contrées du Nord. La femelle dépose sur un nid composé de plantes grossièrement réunies, de huit à dix œufs d'un blanc gris jaune. Leur grand diamètre est de $0^m,061$ à $0^m,064$, et le petit, de $0^m,044$ à $0^m,046$.

## CANARD MILOUINAN. — Anas marila.

Je me bornerai, pour ce canard et pour le suivant, à expliquer les épithètes latines qui les déterminent, et à donner quelques détails sommaires sur les habitudes de ces palmipèdes, qui se rapprochent beaucoup de celles de leurs congénères. Quant à l'expression vulgaire, j'en abandonne l'interprétation à ceux qui, plus savants que moi, pourront en entrevoir le sens. Le milouinan est caractérisé par un bec large, plat et uni. Cet oiseau habite les régions du cercle arctique ; là il se nourrit de mollusques bivalves, il capture aussi de petits poissons qu'il poursuit sous l'eau avec une rapidité remarquable. L'adjectif *marila* indique la couleur du plumage du milouinan.

Cette couleur est cendrée et striée de noir. Le croupion et la queue sont noirs, le ventre est blanc, et l'aile porte des taches de même nuance. *Marila* fait connaître la couleur dominante dans l'ensemble du plumage ; ce mot dérive du grec MARILA ou MARILÊ, signifiant « poussière de charbon, braise, cendre. » Le milouinan se trouve en grand nombre en Sibérie ; il s'y reproduit sur les bords des lacs et des mers, ainsi que dans les marais des régions boréales. La femelle pond de huit à dix œufs d'un gris olivâtre. Leur longueur est de 0$^m$,064 à 0$^m$,066, et le diamètre, de 0$^m$,042 à 0$^m$,044. Le cri du milouinan est assez caractéristique : aurait-il contribué à former le nom vulgaire de ce palmipède ? Je l'ignore. Ce canard répéte assez souvent et avec force : *kouan, kouan*. En faisant précéder ce cri du mot *mil* employé si souvent en Bretagne, contrée sur les côtes de laquelle le milouinan apparaît, pendant l'hiver, par bandes innombrables, on aurait *mil-kouan*, et, avec une transformation dont nous avons trouvé tant d'exemples dans les noms vulgaires, nous aurions *milouan, milouinan*. Un de mes amis, érudit dans la langue bretonne, me propose une étymologie que je transcris ici. Telle est la force de l'habitude qu'elle m'éloigne de la résolution que j'avais prise en commençant cette notice ; d'après l'opinion de cet ami, *milouin, milouinan* pourraient être composés de deux mots : *mil*, « mille, » et *loen*, « animal, bête en général. » Dès lors cette dénomination serait une exclamation peignant la surprise des Bretons à la vue des milouins et des milouinans arrivant, pendant l'hiver, subitement et par milliers.

---

### CANARD MILOUIN. — ANAS FERINA.

Le cri de ce canard est le même que celui du précédent. Le milouin marche très-difficilement et en se balançant d'une manière singulière. Il nage et plonge avec une grande facilité. Il vit de petits poissons, de grenouilles, de plantes, d'insectes, de racines et surtout de petits coquillages qu'il capture au fond des eaux. Une observation qui pourrait venir en aide à l'hypothèse proposée, à l'article précédent, sur le mot *milouin*, c'est que ce canard est très-défiant, qu'il se laisse difficilement approcher, et que, dans les moments d'anxiété, il pousse des cris répétés qui ressemblent au sifflement des serpents. On croirait entendre le sifflement d'une *légion de reptiles*, de *mille bêtes*.

L'épithète *ferina* donnée au canard milouin me semble prouver que les naturalistes avaient été frappés du cri de ce palmipède, qu'ils s'étaient inspirés de ce sifflement aigu pour caractériser cet oiseau. D'après Ovide, *vox ferina* signifie « voix rude, forte et désagréable. »

Le milouin se reproduit dans le nord de l'Europe ; son nid, composé d'herbes desséchées et placé au milieu des roseaux, contient de dix à quatorze œufs d'une couleur verdâtre uniforme. Le grand diamètre est de 0$^m$,062 à 0$^m$,064, et le petit, de 0$^m$,040 à 0$^m$,042.

---

## CANARD GARROT. — Anas clangula.

*Garrot*, quel nom, grand Dieu ! quel nom donné à un canard ! Cette dénomination est une de celles qui ont le plus exercé ma patience; mais du moins j'ai la consolation que mes recherches, à cet égard, (sans dire du mal des autres,) n'ont pas été entièrement infructueuses. Ah! si les naturalistes qui les premiers ont désigné les canards et les autres oiseaux par des noms vulgaires empruntés aux habitudes de ces oiseaux, avaient indiqué le motif qui les avait dirigés dans le choix de ces dénominations, que de recherches pénibles ils eussent épargnées à leurs successeurs !

Je commence par donner quelques détails sur les différentes acceptions du mot *garrot*, et j'indiquerai ensuite la relation du sens attribué à ce substantif avec le canard qui nous occupe. *Garrot* signifie *bâton*, *dard*, *javelot*, *flèche*. En réalité, c'est une seule et même acception, car le dard est un bâton léger, effilé et préparé pour un but déterminé. Le *garrot*, comme *bâton*, était un moyen employé par ceux qui désiraient serrer, *ficeler* avec une grande puissance des objets quelconques; le garrot faisait l'office d'un levier : de là le verbe *garrotter*, « lier fortement. » Garrot signifie aussi *dard*, *flèche*, objet lancé avec une grande vitesse. Ce dernier sens se trouve démontré par les vers suivants de Marot sur le cheval de Viart :

> « Grison fus Hédard
> Qui *Garrot* et dard
> Passay de vitesse. »

D'après Littré, il est très-probable que le mot *garrot*, « bâton, » et le mot *garrot*, « dard, » sont le même substantif pris avec une variété de signification, et que tous les deux auraient pour racine le provençal et le catalan *garric*, « chêne, » arbre avec lequel on faisait les bâtons et les dards. Ménage cherche à démontrer, par une série de transformations, que *garrot* dérive de *verutum*, « dard court, aigu, » facile à lancer et par conséquent très-rapide.

Il me reste à appliquer au canard *garrot* le sens attri-

bué à cet adjectif représentant une flèche lancée avec
rapidité. Le vol de ce palmipède est bas, raide, et fait siffler
l'air comme un dard projeté avec une grande force.
L'épithète *clangula* constate la même particularité, et
c'est pour cela qu'Aldrovande a dit : « *Clangula* ab ala-
larum clangore quæ firmissimæ et non sine sono in volatu moventur : il est appelé *clangula* à cause du sifflement
de ses ailes qui sont très-raides et qui ne sont jamais
mises en mouvement sans bruit. » *Verutum*, principe de
*garrot*, d'après Ménage, signifie aussi une *fusée*, un objet
traversant l'air avec une grande rapidité et avec un bruit
aigu. Dès lors, il n'est donc pas étonnant que dans les
siècles précédents, où le mot *garrot* était d'un usage populaire pour représenter un dard, une flèche, voire même
une fusée, on ait dit, en voyant le canard que je décris
fendre l'air avec une grande vitesse et avec un bruit
sifflant : c'est un *véritable garrot* ; et ainsi l'épithète a
été consacrée à ce palmipède, tout en oubliant la signification primitive de cette dénomination. Le garrot a un
bec plus étroit à l'extrémité qu'à la base, caractère qui le
rapproche encore de la flèche et lui sert à fendre l'air. Sa
tête paraît plus grosse qu'elle ne l'est réellement, à cause
de la touffe épaisse de plumes qui la recouvre. Ce canard
nage et plonge avec une grande facilité ; il vit de frai de
poisson, d'insectes aquatiques, de mollusques, etc. ; il
cherche ordinairement sa nourriture au fond de l'eau. Le
garrot habite le nord des deux continents ; il se reproduit
au milieu des herbes situées sur les bords des lacs et des
mers. La ponte est de dix à qatorze œufs d'un gris verdâtre ou olivâtre clair ; ils mesurent de $0^m,054$ à $0^m,056$,
et de $0^m,040$ à $0^m,042$.

## CANARD MORILLON. — ANAS FULIGULA.

Ici, les difficultés étymologiques disparaissent en grande
partie, et les épithètes employées pour désigner ce canard
retracent d'une manière caractéristique la couleur de
l'ensemble de son plumage. *Fuligula* a pour racine *fuligo*,
*fuliginis*, signifiant « vapeur noire qui s'échappe des
lampes allumées, suie de cheminée, » et représente ainsi
le plumage du *morillon*, plumage d'un beau noir luisant
à reflets verdâtres. La dénomination vulgaire a le même
sens, et a pour étymologie *more*, de l'espagnol *moro*, du
latin *maurus*, désignant les habitants de la Mauritanie et,
par extension, les Nègres, les *noirs*. On appelle *gris de
more* la couleur grise tirant sur le noir. Donc *morillon*
signifie *noir*, et représente la même idée que *fuligula*. Ce
palmipède habite, pendant l'été, les régions glaciales, et,
pendant l'hiver, les climats tempérés. Comme ses congé-

nères, il niche sur les rivages des mers ou sur les bords
des étangs. La femelle pond de huit à douze œufs d'un
brun gris ou verdâtre. Leur longueur est de 0<sup>m</sup>,036 à
0<sup>m</sup>,038, et leur diamètre, de 0<sup>m</sup>,038 à 0<sup>m</sup>,040. Le morillon
est très-gras en automne, et sa chair est alors assez
estimée.

---

## CANARD NYROCA. — ANAS LEUCOPHTHALMOS.

Le nyroca est un charmant petit canard appelé assez
souvent la *sarcelle rousse*, et, ainsi que la sarcelle, il est
considéré comme aliment maigre. D'un caractère très-
vif, il se plaît au milieu des fourrés et parmi les joncs
des marais. Lorsqu'il traverse l'Anjou, il se nourrit de
frai, de vers, d'insectes, de plantes aquatiques, de semences et de petits coquillages. Le nom vulgaire de ce
canard est emprunté à la langue russe. Gmelin l'ortho-
graphie *myroca*. Quant à l'épithète *leucophthalmos*, elle est
composée de deux mots grecs : LEUCOS, « blanc, » et OPH-
THALMOS, « œil. » Cette expression indique que le nyroca
a l'iris blanc, particularité assez remarquable chez les
canards. Ce palmipède est très-répandu dans les contrées
orientales de l'Europe; il est sédentaire en Sicile, en
Crimée, etc. Chaque année, le nyroca traverse notre département; il voyage par couples et par petites bandes,
mais jamais en troupes nombreuses. La femelle établit
son nid au milieu des joncs des marécages, et pond de
huit à dix œufs d'un gris jaunâtre pâle et quelquefois
assez foncé. Le grand diamètre varie de 0<sup>m</sup>,052 à 0<sup>m</sup>,054,
et le petit, de 0<sup>m</sup>,036 à 0<sup>m</sup>,038. Dans les envois qui m'ont
été faits de la mer Noire, j'ai trouvé à différentes fois des
œufs entièrement ronds.

---

## CANARD HISTRION. — Anas histrionica.

Les épithètes données à ce canard représentent, en français et en latin, la même idée, et sont très-caractéristiques. Elles ont pour racine le mot latin *histrio*, dérivant lui-même d'un mot étrusque signifiant « joueur de flûte, » pris dans le sens de comédien de bas étage, de saltimbanque, qui paraît aux yeux du public avec des costumes bariolés. Le plumage de ce palmipède est composé de bandes qui s'entrecoupent de la tête à la queue d'une manière parallèle, mais irrégulière. Ces bandes varient du noir violet bleuâtre au noir profond, puis au blanc, au roux, au noir velouté, au noir bleu foncé, enfin au bleu cendré et même au roux rouge. Un bleu pourpre forme un miroir sur les ailes quand elles sont pliées. Dans leur ensemble, les différentes nuances du plumage du canard histrion semblent avoir été jetées par le pinceau d'un artiste capricieux. Ce canard habite le nord des deux continents; on le trouve en assez grand nombre sur les bords du banc de Terre-Neuve : c'est ce qui a déterminé les marins et plusieurs naturalistes à lui donner le nom de *canard de Terre-Neuve*. Il habite aussi les côtes de l'Islande. L'histrion n'apparaît en Anjou que pendant les hivers très-rigoureux. Ce canard établit son nid dans les grandes herbes situées sur les bords des mers et des lacs. La femelle pond de huit à douze œufs d'un jaune d'ocre ou d'un blanc jaunâtre assez foncé. Quelques-uns affectent une forme ronde ; leur longueur est de 0$^m$,048 à 0$^m$,050, et leur diamètre, de 0$^m$,036 à 0$^m$,038.

## CANARD SIFFLEUR HUPPÉ. — Anas rufina.

Ce canard habite les contrées orientales de l'Europe; on le trouve en grand nombre sur les bords de la mer Noire; il n'apparaît que très-rarement en Anjou. Il se nourrit de vers aquatiques, de plantes, de coquillages et de petits poissons. Sa chair a un goût peu agréable, et dès lors n'est pas recherchée. Les épithètes qui servent à distinguer ce palmipède peuvent facilement se justifier. L'adjectif *siffleur* indique que ce canard fait entendre un cri de rappel très-aigu et semblable à un coup de sifflet. Quant à l'épithète *huppé*, elle rappelle que le mâle a le front et le dessus de la tête d'un rouge bai, avec l'occiput orné d'une huppe épaisse composée de plumes soyeuses. *Rufina*, dérivant de *rufus*, « roux, roussâtre, » indique que l'ensemble du plumage est d'un brun noir lustré. Comme la plupart de ses congénères, le canard siffleur huppé établit son nid au milieu des herbes et des joncs des petits îlots. La femelle dépose sur une couche grossière formée de plantes desséchées six à huit œufs d'un blanc roussâtre ou verdâtre; leur grand diamètre est de 0$^m$,054 à 0$^m$,056, et le petit de 0$^m$,038 à 0$^m$,040.

## CANARD EIDER. — Anas mollissima.

Ici se termine le Genre canard. L'eider, appelé vulgairement l'*oie à duvet du Danemark*, est l'un des plus beaux palmipèdes de l'Europe. Les dimensions de sa taille le rapprochent de l'oie sauvage. Ce canard vit de poissons, de crustacés, de mollusques bivalves, qu'il capture en plongeant dans les mers les plus septentrionales de l'Europe. L'eider se reproduit en grand nombre sur les côtes de l'Islande. La femelle, dont le plumage diffère essentiellement de celui du mâle dans le temps de la nidification, compose son nid avec des plantes marines qu'elle recouvre du duvet qu'elle s'arrache sous le ventre pour réchauffer ses œufs, au nombre de cinq à six. Leur couleur est d'un gris olivâtre et quelquefois jaunâtre. Le grand diamètre varie de 0$^m$,076 à 0$^m$,084, et le petit, de 0$^m$,048 à 0$^m$,052. C'est ce duvet soyeux et élastique que les habitants du pays s'empressent de recueillir pour le livrer ensuite au commerce qui l'emploie à faire des *édredons*, dénomination formée par corruption d'*eider* et de *don*, et signifiant *présent de l'eider* ou *produit de l'eider*. Les Islandais enlèvent non-seulement le duvet, mais encore les œufs de l'eider, afin de forcer la femelle à faire une seconde ponte qui leur procurera une nouvelle récolte. Cette deuxième couvée étant capturée, et, à la troisième ponte, la femelle n'ayant plus de duvet pour recouvrir ses œufs, le mâle se dévoue et imite la sollicitude de sa compagne. Ce duvet est encore supérieur à celui de la femelle. Les habitants veillent à ce que cette troisième couvée réussisse; sans cette attention, les canards abandonneraient leur nid pour ne plus y revenir. L'endroit où ces oiseaux se reproduisent est une véritable propriété qui se transmet, comme les autres, par héritage. Il est défendu de tuer un eider; cet oiseau est sous la sauvegarde des lois islandaises, et le coupable qui les enfreindrait sur ce point serait poursuivi comme voleur. La présence des canards eiders et leur reproduction sur les rivages de l'Islande étant une source de prospérité pour le pays, il est très-logique que l'autorité prenne les moyens de conserver et de développer cette richesse nationale. Enfin, le duvet de l'eider étant beaucoup plus fin, plus souple, plus recherché que celui que l'on recueille sur cet oiseau après sa mort, il est de l'intérêt des Islandais de lui conserver la vie. Aussi chaque famille tra-

vaille-t-elle à prendre toutes les dispositions possibles pour
préparer des espèces de parcs sur le bord des propriétés
baignées par la mer, afin d'y attirer des bandes d'eiders
à l'époque de la nidification. Il me reste à expliquer les
deux mots *eider* et *mollissima*. Le premier a, d'après
Littré, une étymologie suédoise ou allemande, et signifie
le *canard sauvage*, dans un sens général, c'est-à-dire le
*canard par excellence*. Quant à l'adjectif *mollissima*, « très-
souple, très-mou, » il indique la qualité supérieure du
duvet fourni par ce palmipède. L'eider abandonne très-
rarement le séjour des mers, et ce n'est que par de rares
exceptions qu'il manifeste sa présence en Anjou, pendant
les froids longs et rigoureux. ·

---

## GRAND HARLE. — Mergus merganser.

L'Ecriture Sainte, dont toutes les maximes sont em-
preintes du sceau de la sagesse divine, dit : « *Abyssus
abyssum invocat*, un abyme appelle un autre abyme, à une
difficulté succède une autre difficulté. » Cette sentence, si
vraie quand elle s'applique aux luttes de notre cœur, aux
angoisses de notre vie, se réalise aussi dans les recherches
étymologiques. Après avoir combattu avec énergie pour
entrevoir les racines des noms plus ou moins bizarres
donnés aux canards, je me trouve en face des dénominations servant à désigner un autre Genre de palmipèdes,
déterminé par le mot *harle*.

Afin d'arriver à une solution plausible de ce nouveau
problème, je commencerai par expliquer les mœurs de
ces oiseaux. Je cite d'abord un passage de Belon, passage
sur lequel j'appelle l'attention du lecteur : « Bièvre est un
moult gros oyseau de riuière et ou il n'y a guère moins
à manger, qu'en vne moyenne oye sauuage. Nostre vul-

gaire Francoys le nomme un bieure luy ayant imposé ce nom par accident, d'une beste de double vie semblablement appelée un bieure et en latin *fiber* et en grec *castor*, car comme la beste qui a quatre pieds, entrant en l'eau fait de grands degasts sur le poisson : tant ainsi c'est oyseau qui se plonge à touts propos, estat en un estàg, en fait aussi gràd déluge comme un bieure à quatre pieds. C'est de là qu'il a esté ainsi nommé. » (Livre III, page 163.)

D'après ce texte, il est évident que le bièvre est le harle, et que cet oiseau est un terrible destructeur de poissons. Les ravages qu'il exerce sont d'autant plus considérables que ce palmipède nage et plonge avec une excessive facilité ! De plus il est armé de telle sorte qu'il capture sa proie d'une manière certaine. Le bec du harle est étroit, cylindrique, déprimé à la base, garni de lamelles dentiformes semées sur les bords de la mandibule supérieure, droit et, enfin, terminé par un crochet aigu. Les poissons que cet oiseau poursuit jusqu'au fond des eaux ne peuvent échapper à ce bec dentelé, et, dès qu'ils sont saisis, ils se trouvent transpercés par une série de dents aiguës et maintenus ensuite par l'extrémité du bec qui fait l'office d'un croc. Enfin le doigt externe très-long du harle fournit à cet oiseau le moyen de virer de bord et de changer de direction, plus facilement qu'à tout autre palmipède. Il me semble que le nom donné au harle devrait rappeler la pêche terrible à laquelle se livre cet oiseau. Littré se contente de dire : « *Harle* nom populaire du *mergus merganser*. » C'est court, et surtout peu concluant. Dans le vieux français se trouvait un verbe, *harer*, *harcér* signifiant « vexer, pourchasser, » et d'où l'on a fait *harelle*, « persécution. » Je crois que de *harelle* à *harle* la distance est facile à franchir, et que si *harelle* exprimait la *persécution*, l'on pourrait admettre que *harle* représente le *persécuteur*. Pris dans ce sens, le mot *harle* caractériserait énergiquement le plus terrible persécuteur des poissons, l'oiseau qui les pourchasse à la surface de l'eau ainsi qu'au fond des rivières et des mers, auquel ses victimes ne peuvent échapper et qui les brise sous des meules dentelées. Le mâle a les plumes du vertex allongées et formant une huppe courte et touffue. Celle de la femelle est composée de plumes longues et effilées retombant sur le cou. Le harle que je décris est désigné par l'adjectif *grand*, parce que c'est celui dont la taille est la plus considérable. Ce palmipède vient en Anjou pendant l'hiver, et y apparaît même par bandes considérables lorsque le froid est rigoureux. Sa chair est très-peu estimée et a un goût très-désagréable. Aussi Belon a-t-il écrit avec raison : « Le peuple n'a bonne opinion de cest oyseau : car quand 'on en apporte au marché comme aussi des cormarats, il y a un proverbe de dire que qui voudrait festoyer le diable, il luy faudrait donner de tels oyseaux, les estimants de mauvais manger. » (Livre III, page 164.)

Le harle habite les mers glaciales du Nord ; il est appelé quelquefois le *vautour d'Islande*. Son nom scientifique *mergus* vient de *mergo*, *mergere*, « plonger, » et signifie *l'oiseau plongeur*. L'épithète *merganser* est composée de *mergus*, *mergo*, « plongeur, plongeuse, » et *anser*, « oie, » *l'oie plongeuse*. Le mot *merga* a aussi une autre signification, et représente une *faucille*, une *faux à scier*, expression qui se justifierait très-bien par la forme du bec du harle. Cet oiseau établit son nid sur le bord des eaux, parmi les pierres ou dans les trous des arbres creux. La femelle y dépose de dix à quatorze œufs d'un blanc verdâtre. Leur longueur est de 0$^m$,072 à 0$^m$,074, et leur diamètre, de 0$^m$,048 à 0$^m$,050.

Dans notre département le harle est appelé vulgairement le *hère*, mot qui se rapprocherait du verbe *harer*, et viendrait en aide à l'hypothèse que j'ai exposée. D'après Diez, *hère* dériverait de l'allemand *herr* signifiant « seigneur, » d'où *pauvre hère*, « pauvre seigneur, misérable. » Quelques auteurs pensent que *hère* a pour racine *herus*,

« maître du logis. » Quoi qu'il en soit, ces interprétations, loin de contredire le sens que j'ai attribué au mot *harle*, viennent au contraire l'appuyer. Le harle est bien un seigneur régnant d'une manière despotique, comme il arrive trop souvent aux véritables seigneurs, et n'épargnant nullement la vie de ceux qui l'entourent.

## HARLE HUPPÉ. — Mergus serrator.

L'épithète vulgaire servant à désigner ce palmipède indique que sa huppe est plus caractérisée que celle du précédent. L'occiput et la nuque sont effectivement parés d'une huppe longue, effilée et couchée en arrière vers le cou. Quant à l'adjectif *serrator*, il dérive de *serratus*, « dentelé, » et rappelle que le bec de cet oiseau est armé de lamelles figurant les dents d'une scie. La taille du harle huppé est plus petite que celle de son congénère ; aussi, tandis que celui-ci capture des anguilles et des poissons assez gros, le harle huppé se nourrit principalement d'ablettes et de goujons dont il détruit d'innombrables quantités, sans toutefois dédaigner d'autres poissons d'une dimension plus considérable. Comme ses congénères, il rejette en pelottes les arêtes de ses victimes, et avale les poissons, la tête la première, pour ne pas prendre à rebours les nageoires et les écailles.

Le harle huppé habite les contrées du cercle arctique ; il les abandonne pendant l'hiver, et voyage en petites troupes, se mêlant aussi aux canards. Il établit son nid sur les rivages des mers du Nord ; la femelle pond de huit à douze œufs d'un gris jaunâtre mesurant de 0$^m$,064 à 0$^m$,068, et de 0$^m$,042 à 0$^m$,044. Elle couve pendant plus de cinquante jours sans recevoir aucun secours du mâle qui s'éloigne du nid durant toute l'époque de l'incubation. La femelle est très-dévouée à ses petits ; elle les suit même en captivité plutôt que de les abandonner.

Le harle huppé est un très-bel oiseau ; malheureusement la magnifique nuance rose tendre répandue sur une grande partie de son plumage, s'efface après sa mort et ne peut être conservée, au grand regret des amateurs d'ornithologie. Souvent ce palmipède s'enlace dans les filets des pêcheurs, quand il plonge pour capturer sa proie, mais sa chair est très-peu agréable à manger, et, par suite, elle ne procure aucun bénéfice à ceux qui s'emparent du harle huppé.

---

## HARLE PIETTE. — Mergus albellus.

Belon explique ainsi le nom vulgaire de ce harle beaucoup plus petit que les deux précédents : « *Piette* semble estre diminutif d'une pie. Car c'est nostre coustume de nommer beaucoup de choses du nom de pie. Comme quand nous voyons cest oyseau my-partie de noir et blanc, nous les nommons à l'exemple d'une pie, comme aussi nous disons un cheval pie. » (Livre III, pag. 171.) *Albellus* est un diminutif d'*albus*, « blanc; » il indique que le plumage de cette espèce est plus blanc que celui des autres, et que cette différence est un signe caractéristique. Quelques traits noirs tracés sur les ailes blanches du harle piette représentent assez bien une croix. L'ensemble du plumage de ce palmipède lui donne une physionomie élégante et même coquette, d'autant plus facilement que, comme ses congénères, il est d'une propreté recherchée et a un soin de petit-maître pour qu'aucune de ses plumes ne reste souillée par le contact de l'eau ou détrempée de la vase et de l'écume au sein desquelles il poursuit sa proie. Le harle piette habite pendant l'été les contrées du Nord, et pendant l'hiver il émigre vers les climats tempérés. Il visite, chaque année, l'Anjou, en plus ou moins grand nombre selon la rigueur de la saison.

La femelle établit son nid près des bords des lacs ou des fleuves, et dépose sur une couche grossière de plantes desséchées, de huit à douze œufs d'un blanc jaunâtre ou roussâtre ; leur longueur est de 0ᵐ,042 à 0ᵐ,044, et leur diamètre, de 0ᵐ,032 à 0ᵐ,034. Quoique de taille beaucoup plus petite que celle de ses deux congénères, le harle piette est un terrible destructeur de poissons : il exerce sur les cours d'eau où il séjourne des razzias complètes. Pendant l'hiver de 1864, l'un de ces oiseaux ayant été démonté sur la Loire, près les Ponts-de-Cé, fut apporté à Angers et offert à un propriétaire afin qu'il devînt l'ornement d'un étang situé près de la ville. Quelques semaines après, le propriétaire constatait à son grand regret que son étang était entièrement dépeuplé de poissons. Sous un prétexte plus ou moins plausible, l'oiseau fut cédé à l'un des amis du propriétaire qui reconnut bientôt qu'il avait été victime d'une plaisanterie qu'il ne trouvait pas de bon goût ; aussi, pour arrêter de nouveaux méfaits, le harle piette fut-il fusillé impitoyablement sur le deuxième théâtre de ses déprédations. Cuvier a donné à cet oiseau le nom de *nonnette*, expression qui, sous une forme différente, représente la même idée que celle qui est attachée à *piette*. Le costume ordinaire des religieuses est un mélange de noir et de blanc, et enfin l'espèce de croix tracée sur le plumage de ce palmipède semble encore justifier davantage la dénomination choisie par Cuvier.

## FAMILLE DES TOTIPALMES.

La seconde Famille des Palmipèdes est désignée, dans la Faune de Maine-et-Loire, sous le nom de *Totipalmes*. Cette dénomination est composée de *totus*, d'où *totius* (génitif) et *toti* (datif), « tout, » et *palma*, « palme, paume. » Elle se justifie par les dispositions des doigts des oiseaux groupés sous ce nom, doigts qui tous sont articulés sur le même plan et se trouvent réunis, par trois membranes, de telle manière que le pouce est lui-même uni aux autres doigts par une membrane pareille à celles qui joignent deux à deux les doigts principaux. Les totipalmes peuvent dès lors se percher et se reposer sur les arbres. Cette Famille comprend un très-petit nombre d'espèces. Quatre seulement manifestent leur présence en Anjou, et l'une d'elles n'y est apparue qu'une fois et dans des conditions exceptionnelles. Les totipalmes sont voyageurs, et presque chaque jour, comme les nomades, ils se transportent dans de nouvelles contrées. Ils ne vivent que de poissons dont ils capturent des quantités considérables.

# GRAND CORMORAN. — Carbo cormaranus.

La queue du cormoran est, comme celle du pic-vert,
mon client privilégié, composée de pennes raides sur lesquelles il peut s'appuyer et se reposer dans une position
presque toujours verticale, position qu'il conserve longtemps de suite et qui lui donne une physionomie ridicule.
Dans la disposition des pennes de ce palmipède il est facile
cependant de reconnaitre une attention bien vive de la
Providence de Dieu qui a donné au cormoran un moyen
puissant de se procurer sa nourriture.

Ce palmipède vit de poissons et surtout d'anguilles qu'il
poursuit dans les profondeurs des rivières, en plongeant
un certain nombre de fois sans aucun relâche. Quand il
a capturé une anguille, il la jette en l'air, et, dès qu'il est
sur le rivage, la reçoit la tête la première avec une adresse

remarquable. C'est alors qu'afin de pouvoir recommencer sa chasse et diminuer le poids de ses plumes mouillées et rendues pesantes par le contact réitéré de l'eau, il se dirige vers un endroit isolé, s'appuie sur les pennes de sa queue, le corps debout, les ailes étendues, jusqu'à ce que son plumage soit séché par le contact de l'air. Plusieurs fois il m'a été donné de considérer des cormorans dans cette position lorsqu'ils se perchaient sur les échelons des poteaux qui indiquent à la navigation les sinuosités du cours de la Maine. Depuis bien des siècles les Chinois emploient les cormorans à la pêche. Autrefois on l'utilisait aussi en France ; il suffit de deux mois au plus d'éducation pour les dresser à une pêche très-avantageuse à leur maître. Afin de capturer plus facilement les poissons, le cormoran nage très-bien le corps entièrement caché dans l'eau. Le plumage de ce palmipède est d'un noir foncé ; cette couleur explique le nom qui sert à le désigner. D'après Bouillet, *cormoran* serait une abréviation des mots italiens, *corvo*, « corbeau, » et *marino*, « marin, » et signifierait *corbeau des mers*. M. Littré rejette cette étymologie assez plausible cependant, et dit : « Vu la provenance du mot *cormoran* qui paraît originaire des côtes de l'Océan, les savants y reconnaissent une formation pléonastique et hybride de *cor* pour *corb*, « corbeau, » et du bas-breton *môrvran* composé de *mor*, « mer, » et de *bran*, « corbeau. » La signification reste la même, mais l'étymologie est moins directe. L'adjectif *grand* indique que la taille de ce cormoran surpasse celle de ses congénères. Quant à l'expression *carbo*, « charbon, » elle fait connaître la couleur du plumage de ce palmipède comparée à celle du charbon. Cette couleur subit cependant quelque petite modification à l'époque du printemps. « Dans le temps de la nidification le mâle adulte porte à l'occiput une huppe fuyante ; de légers filets de duvet blanc argentent sa chevelure et la partie supérieure de son cou, noires comme le reste du manteau et lui donnent un faux air d'un vieillard coiffé d'une perruque à frimas. Cette parure ridicule est sa parure de noces, elle tombe à la mue d'été et l'oiseau redevient noir. » (Toussenel, *Ornithologie passionnelle*, 1<sup>re</sup> partie, page 250.)

Le cormoran se reproduit sur les rivages des mers du Nord et même sur les côtes de la France. Il confie son nid aux arbres des hautes falaises de Dieppe et de Biarritz. Ce nid, très-large et très-épais, est formé d'une coupe d'herbes marines reposant sur un lit de petites bûchettes et de racines. Quelquefois il est placé sur une touffe de grands roseaux ; il contient de quatre à six œufs allongés. Leur coquille est d'un bleu verdâtre recouvert d'une matière crétacée blanchâtre et parsemée de petites aspérités. Ils mesurent de 0<sup>m</sup>,062 à 0<sup>m</sup>,066, et de 0<sup>m</sup>,040 à 0<sup>m</sup>,042. Le cormoran se défend avec un grand courage, et pince cruellement lorsqu'on veut le saisir. L'odeur de sa chair est désagréable ; cette odeur s'attache à la dépouille de l'oiseau longtemps même après qu'il a été empaillé.

La Fontaine attribue à ce palmipède une prévoyance des plus intelligentes, et a exprimé cette opinion dans la fable quatrième de son dixième livre.

---

## CORMORAN HUPPÉ ou LARGUP. — Carbo cristatus.

Les deux épithètes *huppé* et *cristatus* indiquent que ce cormoran porte une espèce de huppe. Cette huppe est formée par les plumes médianes du vertex, lesquelles sont allongées et composent ainsi une apparence de toupet qui peut se relever et se dresser en forme de huppe irrégulière. Quant à l'expression vulgaire *largup*, j'ignore ce qu'elle signifie, à moins qu'elle ne soit une forme défigurée du mot *largue*, « haute mer. » Dans ce cas, elle signifierait, ce qui est vrai, que le cormoran huppé se tient plus loin des côtes que son congénère, et qu'il se plaît à habiter la haute mer. Peut-être aussi cette dénomination serait-elle une contraction irrégulière des mots *large* et *huppe*, indiquant le signe distinctif de ce cormoran. Le largup se reproduit dans les crevasses des rochers

situés dans les îles de la Méditerranée et dans les îlots déserts des côtes de la France qui s'étendent de Dunkerque à Bayonne. La femelle pond, sur un nid composé de plantes marines, trois ou quatre œufs ayant la forme d'une olive et la même couleur que ceux de l'espèce précédente. Leur grand diamètre est de 0$^m$,056 à 0$^m$,060, et le petit, de 0$^m$,036 à 0$^m$,038.

---

## PETITE FRÉGATE NOIRE — Tachypetes,
### AQUILA MINOR.

Les naturalistes qui liront ce travail seront étonnés de voir classé dans la Faune de Maine-et-Loire un oiseau que l'on admet avec réserve même dans l'ornithologie européenne. Si j'ai inscrit dans ces études la petite frégate, c'est pour conserver le souvenir de sa présence en Anjou. Vers la fin du mois d'octobre 1852, une frégate fatiguée par une course longue et rapide, qu'augmentait encore la tourmente sévissant sur la mer, brisa une des pennes de sa queue et une grande remige de ses ailes. Ne pouvant plus, dès lors, continuer son vol, elle vint tomber sur les rives de la Loire, près Saumur. Un pêcheur de Dampierre s'en empara, et croyant, dans son ignorance naïve, que cet oiseau était une pie étrangère, essaya de la nourrir avec du pain. La frégate refusant une nourriture si peu en harmonie avec ses habitudes, intrigua le pêcheur, qui la porta à M. Courtillier, directeur du Musée de Saumur. Elle succomba au bout de quelques heures, tuée par la fatigue d'une course irrégulière et par un trop long jeûne. Empaillée par M. Courtillier, elle fait maintenant partie de la collection ornithologique de la ville de Saumur. Cet oiseau habite ordinairement entre les tropiques ; il manifeste assez souvent sa présence dans la rade de Rio-de-Janeiro, capitale du Brésil ; là, il vient manger les immondices que la mer y jette. Les marins le rencontrent dans la plus grande partie de l'Océanie, sur les rivages de l'Amérique, et même sur ceux de l'Afrique.

Le mot *frégate*, qui désigne ce palmipède, dérive du catalan *fragata*, venant lui-même du grec ΑΦΡΑΚΤΑ, « sans pont, » composé de Α, « non, » et ΦΡΑΓΜΑ, « clôture, haie, rempart, » et servant à nommer une espèce de vaisseau plus léger, plus rapide que les autres. Quelques auteurs pensent que le véritable principe de *frégate* est *fabricata*, « chose fabriquée, bâtiment. » Les naturalistes ont trouvé une relation assez sensible entre le bâtiment bon voilier et l'oiseau qui, dans ses évolutions gracieuses et faciles à travers les airs, semble s'y jouer comme le navire fait sur l'Océan. Le vol de la frégate dépasse en vitesse celui de tous les autres oiseaux. Ce palmipède parcourt chaque jour, selon les circonstances, plusieurs centaines de kilomètres, et, selon l'expression de Michelet, « il déjeûne au Sénégal et dîne en Amérique. » (*L'Oiseau*, page 49.) L'épithète *petite* fait connaître que cette espèce est la plus petite des oiseaux de ce Genre. L'adjectif *noire* indique la couleur uniforme de son plumage. *Tachypetes* est formé des mots TACHYS, « vite, rapide, » et PETONAÏ, « voler, » et représente, par conséquent, la puissante vélocité des ailes. *Aquila*, « aigle, » prouve que la frégate se rapproche du roi des rapaces, non-seulement par son vol rapide, mais encore par ses déprédations. Ce palmipède capture les poissons qui viennent à la surface de l'eau et ceux qui sont à de petites profondeurs. Si la frégate pénétrait plus avant dans l'eau, elle mouillerait ses ailes, qui ont au moins trois mètres d'envergure, et elle ne pourrait plus reprendre son vol. Quelquefois même elle devient la victime des poissons : lorsqu'elle plonge profondément, son corps trop petit n'a plus la puissance suffisante pour supporter le poids de ses pennes détrempées par les flots ; elle s'agite à la surface de la mer, et disparaît bientôt dans son sein.

La frégate attaque les pélicans, les fous, les mouettes, et, en les frappant sur la tête, les force à dégorger les poissons que ces oiseaux avaient capturés, et dont à son tour elle fait sa proie. C'est cette habitude qui a fait donner par tous les marins à la frégate le nom de *guerrier*. Les Anglais l'appellent aussi *The man of war bird*, « l'homme de guerre oiseau, l'oiseau homme de guerre. » Peut-être est-ce cette pensée qui a déterminé les savants à donner à la frégate le nom de TACHYPETES, en souvenir d'Achille, le guerrier par excellence. Cependant, le nom de *forban*, de *pirate* lui conviendrait beaucoup mieux que le noble adjectif *guerrier*. Cet oiseau vit de vols accomplis avec une audace que rien ne peut déconcerter. « La frégate, » dit Michelet, « poursuit le fou, excellent pêcheur, le frappe du bec sur le cou, lui fait rendre gorge. Tout cela se passe dans l'air ; avant que le poisson ne tombe, elle le happe au passage. »

Si cette ressource lui manque, elle ne craint pas d'attaquer l'homme : « En débarquant à l'Ascension, » dit un voyageur, « nous fûmes assaillis par des frégates. L'une d'elles voulut m'arracher un poisson de la main même. D'autres voltigeaient sur la chaudière où cuisait la viande pour l'enlever, sans tenir compte des matelots qui étaient autour. » (*L'Oiseau*, page 52.)

Dès que la frégate a fait son repas, ou par son industrie ou par celle des autres, elle se tient immobile sur une pointe de rocher ou sur un arbre ; là, elle reste dans cette position jusqu'à ce que la digestion soit faite, et ensuite elle recommence sa pêche.

Cet oiseau ne se reproduit que dans des endroits très-solitaires et toujours sur les rochers les plus élevés. M. Jules Verreaux a trouvé un nid de frégate dans l'île Tristan d'Acunha, île principale d'un groupe de l'Océan Atlantique, découvert en 1506 par le capitaine portugais Tristan d'Acunha. Cette île a quarante kilomètres de tour, et est habitée depuis 1816 par quelques familles anglaises. Elle est remarquable par son pic, élevé de 2,400 mètres au-dessus du niveau de la mer ; elle ne possède que cent hectares de terres susceptibles de culture. C'est sur l'un des rochers les plus hauts de cette île que M. Jules Verreaux trouva un nid de frégate. Ce nid, composé de quelques brins d'herbes grossières posées sur l'extrémité du rocher, renfermait deux œufs d'un blanc pur, assez gros, et dont la coquille était moins crayeuse que celle des œufs de fou et de cormoran.

---

## FOU BLANC ou DE BASSAN. — Sula alba.

J'inscris ici un palmipède qui non-seulement a visité notre département à plusieurs reprises, mais encore y a

été tué à différentes époques. Peut-être, comme classification régulière, sa place serait-elle ailleurs? Cette
question étant controversée par les naturalistes, je ne la
résous pas, et je me borne à faire connaître les noms de
cet oiseau et à montrer leurs rapports avec ses habitudes.
Le fou est un palmipède de grande et de forte taille. Il se
tient ordinairement en pleine mer, suivant les bancs de
harengs, dont il capture de grandes quantités. C'est
lorsque ce poisson s'approche des côtes que nous
voyons apparaître les fous. Quelquefois aussi ces oiseaux
y sont poussés par la tempête, contre laquelle ils ne
luttent que très-faiblement, et cette excessive noncha-
lance, qui souvent leur coûte la vie, ne serait-elle pas un
des motifs qui leur ont fait donner le nom de *fous?* Car
ne pas user des moyens que l'on a pour éviter la mort,
est un acte voisin de la folie.

Ces palmipèdes sont d'une telle voracité, que souvent
ils sont forcés de vomir une partie de la nourriture qu'ils
ont prise. Comme le boa, le fou est condamné, après ses
repas trop abondants, à un sommeil profond et d'une
assez longue durée, pendant lequel il flotte au gré des
vagues, sans sortir de cette espèce de léthargie, lors même
que les bateaux de pêcheurs passent sur son corps.
Serait-ce à cette habitude que le fou doit le nom de *sula,*
qui me semble dériver de sulé, « dépouille, » et indiquer
que cet oiseau est ballotté comme une dépouille, comme
un cadavre, sans ressentir le choc qui aurait dû le réveiller? Cette racine est d'autant plus vraisemblable que sulé
fait en dorien sula. Les fous sont armés d'un bec à bords
rentrants et dentelés; ils fondent sur leur proie du haut
des airs, la tête en avant et les ailes à demi-fermées. C'est
lorsqu'ils se relèvent après avoir capturé les poissons que
les stercoraires, les frégates se précipitent sur ces oiseaux,
et les forcent à coups de bec à lâcher le fruit de leur
pêche, dont les ravisseurs se saisissent avant qu'il ne soit
retombé dans la mer. Le *fou* étant de taille à combattre

ses adversaires, et même, avec un peu d'énergie, à les vaincre, est donc encore nommé ainsi à juste titre, puisqu'il travaille pour les autres malgré lui et sans défendre le fruit de ses labeurs. Pendant que le fou se livre à la pêche de la manière que j'ai indiquée ci-dessus, cet oiseau pousse un cri répété et sinistre assez semblable à celui du corbeau. Quant à l'adjectif *alba*, « blanche, » il indique la couleur du plumage, couleur qui distingue ce fou de celle des autres espèces de son genre. La dénomination de *Bassan* fait connaître que le fou blanc se montre souvent sur les côtes de la petite île de Bassan, située dans le golfe d'Édimbourg. Ce palmipède établit son nid dans les anfractuosités des rochers. La femelle pond deux œufs d'un blanc nuancé de verdâtre, dont la surface est rude et semble couverte d'un enduit crayeux inégalement étendu sur l'œuf. Quelques parties de la coquille paraissent revêtues de plusieurs couches superposées, tandis que d'autres n'offrent qu'une légère couche de cet enduit. Ils mesurent de 0$^m$,070 à 0$^m$,074, et de 0$^m$,048 à 0$^m$,050.

## FAMILLE DES LONGIPENNES.

La troisième Famille des Palmipèdes est désignée dans la Faune de Maine-et-Loire sous le nom de *Longipennes*, formé de *longus*, *longa*, « long, longue, » et *penna*, « penne. » Cette expression indique que les oiseaux qu'elle détermine ont les plumes principales, les *pennes*, plus longues que celles des autres oiseaux, et que, dès lors, ils sont constitués pour entreprendre de longs voyages; aussi visitent-ils tour-à-tour des climats bien différents et bien éloignés. Cuvier les appelle avec raison *grands voiliers*, et, sous ce point de vue, la petite frégate

que je viens de décrire, devrait appartenir à cette Famille.
Les Longipennes se nourrissent principalement de petits
poissons, de vers et d'insectes aquatiques.

---

PÉTREL, OISEAU DES TEMPÈTES. — THALASSIDROMA PELAGICA.

La Famille des Longipennes commence par un oiseau
légendaire ; bien des préjugés se groupent autour de son
nom et en font un être fantastique. J'expliquerai fort
simplement les habitudes du pétrel, et dans cet exposé,
je trouverai facilement l'étymologie des différents noms
qui lui ont été donnés. Le thalassidrome vit principalement d'insectes aquatiques, de petits mollusques brisés,
de frai de poisson. Oiseau semi-nocturne, il n'apparaît
sur les rivages de la mer qu'au moment du crépuscule ;
son plumage d'un noir fumeux lui donne, à la chute du
jour et au commencement des ténèbres de la nuit, la
figure d'un être de mauvais augure. Quand la mer est
agitée, quand surtout la tempête se déchaîne avec furie,
les pétrels sortent de leur retraite, même pendant le jour ;
ils se réunissent alors en bandes nombreuses, suivent les
vaisseaux, qui, en traçant un profond sillon dans les
vagues amoncelées, rejettent à la surface de la mer des
myriades d'insectes et de mollusques brisés. Préservés
par l'arrière du navire contre la violence du vent, les
thalassidromes volent avec une grande facilité en rasant
la surface de la mer et en appuyant de temps en temps
leurs pieds palmés sur les flots, avec lesquels ils s'élèvent
et s'abaissent tour-à-tour. De là le nom de pétrel, dérivé de
*Petrus*, « Pierre, » nom par lequel on a voulu les assimiler
au chef des Apôtres marchant sur les eaux à la voix de
son divin Maître. La dénomination d'*oiseau de tempête* se
justifie par l'habitude du pétrel, qui ne se montre en
pleine mer que lorsque la tempête exerce ses ravages ;

alors, plus l'ouragan se déchaîne avec fureur, plus les pétrels se montrent nombreux. Les marins, voyant donc ce petit oiseau manifester tout-à-coup sa présence au moment où les flots entraient en fureur, se demandèrent : D'où venait-il ? Pourquoi le nombre des pétrels augmentait-il avec la violence de la tempête ? Pourquoi le calme et le soleil le faisaient-ils disparaître ? Dès lors, ils ont vu dans le pétrel un émissaire de l'enfer, un messager de la mort semblant venir désigner au naufrage le vaisseau dont il suivait la marche. Aussi son apparition jetait-elle une tristesse sinistre dans l'âme des matelots. *Thalassidroma* est composé de THALASSÉ, « mer, » et DROMOS, « course, » et signifie l'oiseau qui court, qui marche sur la mer, et, sous une autre forme, cette expression représente la même idée que le mot *pétrel*. *Pelagica* vient de PELAGOS, « mer, » PELAGIOS, « marin, » et indique que cet oiseau est associé à la vie, à la lutte de la mer. Souvent on l'appelle *procellaria*, « oiseau de tempête. » Le bec du pétrel est comprimé et crochu comme celui des vautours, caractère qui attache encore à son nom et à sa présence une idée peu sympathique. Cette espèce est très-friande de petits cadavres de poissons qu'elle capture quand la mer, vivement agitée, les rejette à sa surface. Assez souvent, lorsque les pétrels s'éloignent trop du rivage et s'aventurent au loin, ils se trouvent impuissants à lutter contre la tempête, et, brisés contre les flancs du navire, leurs cadavres sont poussés sur les rivages. Quelquefois aussi ils sont emportés par les ouragans et lancés bien loin au milieu des terres, où on les prend à la main, lorsqu'ils sont incapables d'aucun mouvement.

Plusieurs fois, un certain nombre de pétrels, ne pouvant résister à la violence du vent, ont été entraînés par la tempête jusqu'à la gare du chemin de fer d'Angers, où ils sont venus se briser contre les murs. Le pétrel se reproduit dans les trous des rochers sur les rivages de la Bretagne et sur ceux de la Méditerranée. La femelle ne pond qu'un seul œuf presque rond, d'un blanc mat, et dont le gros bout est strié de petits points rongeâtres formant une espèce de couronne. Nous reconnaissons encore dans cette particularité l'action de la Providence ; car si le pétrel avait un certain nombre de petits à nourrir en même temps, il serait dans l'impossibilité de leur procurer une subsistance suffisante, condamné qu'il est à la chercher bien loin des rochers auxquels il a confié son nid. La multiplicité de courses longues et pénibles rendrait l'éducation des petits entièrement impossible. Dieu a fait disparaître cet inconvénient en donnant à la femelle du pétrel une fécondité successive ; elle fait un certain nombre de couvées, mais dans lesquelles elle n'a jamais qu'un seul petit à nourrir. Si l'on admet comme vrai le rapport de Flinders, qui prétend que l'on a constaté le vol de troupes de pétrels, composées de plusieurs millions d'individus, l'on serait porté à croire que le nombre des couvées du procellaria doit être assez considérable.

M. Loche a trouvé des œufs de ce pétrel depuis le mois de mai jusqu'à la fin de septembre. La femelle du thalassidrome défend son nid en lançant sur le dénicheur une matière huileuse et fétide, qui suinte de ses narines. Cette matière produit dans les yeux de ceux qui en sont atteints un effet terrible, et quelquefois elle occasionne la mort. La femelle nourrit son petit avec de l'huile de poisson, qu'elle lui dégorge dans le bec. Le grand diamètre de l'œuf varie de $0^m,026$ à $0^m,028$, et le petit, de $0^m,020$ à $0^m,022$.

La chair de ce pétrel est tellement huileuse que, d'après Brunnich, les habitants de l'île Feroë s'en servent comme de chandelles, après avoir introduit une mèche dans toute la longueur du corps de l'oiseau. L'automne est l'époque de l'année la plus favorable pour capturer dans toute la plénitude de leur graisse les pétrels qui doivent fournir ce mode d'éclairage.

## PÉTREL DE LEACH. — PROCELLARIA LEACKII.

Ce pétrel a les mêmes habitudes que le précédent ;
comme son congénère, il est regardé par les marins d'une
manière peu sympathique. Ils pensent qu'il est un émissaire de l'enfer ; aussi l'appellent-ils l'*épouvantail*, le *sata-
nite*. Lorsque des bandes nombreuses de ces pétrels se
réunissent derrière les vaisseaux pendant la tempête, les
matelots pensent que ces oiseaux, non-seulement viennent
prédire le naufrage, mais qu'ils ne sont que les âmes des
anciennes victimes de l'ouragan, appelant dans leurs
rangs de nouvelles compagnes, de nouvelles sœurs. Ces
légendes se diversifient beaucoup, et on peut en recueillir
un très-grand nombre parmi les Hollandais, qui, navi-
guant avec toute leur famille, sont plus enclins que les
autres marins, aux mille préoccupations enfantées par
l'imagination, et aussi par la vie agitée de la mer. Le
caractère principal qui sert à distinguer le pétrel de
Leach de son congénère, c'est la longueur de ses tarses,
qui sont beaucoup plus élevés. Ce pétrel porte le nom
d'un savant anglais, auteur de plusieurs ouvrages d'histoire naturelle. Beaucoup plus rare dans nos contrées
que le pétrel ordinaire, il habite surtout les rivages de
Terre-Neuve et les Orcades. La femelle pond dans les
trous des rochers un seul œuf blanc et oblong, parsemé
à l'une des extrémités de petits points rougeâtres en
forme de couronne. Le grand diamètre est de 0ᵐ,033 à
0ᵐ,035, et le petit, de 0ᵐ,013 à 0ᵐ,014.

La femelle a recours au même moyen que la précédente pour défendre son œuf ou son petit, et, en éter-
nuant d'une manière très-accentuée, elle lance dans
les yeux de l'imprudent dénicheur une liqueur tellement
fétide et mordante, qu'elle le force à lâcher la corde à
laquelle il se suspendait le long des rochers, et souvent à

tomber brisé au pied de ces mêmes rochers. Le pétrel de Leach est vulgairement appelé *cul-blanc ;* cette expression, qui sert à le distinguer de son congénère, rappelle que chez cet oiseau quelques-unes des plumes latérales du bas-ventre et des premières sous-caudales latérales sont blanches ou en partie blanches sur les barbes externes.

***

## STERCORAIRE POMARIN. — Lestris pomarinus.

Le récit sommaire des mœurs des *Stercoraires* nous viendra puissamment en aide pour comprendre la signification attachée à leurs noms. Les stercoraires habitent ordinairement l'Océan Atlantique septentrional, les rivages de l'Islande et ceux du banc de Terre-Neuve. Ils manifestent leur présence sur presque toutes les mers ; ils apparaissent de temps en temps en Anjou, et j'ai pu les étudier sur le cours de la Maine, près du rocher de la Baumette. Les stercoraires sont armés d'un bec robuste terminé par un onglet crochu. Leur doigt médian est dentelé comme une scie et leur sert avantageusement à maintenir la proie qu'ils ont capturée. Leur vol est tour-à-tour lent et rapide, selon les circonstances ; le vent le plus violent est impuissant à en contrarier la direction. Querelleurs, voraces, hardis et fainéants, ces oiseaux vivent pincipalement de poissons et quelquefois de mollusques, d'œufs et de jeunes oiseaux. Pour se procurer une abondante nourriture sans se livrer à un travail pénible, ils poursuivent les mouettes, les fous, les cormorans, lorsque ces oiseaux se livrent à la pêche, puis se précipitent sur eux avec une excessive rapidité, et, d'un coup de bec vigoureux, ils les forcent à dégorger leur proie que les stercoraires saisissent avec adresse avant qu'elle ne soit tombée dans l'eau. Cette habitude leur a

fait donner le nom de *stercoraire*, de *stercus*, « fiente, »
parce que l'on a cru longtemps que ces oiseaux poursuivaient les mouettes, les cormorans, etc., pour recueillir
la fiente qu'ils lâchaient en volant ; l'erreur était d'autant
plus plausible que très-souvent les mouettes, les cormorans rejettent leur proie lorsqu'elle est déjà triturée dans
leur estomac et qu'elle se manifeste alors sous une apparence de corruption. Les coups de bec du stercoraire réitérés
et puissants sur le derrière et sur la tête des oiseaux qu'il
poursuit, déterminent en eux une espèce de vomissement
plus ou moins abondant. Le mot *lestris* rappelle sous une
forme plus énergique encore la conduite du stercoraire.
*Lestris* dérive du grec ΛῆΣΤΡΙΣ, « femme de pirate, » qui se
rattache à ΛῆΣΤῆΣ, « ravisseur, brigand, pirate. » Cette
expression est très-caractéristique, car le stercoraire est
un véritable ravisseur, et si les fous, les cormorans lui
abandonnent le prix de leur travail souvent pénible, ils
ne font cette concession qu'à regret, imitant en cela ceux
qui livrent leur bourse pour conserver leur vie. Quant à
l'adjectif *pomarin*, *pomarinus*, je n'en comprends nullement la signification. Peut-être ces expressions ne sont-
elles qu'une corruption de *pen-marin*, mot par lequel le
stercoraire est connu sur les côtes de la Bretagne et de l'Angleterre. *Pen-marin* est composé de *pen*, signifiant en bre-
ton « chef, tête. » Dès lors *pen-marin* représenterait très-
bien l'idée que l'on doit avoir du stercoraire qui règne
sur les mers par ses rapines, ses violences et son brigan-
dage. Dans les nouveaux traités d'ornithologie, le stercoraire est souvent appelé *labbe*, dérivant peut-être de
ΛΑΒῶ, ἔΛΑΒΟΝ, aoriste second de ΛΑΜΒΑΝῶ, verbe dont l'un
des sens est « saisir, surprendre à l'improviste. » Enfin,
*cataracte*, autre dénomination du stercoraire, est formée de
ΚΑΤΑ, « en bas, » et ῬΑΣΣῶ, « briser, renverser, tomber
avec fracas, » et peut indiquer deux sens différents, ou que
cet oiseau se précipite avec fracas sur ceux qu'il poursuit,
ou qu'il se jette avec rapidité et avec bruit sur la proie qu'il

contraint ses adversaires, ou plutôt ses victimes, à lâcher.
Mais peut-être la véritable étymologie du mot *labbe* est-elle
*labes*, dont les acceptions variées conviennent parfaitement au stercoraire et retracent d'une manière énergique
les méfaits ignobles et la vie de ce coupable. *Labes* signifie
« fléau, être funeste et infâme, tache, souillure, attaque
subite, etc. » Tous les différents sens du mot *labes* s'ap-
pliquent aux mœurs du stercoraire, comme le prouve le
résumé que je viens de tracer des habitudes de ce palmipède. Les stercoraires ne souffrent aucun autre oiseau
de leur espèce à chasser dans leur voisinage; ils veulent
être, dans l'arrondissement où ils séjournent momentanément, de véritables *pens-marins*. Ils attaquent même
les animaux et les hommes. D'après Graba, cité par
M. Gerbe (*Ornithologie européenne*, tome II, p. 394), « les
habitants de Feroë qui vont à la recherche des œufs du
labbe cataracte, se munissent de couteaux qu'ils tiennent
sur leur bonnet, la pointe en l'air, pour ne pas être
blessés par les assauts impétueux que leur livrent les
possesseurs des nids. »

Le stercoraire pomarin niche dans les rochers les plus
escarpés du bord de la mer; la femelle dépose sur quelques brins d'herbes, ou sur les débris de mousse réunis
grossièrement, deux ou trois œufs d'un brun olivâtre
foncé et quelquefois d'un brun jaunâtre. Leur coquille
est parsemée de taches d'un gris noirâtre ou d'un brun
noir, entremêlées de quelques points de même couleur.
Ils mesurent de 0^m,058 à 0^m,060, et de 0,040 à 0^m,042.

---

## STERCORAIRE RICHARDSON ou PARASITE. —
### Stercorarius richardsonii vel parasiticus

Le stercoraire Richardson a les mêmes habitudes que
le précédent; il porte le nom de l'auteur de la Faune

boréale américaine, imprimée à Londres en 1831. C'est cet
auteur qui a décrit avec beaucoup d'exactitude le stercoraire des mers boréales de l'Europe, de l'Asie et de l'Amérique. Le Richardson est très-nombreux sur les côtes du
Groënland; c'est là qu'il se livre avec une audace infatigable et avec une énergie dévorante à toute espèce de
déprédations. La série incessante de ses méfaits justifie le
nom de *parasite* qui lui a été donné. Cette expression est
formée de PARA, « auprès, » et SITOS, « grain de blé, aliment; » elle représentait, chez les Grecs, *celui qui vit aux
dépens des autres*, qui fait métier de s'asseoir à une table
étrangère, et à plus forte raison celui qui n'y est *pas invité* et qui même vient y prendre part malgré le maître
de la maison. Dans ce sens rigoureux, les stercoraires
sont de vrais parasites, et des parasites de la pire espèce.
Autrefois on appelait *parasites* les ministres préposés au
service des temples des faux dieux et chargés de recevoir
le blé, les présents destinés aux frais du culte; ces prêtres
vivaient aux dépens des adorateurs de ces fausses divinités, et chaque idole avait à son service un nombre plus
ou moins considérable de parasites, selon le renom de
puissance dont jouissaient ces divinités et qui attirait dès
lors plus ou moins d'adorateurs, plus ou moins de présents. Le Richardson apparaît très-rarement en Anjou, et
seulement pendant les hivers rigoureux. Il niche dans les
cavités des rochers situés sur les bords des mers glaciales ou dans les îlots isolés au milieu des vastes marais.
Sur une couche de brins d'herbes et de mousse la femelle
pond deux ou trois œufs d'un brun jaunâtre ou d'un gris
foncé, striés de taches semées d'une manière irrégulière
et dont la couleur varie du brun au noir. Des points en
plus grand nombre que dans l'espèce précédente sont
répandus sur la coquille. La longueur de ces œufs est de
0$^m$,058 à 0$^m$,060, et le diamètre, de 0$^m$,040 à 0$^m$,042.

## STERCORAIRE LONGICAUDE. — Stercorarius
### LONGICAUDA.

Plus petit que les stercoraires décrits précédemment, le longicaude fréquente les rivages du Groenland, le Spitzberg et les mers du cercle arctique. Une seule fois sa présence a été constatée dans notre département. L'adjectif *longicaude* est formé de *longus, longa*, « long, longue, » et *cauda*, « queue ; » il indique une particularité remarquable du plumage de cet oiseau. Les deux rectrices, d'abord larges à leur base et même jusqu'à l'extrémité des latérales, deviennent ensuite très-étroites, pour se terminer en fer de lance et dépasser les latérales de seize à vingt-deux et même vingt-quatre centimètres. Ce caractère n'existe que chez les adultes. Les stercoraires ne vivent pas exclusivement du fruit de la pêche des autres oiseaux, et, quand leurs fournisseurs manquent, ils capturent eux-mêmes les poissons. Le longicaude est très-friand de harengs qui pullulent dans les régions où il séjourne ordinairement. Aussi les pêcheurs le protégent-ils, et évitent-ils tout ce qui pourrait l'effrayer et par là-même l'éloigner. Sa présence indique aux pêcheurs les bancs de harengs, et c'est pour ces intrépides marins un éclaireur qui ne se trompe jamais. Le stercoraire longicaude aime, comme ses congénères, à dormir sur la mer et se laisse bercer au gré des flots. Ce palmipède niche sur les rochers ou sur les monticules de sable. La femelle réunit quelques débris de graminées sur lesquels elle dépose deux ou trois œufs ayant les mêmes nuances que ceux des espèces précédentes, mais dont les dimensions sont plus petites. La longueur est de $0^m,054$ à $0^m,056$, et le diamètre, de $0^m,036$ à $0^m,038$.

## GOELAND A MANTEAU NOIR. — Larus marinus.

Trois espèces de goëlands visitent notre département, surtout quand des tempêtes longues et terribles se déchaînent sur l'Océan. Dans les temps ordinaires, ces oiseaux n'abandonnent guère le rivage de la mer, et se tiennent à une certaine distance des côtes. Lorsqu'ils se dirigent vers la terre, ils annoncent aux matelots l'approche de la tourmente, et leur indiquent qu'il est temps de rentrer au port. Aussi, dans les différentes parties de l'Angleterre, a-t-on promulgué des arrêtés interdisant la chasse des goëlands; à l'île de Man en particulier, ces oiseaux sont placés sous la sauvegarde des lois, à cause des nombreux services qu'ils rendent. On a même défendu de tirer le canon en cas de détresse, pour ne pas éloigner les goëlands des côtes sur lesquelles les vagues en furie viennent se briser. (*Bulletin de la Société protectrice des animaux,* fév. 1869, page 104.) Lorsque d'épais brouillards couvrent la mer comme d'un linceul de mort, et que la tempête mugit avec fracas, les marins ne peuvent entendre aucun signal, apercevoir aucun feu des phares, mais ils voient les goëlands se balancer près des flancs des navires, ils les entendent pousser leur cri plaintif et les diriger ainsi vers la terre en leur indiquant la proximité des côtes. Ces oiseaux font disparaître sur les rivages les cadavres en putréfaction, les détritus des poissons, et, par leur présence, montrent aux marins les endroits où ils trouveront une pêche abondante. En tout temps les goëlands poussent, en se jouant avec grâce dans les airs, un cri plaintif et répété; mais quand la tempête approche, ce cri revêt un caractère plus accentué, et a quelque chose de lugubre et de sinistre. C'est à ce cri que, selon quelques auteurs, il devrait son nom, dérivant du bas-breton, *gwelan*, dont la racine probable est *gwela*, « pleur, gémissement. » Roussel prétend que *gwelan* est formé de *gwaz*, « oie, » et de *len*, « mer, » et signifie *oie de mer*. Je préfère la première des deux étymologies, comme représentant une habitude caractéristique des goëlands; d'autant plus que lorsque ces oiseaux sont affamés, ils aboient comme des chiens. Les mots *à manteau noir* indiquent que l'ensemble des plumes extérieures des ailes et du dos est de cette couleur. Quant à l'expression *larus*, elle dérive de LARON, LAROS, « mouette, oiseau de mer, » qui a pour racine LAROS, « aimable, charmant. » Ce dernier sens se justifie par la grâce que déploient les goëlands en nageant, par leur marche rapide et légère lorsqu'ils sont à terre, par la propreté recherchée que présente toujours leur plumage, par l'élégant capuchon qui couvre leur vertex, leur occiput, leur nuque et même leurs joues dès le mois de janvier, et qui est un bel ornement préparé pour le temps des noces. Enfin, les goëlands sont sociables, vivent en troupes, s'apprivoisent facilement : ceux qui sont au Jardin des Plantes d'Angers courent, d'une manière très-gracieuse, après les promeneurs, pour réclamer quelque présent, et c'est alors qu'ils reçoivent dans leur bec, avec une excessive adresse, le pain, les biscuits, les débris qu'on leur jette soit sur l'eau du bassin, soit sur la terre.

Aux environs du phare de Soth-Stack, on voit en tout temps, et surtout pendant les tempêtes, des goélands voltiger en grand nombre et saisir la nourriture que leur distribuent les gardiens du phare ; ces oiseaux semblent être apprivoisés. Les goélands sont omnivores, mais principalement carnivores et piscivores ; sans cesse ils sont à la recherche des cadavres et des poissons que les flots de la mer roulent sur les sables des rivages. Chaque année, pendant l'hiver, au moment où les tempêtes agitent l'Océan, des bandes de goélands mêlés à quelques corneilles mantelées, voltigent près de l'abattoir, à Angers, en effleurant dans leur vol, tour-à-tour lent et rapide, la surface des eaux de la Maine, où ils capturent quelques débris putréfiés qui s'échappent des égoûts de l'abattoir.

Le goéland à manteau noir est le plus gros des oiseaux de ce Genre qui visitent notre département ; sa taille est de soixante-dix centimètres. Il habite ordinairement les mers du nord de l'Europe, mais il se montre pendant une partie de l'année sur les côtes de la France, où il se reproduit. Les goélands se réunissent en bandes considérables au moment de leur nidification, pour former de véritables colonies. Leurs nids consistent en une petite cavité pratiquée dans le sable et arrondie en forme de coupe peu profonde ; quelques grains de gros gravier constituent les bords de cette coupe ; parfois des débris de plantes en garnissent le fond : c'est sur ces couches peu travaillées que les femelles déposent, les unes près des autres, trois œufs et rarement quatre. Le grand diamètre de ces œufs est de 0ᵐ,076 à 0ᵐ,080, et le petit, de 0ᵐ,054 à 0ᵐ,056. La coquille, d'un gris brun roux ou jaune, varie beaucoup de couleur et de forme. Quelques-uns de ces œufs sont parsemés de taches d'un brun cendré, d'autres d'un noir foncé, entremêlées de petits points de même nuance. Dans quelques parties de l'Angleterre, ces œufs sont l'objet d'un trafic important ; des jeunes gens, exercés dès l'enfance à cette chasse, explorent, pendant les mois de mai et de juin, les précipices situés entre les rochers où les goélands déposent leurs œufs, et ils en récoltent des quantités innombrables. Quant à l'adjectif *marinus*, « marin, » ajouté à *larus*, il indique que le goéland est l'ornement gracieux de la mer, et, sous ce rapport, cette expression est parfaitement juste. Aucun oiseau ne déploie plus de grâce que les goélands et les mouettes, lorsque ces oiseaux se balancent au-dessus des vagues pour se laisser tomber avec légèreté à la surface de l'eau en relevant les ailes et la queue, de peur de les mouiller, puis remontent avec rapidité pour redescendre encore et continuer ainsi des évolutions qui se déroulent comme des festons animés. Cette pêche si légère et si rapide est accompagnée de petits cris, en signe de satisfaction, à la suite des captures qui ont été faites. C'est l'image d'un pêcheur s'applaudissant lui-même.

## GOÉLAND A MANTEAU BLEU. — Larus argentatus.

Les habitudes des différentes espèces de goélands étant les mêmes, il me semble inutile de rentrer dans des détails qui ne seraient que des redites. Je me bornerai donc, dans ces deux notices, à indiquer d'une manière sommaire l'étymologie des mots servant à distinguer entre eux ces palmipèdes. La couleur des plumes qui recouvrent le dos et les ailes de ce goéland justifie les deux épithètes *à manteau bleu* et *argentatus*, « argenté. » Les reflets d'un bleu un peu blanchâtre que donnent les plumes du manteau de ce goéland ont fourni aux naturalistes le caractère qui devait le distinguer de ses congénères. Ce palmipède habite ordinairement les contrées septentrionales et orientales de l'Europe ; il se reproduit cependant sur les côtes de la France, de la Belgique, de la Hollande et de l'Angleterre. Il niche rarement sur le sable, mais presque toujours dans les anfractuosités des rochers inabordables. Aussi ses œufs sont-ils moins faciles à se procurer que ceux du précédent. Au nombre de deux ou de trois, ils varient beaucoup de couleurs et de dimensions. Ils sont ordinairement d'un brun roux ou olivâtre ou jaunâtre. La coquille est parsemée de taches d'un gris pâle ou foncé, entremêlées de petits points de différentes nuances. Leurs dimensions sont plus petites que celles des œufs de son congénère. Ces œufs mesurent de 0$^m$,072 à 0$^m$,076, et de 0$^m$,050 à 0$^m$,052. Le goéland argenté se nourrit en grande partie de petits poissons, de mollusques et d'insectes que la mer a découverts en rentrant dans son lit.

## GOÉLAND A PIEDS JAUNES. — Larus flavipes.

Ce goéland est souvent désigné sous le nom de *fuscus*, « brun, » dénomination qui, comme celle de son congénère, est motivée par les nuances de son plumage. *Flavipes* a la même signification que l'expression vulgaire, et est composé de *flavus*, *flavi*, « jaune, » et de *pes*, « pied. » Cet adjectif indique que les pieds de ce palmipède sont d'une teinte jaunâtre, caractère qui le distingue des autres goélands. Sa taille est aussi sensiblement plus petite que celle des deux précédents. Plus vorace encore que ses congénères, on le rencontre assez loin des côtes assouvissant sa faim au milieu des débris corrompus des abattoirs. Il habite ordinairement les rivages du nord de l'Europe, et se reproduit en assez grand nombre dans les falaises qui se trouvent dans les îles situées sur les côtes du département de la Manche, et aussi sur celles de la mer Méditerranée. Les œufs, au nombre de deux ou de trois, sont confiés aux trous des rochers ou aux sables de la mer. Leur couleur, d'un gris noir ou d'un roux sale, est parsemée assez régulièrement de taches entremêlées de points plus ou moins effacées et semées en zigzag. Ces taches et ces points sont d'une nuance plus noire que dans les œufs des deux autres espèces. Le grand diamètre est de $0^m,064$ à $0^m,066$, et le petit, de $0^m,044$ à $0^m,046$.

---

## MOUETTE LEUCOPTÈRE. — LARUS LEUCOPTERUS.

Ce palmipède habite les contrées du cercle arctique ; il niche sur les rochers et sur les sables de ces régions désolées qu'il n'abandonne que pendant les hivers très-rigoureux. M. Guillou a tué aux environs de Cholet un de ces oiseaux, le 15 novembre 1852. Dans un grand nombre d'ornithologies il porte le nom de goéland ; dans d'autres il est classé sous la dénomination de *mouette*. Les mouettes ont les mêmes habitudes que les goélands ; comme ces dernières elles méritent le nom de *larus*, car elles déploient une grâce remarquable dans leur vol et dans leur course. La seule différence qui a déterminé certains auteurs à séparer les mouettes des goélands, c'est l'infériorité de leur taille, infériorité qui n'existe pas même d'une manière sensible, en particulier à l'égard de la mouette leucoptère. Je crois donc qu'on pourrait classer tous ces oiseaux sous le nom générique de goélands. Cependant, pour rester fidèle au principe que je me suis imposé de suivre aussi exactement que possible la Faune de Maine-et-Loire, je me vois obligé de conserver la dénomination de *mouette* et d'en chercher l'étymologie.

Quelques grammairiens affirment que *mouette* vient de l'anglais *mewe* et du flamand *mewe*. M. Littré pense que ce nom est un diminutif de l'ancien français *miawe*.

On disait autrefois *miawe*, *mauve*, *move*, et, de nos jours, les marins appellent les *mouettes*, les *mauves*. Or, d'après du Cange, *mowe* dériverait de *motus*, *moveo*, « mouvement, mettre en mouvement. » D'où il me semble qu'il est permis d'émettre, sans être trop téméraire, l'hypothèse que *mouette* peut signifier *l'oiseau du mouvement, l'oiseau sans cesse en mouvement*. Cette signification serait juste ; car les mouettes passent leur vie dans un mouvement continuel, se balançant sans cesse dans les airs, plongeant, se relevant tour-à-tour comme les goélands proprement dits, dont elles partagent la vie agitée. Les latins nommaient la mouette *gavia*, mot dérivant d'un vieux parfait de *gaudeo* « se réjouir, » expression se rapprochant de *larus* et signifiant « l'oiseau gai, aimable. » Nicot pense que *mouette* est une onomatopée représentant d'une manière incomplète le cri de cet oiseau. Enfin Roquefort prétend que les mouettes sont ainsi nommées à cause de la forme de leur bec. Comment cela ? Je l'ignore entièrement. Quant à l'adjectif *leucoptère*, il est composé de LEUCOS, LEUCON, « blanc, » et PTÉRON, « aile; » il indique que cette mouette a les ailes blanches, caractère qui la sépare des autres espèces. La mouette leucoptère pond deux ou trois œufs semblables à ceux du goéland à manteau bleu. Ils n'en diffèrent que par des proportions un peu plus petites. Ces œufs mesurent de 0$^m$,070 à 0$^m$,072, et de 0$^m$,048 à 0$^m$,050.

---

## MOUETTE A PIEDS BLEUS ou GOÉLAND CENDRÉ. —
### LARUS CANUS.

Le nord de l'Europe est la patrie de la mouette à pieds bleus ; mais, chaque année, des quantités considérables de ces oiseaux sont poussées par la tempête vers le littoral de la France, et, tous les hivers, nous les voyons apparaître en grand nombre sur les cours d'eau de l'Anjou, et parcourir de leur vol gracieux les vastes marécages de notre département. Les expressions *à pieds bleus* indiquent un des caractères de cette espèce. Quant à l'adjectif *cendré*, qui s'éloigne de *canus*, « blanc comme la neige, » il fait connaître un aspect du plumage de ce palmipède, qui est un mélange de blanc et de noirâtre et présente effectivement des nuances assez variées dans ses différentes parties. Cette mouette s'apprivoise très-facilement ; celles qui se trouvent au jardin des plantes d'Angers suivent les promeneurs, et vont même au-devant d'eux pour quêter quelques débris de gâteau et de pain. Le goéland cendré se reproduit dans le département de la Manche et du Pas-de-Calais.

La femelle pond, sur le sable ou dans les trous de rochers, trois œufs d'un blanc jaunâtre ou roussâtre. La coquille est parsemée de taches et de points d'un gris ou d'un brun foncé. Cependant la couleur de ces taches et de ces points est généralement moins foncée que celle des espèces précédentes ; ces taches, ces points semblent être à moitié effacés. Le grand diamètre est de 0$^m$,052 à 0$^m$,056, et le petit, de 0$^m$,040 à 0$^m$,042. Ces dimensions indiquent que ce palmipède est beaucoup plus petit que les goélands décrits antérieurement.

## MOUETTE TRIDACTYLE. — Larus tridactylus.

Comme ses congénères, la mouette tridactyle vit ordinairement pendant l'été dans les régions arctiques ; en hiver, et même pendant l'automne, elle visite les climats tempérés ; sa nourriture, ses habitudes sont les mêmes que celles des autres mouettes. Les adjectifs qui servent à la caractériser, en français et en latin, sont composés de tres, « trois, » et dactylos, « doigt, » et indiquent que cette mouette est privée de *pouce* et n'a, dès lors, que trois doigts.

La femelle dépose, sur quelques débris de plantes, dans les anfractuosités des rochers, trois œufs d'un blanc gris sale ou jaunâtre et même quelquefois noirâtre. Ils sont parsemés de taches et de points de la même couleur, et mesurent de 0$^m$,050 à 0$^m$,056, et de 0$^m$,038 à 0$^m$,040.

## MOUETTE RIEUSE. — Larus ridibundus.

Cette mouette visite toutes les mers de l'Europe; elle se montre sur les étangs, les marais, les rivières ; tous les climats paraissent lui convenir. D'un caractère sociable, elle semble, plus que toutes ses congénères, disposée à accepter la domesticité. Une mouette rieuse du jardin zoologique d'Anvers, vécut pendant plusieurs années en pleine liberté, quittant à son gré l'enceinte de son habitation pour aller visiter les rives de l'Escaut, y capturer sa nourriture et revenir le soir dans le lieu de sa captivité. Cette mouette doit sa dénomination *ridibundus*, « rieuse, » au capuchon brun qui, pendant l'époque de la nidification, se termine à l'occiput en arrière et s'étend sur le haut du cou en avant. Cet ornement de noces, que la mouette revêt pendant quelques mois, lui donne une physionomie toute particulière, et sous cette physionomie les naturalistes ont entrevu une apparence de *ricanement*, de *rire*. Ce capuchon tourne un peu au grotesque; on dirait que l'oiseau s'en est revêtu moins pour se donner un air de *rieur* que pour exciter à l'hilarité ceux qui le voient. La mouette rieuse pond ordinairement trois œufs sur les sables des mers ou à l'embouchure des fleuves. Ces œufs sont de formes, de dimensions et de couleurs tellement variables que toute description en devient impossible. Les mouettes rieuses se réunissent en quantités innombrables pour pondre dans les mêmes localités ; aussi les œufs sont-ils les moins chers de tous ceux de cette famille, et le prix en est si peu élevé qu'il compense à peine pour le vendeur les frais de l'envoi.

---

## MOUETTE PYGMÉE. — Larus minutus.

Cette mouette est désignée en latin par l'adjectif *minuta*, « petite, » et en français par le mot *pygmée*. *Minuta* se justifie par la taille de ce palmipède, taille qui ne dépasse pas vingt-six centimètres et qui est, dès lors, la moitié et même le tiers de celle des espèces précédentes. Quant à l'expression *pygmée*, elle représente la même idée, et repose sur un souvenir mythologique. Les pygmées habitaient la Lybie ; ils avaient une coudée de hauteur ou cinquante centimètres environ ; leur vie ne dépassait pas huit ans. Les femmes cachaient leurs enfants dans les trous des rochers pour les soustraire aux attaques des grues avec lesquelles ces peuples étaient constamment en guerre.

Dans une de ses courses, Hercule ayant tué Antée, roi des Pygmées, ceux-ci résolurent de venger la mort de leur souverain. Pendant le sommeil d'Hercule, ils sortirent des sables de la Lybie, et se répandirent sur le corps du géant comme une légion de fourmis. A son réveil, Hercule les renferma tous dans sa peau de lion, et les porta en présent à Eurysthée, son frère aîné. Tel est le récit de la fable, récit que les savants ont consacré en donnant à la plus petite des mouettes le nom de *pygmée*, qui dérive de pygmæus, formé de PYGMAIOS, dont la racine est PYGMÉ, mesure de dix-huit doigts chez les anciens grecs, mot signifiant poing et coudée, et valant $0^m,347$. Le pygmée représentait un pied olympique plus un huitième, et avait six doigts de moins que la coudée proprement dite. Ce palmipède habite l'orient de l'Europe et le nord de l'Asie ; il se montre dans toutes les contrées de l'Europe, mais seulement pendant les hivers rigoureux et par bandes de quinze à vingt individus.

La mouette pygmée niche à l'embouchure du Danube, près des rivages de la mer Baltique et dans les grands marécages où elle se réunit alors en troupes nombreuses. La femelle dépose, sur quelques brins d'herbes ou sur des débris de plantes, trois œufs d'un gris olivâtre ou jaunâtre, parsemés de taches et de points d'un gris foncé ou couleur de rouille. Ces œufs sont très-rares dans le commerce ; ils mesurent de 0$^m$,036 à 0$^m$,040, et de 0$^m$,028 à 0$^m$,030.

---

## STERNE DE DOUGALL. — Sterna dougallii.

Le groupe des *sternes* termine la Famille des Longipennes. Les sternes ont de nombreux rapports avec les mouettes, mais elles s'en éloignent par des tarses beaucoup plus petits, qui indiquent que ces oiseaux ne sont guère destinés à la marche, par la forme de leur bec, par leur taille plus svelte et plus élégante, enfin par leurs longues ailes et par leur queue plus ou moins fourchue. Ce dernier caractère rapproche beaucoup les sternes des hirondelles ; aussi sont-elles appelées le plus souvent *hirondelles de mer*. Cette dénomination me paraît beaucoup plus caractéristique que celle de *sterne*. Comme les hirondelles, les sternes passent leur vie dans un vol presque continuel qu'elles accompagnent d'un petit cri perçant, et, sous ce rapport, elles pourraient être, ainsi que les hirondelles, appelées les *criardes*. Elles vivent de poissons, de vers et d'insectes qu'elles capturent soit en se laissant tomber directement sur leur proie, soit en rasant avec une grande rapidité la surface de l'eau. Dans ces différentes évolutions les sternes déploient une telle élégance et une si grande rapidité, qu'elles devraient être comprises sous la dénomination de *larus*. Souvent on les voit se maintenir dans l'air, à la même place, par un frémissement des ailes, comme les Rapaces, et attendre ainsi le moment favorable pour saisir leur proie. Avec le secours de leurs longues ailes qui leur permet un vol rapide et prolongé, les sternes parcourent des distances considérables, fouillent toutes les différentes parties des immenses marécages qui se développent souvent à l'embouchure des rivières, et changent à chaque instant le théâtre de leurs explorations. Je reviens à la question étymologique. Que signifie *sterne*? Et comment ce mot se rapporte-t-il aux habitudes des oiseaux qu'il désigne? Dans tous les glossaires on trouve *sterne*, *sterna*, « nom de l'hirondelle de mer. » Réponse peu satisfaisante et surtout peu complète. Cependant quelques auteurs ajoutent : *sterne*, dénomination copiée sur l'anglais *stern*. Quelle est donc la traduction de ce mot ? *Stern* veut dire *austère*, *sévère*, sens qui ne se rapporte guère à la vie joyeuse et agitée des oiseaux auxquels il est consacré ; puis, dans une autre acception, il représente « *l'arrière d'un vaisseau, la poupe.* » Les marins auraient-ils trouvé entre la queue fourchue des sternes et les longs filets qui la terminent une certaine ressemblance avec la poupe d'un navire, dépassée, elle aussi, par le mât d'artimon ? J'abandonne aux savants la solution de ce problème, et je continue l'interprétation des noms vulgaires de ce palmipède. *Dougallii* « de Dougall, » indique certainement que ces mots expriment ou le nom d'un auteur auquel cette sterne aura été dédiée, ou celui d'une localité dans laquelle elle manifeste sa présence en grande quantité. Selon toute probabilité, cette dénomination a été donnée par Montagu. Je pense que *dougall* n'est que le nom défiguré de la baie de Donegal près de l'embouchure de l'Esk en Irlande, non loin du château patrimonial des O'Donnel. La côte est découpée par une multitude de baies, et l'intérieur est parsemé d'un grand nombre de lacs immenses. Cette localité est visitée par des bandes innombrables de sternes. La sterne de Dougall habite ordinairement le nord de l'Europe et de l'Amérique ; elle se reproduit dans un certain nombre de petites îles situées sur les côtes de l'Irlande, de l'Angleterre et de la France. Elle niche sur les rochers, mais principalement sur le sable. La femelle pond trois ou quatre œufs sans préparer aucune espèce de nid ; quelques gros grains de gravier seulement forment autour de ces œufs une espèce de petite barrière. Les œufs de ce palmipède présentent les mêmes variétés que ceux des autres espèces de ce groupe, c'est-à-dire qu'ils varient de formes, de dimensions et de couleurs, de manière à déconcerter les connaissances des oologistes les plus expérimentés. Je ne donnerai donc à ce sujet que des renseignements généraux. Ces œufs sont ordinairement d'un gris jaunâtre, et parsemés de taches irrégulières qui semblent représenter plusieurs couches superposées variant du gris pâle au noir foncé. Ils mesurent de $0^m,040$ à $0^m,042$, et de $0^m,030$ à $0^m,032$. La sterne de Dougall niche sur la Roche-Percée, vis-à-vis du Pouliguen, non loin de l'embouchure de la Loire ; de là elle fait des excursions assez régulières en Anjou.

---

## STERNE PIERRE-GARIN. — STERNA HIRUNDO.

Le *Pierre-Garin*, est un très-bel oiseau doué d'un vol rapide et gracieux. Chaque année il quitte les rivages de la mer pour venir, au printemps, se reproduire sur les sables de la Loire. D'un caractère défiant, il choisit pour établir son nid les îlots les plus solitaires et d'une très-petite étendue. Là, sur le point le plus culminant, il prépare un petit trou parmi les plus gros graviers, de manière à ce que l'intérieur de cette coupe aplatie soit formé par le sable le plus fin, et que les grains d'une forte dimension servent de rempart au berceau de la future famille. La femelle dépose dans ce nid deux ou trois œufs dont la pointe repose sur l'intérieur de la coupe, tandis que le gros bout s'appuie à l'extérieur. La coquille de ces œufs est d'un fond jaunâtre strié de taches et de points variant du brun au noir et même au rouge. Leur longueur est de 0ᵐ,040 à 0ᵐ,044, et leur diamètre, de 0ᵐ,028 à 0ᵐ,032. Le nom vulgaire est-il une onomatopée représentant d'une manière éloignée le cri aigu *tyr-in*, *tyr-in*, que ces oiseaux répètent vivement dès qu'ils craignent l'approche d'un ennemi? Ils continuent à redire ce cri en s'élevant à des hauteurs considérables, et ne cessent de le faire entendre que lorsque le motif de leur crainte n'existe plus. L'expression *Pierre-garin* n'indiquerait-elle pas que cette sterne est un *Pierre* qui aime et mange volontiers, ce qui est exact, une petite coquille bivalve appelée vulgairement *garin*. Dès lors *Pierre-garin* serait l'oiseau qui mange les *plicatules*, coquilles verdâtres ou blanchâtres dont il aurait pris le nom populaire, comme autrefois, et même de nos jours, les vainqueurs s'attribuent le nom des vaincus.

---

## STERNE PETITE HIRONDELLE DE MER. —
### STERNA MINUTA.

La question étymologique, en ce qui concerne cette sterne, n'offre pas de difficultés. Le nom vulgaire et le nom savant représentent la même idée, et indiquent que cet oiseau est le plus petit du Genre auquel il appartient. La petite hirondelle de mer s'unit aux petits pluviers et aux pluviers à collier interrompu, pour nicher en bandes in-

nombrables sur le sable des îlots situés près les rivages
des mers. J'ai trouvé un grand nombre de ses œufs sur
l'îlot des Evains, vis-à-vis le Pouliguen. Cette sterne se
reproduit aussi sur les sables de la Loire, et bien des fois
j'ai récolté les œufs de cet oiseau près des nids des petits
pluviers. Ces œufs, au nombre de deux, sont confiés aux
grèves, sans que la femelle fasse même une apparence de
nid. D'une forme ronde et d'un gris jaunâtre, ces œufs
sont pointillés de petites taches affectant toute espèce de
formes et d'un noir assez foncé. Ils mesurent de 0$^m$,030 à
0$^m$,032, et de 0$^m$,022 à 0$^m$,024.

---

## STERNE ÉPOUVANTAIL. — Sterna nigra.

La sterne à laquelle est consacrée cette notice doit ses
dénominations *nigra*, « noire, » et *épouvantail* à la couleur
de l'ensemble de son plumage. La poitrine, le ventre et
l'abdomen sont d'un noir cendré, et la tête et le dessus du
cou sont d'un noir pur. Cet oiseau est appelé par quelques auteurs *hydro-chelidon*, mot composé de hydôr,
« eau, » et chélidon, « hirondelle, » et signifiant, d'après
cela, *l'hirondelle d'eau*. Cette dénomination est très-juste :
elle associe la sterne épouvantail à l'hirondelle pour son
vol rapide et élégant, pour les nuances de son plumage,
et indique en même temps la différence qui sépare ces
deux oiseaux. L'adjectif *fissipes*, composé de *fissus*, *fissi*,
« fendu, » et *pes*, « pied, » fait connaître une particularité
importante des pieds de cette sterne. Les palmures sont
peu développées, très-échancrées et réduites à une simple
bordure sur le tiers au moins du doigt médian. Ce caractère devait frapper les naturalistes, surtout lorsqu'il
s'agit d'étudier des oiseaux appartenant à l'Ordre des Palmipèdes. Comme les hirondelles, les épouvantails sont

sans cesse en mouvement dans les airs, voltigeant tour-à-tour à des hauteurs différentes pour capturer les insectes qui séjournent sur les bords des rivières et des marécages et pour saisir les petits poissons qui apparaissent à la surface des flots. Dans ces courses incessantes, la sterne épouvantail pousse constamment des cris aigus et plaintifs. Cette habitude a peut-être aussi contribué à lui faire donner son nom vulgaire. Les sternes épouvantails nichent en Anjou par colonies innombrables, et, dès qu'elles ont trouvé un endroit favorable pour élever leurs petits, leur nombre s'accroît de jour en jour. La femelle pond deux, trois et rarement quatre œufs variant du jaune assez clair jusqu'au noir sombre, en passant par une série de nuances très-différentes. La coquille est parsemée irrégulièrement de taches assez larges formant plusieurs couches qui paraissent superposées et qui varient du gris au brun et au noir. Quelques-uns de ces œufs sont oblongs, d'autres piriformes, enfin quelques-uns sont ronds. Ils mesurent de $0^m,034$ à $0^m,038$, et de $0^m,024$ à $0^m,028$, et reposent sur des débris de plantes dans des clairières situées au milieu des roseaux ; quelques-uns sont déposés sur une large feuille de nénuphar ; des restes de plantes marécageuses les empêchent de rouler sur ce tapis humide et gracieux. Dans la Fosse de Sorges, j'ai trouvé une grosse racine de nénuphar flottant sur l'eau ; cette racine avait la forme d'un V ; elle portait à chacune de ses trois extrémités un nid de sterne épouvantail, et offrait le délicieux tableau de trois berceaux s'abaissant et s'élevant tour-à-tour selon les fluctuations de la surface de l'eau. Bien des fois j'en ai découvert dans les vastes marais de la Baumette, et lorsque la Maine se retirait de l'endroit où la colonie avait élu domicile, la forme des nids se modifiait un peu.

Sur les joncs mis à sec et repliés sur eux-mêmes se trouvait une petite coupe formée de plantes marines ; cette coupe, aplatie à sa base, s'élevait au-dessus du niveau de l'eau ; son diamètre diminuait insensiblement jusqu'au sommet du petit monticule auquel étaient confiés les œufs dont l'extrémité pointue est toujours dirigée vers l'intérieur du berceau de la future famille. Quand on pénètre dans un marais où se trouve une colonie d'épouvantails, les cris de ces oiseaux redoublent avec une grande intensité ; ils revêtent une nuance de tristesse et de gémissement qui font peine à entendre. Bientôt la colonie tourbillonne au-dessus des têtes des dénicheurs, et s'approche si près, qu'on pourrait abattre ces oiseaux avec une canne et même avec la main. Par leurs cris et par la direction de leur vol, les sternes épouvantails obtiennent un résultat tout opposé à celui qu'elles se proposent : elles indiquent l'endroit où se trouvent leurs nids ou leurs petits ; ces derniers se cachent alors sous les replis des larges feuilles de nénuphar. Dans certaines parties des marais de la Baumette on trouve des colonies renfermant vingt, trente et même quarante de ces nids. Ces marais me rappellent un épisode dont je consigne ici le souvenir. Dans le mois de juin 1865, je devais fouiller avec mes jeunes amis Eugène Lelong et Guillaume Bodinier le vaste espace marécageux qui s'étend depuis le rocher de la Baumette jusqu'à Notre-Dame-des-Champs. Un bateau léger avait été préparé par les soins de M. Gabriel, concierge à la Préfecture, qui devait nous servir de pilote. L'équipage s'embarqua, rêvant, comme toujours, une moisson de riches découvertes. A peine le cours de la Maine était-il traversé, que nous apercevons dans les roseaux qui ferment l'enceinte des marais un autre bateau qui se dirige vers nous. Il était monté par trois hommes dont la contenance nous paraissait suspecte. Près d'eux étaient maintenus à grand'peine deux chiens de chasse. Le prétendu chef de cette embarcation nous dit qu'il avait affermé la coupe des roseaux, que notre passage à travers le marais pouvait lui occasionner un tort réel, et qu'il nous sommait de nous retirer. Nous

crûmes prudent d'obtempérer à cet ordre, non parce que
nous le croyions juste, puisque nous avions une permission régulière du propriétaire des marais qui nous reconnaissait le droit d'y pénétrer selon notre volonté, mais
parce qu'il était évident que nous avions affaire à des
gens très-mal disposés et surexcités encore par des liba-
tions copieuses. Je donnai l'ordre de virer de bord, après
avoir adressé quelques paroles de politesse au chef de
l'embarcation. Tout-à-coup celui-ci se ravise, et me dit que
je pouvais entrer dans le marais, que, du moment où je
reconnaissais son droit, non-seulement il me concédait
toute permission, mais qu'il m'offrirait même une partie
de la chasse à laquelle il allait se livrer. Je le remerciai,
tout en refusant d'une manière positive la dernière pro-
position qu'il me faisait. A peine avions-nous dirigé notre
canot à travers l'enceinte extérieure des roseaux, qu'une
troisième embarcation y pénètre, montée par un garde et
par deux vigoureux gaillards. Elle se dirige avec une
grande rapidité vers celle du prétendu fermier des marais.
Le garde ordonne à celui-ci de s'arrêter ; mais, loin
d'obéir, l'équipage aviné redouble d'énergie. Une course
s'engage entre leurs embarcations au milieu des roseaux ;
elle est accompagnée de beaucoup de péripéties ; on crie,
on se menace, on s'arme de bâtons ; enfin un choc a lieu,
et l'équipage poursuivi se jette à l'eau, emmenant avec
lui ses deux chiens, et ne laissant entre les mains du garde,
comme preuves de conviction, que quelques jeunes canards capturés par ces chiens habitués à cette espèce de
chasse. Les coupables sont poursuivis à travers le marais,
et enfin le garde peut constater que le délinquant chef
n'est pas un novice en méfaits, mais un interné politique
de bas étage, sous le coup de plus de quarante délits du
même genre. Là, ne devaient pas se terminer nos émo-
tions ; le coupable dit au garde que c'était pour le *curé* qu'il
avait chassé, et que, lui et moi, nous étions de moitié.
Puis, pour affirmer son dire, il proféra un vrai déluge

d'imprécations. Le garde remonte alors en bateau et se dirige vers nous, demande nos noms, et d'une manière très-polie nous assure qu'il ne croyait nullement les propos de ce vaurien de la pire espèce, mais qu'il devait prendre des précautions en présence d'affirmations qui pourraient être renouvelées devant le prétoire. Heureusement la justice a pu rendre sa sentence sans que l'équipage des dénicheurs de sternes épouvantails fût obligé de comparaître devant le tribunal.

La sterne épouvantail manifeste un grand attachement pour ses semblables, attachement porté jusqu'à l'héroïsme. Si l'un de ces oiseaux est blessé, ses congénères voltigent autour de lui pour l'aider à reprendre son vol, et pour lui porter secours autant qu'ils le peuvent. Toutes les sternes de la colonie se laisseront tuer successivement plutôt que d'abandonner un de leurs membres. J'aime à relater cette habitude, car, dans notre siècle d'égoïsme, le cœur trouve plaisir et rafraîchissement à pouvoir se consoler un peu en considérant les mœurs de ces oiseaux et à y puiser une leçon et un encouragement. Si une des sternes aperçoit dans le lointain, au plus haut des airs, un point noir annonçant la présence d'un oiseau de proie, elle jette un cri d'alarme, le répète dans toutes les directions jusqu'à ce que tous les membres de la colonie soient avertis, et tous alors se pressent les uns contre les autres, tourbillonnent et décrivent une série de cercles concentriques autour de leurs ennemis ; ces cercles se rapprochent, s'enlacent avec une telle rapidité, les cris deviennent si vifs, si aigus, si multipliés, que le rapace complétement étourdi cherche, dans la fuite, un préservatif contre une telle stratégie. Mais là ne s'arrêtent pas les sternes : elles poursuivent, bien loin de leurs jeunes familles, l'oiseau de proie, et elles l'insultent par un redoublement de cris lors même qu'il est déjà assez éloigné du théâtre de sa défaite.

## STERNE CAUGEK. — STERNA CANTIACA.

Cette sterne visite rarement l'Anjou, quoiqu'elle se
montre en bandes nombreuses à l'embouchure de la Loire
et le long des côtes de l'Océan. Elle se reproduit sur les
rivages de la Baltique et du nord de la France. Son nom
vulgaire paraît être une onomatopée, et redire le cri que
cet oiseau répète d'une manière continue et fatigante.
C'est ce cri agaçant qui a déterminé les savants à la désigner par l'adjectif *cantiaca*, qui me semble dériver de *can-
titare*, fréquentatif de *canto* et signifiant « pousser des cris
répétés, chanter sans cesse le même refrain. » Il y a dans
le mot *cantiaca* l'idée d'un cri assourdissant. La sterne
caugek est appelée la *criarde*, et si son nom vulgaire représente une onomatopée, il est évident que son cri n'est
pas agréable. Cet oiseau est peu défiant ; il se laisse facilement approcher, surtout lorsqu'il est en troupes nom-

breuses. Si l'un des membres de la colonie est frappé par
le plomb du chasseur, tous les autres, comme dans l'espèce précédente, s'empressent autour du blessé, paraissent vouloir le secourir, et se font tuer les uns après les
autres plutôt que d'abandonner leur congénère. Ce fait
s'est renouvelé plusieurs fois sur la Roche-Percée, localité
ou les caugeks se réunissent en très-grand nombre. Cette
sterne dépose sur les sables des îlots de la mer, non loin
des côtes, deux ou trois œufs d'un blanc jaunâtre ou d'un
roux clair. La coquille est parsemée de taches irrégulières
d'un noir profond ou d'un gris pâle ou violet. Quelques-
uns de ces œufs ont une teinte uniforme rougeâtre et
même violacée. J'ai reçu par l'entremise de M. Mœscheler
de très-belles et de très nombreuses variétés de ces
œufs. Le grand diamètre est de 0$^{m}$,050 à 0$^{m}$,052, et le
petit, de 0$^{m}$,034 à 0$^{m}$,036.

## STERNE ARCTIQUE. — Sterna arctica.

La sterne *arctique* a été confondue pendant bien longtemps avec la sterne *épouvantail* dont elle diffère par
des tarses très-courts et par un bec grêle, tandis que
les tarses et le bec de l'épouvantail sont assez longs.
Le nom vulgaire, qui n'est que la traduction du mot
latin *arctica*, du grec arctos, « Ourse, Nord, » indique
quelle est la patrie de cet oiseau. Quoique habitant
ordinairement les régions les plus voisines du cercle
arctique, cette sterne visite les climats tempérés, à l'époque
du printemps ; plusieurs sujets de cette espèce ont été
tués en Anjou, et je pense même qu'elle se reproduit dans
notre département, en compagnie de l'épouvantail avec
laquelle elle s'unit très-souvent. A différentes reprises
j'ai trouvé dans les marais de la Baumette des nids plus
solidement construits que ceux de la sterne hirondelle ; les
débris des plantes qui les composaient s'élevaient en forme

de petits monticules aplatis ; enfin les œufs qu'ils contenaient offraient avec ceux de l'épouvantail une différence
assez sensible. M. Blain a constaté le même fait, et, plus
heureux que moi, il a tué quelques sternes arctiques qui
ne pouvaient séjourner dans ces marais, à l'époque du
printemps, sans s'y reproduire. Ces faits ont lieu d'être
admis d'autant plus facilement que les naturalistes constatent que les deux espèces s'unissent entre elles et
donnent naissance à des métis dont les variétés décon-
certent l'analyse des savants. La sterne arctique niche
dans les marais et sur les sables des rivages ; elle pond
trois ou quatre œufs variant d'un brun jaunâtre au brun
sale, ou d'un roux clair au roux foncé. Ils sont parsemés
de taches et de points gris ou noirs, et mesurent de 0ᵐ,044
à 0ᵐ,046, et de 0ᵐ,030 à 0ᵐ,032.

## STERNE MOUSTAC. — Sterna leucopareia.

La sterne moustac habite les parties orientales du midi
de l'Europe, la Hongrie, la Dalmatie, l'Italie, etc. ; elle visite chaque année les côtes de la Méditerranée, où elle se
reproduit. Son nid, composé d'herbes marécageuses, représente un petit monticule rond dont le sommet est
aplati et creusé en forme de coupe ; il contient trois ou
quatre œufs d'un verdâtre clair et quelquefois cendré. La
coquille est parsemée de taches et de points bruns et noirâtres, plus nombreux vers le gros bout et là ils se déroulent comme une espèce de couronne. Le grand diamètre
est de 0ᵐ,038 à 0ᵐ,040, et le petit, de 0ᵐ,026 à 0ᵐ,028.
Non-seulement la sterne moustac traverse l'Anjou, mais
elle y séjourne, et je crois même qu'elle y niche, mais
plus tard que l'épouvantail. J'ai récolté des nids et des
œufs entièrement semblables à ceux que M. Crespon a

étudiés dans les prairies inondées de la Camargue, et qu'il attribue à la sterne moustac. Je pense que la dénomination savante *leucopareia* représente sous une forme différente la même idée que *moustac*. Le caractère distinctif de cet oiseau est une bande blanche qui s'étend depuis le coin du bec jusqu'à l'oreille en passant sous les yeux. *Leucopareia* constate cette particularité : ce mot est composé de LEUCOS, « blanc, blanche, » et de PARÉIA « joue, » oiseau à joue blanche dont les nuances figurent une espèce de *moustache blanche* qui est d'autant plus apparente qu'elle tranche davantage avec le dessus de la tête et du cou qui est d'un noir profond. Déjà nous avons en Anjou la *mésange moustache*, ainsi nommée à cause de la bande noire qui se déroule sur les deux joues. *Moustac, moustache*, dérive du grec MUSTAX, dorien pour MASTAX, « lèvre supérieure, moustache. »

---

# QUATRIÈME FAMILLE.

## Brachyptères.

Cette Famille est la dernière de l'Ordre des Palmipèdes, la dernière aussi de la Faune de Maine-et-Loire, et par conséquent du travail que j'ai entrepris. Je la salue avec joie comme le terme prochain d'une longue et pénible mission. Le nom de *Brachyptères* est composé de BRACHYS, BRACHÉIA, BRACHY, « court, courte, » et PTÉRON, « aile, » et indique que les oiseaux groupés sous cette dénomination n'ont que des ailes courtes, et même, quelques-uns, des pennes rudimentaires. La plupart des oiseaux de cette Famille portent des noms dont l'explication offrira bien des difficultés ; mais je reprends courage, comme le marin qui entrevoit le port après une navigation orageuse, et de nouveau, avec lui, je salue le moment du repos.

## GRÈBE HUPPÉ. — Podiceps cristatus.

Quatre espèces de grèbes visitent notre département, et l'une d'elles s'y reproduit en très-grand nombre. Le grèbe de la première espèce est désigné sous le nom de *cristatus*, « huppé. » Cette expression indique que ce palmipède a les plumes de la tête allongées et partagées en deux faisceaux qui représentent deux espèces de cornes noires à la pointe, et se dessinant ainsi davantage sur les couleurs de la face qui est d'un blanc roussâtre. Au-dessous de cette huppe relevée de chaque côté de l'occiput, se déroule à l'époque des noces, une large collerette dont il ne reste plus tard que de faibles indices. « Le costume du grand grèbe se distingue surtout de la tenue de voyage par l'épanouissement d'une superbe coiffe en forme d'auréole faite de plumes fines et soyeuses, d'une couleur rouge marron légèrement nuancée de jaune à la racine ; ladite coiffe se relevant aux angles par des cornes et retombant sur la gorge comme un collier de barbe. » (Toussenel, Ire partie, page 302.) C'est cette dernière particularité qui a fait appeler par plusieurs naturalistes, le grèbe huppé *cornutus*, « le cornu. » Les grèbes étant des oiseaux essentiellement plongeurs, sont, dès lors, constitués de manière à accomplir leur mission. Leur corps est oblong, leur tête arrondie, leur cou allongé. Leur bec large et fort capture facilement leur proie qui consiste en poissons, en vers, en insectes et en plantes aquatiques. Leur tête, petite, pénètre dans l'eau comme une flèche lancée avec force. Leurs tarses sont dénudés afin que les plumes ne viennent pas opposer de résistance lorsque ces oiseaux plongent profondément. Les doigts des pieds sont réunis à leur base par une écaille membraneuse, et recouverts de *squamelles* parcheminées, de *squamma*, « petite écaille. » On dirait un tissu régulier de cordes, ou plutôt un corps lié par des cordes qui, une fois enlevées, y auraient laissé leur empreinte. C'est à cette dernière particularité que les grèbes doivent leur nom scientifique, *podiceps*, dérivé du grec ronızô, signifiant « lier les pieds, garrotter. » Ces oiseaux n'ont pas de queue, cet appendice les gênerait dans leurs évolutions sous-marines. Le plumage des grèbes est doux et satiné, surtout en-dessous du ventre ; il sert à confectionner de très-belles fourrures et des manchons. La peau du grèbe huppé se vend de cinq à huit francs. Ces palmipèdes vivent sur les mers, sur les fleuves, et de préférence sur les grands lacs. J'en ai vu un certain nombre qui plongeaient dans les eaux du lac de Genève. Le grèbe huppé se reproduit en Suisse, en Sicile et dans plusieurs départements du midi de la France. Le mâle et la femelle unissent leurs efforts pour construire le berceau de la jeune famille. Ce nid est composé de plantes et de feuilles entassées en grand nombre, de manière à former une grosse boule ayant de quinze à vingt centimètres de diamètre, et dont la hauteur est au moins aussi considérable. La plus grande partie de cette boule est enfoncée sous l'eau, et dans celle qui surnage se trouve, au sommet, une petite cavité contenant de trois à cinq œufs. Le nid n'est pas fixé ; il flotte librement, mais il est toujours placé dans une clairière encadrée de roseaux qui le retiennent captif et l'empêchent d'être emporté par le courant. Quand la femelle s'éloigne du nid, elle recouvre ses œufs de quelques débris de plantes aquatiques, de sorte que la boule paraît entièrement sphérique et n'offre plus l'apparence d'un nid. Si un bateau passe dessus, le nid s'enfonce, pour reparaître aussitôt. Les œufs sont oblongs et même pointus aux deux extrémités, enduits d'une couche lisse de matière crétacée dont les teintes se modifient avec les différentes périodes du temps de l'incubation ; d'abord blancs, ils revêtent plus tard une teinte jaunâtre, et ressemblent ensuite à la nuance d'une pipe *culottée*. Les herbes qui forment le nid, se trouvant en contact avec l'eau et avec la chaleur de la couveuse, déposent sur les œufs un suc qui se diversifie selon les espèces de plantes entassées pour porter les œufs. Chacun de ceux-ci présente plusieurs nuances selon que certaines parties sont plus ou moins en contact avec l'eau. La mère ne couve guère que pendant la nuit. Ces œufs mesurent de 0$^m$,032 à 0$^m$,036, et de 0$^m$,034 à 0$^m$,036. Les grèbes volent très-difficilement et en rasant la surface de l'eau. Ils nagent avec rapidité; leurs tarses, taillés en lames de couteau, fendent les flots; leurs pieds, placés à l'arrière du corps, servent de gouvernail et d'hélice; et leurs doigts, enveloppés d'une membrane libre qui déborde à droite et à gauche, facilitent encore les mouvements sous-marins des grèbes, en augmentant ou en diminuant à volonté la largeur de la rame. Enfin, les cavités aériennes des grèbes sont plus développées que chez les autres plongeurs, avantage qui permet à ces palmipèdes de rester longtemps sous l'eau. Les mâles partagent avec les femelles les soucis de l'incubation, exemple très-rare chez les oiseaux d'eau et qui ne se retrouve que chez le pélican. D'après les savants, le mot *grèbe* vient de l'allemand *grebe*, signifiant un oiseau d'eau. Bechstein cite, parmi les dénominations vulgaires de cet . oiseau, celle de *greve*. Cependant grèbe se traduit en allemand par *steiss-fus*, composé de *steiss*, « croupion, » et *fuss*, « pied, » et indiquant ainsi l'un des caractères du grèbe, celui d'avoir les pieds à l'arrière du corps.

Le grand grèbe, comme tous ses congénères, n'a recours au vol pour échapper à la poursuite de ses ennemis, que dans de rares circonstances et dans le cas de pressante nécessité; il se dérobe ordinairement au chasseur en plongeant profondément et longtemps, pour reparaître un instant à la surface de l'eau et continuer ensuite sa stratégie sous-marine. On ne doit l'approcher, lorsqu'il est blessé, qu'avec une grande réserve, car il lance de violents coups de bec sur les mains des chasseurs, et vise quelquefois au visage de son adversaire. Quoique la chair de ce grèbe ne soit pas délicate, quelques chasseurs l'apprêtent comme celle du lièvre, et la mangent en civet.

---

## GRÈBE JOU-GRIS. — Podiceps rubricollis.

Les mœurs des grèbes ayant été exposées dans la notice précédente, mon travail sera purement étymologique pour les trois espèces qui me restent à décrire. Le grèbe *jou-gris* doit son nom à une particularité de son plumage. Dans le temps de la nidification, les adultes ont les *joues grises;* plus tard, cet encadrement disparaît, et l'ensemble de la tête devient d'un gris de souris ; enfin, le devant et le côté du cou, ainsi que le haut de la poitrine, se revêtent d'un roux ardent, ce qui explique l'adjectif *rubricollis*, composé de *rubrum*, « rouge, » et *collum, colli*, « cou. » La huppe de ce grèbe est plus courte que celle de son congénère et plus aplatie. Le *jou-gris* est plus rare en France que le grèbe huppé; il se reproduit de la même manière. La femelle pond de trois à cinq œufs; leur grand diamètre est de 0<sup>m</sup>,048 à 0<sup>m</sup>,050, et le petit, de 0<sup>m</sup>,032 à 0<sup>m</sup>,034.

---

## GRÈBE OREILLARD. — Podiceps auritus.

Les caractères qui servent à distinguer ce palmipède du grèbe huppé, ne sont pas très-tranchés; c'est ce qui explique pourquoi ces deux espèces ont été désignées par le même nom ou par des expressions un peu synonymes. De longues plumes rousses se dressent au-dessus des yeux et derrière, et représentent ainsi deux cornes ou deux *oreilles*. Buffon le nomme *grèbe de l'Esclavonie*, parce qu'il est très-nombreux sur les lacs de cette contrée de l'Autriche. L'oreillard visite d'une manière très-régulière notre département, et, selon toute probabilité, il s'y reproduit. Plusieurs de mes amis me l'ont assuré, mais je n'ai jamais constaté le fait par moi-même, n'ayant pu pénétrer dans les marais que l'on m'avait indiqués comme étant le séjour de ces grèbes. La femelle pond de trois à cinq œufs dont la longueur est de $0^m,044$ à $0^m,048$, et le diamètre, de $0^m,030$ à $0^m,032$. Quelques auteurs nomment ce grèbe *arcticus*, « arctique, » parce qu'il séjourne en assez grand nombre dans les marais des régions du pôle arctique.

---

## GRÈBE CASTAGNEUX. — PODICEPS MINOR. — FLUVIATILIS.

Le grèbe castagneux pullule dans notre département ; à l'époque de la nidification, chaque marais, chaque mare en renferme plusieurs couples, et il m'est arrivé de trouver cinq, six nids, et davantage encore, dans des flaques d'eau qui avaient à peine de quarante à cinquante mètres de longueur. L'épithète *minor*, « plus petit, » indique que cette espèce est la plus petite du Genre. L'adjectif *fluviatilis*, « fluviatile, » fait connaître que ce grèbe fréquente non-seulement les marais, les étangs, mais encore les rivières et les fleuves, surtout lorsque les bords de ces cours d'eau sont parsemés de roseaux. Quant à la dénomination vulgaire, elle représente l'ensemble de la couleur du plumage de cet oiseau. « Sa grosseur, » dit Belon, « est d'une petite sarcelle, de la couleur de la bogue d'une *chastaigne*, dont il semble que la cause pourquoy on l'a nommé *castagneux* est venue. » (Page 177.) Cette expression représente assez bien les nuances des plumes de cet oiseau, plumes dont les teintes sont brunes, variées de *roux marron*. Le castagneux est très-répandu dans les marais à sangsues, où il exerce de véritables ravages ; aussi les propriétaires lui font-ils une guerre incessante. J'ai remarqué bien des fois que ce palmipède paraissait vivre en bonne intelligence avec la foulque, tandis qu'il s'éloignait de la poule d'eau. Souvent, en découvrant un nid de foulque, j'étais porté à rechercher dans les environs celui du grèbe, et rarement mes investigations sont demeurées sans résultat. Un jour que dans les marais de la Baumette, vers le milieu de juillet 1866, je fouillais avec mes jeunes amis, Eugène Lelong et Guillaume Bodinier, dans un bateau conduit par M. Baptiste Ollivier, les roseaux qui se déroulent vis-à-vis le rocher, je découvris un très-beau nid de foulque près duquel surnageait un de ces radeaux servant d'observatoire au mâle qui veille sur la couveuse. Ce nid me fit pressentir qu'un berceau de castagneux ne devait pas être éloigné ; j'étais d'autant plus désireux de le découvrir, que mon équipage n'en avait encore jamais vu ; mais nous dûmes prendre des précautions pour atteindre le but de nos désirs. Les soldats, disséminés sur les bords de la Maine, essayaient leurs fusils à longue portée ; les balles sifflaient au-dessus de nos têtes, quelques-unes venaient tomber près de notre bateau, et, de plus, une violente tourmente, accompagnée de pluie et de tonnerre, s'était déchaînée sur nous. Malgré le danger, malgré la pluie, nous poursuivons notre tâche, et, étendus dans le bateau pour éviter les balles, nous dirigions notre léger esquif en nous accrochant aux roseaux. L'espérance soutenait nos efforts et ranimait notre courage. Nous luttions ainsi depuis quelque temps avec une rare énergie lorsque je signalai à mes compagnons d'équipage un nid de grèbe, que j'avais aperçu entre une touffe de roseaux. Nous nous approchons, et mes jeunes amis cherchaient et recherchaient le nid sans le reconnaître ; la mère avait couvert ses œufs en s'en éloignant ; le bateau s'avançait sur ce berceau qui paraissait être une boule de feuilles desséchées, et qui sous ce rapport, représentait bien, quant à la nuance, une *grosse bogue de châtaigne.* Cette découverte nous récompensa de nos fatigues et de nos dangers, et heureux et même plus heureux que les chercheurs d'or de la Californie, nous saluons de nos transports de joie l'objet de nos désirs. Ah ! mon honorable ami, où étiez-vous dans ce moment-là ? Si, présent à nos luttes, à nos efforts pénibles, vous les eussiez partagés, auriez-vous pu dire que nos faibles travaux étaient rédigés sur des notes de cabinet et nullement *recueillies en plein soleil ?* Et cependant, mon honorable ami, l'équipage qui m'accompagnait pourrait vous redire que le soleil dardait sur nos têtes de terribles rayons entrecoupés d'un violent orage et d'une pluie torrentielle, sans oublier les balles qui sifflaient autour de nous. De grâce, mon honorable adversaire, reconnaissez que le feu sacré de l'ornithologie qui vous a vivifié dans le cours de vos bonnes années, nous a plus d'une fois animés et soutenus.

Le nid du grèbe castagneux contient de quatre à six œufs oblongs ; ces œufs sont d'abord blancs, mais ils changent de couleur à mesure que le temps de l'incubation se prolonge ; j'en ai trouvé de noirâtres et même quelques-uns reflétant sur la même coquille plusieurs nuances très-distinctes, variant du blanc au noir et au bleu, selon que certaines parties se trouvaient plus ou moins en contact avec l'eau et avec le suc détrempé des feuilles. Ils mesurent de 0^m,036 à 0^m,038, et de 0^m,024 à 0^m,026. Le grèbe castagneux, comme tous ses congénères, n'est nullement constitué pour la marche; aussi ne séjourne-t-il à terre que dans de très-rares circonstances. Lorsqu'il gagne le rivage, il paraît se traîner sur le ventre en battant la terre de ses ailes; puis, arrivé au but de sa course, il se tient debout, les ailes étendues; on le dirait assis et immuable comme un père conscrit sur sa chaise curule. Cette position assez bizarre est si peu naturelle au castagneux qu'il ne la conserve pas longtemps, et qu'il s'empresse de regagner, par des efforts pénibles, l'eau, son élément véritable, sur laquelle il déjoue avec facilité toutes les ruses des chasseurs. Pendant l'hiver, le castagneux devient très-gras, et sa chair est alors regardée comme plus délicate que celle des autres grèbes.

---

## PLONGEON IMBRIM. — COLYMBUS GLACIALIS.

Les plongeons préfèrent les vastes mers aux eaux douces; ils n'apparaissent sur nos fleuves que pendant les hivers rigoureux. Ils vivent de poissons, d'insectes, de mollusques et même de plantes aquatiques qu'ils saisissent jusqu'au fond de l'eau. Leurs pieds sont très-palmés; aussi ces oiseaux nagent-ils avec une grande facilité et ne laissent-ils souvent apparaître que leur tête au-dessus des flots. Dans l'année 1856, un plongeon imbrim s'était aventuré sur la Maine jusque dans le bassin situé à Angers, entre le pont du Centre et celui de la Basse-Chaîne. Il naviguait avec une excessive rapidité et en même temps avec une élégance véritablement remarquable, sans paraître intimidé par les nombreux specta-

teurs qui suivaient toutes ses évolutions. Bientôt des
barques se détachèrent des deux rives et se dirigèrent
vers le plongeon qui semblait renoncer aux ressources de
son vol. Entouré par une véritable escadre d'embarcations, il échappa, pendant plus de trois heures, à la
chasse ardente qui lui était faite et à tous les coups d'aviron qui lui étaient abondamment destinés. A chaque
danger qui le menaçait, il plongeait profondément et
reparaissait bien loin de l'endroit où on le poursuivait.
Ce ne fut qu'après avoir soutenu avec courage une lutte
très-longue et très-fatigante, que le plongeon, étourdi par
les cris des spectateurs et par les coups d'aviron, put enfin
être saisi par l'un de ses nombreux adversaires. Cet imbrim
était gravement blessé; c'est pourquoi il n'avait pu
recourir à son vol, assez puissant et assez rapide ordinairement, pour échapper à la mort. Les plongeons descendent rarement à terre, car la conformation de leurs
pieds leur interdit presque entièrement la marche; aussi
se laissent-ils prendre à la main lorsqu'ils s'aventurent
un peu loin des côtes. L'adjectif *colymbus* est synonyme
de *plongeon;* il dérive du grec COLYMBOS, « plongeur, » et
COLYMBAS, « plongeon, » venant eux-mêmes de COLYMBAÔ,
signifiant « nager, plonger. » Quant à la dénomination
*imbrim*, quelques auteurs prétendent qu'elle peut dériver
de l'islandais *himber, himbrime.* Dans le voyage en Islande,
par Olassen, on trouve *himbryne.* Pendant longtemps, j'ai
cherché en vain le sens de cette singulière expression.
C'est pourquoi j'étais porté à entrevoir une certaine relation entre *imbrim* et le vieux mot français *imbrinqué,*
« caché, embarrassé, » se liant au latin *imbricare,* qui a le
même sens. Cette expression aurait eu alors une signification très-exacte en s'appliquant à l'imbrim, qu'on le
considérât ou sur la terre ou sur l'eau. A terre, sa démarche est *embarrassée;* sur l'eau, il est *caché* et ne laisse
apparaître que sa tête. Mais enfin, j'ai trouvé une racine
bien plus sûre et en même temps très-caractéristique.

Elle se rattache aux habitudes de ce plongeur, habitudes qui ont été relatées au commencement de cette notice. *Imbrim* se lie au latin *imber, imbris,* employé par Virgile et par Ovide, pour signifier « eau de source, eau de mer. » De plus, d'après Court de Gébelin (*Monde primitif,* t. VI, page 72), *imber* est composé de *im,* « grande, » et de *er,* « eau, » et signifie dès lors *grande eau.* Ce sens du mot *imber* se justifie très-bien par les mœurs du plongeon imbrim, qui n'habite ordinairement que les vastes mers, et ne s'en éloigne que dans des circonstances passagères, et encore pour se réfugier non pas sur des eaux stagnantes, mais sur des fleuves ou sur des rivières. L'adjectif *glacialis* indique que les mers glaciales sont le séjour privilégié de l'imbrim. Ce plongeon établit son nid sur les îlots solitaires des mers du Nord. La femelle pond deux œufs très-oblongs et d'un brun olivâtre parsemé de taches d'un noir plus ou moins foncé. Il existe une différence considérable entre les deux diamètres : le grand est de 0$^m$,088 à 0$^m$,092, et le petit de 0$^m$,056 à 0$^m$,058. La peau du plongeon imbrim est épaisse et très-forte ; elle sert à l'habillement de plusieurs peuplades des régions arctiques.

---

## PLONGEON CAT-MARIN. — COLYMBUS SEPTENTRIONALIS.

Ce plongeon se nourrit, comme le précédent, de poissons, de mollusques et d'insectes ; comme lui aussi, il habite les mers arctiques, les rivages de l'Islande et de la Norwége. Il résiste beaucoup mieux que les fous, les guillemots, etc., à la violence de la tempête, et il ne se laisse pas entraîner par les ouragans sur les côtes des régions tempérées. S'il les visite de temps en temps, c'est lorsqu'il suit les bancs de sardines dont il fait sa nourriture la plus ordinaire. Selon toute apparence, *cat* ne serait qne le mot *chat* un peu modifié, et, dès lors, *cat-marin* signifierait *chat marin,* expression qui se justifierait par la physionomie de ce plongeon lorsqu'il est à terre, et surtout par une habitude très-caractéristique qui n'a pas échappé aux observations des marins. Ce plongeon *guette* avec une patience remarquable les poissons qu'il doit capturer, et il reste un temps assez long sans changer de place, puis fond ensuite avec rapidité sur sa proie dès

qu'elle se présente. Les marins ont trouvé entre ce plongeon qui surveille dans une grande et longue immobilité l'approche des poissons, et le chat qui épie les souris, une certaine ressemblance, et cette ressemblance, ils l'ont indiquée en l'appelant *cat-marin, chat-marin.* Dans leur style naïf, les matelots le nomment *le lorgne,* l'oiseau qui *lorgne* sa proie, qui l'*a à l'œil,* d'après leur expression ordinaire. Enfin, comme le chat, le plongeon que je décris chasse pendant la nuit. Pour compléter ces renseignements, il suffit d'ajouter qu'en anglais, *chat* s'écrit *cat.* On appelle aussi le cat-marin, plongeon *à gorge rousse,* à cause de l'espèce de collerette ou des taches d'un roux marron vif qui se déroule sur le devant du cou des adultes, en plumage de noces. Dans leur langage expressif, les matelots nomment ce plongeon, ainsi que ses congénères, *les mangeurs de plomb*. L'explication de cette singulière dénomination se trouve dans les habitudes de ces oiseaux. Lorsque les chasseurs tirent les plongeons, ceux-ci disparaissent immédiatement sous l'eau, ou plutôt ils enfoncent la tête plus ou moins profondément, car elle est souvent la seule partie du corps de ces palmipèdes qui soit bien apparente. Dès lors, ils occasionnent aux chasseurs une grande dépense de plomb, car il est excessivement difficile d'atteindre ces oiseaux.

La femelle pond sur un nid formé de débris de roseaux deux œufs très-oblongs d'un brun olivâtre plus ou moins nuancé et parsemés de taches noires. Ces œufs offrent de très-belles variétés; ils mesurent de 0$^m$,068 à 0$^m$,070, et de 0$^m$,044 à 0$^m$,046.

## PLONGEON LUMME ou A GORGE NOIRE.
### — COLYMBUS ARTICUS.

Les expressions *à gorge noire* et *arcticus*, « arctique, » font connaître une particularité du plumage de ce plongeon et les lieux de son séjour le plus habituel. Dans le temps des noces, les adultes ont la gorge et les côtés du cou, noirs à reflets violets, avec une petite bande transversale formée de raies longitudinales blanches. Quant au mot *Lumme*, que l'on écrit, en irlandais et en norwégien, *Loom*, il dériverait, selon quelques savants, de *at lomme*, « boiter, » et signifierait *le boiteux*, c'est-à-dire l'oiseau dont la démarche à terre ressemble à celle d'un être estropié. Sous ce rapport, l'étymologie indiquée se justifierait par l'embarras extrême que manifeste le plongeon lumme pour parcourir même le plus petit espace, quand il descend sur le rivage; il se balance alors très-gauchement et d'une patte sur l'autre. Cette interprétation me paraît d'autant plus probable, que les marins qui visitent les parages où se rencontre le plongeon lumme ne désignent cet oiseau que sous ce nom, *le boiteux*. Comme les deux précédents, ce plongeon répand une odeur très-désagréable qui tient, ainsi que celle d'un certain nombre d'oiseaux d'eau, à son genre de nourriture composée presque uniquement de poissons et de mollusques. Le lumme niche parmi les roseaux sur les bords des lacs salés et quelquefois bien loin des rivages de la mer. Les deux œufs, très-oblongs, sont d'un brun olive ou chocolat, parsemés de taches et de points d'un noir plus ou moins accentué. Les nuances de ces œufs offrent de nombreuses et de belles variétés. Le grand diamètre est de 0$^m$,080 à 0$^m$,082, et le petit, de 0$^m$,048 à 0$^m$,050. Le prix de ces œufs est si minime, malgré la grande distance des localités où on les recueille, que je crois que les lummes doivent nicher non pas isolément, mais en très-grandes colonies. Les Lapons se servent de la peau de ce plongeon pour en confectionner des bonnets d'hiver.

---

## PINGOUIN MACROPTÈRE. — ALCA TORDA.

Encore deux notices, et j'aurai atteint le terme de mon labeur; mais ces notices, hélas! m'apparaissent parsemées de difficultés plus ou moins insolubles, et de rechef je reconnais la justesse de l'observation du poëte : *in caudâ venenum*, « le poison se trouve à la fin, à la fin se dressent les plus grands obstacles. » Enfin essayons de lutter. Les pingouins vivent de poissons, de crustacés et d'insectes. Ce sont des oiseaux essentiellement nageurs et plongeurs; ils habitent les mers glaciales du Nord, se tiennent ordinairement loin des côtes, et n'abordent aux rivages qu'au moment de la nidification ou lorsqu'ils y sont poussés par la fureur de la tempête. Le mot *Pingouin* dérive de *pinguidineus*, « graisseux, huileux, » de *pinguedo*, « graisse, » *pinguis* « gras, » venant lui-même du grec PACHYS, « épais. » Ces racines font connaître que cet oiseau est revêtu d'une couche de graisse abondante et huileuse, qui contribue puissamment à le préserver de l'atteinte du froid rigoureux des mers glaciales. L'adjectif *macroptère* est formé de MACROS, MACRON, « long, longue, » et PTÉRON, « aile, » et indique non pas que ce pingouin a des ailes véritablement longues, mais qu'elles sont plus développpées que celles des autres espèces de ce Genre. Cette expression sépare cet oiseau de l'alca *impennis*, de *in*, « non, » et *penna*, « penne, » *non penne, sans penne*. L'*impennis* a des ailes, mais ces ailes étant dépourvues de *pennes* ne peuvent lui servir pour le vol. Cette dernière espèce de pingouin est devenue très-rare, à cause de la chasse acharnée qui lui a été faite par des spéculateurs anglais établis au Groënland. L'œuf de l'alca impennis se vend de 1,000 à 1,200 francs. Douze œufs de cet oiseau sont mentionnés dans les collections européennes : mon honorable ami M. Raoul de Baracé en possède deux; ils offrent des types magnifiques, et mesurent de $0^m,125$ à $0^m,130$, et de $0^m,075$ à $0^m,078$. Ce sont les plus grands œufs pondus en Europe.

Quant aux expressions *alca torda*, je pensais d'abord ne pouvoir les expliquer, car j'en ignorais complétement le sens. J'ai trouvé depuis dans les notes manuscrites d'un naturaliste étranger : « *Alca* dérive du suédois *alka* qui se dit en danois *alke*, et en islandais *aulke*. » Quelle est la signification de ce mot? Il ne l'indique nullement. J'en étais réduit à ce renseignement bien vague, lorsque les noms donnés à la famille des plongeurs, par un certain nombre de naturalistes, sont venus à mon aide. Les savants désignent cet oiseau par les adjectifs *alcadés, alcidés, alcinés*. Il devient dès lors évident que ces différents noms ont le même sens et, par suite, la même origine. Ils dérivent de ALKÉ, dorien ALKA, signifiant l'*Elan* et représentant l'image de la force et de la rapidité. Les anciens ont-ils trouvé un certain rapport entre l'élan et le pingouin? C'est probable puisqu'ils leur ont donné le même nom. Pour se préserver des taons, l'élan se tient, jour et nuit, pendant la saison d'été, plongé dans les marais des contrées du Nord, ne laissant entrevoir au-dessus de l'eau qu'une partie de sa tête. De plus, l'élan tombe très-souvent dans ses courses; ses jarrets plient au moindre obstacle qu'il rencontre. Le pingouin se tient également dans l'eau, et nage le plus souvent en ne laissant apercevoir que sa tête; sur le rivage sa marche est difficile et interrompue par des chutes fréquentes. Les adjectifs *alcidés*, *alcinés*, ont la même étymologie que le mot *alcadés;* ils sont formés de ALKI, datif du nominatif inusité ALX, se rattachant à ALKÉ. ALKI se trouve souvent employé dans Homère. Si ALKÉ, ALKA, devaient s'appliquer au pingouin dans le sens de *force*, de *vigueur*, il ne s'agirait alors que de la facilité, de la puissance de cet oiseau pour nager et plonger. *Torda* est un adjectif employé dans toutes les ornithologies et qui cependant ne se trouve expliqué en aucun glossaire. Les marins appellent ce pingouin le *Torde*, et les savants ont latinisé ce mot. Or *torde*, dans la langue des matelots, représente l'anneau de cordes qui sert à préserver les vergues contre le frottement du navire. Les marins ont-ils vu une certaine harmonie entre cette pelote de cordes et le plumage du pingouin, qui, noir en dessus, blanc en dessous, avec une ligne blanche sur l'aile et une ou deux sur le bec, paraît, lorsqu'il est fermé, être *ficelé* par plusieurs tours de corde blanche sur un fond noirâtre? Ou plutôt *torde*, *torda*, n'auraient-ils pas la même racine et le même sens que *torta*, dérivant de *torqueo*, « se mouvoir en rond, » et signifiant « tourte, gâteau rond, huileux? » Alors *alca tarda* serait la *tourte marine*, « l'oiseau de la mer gras, huileux, » dénomination très-exacte et qui se lierait encore avec celle du mot *pingouin;* ou mieux encore ce serait la même avec un sens plus complet. Cette hypothèse me paraît d'autant plus plausible qu'il me semble évident que *torde*, terme de marine, signifiant anneau de corde, doit avoir la même racine que *torta*, « tourte, » c'est-à-dire *torqueo*, « tourner en rond, » car une *torde* n'est qu'un ensemble de ficelles, de petites cordes tournées en rond autour des vergues, de manière à faire une espèce de boule, un anneau de préservation. Linné avait appelé ce pingouin *alca pica*, « le pingouin *pie*, » pour indiquer que le noir et le blanc étaient les deux couleurs composant son plumage. Je termine cette discussion étymologique en donnant quelques détails sur la nidification du pingouin macroptère. Cet oiseau se reproduit dans les crevasses des rochers qui bordent les côtes de l'Angleterre et de la Bretagne. La femelle pond ordinairement un seul œuf oblong d'un gris cendré un peu bleuâtre ou d'un bleu grisâtre. La coquille est parsemée de taches noirâtres plus ou moins foncées, toujours plus nombreuses et d'une couleur plus prononcée vers le gros bout. La longueur est de $0^m,075$ à $0^m,080$, et le diamètre, de $0^m,046$ à $0^m,048$. La chair du pingouin a un goût détestable, et répand une forte odeur d'huile de poisson. Les pingouins se réunissent en si grande quantité pour nicher dans les mêmes parages, que le capitaine Wood affirme avoir recueilli dans une seule et même localité cent mille de ces œufs. (*Dictionnaire d'histoire naturelle* par Charles d'Orbigny, tome X^me, pag. 202.)

---

## GUILLEMOT A CAPUCHON. — URIA TROILE.

Les guillemots vivent en grand nombre dans les mers du nord de l'Europe, là ils se nourrissent de vers, de

crustacés, de frai et surtout de poissons. Ils se tiennent
en pleine mer, et ne se rapprochent des côtes qu'au moment de la nidification ou lorsqu'une tempête furieuse les
pousse sur les rivages. Mieux organisés pour le vol que

les pingouins, les guillemots peuvent parcourir d'assez
longues distances en rasant la surface de l'eau. Dans certaines Faunes ces oiseaux sont classés parmi les Alcidés,
famille caractérisée par l'absence du pouce. D'après
Ménage, *Guillemot* est un dérivé de *Guillaume, petit Guillaume* : ce mot serait alors pris dans le même sens que
*Martin* et autres expressions expliquées déjà plusieurs

fois dans cet ouvrage. C'est-à-dire que *Guillemot* indiquerait que l'oiseau représenté par ce mot régnerait en quelque sorte dans les parages où il se trouve, et où il capture
de grandes quantités de poissons, se conformant en cela
au procédé suivi par bien des souverains envers leurs
sujets. Selon Bouillet, *Guillemot* aurait pour racine un
mot anglais signifiant « oiseau stupide. » Ce sens serait
très-caractéristique s'il était appliqué au Guillemot lorsqu'il est à terre, car la position de ses jambes, très-recu-
lées en arrière, le condamne à une immobilité presque
complète, et lui donne alors un air très-prononcé de stupidité. Sur l'eau, le guillemot règne comme dans son
élément naturel, et sa physionomie est facile et gracieuse.
Les mots *à capuchon* relatent une particularité du plumage
de cet oiseau. La tête, le cou du guillemot sont d'un brun
de suie velouté ou d'un noir profond, avec un trait de
même couleur derrière l'œil en décrivant une courbe sur
les côtés du cou. On dirait une espèce de capuchon assujetti par deux larges rubans. Cette description me sert à
donner le véritable sens de *Guillaume*, et par là même
celui de *guillemot*. Roquefort dit que le mot *Guillaume*
dérive du teuton *güldhelm*, signifiant *casque doré*. Enfin les
auteurs modernes affirment que l'expression *Wilhelm*, traduction littérale de Guillaume en allemand, est composée
de *will*, « je veux, » et *helm*, « un casque. » Est-ce pour ce
motif que les rois et les princes de Prusse nommés ainsi
affectionnent à un si haut degré le casque traditionnel
surmonté d'une pointe? Sans cette habitude ils ne justi-
fieraient pas le sens attaché à leur nom. Pris dans cette
acception, le mot *guillemot* convient parfaitement à l'oiseau
que je décris, puisque, comme le roi de Prusse, non-seulement il veut un casque, un capuchon, mais il le possède sans qu'on puisse le lui ravir à moins de lui ôter
la vie.

Quant à l'expression *vria* ou *ouria*, car on emploie les
deux (Belon, pag. 179), elle vient du grec ουρια, féminin

d'ourios, dont la racine est oura, « queue. » Les Grecs eux-mêmes avaient donné au plongeon le nom d'ouria. Cette dénomination pouvait s'expliquer facilement par le caractère des Grecs qui aimaient beaucoup à employer l'*antiphrase* : en effet le guillemot à capuchon n'a qu'un rudiment de queue. D'après Aldrovande (liv. XIX, p. 106), *uria* aurait pour primitif *urinari* signifiant « se plonger dans l'eau, nager entre deux eaux. » Cette étymologie, si elle était fondée, caractériserait parfaitement le guillemot à capuchon. Voici en effet ce que je lis dans le recueil des Voyages du Nord (Rouen, 1716, tome II, pag. 89) : « Les guillemots nagent sous l'eau avec autant de vitesse que nous pouvons ramer avec la chaloupe. Lorsqu'on les poursuit ou qu'on les a tirés, c'est alors qu'ils se plongent et se tiennent fort longtemps cachés sous l'eau, jusque-là que passant souvent sous la glace, ils y sont sans doute suffoqués. »

Si l'adjectif *troïle* pouvait se rattacher à une racine exprimant le nombre *trois*, les deux mots uria et troïle auraient une signification basée sur deux caractères positifs du guillemot, la petitesse de sa queue et l'absence du pouce qui réduit à trois le nombre des doigts de ce palmipède. Ce nom aurait-il été plutôt donné au guillemot comme un souvenir mythologique ? Troïle était fils de Priam et d'Hécube. Les oracles avaient prédit que Troie ne serait jamais prise tant qu'il vivrait. Troïle attaqua Achille qui le tua, et sa patrie tomba aux mains de ses ennemis peu de temps après sa mort. Enfin ce nom ne serait-il pas celui du voyageur Troïl, qui a visité l'Islande sur les rivages de laquelle le guillemot est très-nombreux ? J'abandonne à de plus érudits que moi la réponse à ces questions. Le guillemot à capuchon se réunit en très-grandes troupes au moment de la nidification, et il forme alors de nombreuses colonies. La femelle pond ordinairement un seul œuf dans les trous des rochers d'un accès difficile et auxquels on ne peut parvenir qu'avec une corde nouée. Cet œuf est très-gros et piriforme ; la couleur de la coquille et celle des taches varient d'une manière extraordinaire, depuis le gris bleuâtre foncé jusqu'au verdâtre ou au jaune d'ocre. Ces œufs sont striés de taches, de points bruns ou noirâtres, réunis et formant une large calotte vers l'une des extrémités. D'autres fois ils sont parsemés de traits en zigzag qui se déroulent, dans tous les sens, d'une manière capricieuse. J'ai reçu plusieurs centaines de ces œufs, et je n'en ai jamais rencontré deux qui fussent semblables. Leur grand diamètre varie de 0$^m$,088 à 0$^m$,092, et le petit, de 0$^m$,048 à 0$^m$,052. Les œufs du guillemot à capuchon sont d'un prix peu élevé, et forment l'un des plus beaux ornements d'une collection. Dans quelques contrées, on recherche beaucoup ces œufs pour les employer dans l'industrie ; le jaune sert à donner de la consistance à certaines couleurs, et la coquille est employée à faire des coquetiers et des objets de fantaisie.

La tâche que je m'étais prescrite, il y a déjà bien des années, est accomplie. J'ai parcouru, à travers beaucoup de difficultés et d'ennuis, la route que me traçait la Faune de Maine-et-Loire. Mon travail procurera-t-il à mes lecteurs amusement et instruction ? Je le désire, et j'espère même, dans la limite de mes forces, avoir réalisé le précepte d'Horace : « Pour enlever tous les suffrages sachez mêler l'utile à l'agréable : omne tulit punctum qui miscuit utile dulci. » (Art poétique, v. 344.)

Puisse aussi la bienveillance de mes lecteurs trouver dans cet ouvrage la réalisation de la devise que j'ai adoptée :

« Benedicite, omnes volucres cœli, Domino ! »

« Vous tous, oiseaux du ciel, bénissez le Seigneur !
Manifestez, démontrez, faites bénir sa Providence ! »

(DANIEL, cant. III.)

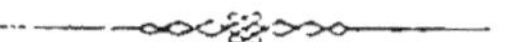

# RÉHABILITATION

# DU PIC-VERT

A la page 149 du premier volume de cet ouvrage,
j'ai annoncé, que pour ne pas trop interrompre les
notices consacrées aux *Noms des Oiseaux expliqués par
leurs mœurs*, je renverrais à la fin de mon travail le
complément de la défense des Pics. J'accomplis cette
promesse en me bornant à imprimer la quatrième édition
de mon plaidoyer en faveur de mes clients. Je n'y ajoute-
rai que deux citations, un passage de Toussenel et une
lettre de M. Crinon, ex-garde général des eaux et forêts,
et auteur du *Forestier praticien*. A elle seule, cette dernière
pièce suffirait pour assurer le triomphe de la cause que je
défends. Mais afin de bien faire connaître à mes lecteurs
les préliminaires de la lutte qui s'est engagée contre ou
pour le pic, je transcris ici l'article que M. Albert Lemarchand, bibliothécaire de la ville d'Angers, a fait paraître
dans la *Revue d'Anjou* (août 1869).

# PRO ROSTRO

Pourquoi ceux qui possèdent une vérité religieuse, philosophique ou morale, ne mettent-ils pas à la défendre et à la propager le zèle que déploie M. l'abbé Vincelot dans les controverses ornithologiques ? On verrait bientôt disparaître une foule de malfaisantes doctrines qui circulent impudemment dans le monde, et l'ordre renaîtrait dans un grand nombre d'intelligences. Notre honorable collègue de la Société Linnéenne est un observateur prudent et scrupuleux, qui ne signale jamais un trait de l'instinct ou des mœurs des oiseaux qu'après une longue et attentive étude ; mais une fois que son opinion s'est produite, il la soutient avec une fermeté qu'aucune résistance n'intimide.

N'allez pas croire cependant que M. l'abbé Vincelot soit un polémiste discourtois, au rude et incivil langage. Il n'apostrophe jamais ses adversaires en termes véhéments, et ses procédés de discussion n'ont rien de commun avec ceux de M. Crétineau Joly soutenant contre le R. P. Theiner la véracité du cardinal Consalvi. Mais il poursuit sans pitié les arguments tortueux ; il prend au piége les folles impétuosités, dépiste adroitement les plus agiles paradoxes, et même, à l'occasion, il se permet fort bien un malicieux sourire à l'endroit d'une contradiction trop formelle ou d'une affirmation par trop téméraire.

Rien de plus légitime qu'une telle méthode et une pareille ténacité. L'erreur est une vagabonde de la pire espèce, et il faut faire bonne garde autour de toutes les régions où elle met le pied. Ceux qui lui sont indulgents, je dis à l'erreur, non aux gens de bonne foi qui s'aventurent souvent à voyager en sa compagnie, ne peuvent être que des poltrons, des ambitieux, des sceptiques ou des épicuriens. Les poltrons redoutent ses ongles ; les ambitieux la prennent pour auxiliaire ou pour servante ; les sceptiques ne savent pas distinguer les pierres fausses dont elle se pare des purs diamants de la vérité ; et les épicuriens ne veulent pas s'arracher à leurs doux loisirs pour lui donner la chasse.

Cet aphorisme qui me fermerait peut-être l'entrée d'un congrès de la paix, étant ainsi énoncé en passant, permettez-moi de vous retracer brièvement l'origine du débat auquel les pics ont donné lieu chez nous, et de vous rappeler comment M. l'abbé Vincelot a été conduit à écrire pour ces infatigables travailleurs de la famille des Proglosses, le vigoureux plaidoyer dont je vous annonce aujourd'hui la quatrième édition.

En 1857, M. l'abbé Vincelot inséra, dans les *Annales de la Société Linnéenne du département de Maine-et-Loire*, un travail où se trouvait sur les pics un chapitre commençant par ces lignes :

« Ce nom rappelle encore une famille d'oiseaux, victimes de l'ingratitude des hommes. Les pics ont reçu du Ciel une laborieuse mission. Dieu les a condamnés à ne vivre qu'au prix d'un travail incessant dont le but est l'avantage réel des propriétaires. Ils doivent parcourir les bois, les vergers, monter le long des arbres en tous sens, sonder tous les trous, visiter toutes les fissures, inspecter toutes les écorces, les enlever même, si cela est nécessaire, pour y saisir et tuer les insectes et les vers rongeurs. »

Aucune voix, à cette date, ne s'éleva pour contester l'assertion. Mais, en 1867, les *Etudes ornithologiques* de M. Vincelot ayant été réunies en volume, et le public les ayant accueillies avec beaucoup d'empressement, un collègue de l'auteur — disons mieux, un ami, — crut devoir

articuler tout-à-coup les plus terribles accusations contre
cette race de pics dont on vantait si haut la prétendue mission, et pour laquelle on réclamait un laissez-passer à
travers toutes les futaies du globe.

L'antagoniste qui se déclarait ainsi contre la thèse de
M. Vincelot, c'était M. Raoul de Baracé, possesseur d'une
très-précieuse collection d'œufs et de nids, mais avant
tout propriétaire du beau domaine de Valoncourt, où
croissent des arbres comparables à ceux des forêts décrites
par l'Arioste dans son immortel Orlando.

« Ah ! s'écriait-il, vous vous érigez en défenseur des
pics ! Ce sont, dites-vous, d'honnêtes serviteurs qui ne
s'attaquent aux arbres que pour s'emparer des larves
perfides cachées au cœur de ceux-ci, et vous voulez qu'on
les traite comme des volatiles sacrés ! Tenez ! voici de
leurs œuvres... »

A ce mot, M. Raoul de Baracé, l'œil en feu, s'élança
vers l'extrémité de la salle de nos délibérations, et là,
d'une main frémissante, fit brusquement rouler sous nos
yeux plusieurs tronçons d'énormes chênes tout criblés des
coups de becs d'une tribu de pics-verts.

Un cri d'indignation partit de l'assemblée, auquel se
mêlèrent les sourds gémissements d'un poète toujours
attendri et rêveur quand il s'agit d'arbes mutilés.

« Eh ! bien, ajouta M. de Baracé, vous le voyez ! Des
plaies profondes qui ont altéré la sève des plus robustes
géants de mes vallons, et pas une trace de ces larves
d'insectes qui selon vous sont les seuls ennemis de nos
bois !

— Qu'est-ce que cela prouve ? répondait M. Vincelot.
Il n'y a plus ici de vestiges des perforations pratiquées
par les insectes, parce que ces vestiges ont disparu avec
le bois enlevé par les pics ; mais je persiste à affirmer que
les pics n'ont creusé ces cavités que pour saisir des vers
occupés à ronger vos chênes. »

Un mois après, M. Vincelot présentait à son tour aux

membres de la Société divers troncs d'arbres sillonnés en tous sens de petits canaux creusés par le *Cerambyx heros* ou le *Cossus ligniperda.*

« Qu'importe ? répliquait M. de Baracé. Je ne nie pas l'existence ni les ravages du *Cerambyx* ou du *Cossus* ; mais je maintiens que le pic ne creuse pas les arbres pour atteindre des vers, et, dans ces branches corrodées par des insectes, je n'aperçois aucune trace du travail de vos « clients. » Voici d'ailleurs un autre argument : les pics vivent de fourmis, et non d'insectes lignivores ou xylophages. Approchez et regardez ! »

Et ce disant, M. Raoul de Baracé jetait sur le tapis vert de la Société Linnéenne, deux ou trois pics éventrés. On prit des loupes, on doubla la lumière des lampes, et il fut constaté que le pic est un glouton qui ne se connaît plus lorsqu'une fois il a plongé la langue dans une fourmilière.

Cela donnait à penser. Si le pic se nourrissait de fourmis, c'était donc, comme ne cessait de le répéter M. de Baracé — par noire perversité et pur instinct de dévastation qu'il déchirait de son bec redoutable les chênes et les hêtres, les ormeaux et les châtaigniers ? Comment alors ne pas le maudire et lui épargner les grains de plomb ? Plusieurs linnéens, vigilants agriculteurs, jurèrent son extermination et moi-même, je l'avoue, je me sentis légèrement ébranlé dans mes sentiments de bienveillance à l'égard d'un oiseau dont j'avais souvent admiré le plumage et les vives allures.

Quant à M. l'abbé Vincelot, il ne parut pas du tout déconcerté, et sa ferme attitude me laissa quelque espoir pour les accusés. D'une voix très-calme, il fit remarquer que le goût des fourmis n'est nullement incompatible avec celui des larves perforantes ; après quoi, voulant dégager la discussion de ce qu'on appelle au barreau des « effets d'audience, » il provoqua son adversaire sur le terrain des démêlés à la plume.

Le défi fut accepté, et, dans deux articles d'un style très-crépitant, M. Raoul de Baracé formula ses griefs contre les oiseaux grimpeurs. Mais M. l'abbé Vincelot se tenait sur la défensive ; toutes ses batteries étaient en ligne, et il répondit par un mémoire foudroyant qui jeta la panique parmi tous les tueurs de pics. Notre habile collègue ne s'appuyait pas seulement sur ses observations personnelles, pour venger ses chers protégés de tous les cruels affronts qu'ils avaient essuyés. Il invoquait en leur faveur l'autorité des Toussenel, des Michelet, des Chenu et des d'Orbigny ; il produisit les meilleurs certificats des inspecteurs de nos forêts, et, tout en relatant mille preuves des services rendus, il ne négligeait de réfuter aucune des subtiles propositions avancées par une aveugle hostilité.

La science de M. Vincelot avait été à la peine ; c'était bien raison qu'elle fût à l'honneur. Il obtint le prix de la Société Linnéenne de Maine-et-Loire, au concours de 1868 ; la Société protectrice des animaux lui décerna une médaille de bronze et plus tard une médaille d'argent ; M. le Ministre de l'Instruction publique loua son esprit et la justesse de ses raisonnements ; de tous côtés il reçut des lettres de félicitations, et son Mémoire, enrichi d'une ingénieuse vignette, alla populariser l'histoire du pic dans les villes et dans les campagnes, dans la plus modeste école comme dans les plus savantes académies.

Un docteur pourtant s'est trouvé — M. Merland, de Napoléon-Vendée — qui n'a pas craint de lancer un nouveau manifeste contre l'utile famille si vaillamment défendue. Lui aussi, il tient les pics-verts pour d'incorrigibles bandits, pour d'insolents bohémiens, qui se narguent des propriétaires autant que des fermiers, et tenter de les réhabiliter lui semble un acte de folie, pour ne pas dire une criminelle entreprise.

« Non, ce n'est pas, assure-t-il, pour chercher des vers que les pics s'accrochent aux tiges ligneuses et les martèlent de leur bec. C'est bien selon l'opinion de M. de Baracé, pour le plaisir de nuire et de lacérer du bois ; car, à défaut d'arbres, ils ont l'audace d'aller trouer les portes des maisons, les volets des fenètres, et jusqu'aux timons ou aux aiguilles des charrettes. »

Consultez, ami lecteur, la dernière édition de M. l'abbé Vincelot. Elle contient un piquant Appendice qui vous montrera ce que vaut cette spécieuse objection, et vous verrez à quel destin s'exposent les Merland de la Vendée, assez imprudents pour venir se glisser dans les eaux de notre Maine.

ALBERT LEMARCHAND.

# RÉHABILITATION DU PIC-VERT

## OU RÉPONSE

### AUX OBSERVATIONS D'UN PROPRIÉTAIRE

SUR

# L'UTILITÉ DU PIC

SUIVIE D'UNE RÉFUTATION

## DES PRINCIPES DE M. MERLAND

Docteur-médecin à Napoléon-Vendée.

*A M. Aimé de Soland, président de la Société Linnéenne de Maine-et-Loire.*

Monsieur le Président,

Cette année, la Société Linnéenne a déterminé, comme sujet du concours établi pour obtenir le prix dû à la bienveillance du Conseil général, une question d'histoire naturelle ou d'agriculture. J'ai cru entrer complétement dans le programme prescrit, en soumettant à la décision des juges du concours un plaidoyer en faveur des pics-verts; car c'est traiter une question d'ornithologie et rendre en même temps un véritable service à l'agriculture, que de combattre les préjugés malheureux qui font proscrire, par quelques propriétaires, les auxiliaires infatigables de leurs intérèts.

En abordant cette question, il m'est impossible, même en ne signant pas mon Mémoire, de garder entièrement l'anonyme. Mais dès lors que j'accepte le combat à découvert, je témoigne de ma confiance, et dans la justice de la cause que je défends, et dans l'impartialité des juges qui prononceront la sentence, et trouveront, je l'espère, dans mon Mémoire, l'application de la maxime que j'adopte :

*Amicus Plato, sed magis amica veritas.*

J'aime Platon, mais j'aime encore mieux la vérité.

(ARISTOTE.)

---

Messieurs,

Au mois de mars 1867, un de mes honorables amis a présenté à la Société Linnéenne de Maine-et-Loire un Mémoire intitulé : « Réponse et conclusions d'un propriétaire sur la valeur du pic en Anjou. »

Ce Mémoire était un véritable réquisitoire contre mes clients préférés ; il concluait à la proscription complète des pics-verts que je regarde comme des oiseaux utiles aux véritables intérèts de l'agriculture. M. Raoul de Baracé avait joint à son manuscrit un dossier d'un poids écrasant ; il avait apporté, ou plutôt il avait fait transporter dans un chariot les preuves palpables des terribles ravages exercés par les pics : les unes étaient courtes, les autres longues ; quelques-unes comptaient soixante sèves, d'autres mesuraient plus de quatre-vingts centimètres de diamètre ; les unes étaient en bois dur, d'autres en bois tendre ; mais toutes portaient un plus ou

moins grand nombre de plaies béantes creusées par le bec
puissant des infortunés dont je défends la cause. C'était un
réquisitoire fondé sur une exhibition à l'américaine. Sous
le poids de pareilles pièces de conviction, le défenseur des
pics aurait dû être écrasé; heureusement pour lui, pour ses
amis et même pour l'intérêt de l'agriculture, il n'en est rien.
Ma conviction, loin d'être ébranlée par un choc si violent,
n'en est devenue que plus ferme et plus profonde. Je viens
donc, sous l'influence de cette conviction, rétablir la question des pics sur son véritable terrain, et essayer de démontrer, d'une manière évidente, que mon honorable
ami a confondu, sans s'en apercevoir, la nourriture des
pics avec leur nidification, et que dès lors il s'est trouvé
entraîné, en partant d'un principe faux, à déduire des
conséquences complétement erronées.

Afin qu'il n'y ait pas la moindre incertitude sur les
principes que je défends, je commence par les expliquer.

J'appelle *oiseau utile*, non pas celui qui ne cause aucun
dommage, mais celui dont les services surpassent les ravages qu'il exerce, comme je reconnais pour ouvriers
utiles, pour domestiques utiles, non pas ceux qui ne
coûtent rien aux personnes qui les emploient, mais ceux
dont les services dépassent la valeur du salaire qu'on
leur donne. Poser la question autrement, ce serait tomber
dans l'absurde, parce que la logique démontre que toute
entreprise utile n'est pas celle qui ne coûte rien, mais
celle dont les recettes l'emportent sur les dépenses.

J'affirme donc, et j'espère le démontrer surabondamment, que le pic-vert est très-utile à l'agriculture, dans ce
sens que les services qu'il rend dépassent de beaucoup les
dégâts qu'il commet.

Afin de compléter ma pensée, je crois, ajouterai-je, que
tous les êtres créés par Dieu forment, chacun par son
utilité particulière, une chaîne indissoluble, et qu'il n'appartient à personne de condamner et surtout de briser
un de ses anneaux. Quand j'étudie quelques-uns des êtres

si multipliés que la main de Dieu a semés dans l'univers, si je comprends leur raison d'être, si j'entrevois les liens qui les unissent à l'harmonie générale, je bénis le Seigneur; mais si, au contraire, ces liens se dérobent aux lumières de ma faible intelligence, je m'incline respectueusement devant les mystères de la Toute-Puissance divine, et de mon cœur encore s'échappe un hymne de reconnaissance et d'amour.

Je sais que, placé au pied de la montagne, je ne puis, comme Dieu qui seul en occupe le sommet, embrasser l'horizon tout entier, et que vouloir juger l'ensemble de l'univers par la faible partie que j'entrevois, ce serait m'exposer à imiter Garo et à vouloir donner à Dieu des leçons de sagesse.

Mon honorable ami sait que toutes les créatures, excepté l'homme, n'ont d'autre volonté que celle qui leur a été donnée par Dieu, et que, selon l'expression de l'Ecriture Sainte (DANIEL, ch. III), tous les êtres de la création, en accomplissant la mission qui leur a été confiée et à laquelle ils ne peuvent se dérober, chantent un hymne à la gloire de Dieu. Sur cette question, les paroles des Livres saints n'admettent aucune exception.

Aussi, pour faire une étude sérieuse des êtres créés par la main de Dieu, ne faut-il pas les considérer à un point de vue restreint, mais chercher à saisir les rapports d'utilité qui les lient à l'harmonie générale. Il ne s'agit pas de condamner les vents à cause des tempêtes, les mers à cause des naufrages, les fleuves à cause de leurs débordements, le feu à cause des terribles ravages qu'il occasionne. Ces éléments, ainsi que tous les êtres créés par l'intelligence et par la volonté divine, ont tous leur raison d'être, tous leur utilité en ce sens que les services qu'ils rendent dans l'harmonie générale, l'emportent de beaucoup sur les inconvénients dont ils semblent quelquefois être la cause.

« Il y aurait cependant un moyen bien simple d'éviter

toute erreur en histoire naturelle ; mais j'ai beau en indiquer le secret à tout le monde et gratis, personne ne veut
l'employer. Ce moyen consisterait à s'abstenir de tout
propos sur le compte d'une bête avant d'avoir découvert
pour quelle cause Dieu a pu créer cette bête et lui assi-
gner tels ou tels attributs. Car chaque animal est un
sphinx qui présente à deviner son énigme, et le vrai savant est l'Œdipe qui déchiffre le mieux ce rébus. Mais les
esprits superficiels estiment qu'il est plus commode de se
moquer des débrouilleurs d'énigmes que de s'échauffer
la cervelle à en chercher le mot avec eux. » (Toussenel,
*Ornithologie passionnelle*, 3ᵉ édition, Iʳᵉ partie, page 267.)

J'admets donc que, de même que l'on combat les
ravages exercés par le feu, par l'eau, quand ces éléments
sortent de leurs limites ordinaires, sans que l'on puisse
pour cela nier l'utilité de ces éléments, de même je reconnais que l'on peut combattre, dans certaines localités, la
propagation trop multipliée de quelques oiseaux. Cette
conduite, que des circonstances spéciales pourraient justifier, ne donnera jamais le droit de proscrire une tribu
d'ouvriers infatigables et dévoués aux intérêts de l'agriculture.

Avant de commencer mon plaidoyer sur les véritables
principes qui militent en faveur des pics, je dois répondre à un reproche sérieux que mon honorable ami
m'adresse, sous l'apparence d'un conseil. Je déclare en
toute simplicité que j'accepterai toujours avec empressement et avec reconnaissance les conseils qui sont inspirés par l'amitié et dictés par l'expérience. Mais dans
cette circonstance. M. de Baracé reconnaîtra que je puis
dire : « *Sed nunc non erat his locus*, ce n'était pas le lieu. »
(Horace, *Art poétique*, v. 19.)

Le Mémoire de mon honorable ami n'étant pas encore
imprimé, je transcris ici, comme je continuerai à le faire
dans le cours de cette réponse, les expressions textuelles
de son manuscrit : « Ce n'est pas dans le silence du ca-

binet, avec des livres de tout âge, que l'on fait des études sur la nature ; c'est en plein soleil, au milieu des champs, dans la vie active des bonnes années, que l'on trouvera quelque chose, et trop souvent encore, on aura pris bien des soins sans avoir avancé. »

Tel est le reproche qui m'est adressé sous la forme bénigne d'un conseil. Voici ma réponse : Je crois qu'il faut, quand il s'agit d'une étude concernant l'histoire naturelle, unir la lecture des ouvrages de tout âge, à l'examen, en plein soleil, de la question sur laquelle on désire porter un jugement. C'est pour cela qu'après avoir étudié avec attention les mœurs des pics, dans un certain nombre d'ouvrages rédigés d'après les observations faites à différentes époques, en Europe, en Afrique et en Amérique, j'ai cru devoir consulter beaucoup de propriétaires et de naturalistes, et demander leur avis sur les ravages attribués à mes clients. La grande majorité des personnes que j'ai interrogées m'ont répondu qu'elles regardaient les pics-verts comme des oiseaux beaucoup plus utiles que nuisibles. Je pourrais invoquer ici le témoignage de l'un de nos honorables collègues, M. Aimé d'Andigné, qui, par ses fonctions de lieutenant de louveterie, se trouve en rapport avec un grand nombre de personnes possédant des forêts. Il m'a dit à différentes reprises que, d'après une conviction profonde, reposant sur de longues années d'expérience, il avait défendu à ses gardes de tuer les pics, parce qu'il les regardait comme des oiseaux rendant aux bois des services sérieux. De plus, le garde général de la forêt de Baugé a répondu à M. Aimé d'Andigné qui l'avait consulté, selon le désir que je lui en avais exprimé, qu'il protégeait les pics dans l'intérêt de la forêt confiée à ses soins.

Le vénérable doyen des études d'histoire naturelle en Anjou, M. Millet de la Turtaudière, partage cette opinion, ainsi que le rédacteur de la *Revue zoologique*, de

Paris, et tous ceux qui unissent une observation sérieuse à des études préparatoires.

J'ai parcouru ensuite moi-même un grand nombre de localités, interrogeant et les gardes et les cultivateurs, et ceux qui avaient étudié les mœurs des pics dans les livres, et ceux qui ne les connaissaient que d'après leurs propres observations : presque tous sont venus déposer en faveur de mes clients.

Là ne s'est point arrêté le soin que j'ai mis à étudier avec impartialité la question que je traite. J'ai craint de m'être fait illusion. Aussi, après avoir entendu les témoins à décharge, ai-je voulu entendre les témoins à charge. J'ai donc accepté, bien des fois, l'aimable hospitalité que m'offrait M. de Baracé, dans son domaine de Valoncourt. Avec lui, j'ai parcouru, le matin, le soir, et même en plein soleil, le théâtre des ravages exercés par les pics ; j'ai entendu mon honorable ami raconter les récits dramatiques des méfaits qu'il impute à mes clients ; j'ai recueilli les copeaux dont leur bec tranchant avait parsemé la terre ; j'ai examiné les plaies béantes qu'ils avaient ouvertes aux troncs des arbres ; j'ai introduit mon bras dans la profondeur des excavations qu'ils avaient creusées, j'ai calculé les dimensions de ces trous. Pouvais-je faire davantage ? J'ai donc le droit de répéter : *Sed nunc non erat his locus.* Le conseil de mon ami est excellent, mais dans la circonstance présente, il n'est pas à sa place.

Je commence maintenant mon plaidoyer proprement dit ; je le partage en deux parties : *Nourriture des pics* et *Nidification des pics.*

Quant à la première partie, j'espère prouver, et d'une manière surabondante, que mon client rend d'immenses services, sans causer le moindre tort ; en ce qui concerne la seconde, je démontrerai rigoureusement que les griefs reprochés à mon client sont très-exagérés par l'accusateur, et qu'ils ne peuvent s'appuyer

que sur de rares exceptions. Si j'atteins ce double but,
j'aurai bien certainement gagné ma cause, aux yeux
de tout le monde et même à ceux de M. de Baracé, car
il a dit : « Montrez-moi le bien, et je me tairai sur le
mal. »

Je ne parlerai que du pic-vert, par la raison que c'est
le plus coupable des Grimpeurs de notre pays et qu'il est
le seul en cause. S'il est acquitté, les autres membres de
la Famille, qui sont beaucoup plus innocents que lui, le
seront à plus forte raison. Je crois aussi devoir, comme
dans les procès criminels, faire le portrait de l'accusé,
afin que les plus petits détails de sa vie intime ne
puissent échapper à ses juges.

La taille du pic-vert varie de 30 à 32 centimètres. Dieu
lui a donné deux doigts en avant et deux en arrière,
armés d'ongles très-forts et arqués, des pieds courts et
musculaires, un bec carré à sa base, cannelé dans sa longueur, aplati à la pointe. Ce bec repose sur un cou rac-
courci, pourvu de muscles vigoureux et soutenant un
crâne fortement constitué. Sa langue est effilée, arrondie,
terminée par une pointe osseuse et par quelques petits
crochets ; elle sert à percer les insectes et à les retirer ensuite. Sa longueur varie de 20 à 22 centimètres (de 7 à 8
pouces). Deux glandes y déversent une espèce de liqueur
sur laquelle les fourmis et les petits insectes viennent se
coller. Enfin sa queue est formée de dix pennes tronquées,
raides, d'inégale longueur, composant une espèce de *miséricorde* sur laquelle se repose le pic-vert en gravissant
les arbres, en perçant et fouillant les écorces. Cette queue,
par sa forme, sert aussi de contrepoids à la tête de l'oiseau
quand celle-ci est mise en mouvement par des coups
saccadés et violents destinés à perforer les arbres. Tel est
en abrégé le signalement de l'accusé.

# PREMIÈRE PARTIE.

## Nourriture du Pic-Vert.

Le pic-vert est insectivore ; il se nourrit donc d'insectes
et de larves d'insectes ; il est facile d'en conclure déjà que,
s'il vit d'insectes et de larves d'insectes qui deviendraient
nuisibles par leur trop grande multiplication, il rend un
véritable service. Je prends dans le dossier de mon adversaire, ce que je me permettrai de temps à autre, un argument en faveur de mon client, et qui se retourne, avec
une logique inexorable, contre mon contradicteur. Je copie le passage de son Mémoire ainsi conçu : « C'est avec
des fourmis qui se multiplient comme une peste dans les
plaines et dans les champs que les pics élèvent leurs
petits. » Ainsi, d'après M. de Baracé, les fourmis sont
une véritable peste ; cette peste se multiplie dans les
plaines, dans les champs, et les pics la font disparaître
*quelquefois*. Ce service me semble déjà avoir une certaine
valeur ; mais pour en atténuer l'importance, l'auteur du
Mémoire ajoute : « Le pic mange des fourmis, les autres
oiseaux aussi, je le suppose ; » puis : « Le service rendu
par les pics est moins sérieux que celui des autres
oiseaux, parce que les pics sont moins nombreux. » Ainsi
la destruction des fourmis par les pics ne peut être regardée comme un service, parce que d'autres oiseaux
mangent ces insectes nuisibles, ce qui revient à dire que
les services rendus par un autre homme annihilent ceux
que je puis rendre. Assertion opposée essentiellement à la
logique humaine et à la justice de Dieu qui laisse à chaque
être le mérite de ses actions. Puis, de ce que les pics
rendent moins de services, parce que ces oiseaux sont
moins nombreux que les Grimpereaux, les Sitelles, etc.,

M. de Baracé en tire, comme conséquence, l'extermination des pics. Il me semble que ce n'est ni le moyen de faciliter la propagation de l'espèce, ni celui de multiplier leurs services. Sans entamer ici une discussion sur un sujet accessoire, je crois que M. de Baracé aurait peine à prouver qu'une seule espèce d'oiseaux de nos contrées détruise plus de fourmis que ne le font les pics, *pendant la nidification*. Dans sa nomenclature, mon honorable ami a oublié de citer les perdrix. Il me paraît bien évident que, si l'on fait un faisceau de toutes les espèces d'oiseaux qui se nourrissent de fourmis pour l'opposer au pic-vert, il ne restera plus à mon client qu'à répéter avec un illustre Romain : « Que voulez-vous que je fasse contre trois, quatre, etc. ? Mourir. »

Mais afin qu'on puisse apprécier l'étendue du service rendu par les pics en détruisant les fourmis, je donne ici quelques détails sur les moyens que mes clients emploient pour combattre cette peste qui se multiplie si facilement. Quand, dans son vol, un pic aperçoit une fourmilière, il se laisse tomber à terre, s'appuie sur sa queue, comme sur un siége solide, darde sa langue longue et visqueuse dans le domaine des fourmis, puis la retire à mesure que celles-ci se sont collées sur toute la longueur de sa langue. Lorsqu'il a répété cette manœuvre un grand nombre de fois, et qu'il ne capture plus que de rares insectes, il attaque la république à grands coups de bec, renverse tout l'édifice, dévore les œufs, et achève ainsi en peu de temps un coup d'État véritable et complet. Le pic modifie encore sa tactique, et, quand il rencontre de longues files de fourmis suivant toutes le même sentier afin de s'éloigner et de se rapprocher tour-à-tour du centre de la république où elles travaillent à entasser des provisions pour l'hiver, mon client se couche au milieu du chemin parcouru par les fourmis, et, ouvrant complétement ses ailes, il feint d'être mort. La langue tirée dans toute sa longueur, le pic-vert s'efforce de garder une immobilité persévérante.

Bientôt des légions de fourmis se réunissent, viennent se coller sur la langue du pic qu'elles se disposent à dépécer et à enterrer, et c'est ainsi qu'elles deviennent victimes du stratagème que leur ennemi renouvelle jusqu'à ce que sa faim soit satisfaite ainsi que celle de ses petits, car il leur porte le produit de sa chasse pour revenir ensuite prendre la position qu'il occupait.

A terre, le pic ne mange pas uniquement des fourmis, mais il dévore encore une grande quantité d'insectes et de vers qui pullulent sous les racines des herbes, des arbustes et des jeunes arbres fruitiers. De la chambre que j'occupe en ce moment à la Cailleterie, agréable domaine où les pics sont sous la sauvegarde d'un propriétaire naturaliste et agriculteur très-distingué, je vois mes clients prendre leurs ébats dans le jardin et dans le magnifique verger qui se déroulent devant ma croisée. La pluie tombe par torrents depuis plusieurs jours; les maîtres s'occupent dans leurs appartements, les serviteurs travaillent sous des hangars, les animaux se reposent dans leurs étables: un seul serviteur, dévoué aux intérêts de l'agriculture, se livre aux élans de son zèle infatigable. Ce serviteur, c'est mon client : je le contemple visitant tous les petits arbres fruitiers qu'il ne peut soumettre à ses investigations quand domestiques et enfants circulent dans le jardin, puis tour-à-tour se laissant tomber à terre à quelques décimètres du pied des arbres, et se servant de son bec comme d'une massue pour frapper à coups redoublés la terre avec une énergie persévérante. Je le vois ensuite, le regard fixé sur le sol, attendre quelque temps et saisir les vers et les insectes que les ébranlements qu'il a communiqués à la terre détrempée, ont fait sortir de leurs retraites. Et sans le considérer en plein soleil, je l'étudie pendant des heures entières. Des geais viennent pour profiter du travail de mes clients et partager la *bombance*, mais leur persévérance n'est pas grande et encore moins leur patience ; aussi s'envolent-ils bientôt pour chercher ailleurs une proie plus abondante. Seul, le pic, personnification d'un labeur pénible et constant, n'abandonne pas sa tâche qui, cependant, ne sera payée, de la part de quelques propriétaires, que par une injuste persécution et par une aveugle ingratitude.

Comme conclusion de l'exposé que je viens de faire, je me bornerai à demander à mon honorable ami, s'il juge le travail des pics, en cette circonstance, utile à l'agriculture. Enfin, mon client aurait-il pu s'y livrer s'il eût été éloigné, comme à Valoncourt, par le plomb meurtrier du propriétaire ?

Donc il est bien constaté que le pic-vert rend un premier service en mangeant un grand nombre de fourmis, de vers et d'insectes.

Je passe à un deuxième service.

Dans tous les temps, et surtout à notre époque, tous les agriculteurs et les horticulteurs attachent une très-grande importance à délivrer l'écorce des arbres fruitiers, ou celle des arbres d'agrément, des mousses qui y adhèrent, et des insectes qui se cachent dans les replis des mousses et dans les déchirures de l'écorce. Pour ces agriculteurs, l'écorce joue, dans les plantes, le même rôle que la peau chez l'homme ; la propreté de l'une, comme celle de l'autre, importe beaucoup à la vigueur et à la santé des sujets. C'est afin de purifier les écorces des arbres que les horticulteurs ont recours au *chaulage*. Avec le secours d'une pompe, ils font tomber une pluie d'eau saturée de chaux qui couvre les écorces des arbres, pénètre dans toutes les fissures, fait périr les mousses et détruit les insectes qui s'y étaient réfugiés. Quand cette première opération est terminée, on promène sur le tronc et sur toutes les branches de l'arbre une brosse étroite et très-longue, et l'on détache ainsi de l'écorce tout ce qui pourrait la souiller. Puis, afin de n'être pas obligé de renouveler souvent cette opération, on ferme avec des mastics les fentes qui

servaient de retraite aux insectes nuisibles. Malheureusement les horticulteurs ne peuvent pas fouiller toutes les
écorces soulevées, et, très-souvent, des ennemis dangereux y restent en sûreté pour recommencer bientôt leurs
ravages. Si l'investigation est poussée dans ses dernières
limites, et qu'on veuille ne laisser aucun insecte, l'écorce
se détache, et la sève de l'arbre se trouve exposée à une
influence trop vive de l'air et de la chaleur. Dans les
grandes villes, l'administration municipale fait aussi bros-
ser, laver l'écorce des arbres des boulevards et des jardins
publics. Le chaulage, sous une forme ou sous une autre,
est très-utile à la santé, à la vigueur des arbres ; si je
prouve que les pics exécutent en grand cette opération,
j'aurai inscrit en faveur de mes clients un deuxième
service sérieux et incontestable.

Les pics visitent les arbres de bas en haut, fouillent
toutes les fentes, toutes les fissures, purifient toutes les
écorces, même celles qui sont soulevées, sans les détacher
et sans causer le moindre dégât. Au moyen de leur langue
qui s'allonge selon les circonstances, mes clients percent
toutes les larves, tous les insectes qui se sont réfugiés
dans les différentes anfractuosités de l'écorce des arbres.
Toutes les mousses sont visitées avec un soin scrupuleux,
et pour qu'aucun insecte, aucune larve ne puisse échapper
à leurs investigations, les pics détachent, avec leur bec
puissant, les mousses les plus tenaces, examinent dans
les plus petits détails l'endroit sur lequel s'appuyaient
leurs racines. Puis afin que les insectes ennemis qui se
seraient soustraits à la mort, ne puissent remonter de
nouveau et se cacher le long de l'arbre, mes clients se
laissent tomber à terre, et tournent et retournent dans
tous les sens les mousses qu'ils avaient détachées dans
leurs minutieuses investigations. Tous les insectes qui se
trouvent entre l'écorce et l'aubier sont immolés ou par la
terrible langue osseuse terminée par des crochets, ou par
le bec tranchant du pic qui atteint les insectes et les larves,

et prépare un passage à la langue des infortunés que je défends.

Ainsi donc il est constaté que l'opération faite par l'homme, à grands frais et avec tant de peine, dans l'intérêt de quelques arbres, est accompli par le pic-vert sur une plus grande échelle, pour l'avantage des agriculteurs et d'une manière bien plus simple et beaucoup plus complète. Si les arbres de nos promenades étaient visités par mes clients, ils seraient plus vigoureux et surtout moins rongés par des myriades d'insectes qui se réfugient sous les mousses et sous les écorces. Il me semble qu'il sera difficile de ne pas reconnaître comme réel ce deuxième service rendu par les pics-verts.

Ce service, M. de Baracé vient le constater et fortifier mon assertion par ce passage de son Mémoire ; c'est une nouvelle flèche qui se retourne contre celui qui l'a lancée. Voici cet extrait : « Quand un arbre est abattu et qu'il reste en *grume* plus d'une année, que se passe-t-il ? La vie s'arrête, l'écorce se soulève et se fend par l'action du soleil et des eaux ; cette combinaison favorise la naissance de nombreuses vrillettes, forficules et termites, c'est un cours complet d'entomologie vivante ; il y aurait bombance pour un pic ! En voit-on beaucoup en profiter ? Je ne puis l'affirmer ; cette proie *facile* devient la ressource d'un merle, d'un vertueux rouge-gorge ou d'un troglodyte familier. »

Il est évident que M. de Baracé veut faire à mon client un reproche de ne pas partager le travail *facile* du vertueux rouge-gorge et du troglodyte familier ; travail qui a pour but de préserver les arbres des ravages que peuvent exercer sur eux une multitude d'insectes rongeurs. Si les oiseaux désignés par mon honorable ami rendent, d'après son opinion, un service réel aux propriétaires, en préservant, par un travail facile, les arbres morts, de l'attaque des insectes nuisibles, je crois que les pics qui, par un travail très-pénible, veillent à la conservation et

à la santé des arbres, rendent un service bien plus signalé
que celui que l'on attribue au vertueux rouge-gorge.
M. de Baracé demande pourquoi le pic ne vient pas s'unir
au grimpereau familier, etc. La raison en est très-simple.
C'est que mon client reste fidèlement dans la mission qui
lui a été confiée, celle de préserver de la mort les arbres
qu'il visite. Quand l'arbre est abattu, la mission du pic
cesse tout naturellement. De plus, quand l'arbre est abattu,
*il n'est plus debout ;* or, comme le pic est grimpeur et seulement grimpeur, il ne peut visiter les différentes parties
de l'arbre, car pour atteindre ce but, il faudrait évidemment que mon client pût marcher. Pousser la question
plus loin, ce serait demander pourquoi Dieu n'a pas créé
le pic *grimpeur* et *marcheur*, et vouloir rectifier ainsi les
lois établies par la sagesse divine qui ne permettent au
pic que de se *mouvoir* de *bas* en *haut* et en décrivant des
*spirales.*

Pour fortifier mes assertions sur le deuxième service
rendu par les pics, j'aurais pu citer de nombreux passages
de traités ornithologiques. J'ai pensé que ce serait donner
à mon plaidoyer des développements inutiles, puisque les
amis et les ennemis des pics sont tous d'accord sur cette
question.

Je passe donc au troisième point de la première partie.
C'est sur ce terrain que doit avoir lieu le principal choc
entre la défense et l'accusation. J'ai dit et je maintiens
encore plus que jamais, que les arbres ont, dans un grand
nombre d'insectes, des ennemis redoutables, que les larves
de ces insectes perforent les arbustes et les arbres sains,
qu'ils les font périr par milliers ; j'ai ajouté que les pics
poursuivent ces larves dans leurs retraites ténébreuses,
les arrêtent dans leur œuvre de destruction en les atteignant dans leurs galeries et en les perçant avec leur
langue osseuse. Telle est mon assertion. Voici celle de
M. de Baracé :

« Où naît cette larve essentiellement dangereuse, le

*Cerambyx heros* ou celle encore du *Prionus coriarius*, de la famille des Longicornes ? Toutes les deux naissent en terre, le plus souvent même sous les racines d'un arbre usé par le temps. Leur éducation se fait en plusieurs périodes. Quand la nature se réveille, elles se font pour vivre, avec leur appareil rongeur, dans cette partie du bois que l'on nomme *aubier*, à quelques pouces de la surface, un chemin intérieur qui monte et descend dans tous les sens, grossissant ainsi jusqu'à prendre la proportion du petit doigt, pour se chrysalider plus tard dans le détritus qu'elles ont occasionné. Ce serait une bien rare exception de voir aucune de ces larves dans le cœur d'un arbre sain. Ces larves ne peuvent se mouvoir sans appui, leur structure s'y oppose. Leur vie se passe dans l'ombre. Où le pic ira-t-il les chercher ? »

Tel est le passage du Mémoire de M. de Baracé. Ici, je le déclare sincèrement, la position faite à la défense est trop belle pour que je ne sois pas généreux. Il est évident que mon honorable ami confond les endroits où les œufs des insectes sont déposés, avec ceux dans lesquels vivent et se développent les larves ; si son assertion était vraie, il s'ensuivrait qu'on appellerait *gros vers de bois* les larves qui n'attaquent pas le bois ! Je me bornerai donc à prouver qu'il existe des insectes nuisibles aux arbres, que les larves de ces insectes perforent les arbres sains par milliers et même par centaines de mille, enfin que les pics combattent les ravages exercés par ces insectes, en détruisant leurs larves.

Afin de ne pas dépasser les limites que je me suis imposées, j'engagerai mon honorable ami à parcourir l'ouvrage si intéressant de M. Henri de la Blanchère ; il verra dans le travail de ce savant qu'il existe des milliers d'insectes ennemis des forêts, et que l'on peut les partager en trois classes, ceux qui dévorent les feuilles des arbres, ceux qui attaquent les racines et ceux qui perforent le tronc. Ces insectes se multiplient par centaines de millions, et souvent, après avoir détruit des forêts entières, ils sont emportés par les vents, et alors les *bostriches* sont lancés comme des nuées de sauterelles sur d'autres forêts où ils exercent de nouveaux ravages. Mais sans quitter le véritable terrain de la discussion, notre bel Anjou, M. de Baracé doit se rappeler que notre savant horticulteur, M. André Leroy, perdit il y a quelques années, dans l'espace de moins de deux mois, plusieurs milliers de conifères. Ces arbres furent visités par un insecte (*Trachea piniperda*) qui, à quelques décimètres au-dessus du sol, perforait l'arbre jusqu'à la moelle, et s'élevait perpendiculairement dans l'intérieur pour s'échapper par l'extrémité de la tige, comme le ramoneur qui sort de la cheminée après l'avoir labourée dans tous les sens.

Je laisse de côté ces détails pour revenir aux insectes qui exercent *ordinairement* en Anjou des ravages plus considérables et plus permanents. M. de Baracé glisse très-légèrement sur le *Cerambix heros* et le *Prionus coriarius*, et encore plus sur les dommages que cause le Lucane cerf-volant (*Lucanus cervus*). De plus, d'après le texte du Mémoire, on serait porté à croire que ces quelques insectes sont les seuls à exercer en Anjou des ravages sur les bois. Je ne conçois pas que l'auteur ait oublié la famille si nombreuse des Lignivores (*Lignum*, bois et *vorare*, dévorer) ou des *Xylophages* (de XYLON, bois et PHAGÔ, manger), dont les noms me semblent assez significatifs. Aux assertions de mon contradicteur, j'oppose le témoignage d'auteurs graves et instruits.

Je commence par celui d'un homme dont personne ne peut nier l'autorité en fait d'observations accomplies et poursuivies avec persévérance en Afrique et en Europe. Certes, M. Toussenel n'a pas étudié l'histoire naturelle dans les livres seulement, il l'a étudiée sous beaucoup de climats, en s'appuyant sur des recherches incessantes. Voici l'opinion de cet intelligent observateur : « Ces ignobles scarabées armés de cornes perçantes, que les enfants appellent des cerfs-volants ou des rhinocéros, s'introduisent dans le *cœur* des peupliers de Virginie, des ormes et des chênes pour y creuser d'immondes et fétides pustules par où s'échappe bientôt en flots de pourriture la vie de l'arbre attaqué. » (*Ornithologie passionnelle,* vol. III, p. 76.) « J'ai vu dans Saône-et-Loire une magnifique plantation d'une valeur de plus de cent mille francs périr en quelques jours sous la tarière empestée du capricorne. » (Même volume, p. 10.)

A M. Toussenel succède M. d'Orbigny : « Les femelles des capricornes déposent leurs œufs *dans les arbres* au moyen d'un oviducte en forme de tarière caché dans leur abdomen. Cet oviducte, composé de deux ou trois pièces rentrant les unes dans les autres, est susceptible d'une certaine extension. Les larves vivent sous les écorces quand elles sont jeunes, mais elles *perforent le tronc* en grandissant. » (*Dictionnaire d'his. nat.,* t. III, p. 138.)

L'Encyclopédie d'histoire naturelle, publiée sous la direction de M. Dupiney de Vorepierre, dit à l'article Longicorne : « Dans leurs premiers états, les longicornes vivent dans le *tronc* et dans les *branches* des arbres. Les larves représentent toujours de gros vers allongés, blanchâtres ou jaunâtres, ayant une tête cornée et des mandibules très-robustes. Elles font beaucoup de tort aux arbres, surtout les grandes, en les *perçant profondément* et en les criblant de trous. Quelques-unes rongent les racines des arbres. » Il me semble que le *Cerambix heros* et le *Prionus coriarius* appartiennent à la famille des Longicornes, et que l'on doit leur attribuer les ravages indiqués dans la citation précédente.

Dans les Trois règnes de la Nature, publiés sous la direction du docteur Chenu, je lis ce passage : « Le Lucane cerf-volant, *Lucanus cervus,* ne vit à l'état de larve que *dans les arbres,* surtout dans les chênes âgés; il y demeure pendant *quatre ou cinq années,* rongeant et perçant les bois dans tous les sens, et y creusant des galeries de la grosseur du doigt. Ces mœurs sont encore celles d'un autre insecte presque aussi gros que le Lucane. On le nomme *Cerambix heros*. La larve de cet insecte est connue sous le nom de gros ver de bois; elle est d'une dimension aussi considérable que celle que nous venons de décrire et fait les mêmes ravages. Ces deux larves ne s'attaquent qu'aux *chênes parvenus à toute leur croissance*, c'est-à-dire au moment où ils ont la plus grande valeur, et font un tort considérable en rendant impropre à tout service la partie la plus belle où elles établissent leur demeure. » (Vol. II, p. 220.)

J'ajoute aux ravages exercés par les larves des insectes que je viens d'indiquer, ceux qui sont occasionnés par un simple lépidoptère : son nom est assez significatif, il s'appelle *Cossus ligniperda*, *Cosse gâtebois*. « Sa longueur est de 40 millimètres; sa chenille longue de 31 millimètres est luisante, rougeâtre et exhale une odeur désagréable ; elle se tient à la base des arbres, surtout du chêne, de l'orme, du saule, du peuplier, en ronge l'aubier et parvient à faire mourir l'arbre entier. Elle pénètre aussi jusqu'au *cœur* des bois en faisant des trous tortueux assez grands pour y introduire le petit doigt. » (*Dictionnaire* de Bouillet.)

Afin de mieux apprécier les ravages exercés par cette chenille, j'ai mesuré les dimensions de la chrysalide qui est conservée dans la collection du Cabinet d'histoire naturelle, et, quoiqu'elle soit desséchée entièrement, sa longueur est encore de 4 centimètres et son diamètre de 15 millimètres. Il est facile de comprendre qu'une chrysalide égalant le diamètre du petit doigt et les deux tiers de sa longueur, a nécessité de la part de la chenille qui préparait une galerie suffisante pour la recevoir, de terribles ravages, surtout lorsque cette galerie a été conduite en ondulant dans l'intérieur même des branches ou du tronc des arbres.

Je termine cette nomenclature, que je pourrais continuer encore beaucoup, par le Zeuzère du marronnier (*Zeuzera œsculi*). La larve de ce papillon vit aussi aux dépens des arbres. Dans le verger de M. de Joannis, où je rédige ces notes, se trouvaient deux pommiers en *plein rapport*. Des larves du zeuzère du marronnier ont creusé leurs galeries dans l'intérieur de ces pommiers, et bientôt la vie de ces arbres s'en est allée avec des flots de pourriture. Ces chemins ténébreux avaient de 30 à 40 centim. de longueur. M. l'abbé de Joannis m'a assuré avoir trouvé dans un saule pleureur une galerie creusée par une larve du même lépidoptère, et qui avait près de 1 mètre 30 centimètres de longueur.

Voici enfin l'opinion de M. Mulsant, président de la Société linnéenne de Lyon : « Dès leur sortie de l'œuf, les jeunes larves abritées sous les écorces, cachées dans la moëlle ou dans la couche ligneuse où plusieurs ne tardent pas à s'enfoncer, sembleraient sous des voiles si épais pouvoir se livrer sans crainte à leur nuisible industrie, mais la Providence n'a pas abandonné sans défense nos forêts, nos vergers et nos haies, elle a confié à d'autres êtres le soin de limiter les dégâts de ces *races lignivores* en refrénant leur trop grande multiplication. Voyez les différentes espèces d'oiseaux grimpeurs visiter nos chênes décrépits, nos sapins vieillis ou frappés de la foudre, pour les délivrer de ces hôtes parasites; entendez-vous les pics faire résonner sous leurs coups de bec les arbres de nos bois et annoncer par un cri de joie la rencontre heureuse de cette proie succulente ? » (*Histoire des coléoptères de France*, vol. des Longicornes, p. 13.)

Tels sont les renseignements que je puise aux sources d'une véritable érudition en Entomologie.

Je dois dire maintenant comment les larves exécutent leurs travaux de destruction. Un grand nombre d'insectes, soit coléoptères, soit lépidoptères, pondent leurs œufs sur la racine ou sur le tronc des arbres. C'est principalement dans les sinuosités recouvertes d'une mousse

qui leur sert de retraite et qui dissimule leur présence
aux yeux de leurs ennemis, que les œufs éclosent et
donnent naissance aux larves. Quand celles-ci se développent, elles vivent aux dépens de l'aubier ; mais plus
tard, par un instinct de conservation, elles pénètrent
dans le bois où elles trouvent une nourriture plus abondante et un abri plus sûr. Les larves creusent régulièrement leurs galeries en montant et en se dirigeant en
divers sens. Quand elles sont près de se chrysalider, elles
se rapprochent de l'écorce, de manière à ne laisser à
l'insecte parfait qu'une très-mince cloison à briser.

Ici M. de Baracé m'oppose son assertion précédemment
transcrite, dans laquelle il prétend que « ces larves ne
peuvent se mouvoir sans appui, leur structure s'y oppose. » Mon honorable ami avait oublié que quelques
lignes plus haut il avait dit que « ces larves creusaient
un chemin intérieur qui monte et qui descend. » Il me
semble très-difficile de creuser, sans changer de place,
un chemin qui monte et qui descend. C'est une nouvelle
erreur et une nouvelle contradiction. Ce qui prouve d'une
manière bien évidente que les larves creusent leurs
galeries en montant, c'est que l'ouverture de ces galeries
qui se trouve la plus près de terre est beaucoup moins
large que celle de l'autre extrémité. La raison de cette
différence est très-simple. La larve se développant à
mesure qu'elle vit, il s'ensuit que le passage qui lui devient nécessaire doit successivement être plus large.
Voici sur cette question l'article du *Dictionnaire d'histoire
naturelle* (vol. VI, p. 509) : « Les larves des capricornes
ont sur le dos des espèces de mamelons qui servent à
l'insecte de point d'appui pour grimper à la manière des
ramoneurs dans de longues galeries qu'elles se pratiquent
souvent dans l'épaisseur du bois. »

Il me paraît donc démontré, contrairement aux assertions de M. de Baracé, qu'il existe des insectes, des larves
nombreuses qui non-seulement attaquent l'écorce et l'au-

bier des arbres, mais qui perforent les arbres eux-mèmes,
que ces larves font périr une grande quantité d'arbres
sains et vigoureux, qu'elles constituent un véritable
fléau pour les propriétaires, toutes les fois qu'elles dépassent par leur multiplication certaines limites. Pour
comprendre mieux encore les ravages que peuvent occasionner des larves aussi grosses que celles du lucane
cerf-volant, il est bon de se rappeler qu'avant de se chrysalider, ces larves sillonnent l'intérieur des arbres pendant quatre ou cinq années, comme l'affirment tous les
traités d'entomologie.

Il me reste maintenant à chercher quel sera l'ami des
agriculteurs qui viendra défendre leurs arbres et leurs
forêts contre ces adversaires redoutables dont *la vie
s'écoule dans l'ombre*. Quel sera celui qui les poursuivra
dans leurs galeries en zigzag et les atteindra pour les immoler dans l'intérêt des propriétaires ? Sera-ce le vertueux
rouge-gorge ? le grimpereau familier ? la sitelle torche-
pot ? Pour une pareille lutte ces oiseaux sont impuissants.
Il faut, pour triompher de tels ennemis, un soldat vigoureux, armé de pied en cap, sachant se servir tour-à-tour
du marteau, du ciseau et de la lance. Ce guerrier, cet
ami de l'agriculture, c'est mon cher client. Dans ses investigations continuelles, il fouille toutes les mousses, toutes
les fissures, toutes les écorces, les perce au besoin pour
saisir et tuer les insectes et les larves. Ces services ont été
prouvés précédemment, et sont admis même par les adversaires des pics. De plus, le pic, dans ses courses, frappe
à coups redoublés le tronc et les branches des arbres,
puis il s'arrête et écoute avec attention ; s'il entend le
bruit souterrain de la larve qui ronge le bois, ou si le son
de l'arbre, sous la puissance du bec qui remplit l'office de
marteau, indique un ennemi intérieur et une cavité, mon
client se met immédiatement à l'œuvre, et bientôt une
porte est ouverte ; il y introduit sa langue, et l'ennemi
est percé et retiré pour devenir la proie du pic.

Mon contradicteur me dit : « Mais il est ridicule que le pic se livre à un pareil travail pour un si mince salaire. » D'abord, M. de Baracé a oublié qu'il a affirmé que « perforer les arbres les plus durs et les plus sains était un jeu pour mes clients. » Si son accusation est fondée, les pics peuvent donc, sans s'exposer à un pénible labeur, percer les arbres rongés intérieurement. Puis, je ne pense pas que la capture d'une larve du capricorne, grosse comme le doigt, soit un mets à dédaigner pour un pic, ou qu'elle soit un petit salaire d'un travail facile. Si l'opinion de M. de Baracé était vraie, si le pic perforait les arbres moins pour trouver une proie que pour causer de graves dommages, le travail de mon client serait-il mieux récompensé ? Son salaire serait-il plus convenable ? Quand un travail doit être *uniquement* récompensé par un salaire, je crois qu'il est préférable d'en recevoir un petit, quelque minime qu'il soit, plutôt que de n'en recevoir aucun. A l'appui de mon opinion, je cite un passage de M. d'Orbigny : « Au moyen de leur bec qui leur sert de coin, les pics frappent à coups redoublés la portion de l'écorce qui recèle l'insecte, l'entament et finissent par s'emparer de celui-ci. D'autres fois ils sondent, à coups de bec, le tronc d'un arbre pour voir s'il n'existe pas quelque creux qui puisse leur cacher quelque moyen de subsistance ; s'il est une retraite que leur langue ne puisse atteindre, leur bec fonctionne, et bientôt la brèche faite est assez grande pour que rien ne puisse échapper à l'exploration de cette langue admirablement organisée à cette fin. » (Tom. X, pag. 139.)

Je passe à d'autres autorités. « Lorsque les pics, » dit Mauduit, « ont frappé dans une partie d'un arbre, ils se portent précipitamment à la partie opposée pour y saisir les vers, que le bruit et l'ébranlement ont mis en mouvement, qui se présentent à l'entrée des trous dans lesquels ils vivent, et qui cherchent dans cette circonstance à en sortir, mais cette manière de chasser ne fournit qu'en partie à la subsistance des pics et peut-être même à celle des plus petites espèces ; les larves des grands insectes, retirées plus profondément à l'*intérieur* des arbres, sont moins sensibles à l'ébranlement que causent les coups dont leur retraite est frappée, elles ne sortent pas aisément ; les pics, qui apparemment savent reconnaître les points qui les recèlent, et qui peut-être en jugent par la trace que le ver né à la surface de l'écorce a formée pour pénétrer à l'intérieur, ou mieux encore, comme l'observe Vieillot (*Oiseaux de l'Amérique septentrionale*), par la finesse de leur ouïe qui leur permet d'entendre le bruit que fait la larve, se décident à atteindre jusqu'à lui en rompant les enveloppes qui le couvrent. C'est alors que ces oiseaux, à force de coups redoublés, entament la substance du bois, la brisent, la réduisent en fragments et percent jusqu'à la retraite du ver, qu'ils ont découvert sous les fibres qui le cachaient ; ils dardent dans le trou qu'ils ont creusé leur langue acérée, ils en percent le ver, le retirent et en font leur proie. » (M. O. des Murs, *Encyclopédie d'histoire naturelle*, sous la direction de M. le D^r Chenu, t. I, p. 211.)

« Le pic si décrié par ceux qui ont mal interprété ses manœuvres et le jugent d'après les préjugés et les fables d'autrefois, préserve les arbres des forêts ; il ne recherche que ceux attaqués par les insectes xylophages et dont l'écorce ridée ou soulevée abrite des larves menaçantes. On sait que cet oiseau met une grande patience et une grande persistance pour s'emparer de la proie qu'il convoite, et les manœuvres qu'il emploie sont très-intelligentes ; mais pour les observateurs superficiels, elles sont considérées comme très-nuisibles aux arbres. Que se passe-t-il cependant ? Un insecte s'est logé dans le tronc d'un arbre, il y a percé un trou très-petit et d'abord horizontal, puis il a changé de direction et a creusé une galerie verticale de quelques centimètres de profondeur, lorsqu'un pic arrivant reconnaît la présence de l'insecte ou de ses larves. A l'aide du bec, il élargit le trou d'en-

trée, voit bientôt l'impossibilité de saisir l'insecte à cause
du changement de direction de la galerie. Il frappe le bois
au-dessus du trou, et le son résultant de ces coups d'exploration lui indique bientôt le point correspondant au
cul-de-sac de cette galerie. Il attaque alors ce point par le
dehors, le perce plus ou moins rapidement, et s'il s'est
trompé, il recommence plus haut et plus bas jusqu'au
moment où le succès couronne ses efforts. Il est évident
que dans ce cas le pic attaque la partie encore saine du
bois, mais qu'il ne l'attaque que parce qu'il y a à prendre
un insecte, dont les ravages, au bout d'un an, seraient
bien plus compromettants pour l'arbre que l'ouverture
faite par l'oiseau. Jamais le pic ne perd son temps à percer
le bois sans motif. Aussi est-il certain que si, plus épar-
gnés, les pics et les coucous osaient venir visiter les vieux
arbres des promenades et des boulevards de Paris, on ne
serait pas réduit à faire à grands frais, depuis quelques
années, *la toilette du condamné* à ces respectables planta-
tions de nos pères. » (*Les trois règnes de la Nature*, du
D<sup>r</sup> Chenu, avec la collaboration de M. O. des Murs, p. 96,
année 1864.)

Je continue en ajoutant que le motif par lequel on
combat mon opinion et celle des auteurs que je viens de
citer, ne peut être sérieux. « Si votre assertion était vraie, »
me dit-on, « vos pics devraient périr de faim; travailler
tant, si longtemps et trouver si peu! » Mais s'ils travaillaient tout autant pour s'amuser seulement ou pour
nuire, vivraient-ils avec plus d'abondance? Puis, dès
lors qu'ils vivent en se livrant à ce travail, il leur procure
donc des ressources bien supérieures à celles qui découlent
de vos affirmations. Je poursuis mon exposé. Le pic peut
se tromper, et si l'Écriture a dit : *Omnis homo mendax*,
« tout homme est sujet à l'erreur, » à plus forte raison
peut-on ajouter : tout être est exposé à se tromper. Quelquefois le pic ne peut pas déterminer l'endroit précis de
la galerie inférieure où se trouve la larve; c'est cette in-

certitude qui explique les trous superposés que l'on aperçoit à l'extérieur de quelques arbres. D'un autre côté, quand la larve est parvenue à son entier développement, et que, sous la forme d'un insecte parfait, elle a brisé la mince cloison qui la séparait de l'air dans le sein duquel elle s'élance, il reste une ouverture assez large dans le tronc ou dans les branches de l'arbre. Cette ouverture conduit dans les longs replis des galeries intérieures ; par cette ouverture entrent des myriades d'insectes, et, comme le disait M. de Baracé, « il s'y réunit un cours vivant et complet d'entomologie. » Quel est celui qui viendra disperser les membres de cette réunion non autorisée, de ce cours composé de coupables? Sera-ce quelqu'un de ces oiseaux que mon honorable ami estime beaucoup, parce qu'ils poursuivent les mêmes insectes, sur le *bois en grume?* Assurément non. Ce sera donc encore le pic-vert ; mais comme ces galeries atteignent 30, 40 et 50 centimètres de parcours, la langue de mon client ne pourrait pas les balayer dans toute leur étendue; les pics perforent donc ces galeries de distance en distance, et par ce moyen ils peuvent, à des époques très-rapprochées et d'une manière très-sûre, surveiller l'intérieur de ces galeries et les purger de toute espèce d'insectes nuisibles. En un mot, c'est une plaie que le pic n'a pas faite, mais à la propreté de laquelle il veille afin qu'elle ne s'aggrave pas.

Un grand nombre d'œufs étant déposés, par les coléoptères ou par les lépidoptères, à une certaine hauteur et surtout à l'endroit où les branches un peu fortes viennent se souder à l'arbre, c'est là encore que mes clients doivent exercer leur mission providentielle, et c'est ainsi que s'expliquent tout naturellement les trous qui se rencontrent à différentes hauteurs le long des troncs ou des branches. C'est aussi ce qui m'engage à croire que certaines pièces de conviction, présentant des traces de trous commencés dans du bois franc, pourraient bien fournir simplement la preuve d'une erreur de mes clients qui, recherchant les galeries des larves, auraient pratiqué des ouvertures ou trop haut ou trop bas, et auraient ensuite abandonné leur opération du moment où elle ne leur procurait pas le résultat cherché. Ce qui confirmerait mon opinion, c'est la multiplicité des trous pratiqués dans cette circonstance. Ce serait encore un remède salutaire, mais non appliqué sur la véritable plaie du malade.

Je ne crois pas devoir laisser sans réponse cette étrange assertion de mon honorable ami : « Si le pic était bon à quelque chose, on en verrait au marché. » Oui, s'il s'agissait de gastronomie ! Mais il me semble bien évident que plus un oiseau est utile à la sylviculture et à l'agriculture, moins on doit s'empresser de le tuer et de le vendre au marché ; les propriétaires intelligents ont tout intérêt à ne pas immoler des oiseaux qui leur rendent service. M. de Baracé, qui regarde comme très-utiles les sitelles et les grimpereaux familiers, en voit-il au marché ?

Ici je termine la première partie de mon plaidoyer : je crois avoir démontré que le pic rend de véritables services à l'agriculture et par sa nourriture et par les moyens qu'il emploie pour se la procurer, et dès lors, je le répète, ma cause me semble déjà gagnée, car M. de de Baracé a dit : « Montrez-moi le bien, et je me tairai sur le mal. »

## DEUXIÈME PARTIE.

### Domicile et nidification du Pic-Vert.

Je passe à la deuxième partie de mon plaidoyer : *domicile* et *nidification* des pics, dans laquelle je dois prouver que les pics ne causent, pour se loger et pour se reproduire, que des ravages peu considérables, si toutefois des ravages réels existent, enfin que ces ravages sont loin d'égaler les services que rendent mes clients.

Les pics ne sont pas *percheurs*, et, par suite, dans leurs courses très-multipliées et très-fatigantes, il leur faut, comme à tous les oiseaux, un moyen de se reposer; ce moyen, ils ne peuvent le trouver que dans une excavation soit naturelle, soit artificielle. Or, les excavations naturelles des arbres ne peuvent pas fournir ordinairement aux pics un gîte convenable, parce qu'il n'y seraient préservés ni des ardeurs du soleil, ni des inconvénients de la pluie et du froid, ni des attaques de leurs ennemis. Il leur faut un domicile où ils puissent être facilement en sûreté et dont l'entrée ne soit accessible ni aux rongeurs ni aux oiseaux de proie. La Providence de Dieu, qui a distribué à chaque être de la Création les moyens nécessaires pour atteindre le but auquel elle le destine, a armé les pics de manière à ce qu'ils puissent eux-mêmes se créer cette demeure. Les attaquer sous se rapport, c'est blâmer, en même temps, et la sagesse divine et la raison d'être des pics; en un mot, c'est dire, ou que Dieu eût mieux fait de ne pas créer les pics, ou qu'il eût dû les créer d'une autre manière. Ce serait une leçon à la Garo.

Ici je présente une observation bien naturelle et qui a échappé à la sagacité de mon honorable ami : c'est que ces lieux de repos qui sont de véritables hôtelleries pour les familles des pics, et où tous les membres de cette tribu de proscrits peuvent venir, tour-à-tour, passer quelques instants de repos ou même goûter le sommeil nécessaire à tous ceux qui se livrent à un labeur pénible et continu, doivent être d'autant plus multipliés que les arbres sont eux-mêmes plus éloignés les uns des autres. Cette observation explique pourquoi les trous des pics sont plus nombreux à Valoncourt et dans les pays qui ressemblent à cette localité, que dans les régions couvertes de forêts. Pour justifier cette assertion, il suffit de dire que les pics vivant

comme il a été démontré, d'insectes et de larves qui pullulent sur et sous l'écorce et dans l'intérieur des arbres,
il est de toute évidence que plus les arbres seront éloignés
les uns des autres, plus ils seront rares, plus les pics
seront condamnés à des courses pénibles, pour se procurer une nourriture suffisante à leur vie, et plus dès lors
ils auront besoin de repos. Les arbres des forêts, par leur
multiplicité et par leur rapprochement les uns des autres,
fournissent aux pics une nourriture facile et abondante,
et dès lors ces oiseaux peuvent, dans ce cas, sans se livrer
à un vol au-dessus de leurs forces, regagner facilement
et toujours le même domicile. Ils imitent en cela l'ouvrier
dont le chantier n'est pas éloigné de sa demeure, et qui
peut chaque jour, et même plusieurs fois par jour, regagner son logis pour y prendre nourriture et repos, sans
avoir recours à une table, à une couche étrangère. Ces
détails bien simples et bien vrais justifient les pics d'un
méfait que M. de Baracé leur reproche avec beaucoup
d'amertume.

De plus mon honorable ami a contribué et contribue
encore, sans le vouloir, à multiplier les prétendus ravages
exercés par mes clients. En effet, il me paraît démontré
que la structure des pics, privés d'un vol soutenu, exige
ces lieux de repos. Or, en admettant même que ce domicile choisi et creusé par les pics causât un véritable dommage, il serait avantageux de leur en laisser la paisible
jouissance. Mais à Valoncourt il n'en est pas ainsi. Toutes
les fois que l'on constate l'existence d'une de ces demeures,
le propriétaire en chasse les pics par toute espèce de
moyens. Il arrive tout naturellement que les locataires
exilés se réfugient ailleurs, creusent un second asile dont
ils seront chassés de rechef et dont ils s'éloigneront encore
pour perforer de nouvelles demeures. C'est une telle persécution qui justifie les pics du grief qu'on leur fait, de
commencer un certain nombre de trous sans les achever.
Dans les contrées où on laisse les pics accomplir tran-

quillement leur mission, les dégâts sont beaucoup moins considérables qu'à Valoncourt ; car mes clients sont comme les hommes et comme tous les êtres animés, ils ne cherchent une nouvelle demeure, surtout lorsque cette nouvelle demeure doit leur coûter un labeur pénible et rompre leurs habitudes, que quand on les éloigne de celle qu'ils occupaient. De plus, quand on laisse les pics libres de choisir les arbres dans lesquels ils doivent creuser et établir leur domicile, ils perforent, de préférence aux autres, ceux qui leur offrent le moins de difficultés et de travail, et qui sont plus ou moins vermoulus intérieurement. Quand on enlève à mes clients cette liberté, ils se trouvent forcément condamnés à essayer de perforer des arbres sains ; mais, dans ce cas jamais ils ne compléteront leur travail, ce qui prouve d'une manière évidente que ce labeur est au-dessus de leur force et dès lors contraire à la nature.

Il me semble donc suffisamment démontré que les chambres à coucher, creusées par les pics, ne sont pas une œuvre de caprice ni de destruction coupable ; c'est le résultat de l'organisation de ces oiseaux et une des conditions de leur existence. Mais avant de traiter la question de savoir si ces lieux de repos causent aux arbres, et par là-même aux propriétaires, un véritable préjudice, je dois prouver que ces stations ne sont pas si multipliées que l'affirme mon honorable ami. Dans cette question je me bornerai à m'appuyer sur son témoignage et à rappeler ses souvenirs. M. de Baracé dit avoir tué en peu de temps vingt-sept pics-verts, sur les bords d'un même trou ; il est donc constaté que vingt-sept de mes clients venaient goûter repos et sommeil dans une même hôtellerie, et cela malgré les coups de fusil et les persécutions de tout genre. Si on eût laissé tranquilles ces pauvres proscrits, il est incontestable que le nombre des hôtes se fût encore beaucoup augmenté. Enfin, M. de Baracé a constaté qu'une certaine quantité de pics-verts se trouvaient en-

semble dans le même trou. C'est en effet d'après cette observation qu'il accusait les pics-verts d'être *bigames*, lorsqu'il
m'envoyait, par l'entremise de M. le docteur Farge, un
mâle et deux femelles qu'il avait capturés dans le même
nid. Plus tard mon honorable ami soutiendra que le pic
est *solitaire*. Un petit nombre de ces lieux de repos peut
donc suffire à tous les pics d'une contrée, et l'expérience
de M. de Baracé lui a prouvé que, lorsqu'on laisse les pics
en repos, ils ne cherchent pas de nouveaux asiles. Ainsi,
j'ai vu, dans le cabinet de mon honorable ami, un pic-vert
très-remarquable par un plumage d'une couleur différente de celle des autres. Ce pic avait choisi, pour sa
chambre à coucher, un trou de la façade de l'ancien mo-
nastère de Chaloché : ce qui prouve, en passant, que le
pic ne se livre pas volontiers à un travail dont il peut se
dispenser, et qu'il accepte très facilement un domicile tout
préparé, quand il le trouve à sa disposition. Le propriétaire de Chaloché, M. Gaignard de la Renloue, avait défendu à son garde de tuer cet oiseau qu'il regardait comme
son locataire ; or, pendant plus de quatorze ans, ce pic
est demeuré fidèle à sa demeure, et, pendant plus de quatorze ans, il est venu régulièrement se reposer et dormir
dans ce refuge. Malheureusement le garde, malgré la
défense de son maître, a tué ce membre de la famille de
mes clients.

Enfin ces hôtelleries servent aussi de toit conjugal ; les
trous des pics sont comme les anciennes tentes des pa-
triarches, et sous leur toit protecteur les familles vivent,
se reposent et se multiplient. M. de Baracé convient que
dans le trou sur les bords duquel il avait immolé vingt-
sept proscrits, plusieurs familles de pics avaient reçu la
vie. Les hôtelleries deviennent donc au moment de la nidification des toits conjugaux ; mais comme le nombre de
ces hôtelleries n'est pas toujours en rapport avec le nombre
des couples, de nouveaux trous deviennent nécessaires.
Dans quels arbres ces trous, ainsi que les hôtelleries,

seront-ils creusés ? Nous touchons au grief principal. Sur ce point, mon opinion est que les pics attaquent les arbres que déjà ils ont percés dans l'intention de visiter les galeries des larves nuisibles, ou ceux dont ils ont reconnu que l'intérieur était carié. L'on m'objectera que l'apparente vigueur de ces arbres réfute mon sentiment ; je n'en crois rien, et je pourrai dire que ces arbres sont, selon l'expression énergique de nos Livres saints, *des sépulcres blanchis*. Leur extérieur est plein de sève, mais l'intérieur renferme des myriades d'insectes qui les rongent. Les pièces qu'on a entassées devant mes yeux ne peuvent me convaincre ; car, pour que l'argument que l'on appuie sur elles fût concluant, il eût fallu couper ces arbres en entier, et démontrer qu'au-dessus et au-dessous des trous perforés par les pics, il n'y avait absolument aucun cancer intérieur. On me répond : J'ai abattu des arbres percés par vos clients : ces arbres étaient effectivement déchirés, rongés intérieurement ; mais ce sont les trous pratiqués par les coupables qui ont donné entrée aux ennemis du bois. Cet aveu semble prouver en ma faveur ; car il sera difficile d'admettre que des larves ou des insectes rongeurs viennent s'établir dans la demeure des pics, et que ceux-ci les laissent très-tranquillement accomplir leur œuvre de destruction, sans profiter d'une nourriture si facile à se procurer.

Mon opinion étant suffisamment expliquée, je vais maintenant la fortifier par l'autorité de plusieurs savants. Voici un texte de M. d'Orbigny : « Pour se creuser un nid, les pics choisissent un arbre dont le bois ne soit pas trop dur, ils en sondent le tronc en donnant par ci, par là quelques coups de bec, et lorsque le son qui résulte de ce choc leur indique un point altéré, ils attaquent vigoureusement l'écorce, y font une brèche circulaire et poursuivent leur travail jusqu'à ce que la partie vive du bois étant enlevée, ils rencontrent le centre vicié. Il arrive quelquefois que la carie de l'arbre n'est pas assez étendue ou n'est pas assez avancée pour qu'ils puissent y pratiquer une excavation convenable ; dans ce cas ils recommencent la même opération sur un autre point ou sur un arbre voisin. Le trou qui a reçu les œufs sert de gîte à la *famille* pendant la nuit. » (Tome X, p. 139.)

Ce texte se trouve conforme à mon opinion qui est partagée par tous ceux qui joignent l'étude à l'observation. Ainsi M. de Kercado, propriétaire de forêts dans le département de la Gironde, ayant constaté que les pics attaquaient de préférence, pour creuser leurs nids, les *cicatrices* et les caries formées par la taille des arbres, conseille « de laisser un moignon de six à huit centimètres, au lieu de couper les branches à ras de leur naissance, parce que le pic profitera de ces lésions pour creuser les trous dans lesquels il se retire et niche. » (Annales de la Société Linnéenne de Bordeaux, tome VI, livraison 4°.)

Certes cette assertion d'un propriétaire, et d'un propriétaire observateur, procurera au moins à mes clients, et très-largement, le bénéfice des circonstances atténuantes, si toutefois ils pouvaient être condamnés. Elle démontre en effet que s'ils sont coupables, c'est malgré eux, puisque toutes les fois qu'on leur offre un moyen de ne pas faire de dégàts, ils en profitent.

Je cite maintenant quelques lignes de M. Michelet : « Dans les calomnies ineptes dont les oiseaux sont l'objet, nulle ne l'est plus que de dire comme on a fait, que le pic qui creuse les arbres, choisit les arbres sains et durs, ceux qui présentent le plus de difficultés et peuvent augmenter son travail. Le bon sens indique assez que le pauvre animal, qui vit de vers et d'insectes, cherche les arbres malades, cariés, qui résistent le moins et qui lui permettent d'ailleurs une proie plus abondante. La guerre obstinée qu'il fait à ces tribus destructives qui gangrenaient les arbres sains, c'est un signalé service qu'il nous rend. L'État lui devrait sinon les appointements, du moins le titre honorifique de conservateur des forêts. Pour tout salaire, d'ignorants administrateurs ont souvent mis sa tête à prix. » (*L'Oiseau*, édition in-12, pages 181 et 182.)

Ce texte, d'accord avec le bon sens, est bien opposé à l'opinion de ceux qui prétendent défendre le pic-vert en disant qu'il est utile aux forêts, parce qu'il fait périr un certain nombre d'arbres, qui par leur trop grande quantité, s'opposeraient au développement de ceux qui les entourent. Ce serait en effet un singulier conservateur des forêts que celui qui ferait périr les arbres les plus sains et les plus vigoureux, puisque, d'après le sentiment de M. de Baracé, ce sont les arbres de la plus belle venue que le pic semble prendre plaisir à perforer, et qu'il mérite ainsi, à l'entendre, une épithète très-peu parlementaire, et par laquelle on désigne les plus grands criminels.

J'arrive naturellement à transcrire deux textes du manuscrit de mon honorable ami : « Il me paraît étrange que, depuis tant de siècles, le béret rouge du pic soit sans motif, sans raison, l'objet d'une mise à prix de la part du propriétaire, et que l'on ne fasse encore que s'apercevoir de l'ingratitude de chacun d'eux. » D'après ces paroles, je me trouve représenté comme un homme qui espérerait obtenir un brevet d'invention. Heureusement, il n'en est rien ; je n'y ai jamais pensé ni pour cette question, ni pour une autre. Puis je n'y aurais aucun droit, même d'après le témoignage de mon honorable ami qui a oublié qu'il m'avait reproché « d'avoir étudié les mœurs des pics dans les livres de tout âge, et non d'après les observations faites en plein soleil. » Puisqu'il croit que j'ai puisé ma conviction dans les ouvrages écrits dans tous les siècles, la manière d'envisager les pics au point de vue où je me place, n'est donc pas nouvelle. Ce qui est vrai, c'est que, dans tous les temps, les pics ont eu des défenseurs et des adversaires, et que, sur ce sujet comme sur beaucoup d'autres, il y a lutte entre la vérité et l'erreur. Je lis dans M. Michelet ce passage : « Les opinions qu'on a prises de cet être singulier devaient être très-diverses. On a jugé en bien ou en mal, le pic, le grand travailleur, selon qu'on estimait ou mésestimait le travail, selon qu'on était soi-même plus ou moins laborieux et qu'on regardait une vie sédentaire et appliquée comme maudite ou bénie du ciel. » (*L'Oiseau*, page 183.) Je laisse à M. Michelet la responsabilité de son jugement. Enfin je transcris le deuxième texte dans lequel M. de Baracé veut m'opposer mon propre témoignage et prouver que, par la légende de la mère Gertrude, insérée dans mon ouvrage sur *Les noms des oiseaux expliqués par leurs mœurs*, je regarde le pic comme un coupable. Je remercie sincèrement mon honorable ami de cette citation ; il ne pouvait pas me fournir un argument plus concluant en faveur de mes clients. Voici les expressions du manuscrit : « Mon ami avoue lui-même, malgré sa conviction, que le pic était autrefois un coupable, expiant ses crimes, et à ce propos, il nous a laissé cette charmante légende de la mère Gertrude, que vous connaissez, qui fut bien justement châtiée de son endurcissement envers les pauvres et condamnée par Notre-Seigneur à errer toute sa vie, sous un béret semblable à celui du pic. Cette prédiction est assurément divine, car depuis dix-huit siècles le pic et la mère Gertrude ont encore le même béret. »

De ce que j'ai reconnu la mère Gertrude comme coupable, mon honorable ami en tire comme conséquence que j'attribue au pic la même culpabilité. En cela il se trompe complétement, car plus la mère Gertrude a été coupable, plus le pic me paraît innocent. En effet, d'après les lois les plus élémentaires de la logique et les principes les plus évidents de la justice, tout être jugé coupable envers les autres doit, pour effacer ses fautes, être condamné à l'expiation, c'est-à-dire à la satisfaction, à la réparation de tous ses méfaits. Or jamais on ne répare ses fautes et ses crimes en en commettant de nouveaux, et l'expiation suffisante ne peut avoir lieu qu'à la condition que le coupable fasse autant de bien qu'il avait causé de mal autrefois. D'où il suit que la mère Gertrude, condamnée par Dieu à réparer toutes ses actions opposées à la charité envers les hommes, ne peut accomplir son expiation qu'à la condition de faire maintenant autant de bien qu'elle avait causé de mal autrefois ; et pour prouver à mon honorable ami que la mère Gertrude rend en effet des services, non-seulement multipliés, mais encore diversifiés, je transcris ici un passage de Mickiewicz : « Le pic est un oiseau chéri dans les steppes de Pologne et de Russie. Dans ces plaines peu boisées, il se dirige toujours vers les arbres ; en le suivant on retrouve un ravin pour se cacher, des sources plus tard, enfin on descend vers le fleuve ; sous la direction de cet oiseau on peut s'orienter et reconnaître le pays. » (*Les Slaves*, tome I, page 200.)

Comment ceux qui prétendent défendre le pic-vert en admettant que cet oiseau est utile parce qu'il perfore et fait périr un certain nombre d'arbres, qui par leur trop grande multiplicité s'opposeraient au véritable développement des autres, comment pourront-ils justifier l'existence et l'utilité de mes clients dans les immenses steppes de la Pologne et de la Russie, où les arbres sont [excessivement rares et à une distance très-grande les uns des autres ?

Puis, les arbres étant si peu nombreux et cependant visités par les pics, comment se fait-il que ces arbres puissent végéter ? Tous ne devraient-ils pas être condamnés à une mort prochaine par les ravages imputés à mes clients ? Car si, dans les pays boisés, les proscrits dont je défends la cause attaquent, d'après l'affirmation de mon honorable ami, presque tous les arbres sains et vigoureux, quels terribles ravages ne doivent-ils pas exercer dans les contrées où le petit nombre d'arbres ne leur permet pas de choisir le théâtre de leurs méfaits ?

Il faudrait ici terminer mon plaidoyer en faveur des pics, puisque je crois avoir combattu victorieusement les accusations formulées par mon honorable ami ; mais comme je désire accomplir, en toute conscience, la mission que j'ai acceptée dans l'intérêt de la vérité et de l'agriculture, je combattrai M. de Baracé sur son propre terrain, et je lui prouverai combien, sans le vouloir, il a exagéré la portée de ses accusations. Puis je soumettrai à la méditation des juges de ce procès, deux faits intéressants qui démontreront, jusqu'à une entière évidence, qu'il est nécessaire d'étudier sérieusement une cause avant de condamner, comme coupables, ceux que l'expérience plus tard démontrera être innocents. Ils prouveront aussi que s'il est bon d'étudier les questions d'histoire naturelle *en plein soleil*, il est au moins tout aussi nécessaire de se laisser guider dans cette étude par l'expérience des siècles passés. Il en est de ces études comme des voyages qui s'exécutent à travers des passages semés d'écueils : vouloir apprendre à les éviter par sa seule expérience, sans avoir consulté avec une minutieuse attention les travaux de ses devanciers, c'est presque s'exposer à un naufrage certain. Je cite les expressions du Mémoire : « Le pic pond de cinq à sept œufs par année ; on peut lui en faire pondre jusqu'à douze, en en retranchant un tous les jours. Il y a seulement dix couvées par commune, il peut y en avoir le double. Je prends la moyenne de cinq œufs au lieu de sept ; l'année qui vient, vous avez cinquante pics, celle d'après, cent vingt-cinq. Je m'arrête. *Tous* auront envie de faire un trou pour se reproduire. Combien restera-t-il de bons arbres aux propriétaires de cette commune, au bout de dix ans ? »

Telle est l'accusation formulée par mon honorable ami, et je maintiens qu'avec de pareilles accusations, il plaide en faveur de mes clients. Si la centième partie de cette accusation était vraie, il est incontestable qu'à Valoncourt, et à plus forte raison dans les domaines où on laisse les pics se multiplier tranquillement, il n'y aurait plus depuis longtemps un arbre sain, surtout si l'on admet le sentiment de M. de Baracé, qui pense que non-seulement les pics font un trou chaque année, dans les arbres sains, pour se reproduire, mais qu'ils se plaisent encore à les perforer non pour trouver quelques insectes nuisibles, mais uniquement pour causer des ravages et pour passer le temps. Et cependant l'accusation de mon honorable ami est loin d'être complète, car il devrait admettre au moins de soixante à quatre-vingts nids de pics-verts, par commune de moyenne étendue, et dès lors il sera obligé de multiplier bien davantage encore les dommages attribués à mes clients.

Afin de dissiper ces accusations chimériques, j'aborde le domaine des faits, et je me transporte à Valoncourt, sur la propriété même de M. de Baracé. L'allée qui conduit à l'habitation était plantée de cent peupliers, dont soixante-seize ont été abattus l'année dernière. Ces arbres avaient quarante ans d'existence. Il est de toute logique que les peupliers étant de bois tendre, plantés dans un pays habité par des légions de pics, aucun de ces arbres n'ait dû échapper à l'action de leur bec tranchant, surtout dans le cours de quarante années. Cependant il n'en est rien : quand ces arbres ont été abattus, il a été constaté que, sur les cent arbres, quatre seulement portaient des traces du travail des pics-verts ; trois trous avaient de petites dimensions, un seul arbre était perforé profondément dans une longueur de soixante à soixante-dix centimètres, dimension d'une galerie du *cosse gâte-bois*. En réunissant les quatre plaies, le propriétaire avait perdu une fraction d'un peuplier dans l'espace de quarante ans. J'admets même que les quatre peupliers fussent complétement perforés et perdus ; il s'agirait de prouver que les services rendus par les pics dans cette même allée de peupliers, ne l'emportent pas de beaucoup sur la perte des quatre arbres. Or voici l'exposé des services de mes clients.

Depuis plus de quinze ans, chaque automne, je profite à Valoncourt de l'aimable hospitalité que m'offre M. de Baracé, et depuis quinze ans, je voyais tous les jours, pendant les vacances, et surtout dès le matin, des troupes de pics-verts venir s'abattre au pied des peupliers. Là, pendant des heures entières passées en observation, je les voyais se livrer à un travail incessant, tourner, retourner autour de ces arbres avec une énergie que rien ne pouvait fatiguer. Que faisaient-ils ? Mon honorable ami n'estime pas assez mes clients pour croire qu'ils travaillaient uniquement en vue de la gloire. Puis la gloire ne pourrait guère nourrir et faire vivre, même les pics. Perforaient-ils les arbres ? Nullement. Ils visitaient les arbres depuis le sol jusqu'à une hauteur de deux ou trois mètres. Cherchaient-ils des fourmis ? Il n'y en avait pas l'apparence d'une seule. Après avoir examiné les pics avec une grande attention et un grand nombre de fois, ce qui prouve de nouveau à M. de Baracé que je ne borne pas mon étude à la lecture des livres, je m'approchai du théâtre du labeur des pics, et là je trouvai les grosses racines des arbres serpentant à la surface du sol, dénudées entièrement, la terre recouvrant le pied des arbres fouillée profondément, des monceaux de mousse jonchant le terrain, et des traces multipliées d'un combat dans lequel un grand nombre de victimes avaient été immolées. Quelles étaient ces victimes ? Que M. de Baracé veuille bien se rappeler les peupliers cités par M. Toussenel, et il sera forcé de convenir que ces victimes étaient les ennemis de ses arbres, et que les pics les avaient arrêtés dans leur œuvre de destruction.

Pourquoi, me demandera-t-on peut-être, pourquoi le pic-vert visite-t-il, dès le matin, les racines et le pied des arbres ? La réponse à cette question me semble facile ; de plus, elle manifestera encore davantage la mission providentielle confiée à mes clients, et la sollicitude paternelle de Dieu qui a prévu tout ce qui peut sauvegarder les intérêts de l'homme.

Les arbres ne peuvent être pleins de sève et de vie qu'à la condition d'être délivrés des insectes qui souillent leur écorce, rongent leur aubier, et établissent jusque dans leur intérieur des galeries purulentes. A qui ce rude labeur est-il confié? au pic-vert. Cet oiseau peut, à toute heure du jour, soumettre le milieu et le haut des arbres à ses minutieuses investigations, sans s'exposer à un danger grave ou à une mort à-peu-près certaine ; il peut, dans les parties élevées, échapper à ses ennemis et même au plomb meurtrier des propriétaires en décrivant des spirales autour des arbres. Malheureusement il n'en est pas ainsi en ce qui concerne les racines et la base des arbres. Là, le pic ne se trouve pas hors de l'atteinte des troupeaux, des chiens qui les accompagnent, des bergers qui les surveillent, des promeneurs qui trop souvent se plaisent à faire des victimes innocentes. Dès lors il faut, ou que le pic renonce à une partie de la mission qui lui est confiée, ou qu'il ait recours à un moyen qui lui permette d'achever son œuvre de dévouement, sans trop s'exposer à un danger certain. Ce moyen, il le trouve en s'imposant un nouveau sacrifice dont il sera payé souvent par une noire ingratitude : il diminue son sommeil, et avant que les troupeaux, les bergers et surtout les propriétaires ne circulent, il visite les pieds de tous les arbres et scrute la surface de leurs racines. Puis, quand le jour s'avance, le pic remonte dans les régions plus élevées, où il continue, dans l'intérêt des propriétaires, sa mission providentielle. J'ai constaté bien des fois l'exactitude de cette observation, à Valoncourt et le long des routes et des sentiers parcourus par les villageois et par les voyageurs. Mon honorable ami a pu lui-même voir quelquefois les pics, dès le matin, passer d'un arbre à l'autre dans l'allée de peupliers de son domaine, visiter le pied des arbres jusqu'à une hauteur de deux ou trois mètres, sans monter davantage. Cette manœuvre intelligente était répétée presque tous les matins.

La description que je viens de tracer d'après des observations réitérées, prouve d'une manière bien précise quels sont les moyens que prennent les pics pour se procurer leur nourriture de chaque jour, et par suite quels sont les services qu'ils rendent à l'agriculture en préservant d'ennemis très-dangereux, les arbres qu'ils visitent. Il me semble avoir aussi démontré que, lorsque mes clients perforent le bois pour y découvrir et y saisir des insectes qui se sont réfugiés dans leur intérieur, ce n'est qu'une exception à leur vie habituelle, et encore cette exception est-elle utile aux intérêts du propriétaire.

Je continue mon explication sur les peupliers de Valoncourt. Le cosse gâte-bois pond de cinquante à soixante œufs, et chaque œuf est déposé séparément des autres, afin qu'il puisse échapper plus facilement à ses ennemis, et que les larves, en éclosant, trouvent, sans se gêner mutuellement, la nourriture qui leur est nécessaire. Or, si quatre ou cinq de ces œufs, seulement, s'étaient dérobés chaque année aux investigations des pics, que serait-il resté à mon ami de ses cent peupliers, après quarante années? Qu'il veuille réfléchir et répondre. Mais pour faciliter sa réponse et rendre plus exacte la sentence des juges de mes clients, je vais transcrire un résumé des deux faits historiques que j'avais annoncés précédemment; cependant avant de donner ces détails, je tiens à faire part à M. de Baracé d'une observation qu'il pourra lui-même très-facilement vérifier.

A un kilomètre d'Angers se trouve une plantation de peupliers formant, près des fours à chaux, une promenade peu tranquille, visitée trop souvent par ceux qui recherchent des plaisirs bruyants et trompeurs. C'est au milieu de ces peupliers qu'est situé le Grand Tivoli, centre de divertissements populaires. C'est aussi près des bords de cette promenade, que les pêcheurs plus ou moins novices viennent, tous les jours de la semaine, essayer de capturer poissons et grenouilles. Enfin ce lieu champêtre voit assez régulièrement, deux fois par semaine, des pensions nombreuses se livrer à de joyeux ébats. Pour toutes ces raisons, les pics ne peuvent, en paix et à leur aise, visiter ces peupliers. Si donc, l'opinion de mon honorable ami était fondée sur des faits sérieux, il devrait s'ensuivre que ces peupliers, plantés dans un terrain convenable et n'étant pas perforés par les pics-verts, fussent pleins de vie et doués d'une luxuriante végétation. Hélas ! il n'en est rien. Des centaines sont morts depuis quelques années ; beaucoup d'autres languissent par les ravages des larves d'insectes de toute espèce. J'ai enlevé, avec un de mes amis, l'écorce soulevée d'un grand nombre de ces peupliers, et j'y ai trouvé, à chacun, trois, quatre et même jusqu'à quinze galeries pratiquées entre l'écorce et le bois, quelques-unes ayant 10, 20 et 30 centimètres de longueur. Le détritus accumulé dans ces galeries avait vicié la sève, entravé son épanouissement et occasionné plus ou moins promptement la mort de ces arbres. Soutenir que les larves qui creusent leurs galeries dans l'aubier ne causent aucun préjudice à la vigueur des arbres, ce serait partager l'erreur de celui qui prétendrait que les maladies de peau ne font aucun tort à la santé de l'homme. Si mon honorable ami n'est pas convaincu, en vérifiant l'observation que je lui signale, des services rendus par les pics aux peupliers et aux autres arbres, il pourra du moins constater que beaucoup d'arbres périssent sous l'action perforante des larves de toute espèce.

Enfin, si j'appliquais à la question des peupliers de Valoncourt la méthode de l'unité suivie en mathématiques, les cent peupliers vivant pendant quarante ans, peuvent être remplacés par quatre mille peupliers vivant pendant une année ; or, quatre de ces arbres ayant été attaqués par les pics, il s'ensuit évidemment, même d'après les termes de l'acte d'accusation, que des centaines de mes clients unissent leurs efforts pour perforer un arbre sur mille ! Nous sommes bien loin des conséquences indiquées par M. de Baracé, surtout lorsque l'on réfléchit que ce calcul repose sur les griefs exposés par mon honorable ami, griefs que j'ai admis sur sa parole et sans aucun contrôle, griefs qui se sont passés dans une localité où, selon l'expression de mon contradicteur, les pics semblent prendre plaisir à se réunir par légions.

Je passe aux faits historiques annoncés précédemment.

Frédéric II, roi de Prusse, qui joignait à d'autres qualités un goût très-prononcé pour les choses propres à flatter le palais, aimait beaucoup les cerises et surtout les belles cerises. Ce prince veillait avec une tendresse royale sur celles de son jardin de Postdam qui étaient magnifiques. S'étant aperçu que les moineaux mangeaient ces cerises, et avec elles les autres fruits et même les légumes précoces de son domaine privilégié, le roi condamna à la proscription et à la mort, comme oiseaux nuisibles, tous les moineaux de son royaume. Frédéric réunit ses familiers, et la sentence de la proscription en masse de tous les moineaux de la Prusse fut votée avec enthousiasme. Le roi philosophe était satisfait de donner une nouvelle leçon de sagesse au Créateur. D'un autre côté, heureux de pouvoir complaire au monarque, les courtisans criaient à l'envi les uns des autres comme à la fin d'un discours officiel : « Que les coupables, que les ennemis du roi soient à tout jamais exterminés! Vivent les cerises ! vive le roi! ! » Ah ! si Frédéric eût pensé à faire, lui aussi, une exhibition de plusieurs mètres cubes de noyaux de cerises, comme preuves palpables de conviction contre les moineaux, s'il y eût joint un certain nombre de mannequins remplis de débris de petits pois, quelques centaines d'hectolitres d'épis de blé pilés ou brisés, l'assentiment des amis du roi et leurs applaudissements eussent été encore plus vifs et plus énergiques. Les moineaux furent donc condamnés à un massacre général, et, pour assurer l'efficacité de la sentence, Frédéric accorda une prime de six pfennings par couple de moineaux immolés, c'est-à-dire trois centimes environ par tête de proscrit. Dix mille thalers prussiens, d'une valeur de 3 fr. 75 pièce, furent employés la première année, à cette œuvre d'extermination; cent thalers la deuxième année ; dix thalers la troisième. La diminution considérable dans les primes prouve avec quelle énergie on avait poursuivi les moineaux. Durant l'espace de trois ans, un million deux cent treize mille sept cent cinquante moineaux avaient été immolés dans l'étendue de la Prusse qui, n'étant pas encore bismarkisée, avait une étendue beaucoup plus restreinte que celle qu'elle possède aujourd'hui. L'Angleterre, la Hongrie, la Bohême, etc., croyant bien faire, suivirent l'exemple de la Prusse. Les motifs sur lesquels était appuyée la proscription des moineaux étaient bien plus plausibles, bien plus évidents que ceux qu'on allègue contre les pics. Enfin, les moineaux sont beaucoup plus nombreux que mes clients; car mon honorable ami ayant affirmé dans son Mémoire, lorsqu'il s'agissait de reconnaître les services rendus par les sitelles, par les mésanges, etc., que ceux que l'on attribuait aux pics étaient très-peu multipliés, puisque ces oiseaux sont peu nombreux, ne peut pas augmenter le nombre de ces proscrits lorsqu'il s'agit de leur imputer des méfaits. En effet, si les pics sont peu nombreux quand il s'agit de faire le bien, ils ne peuvent devenir tout-à-coup très-multipliés quand il s'agit de leur imputer des crimes.

En Prusse, en Angleterre, etc., les moineaux parurent donc être très-légitimement condamnés, et à cause de leurs ravages persévérants, et à cause de leur nombre atteignant des proportions considérables. Cependant, la quatrième année après l'édit de proscription des moineaux, c'est-à-dire dans celle qui suivit leur destruction complète, des myriades d'insectes de toute espèce se répandirent sur la Prusse ; les fleurs des arbres fruitiers, leurs feuilles mêmes furent tellement dévorées, qu'il ne resta pas même à Frédéric des noyaux de cerises comme consolation. Le roi philosophe reconnut, ce qui est assez rare, même de nos jours, qu'il s'était trompé, et que Dieu avait été plus sage que lui. Le prince leva l'édit de proscription, et donna une prime de six pfennings par couple de moineaux que l'on introduirait en Prusse. Il est à croire qu'il paya plusieurs fois la prime pour le même couple, car il est évident que les moineaux introduits dans le royaume ne pouvaient être enregistrés avec un numéro d'ordre, et dès lors les mêmes oiseaux devaient être capturés et primés plusieurs fois. Mais cette observation n'est qu'un détail très-secondaire; le point principal est la réhabilitation des moineaux qui, rappelés en Prusse, en Bohême, en Hongrie, en Angleterre, sont restés depuis cette époque, et malgré les plaintes des propriétaires, sous la sauvegarde des lois et la protection des Sociétés d'agriculture. C'est ainsi que M. Guérin-Menneville, président de la Société du Jardin d'acclimatation, a dit dans la *Revue zoologique* : « Le moineau *même*, regardé comme si nuisible parce qu'il nous prend quelques grains de blé, rend largement à l'agriculture la valeur de cet emprunt, en détruisant pendant tout le reste de l'année une foule d'insectes qui nous feraient un tort bien autrement considérable. » (T. VI, p. 699.)

M. de Quatrefages a calculé qu'un couple de moineaux porte à ses petits *quatre mille trois cents* chenilles ou scarabées par semaine. (*Souvenirs d'un naturaliste.*) De cette observation, reposant sur l'expérience d'un savant, on peut déduire facilement quels sont les immenses services que les moineaux rendent à l'agriculture.

Aussi pourrais-je dire à mon honorable ami : *Ab uno disce omnes*, par ce fait apprenez à juger les autres et à ne pas condamner ni proscrire des espèces entières d'oiseaux. Si quelquefois ces espèces, dans certains cas particuliers dépendant presque toujours du caprice des hommes qui ont modifié les règles de l'harmonie établie par Dieu, causent quelques ravages passagers, combattez ces ravages, travaillez à ramener les choses dans l'état ordinaire, mais ne proscrivez pas les oiseaux eux-mêmes.

Faites pour eux ce que vous faites pour les eaux qui débordent, prenez les moyens de les faire rentrer dans leur lit habituel et n'allez pas plus loin. Je pourrais m'arrêter là, mais je crois, dans l'intérêt de mes clients, et pour dissiper les préjugés de leurs adversaires, devoir citer un autre fait de proscription.

Lorsque les îles Bourbon et de France appartenaient, sous cette dénomination, à notre patrie, un Gouverneur qui avait étudié l'histoire naturelle dans les livres, crut rendre un véritable service à ses administrés, en introduisant dans les colonies confiées à ses soins un certain nombre de martins-roselins, appelés *acridatherus* (de AKRIS, sauterelle, et THÊRAÔ, chasser), oiseaux qu'il destinait à combattre la multiplication trop considérable des sauterelles, insectes qui deviennent une véritable peste quand leur nombre s'accroît outre mesure. Les martins-roselins accomplirent avec énergie la mission qui leur était confiée, et les sauterelles cessèrent d'être un fléau pour ces colonies. Ne trouvant plus de sauterelles en quantité suffisante pour se nourrir, les martins-roselins cherchèrent tout naturellement d'autres mets, et, comme ces oiseaux sont de vigoureux champions, ils firent une véritable razzia sur les graines et sur les fruits. Aussitôt les propriétaires se réunirent en grand nombre; ils se rendirent près de M. Desforges-Boucher, Gouverneur-général, et de M. Poivre, Intendant de la colonie, et demandèrent avec instance la proscription des martins-roselins. A l'appui du tableau émouvant des ravages exercés par ces oiseaux, les propriétaires eussent pu entasser les preuves matérielles des dégâts reprochés aux coupables, et en faire une colonne qui eût presque atteint la hauteur du pic des Neiges. En face d'un pareil dossier, la proscription devenait nécessaire. Les martins-roselins furent donc condamnés. Les propriétaires se mirent à l'œuvre avec une conviction puisée dans des études faites en plein air, sous l'influence tropicale. Bientôt il ne resta

plus un seul martin-roselin dans l'étendue des deux îles.
La joie des propriétaires était parvenue à son plus haut
degré. Les coupables, les grands criminels étaient exterminés, et, pour célébrer un pareil triomphe et constater
un pareil bienfait, on pensait à faire une illumination
générale et peut-être un feu d'artifice !! Mais hélas ! la joie
des triomphateurs dura ce que dure un feu de Bengale !
Bientôt les sauterelles, qui n'étaient plus contenues dans
de sages limites par la présence des martins-roselins, se
multiplièrent en si grand nombre, que toutes les récoltes
furent dévorées, les feuilles et l'écorce des arbres tellement rongées que la famine et la désolation s'étendirent
sur la colonie entière. Les propriétaires, qui presque
toujours ne considèrent que le présent et n'envisagent
les questions d'histoire naturelle que sous un seul point
de vue, celui de leurs intérêts du moment, se rendirent
près du Gouverneur-général pour le supplier de faire au
plus tôt revenir les proscrits. Un navire fut envoyé dans
l'Indoustan afin de ramener une cargaison de martins-
roselins. Ceux-ci furent reçus comme des libérateurs et
placés sous la sauvegarde des lois. Les martins-roselins
se mirent si bien à l'œuvre, que, les sauterelles étant
presque anéanties, ils durent, de nouveau, attaquer les
fruits et les graines pour subsister. Mais, avertis par une
cruelle expérience, les habitants de ces îles se résignent
facilement à subir un dommage qui les préserve d'un
plus grand. En cela je les loue, car ils ne pensent plus
à donner à Dieu une leçon de sagesse sur l'harmonie
générale de la nature.

J'ai dit que les propriétaires n'envisagent que le
moment présent, et que dès lors ils jugent les questions d'histoire naturelle à un point de vue restreint,
très-incomplet et très-faux. Pour diminuer ma responsabilité au sujet de cette grave accusation, je cite ici
un passage de M. Michelet : « L'avare agriculteur, mot
juste et senti de Virgile (*Géorgiques*, liv. IV, 47), avare,

aveugle réellement, qui proscrit les oiseaux destructeurs des insectes et défenseurs de ses moissons. Pas un grain à celui qui dans les airs pluvieux, poursuivant l'insecte à venir, cherchait les nids des larves, examinait, retournait chaque feuille, détruisait chaque jour des milliers de futures chenilles. Mais des sacs de froment aux insectes adultes, des champs aux sauterelles que l'oiseau aurait combattues !

« Les yeux sur le sillon, sur le moment présent, sans voir et sans prévoir, aveugle sur la grande harmonie qu'on ne rompt pas en vain, il a partout sollicité ou applaudi les lois qui supprimaient l'aide nécesaire de son travail, l'oiseau destructeur des insectes. Et ceux-ci ont vengé l'oiseau. Il a fallu en hâte rappeler le proscrit. A l'île Bourbon, par exemple, la tête du martin était à prix, il disparaît et alors les sauterelles prennent possession de l'île, dévorant, desséchant, brûlant d'une acre aridité ce qu'elles ne dévorent pas. Il en a été de même dans l'Amérique du Nord, pour l'étourneau défenseur du maïs. Le moineau même qui attaque le grain, mais qui le protége encore plus, le moineau pillard et bandit, flétri de tant d'injures et frappé de tant de malédictions, on a vu en Hongrie qu'on périssait sans lui, que lui seul pouvait soutenir la guerre immense des hannetons et des mille ennemis ailés qui règnent sur les basses terres ; on a révoqué le bannissement, et rappelé en hâte cette vaillante *landwher*, qui, peu disciplinée, n'en est pas moins le salut du pays.

« Naguère près de Rouen et dans la vallée de Monville, les corneilles avaient été proscrites quelque temps. Les hannetons, dès lors, tellement profitèrent, leurs larves multipliées à l'infini poussèrent si bien leurs travaux souterrains, qu'une prairie entière qu'on me montra, avait séché à la surface ; toute racine d'herbe était rongée et la prairie entière aisément détachée, roulée sur elle-même, pouvait s'enlever comme un tapis.

« Que feras-tu, pauvre homme ? Comment te multiplieras-tu ? As-tu des ailes pour suivre les insectes destructeurs ? As-tu même des yeux pour les voir ? Tu peux en tuer à ton plaisir ; leur sécurité est complète : tue, écrase à millions, ils vivent par milliards. Où tu triomphes par le fer ou le feu, en détruisant la plante même, tu entends à côté le bruissement léger de la grande armée des atomes qui ne songe guère à ta victoire et qui ronge invisiblement. » (*L'Oiseau*, page 169 et suivantes.)

Je ne puis citer qu'une faible partie du passage où M. Michelet prouve les services rendus à l'agriculture par tous les oiseaux, sans aucune restriction. J'engage mon honorable ami à le lire tout entier et à méditer ce qui concerne les corneilles, en se rappelant l'acharnement avec lequel un de nos collègues, naturaliste et surtout propriétaire-agriculteur, poursuit ces oiseaux comme un véritable fléau, causant des ravages sérieux à l'agriculture. Il sera alors facile à M. de Baracé de se convaincre que l'on peut très-promptement se faire illusion sur des questions d'histoire naturelle, quand on s'en rapporte à ses seules observations. Puisque Virgile condamnait déjà la manière dont les propriétaires-agriculteurs jugeaient les oiseaux, il demeure constaté que mon opinion est loin d'être nouvelle. Les expressions de M. Michelet, qu'il appuie sur ce texte de Virgile, me semblent très-justes, surtout dans cette circonstance. Le propriétaire-naturaliste dont il vient d'être question, était véritablement *avare* et *aveugle*, en jugeant les corneilles, les freux, d'après des observations superficielles et par suite fausses. Il surveillait depuis longtemps les freux qu'il prenait pour des corneilles, parce que le plumage de ces oiseaux est de même couleur ; il les voyait becqueter les sillons ; il crut qu'ils venaient becqueter les semences confiées à la terre ; il fusilla quelques coupables, fit leur autopsie, et trouva dans leurs intestins une bouillie qui lui sembla composée de grains de blé. Dès lors le propriétaire cria vengeance, et demanda dans un Mémoire l'extermination de toutes les corneilles. J'admets bien volontiers que la bouillie accusatrice ait été analysée par un chimiste, et qu'elle ait été reconnue comme étant composée de grains de blé. Où était donc leur crime si cette nourriture était le mince salaire d'un travail pénible et de services persévérants ? Notre collègue agriculteur voudrait-il employer le même procédé et faire le même raisonnement à l'égard de ses serviteurs les plus dévoués, les plus actifs ? Parce que leur estomac contiendrait une nourriture qui lui appartenait, en conclurait-il qu'il faut les exterminer ? Ce serait un singulier moyen de multiplier les bras dont le savant agriculteur réclame le concours qui fait de plus en plus défaut pour les travaux de la campagne. S'il veut disputer à ses serviteurs dévoués la nourriture qui leur est nécessaire pour les soutenir dans leurs rudes travaux, il mériterait la première des notes infligées par Virgile, celle d'*avare*. Or, s'il repousse avec indignation une pareille épithète si éloignée de ses sentiments, pourquoi la mériter quand il s'agit d'une autre catégorie de serviteurs intelligents et infatigables ? Les corneilles, les freux rendent-ils des services réels à l'agriculture ? S'il en est ainsi, consentez donc à les nourrir quelquefois. Ne soyez pas avare et cessez d'être aveugle. Réfléchissez sur les courtes observations que je vous soumets en toute franchise. Pourquoi trempez-vous maintenant vos semences dans du sulfate de cuivre ? Pourquoi les placez-vous sous la protection du vert-de-gris ? C'est, me direz-vous, pour les protéger contre les attaques des insectes, des vers de toute espèce qui dévorent de plus en plus toutes les semences ; telle sera certainement votre réponse. Mais autrefois avait-on recours à ce moyen ? Non. Autrefois proscrivait-on les oiseaux, les corneilles, comme on le fait aujourd'hui ? Non. Les semences se développaient tout aussi bien et même beaucoup mieux, parce que les freux, les corneilles dévoraient par millions les ennemis

de vos semences. Vous vous plaignez aussi que les perdrix disparaissent, et vous les empoisonnez ! Et votre
famille sera-t-elle plus pleine de santé quand son pain
aura été composé avec le grain d'une semence trempée
dans le sulfate de cuivre ? Ne soyez donc ni avare ni
aveugle ; laissez les oiseaux accomplir leur mission providentielle, et vous en retirerez de sérieux avantages.

Je voulais terminer ici mon plaidoyer en faveur de mes
clients, déjà peut-être est-il trop long ; mais je ne puis
résister au plaisir de citer un article très-curieux que je
trouve dans l'*Union de l'Ouest*, du 27 septembre 1866. Il
est intitulé : *Oratio pro crocodilis*, discours pour la conservation, le développement de la famille des crocodiles. Si
mon honorable ami introduit cette invocation dans ses
prières, les pies seront mille fois justifiés. Voici cet article:
« Le *Moniteur*, vous ne l'avez pas oublié, racontait récemment les mesures sanitaires, prises à la Mecque, à la suite
de la conférence internationale de Constantinople, pour
éviter à l'avenir le choléra et ses ravages. On a pu voir
que, malgré les conseils hygiéniques, le choléra n'en est
pas moins venu s'abattre de nouveau sur le pourtour
occidental de la Méditerranée, sans qu'on puisse dire
cette fois que l'infection est venue par un navire ayant
touché à Marseille ou dans tout autre port. On en a été
réduit à parler d'un enfant qui aurait apporté sans le
savoir le choléra à Palerme ou je ne sais dans quelle autre
ville. Mais l'Académie des Sciences vient d'entrevoir une
cause qui, si elle existe et je crois qu'elle existe, rendrait
les Anglais bien autrement responsables du choléra que
les pèlerins musulmans, leurs sacrifices de moutons et
leur malpropreté.

« Et d'abord posons en fait que si les cadavres du
Gange, si les débris de matière animale laissés sans sépulture étaient la seule ou la principale cause du choléra,
l'effet d'une cause ancienne se serait fait attendre bien
longtemps, car l'usage de jeter dans le Gange les cadavres

humains, ou même de les laisser sans sépulture sur le rivage, remonte à la plus haute antiquité. Et cependant l'apparition du choléra dans le midi de l'Europe ne remonte qu'à l'année 1832. On a dit qu'il était arrivé parmi nous à la suite d'un mouvement des armées ; mais sous le premier Empire, il y avait eu depuis Cadix jusqu'à Moscou des mouvements d'armées et des champs de bataille bien autrement jonchés de morts qu'en 1831 ou 1832. Il a donc fallu chercher d'autres causes du choléra, et voici ce qu'on croit avoir découvert.

« Si l'usage de jeter les cadavres dans les eaux du fleuve sacré ou de les abandonner sans sépulture sur le rivage, est de la plus haute antiquité, la nature semblait avoir placé à côté du mal le préservatif, et voici en quoi il consistait.

« Le Gange avait pour hôtes des crocodiles en grand nombre, non pas de l'espèce du caïman ou alligator, qui s'attaque à l'homme debout ou vivant, mais des crocodiles qui ne mangent que de la chair morte. La science appelle ce crocodile le *gavial*, il a le museau cylindrique et plus allongé que le museau du caïman et les dents disposées autrement.

« Or, il est arrivé que les Anglais de Calcutta croyant faire une œuvre humanitaire, ont organisé des chasses sur le littoral du Gange, dans le but de faire disparaître le gavial comme dans nos forêts nous avons à-peu-près fait disparaître le loup, le renard et le sanglier. Les cadavres n'étant plus absorbés et transformés en chyle crocodilien, sont allés embarrasser et infecter le Delta.

« L'homme a parfois des idées progressistes qui lui viennent d'un grand fond de stupidité et d'ignorance. Il a une sorte de répugnance naturelle pour les oiseaux et les insectes qui, à la manière des crocodiles, des corbeaux, des pics, des araignées, rendent de véritables services. On dit que la taupe n'a pas d'yeux ; ce sont ceux qui tuent la taupe qui sont des aveugles ; car toutes les fois qu'un champ a été labouré en dedans par une taupe, on est bien sûr qu'il n'y viendra pas de mauvaises herbes, et que les récoltes ne seront pas dévorées par les insectes nuisibles à l'agriculture, auxquels dans les dernières années M. Delamarre avait déclaré la guerre.

« Je crois donc que les Anglais de Calcutta feront bien de ne plus détruire les crocodiles du Gange, s'il en reste. »

Ainsi, d'après ce témoignage, l'Académie des Sciences n'est pas éloignée de reconnaître qu'une des causes les plus probables de l'invasion du choléra en Europe, est la destruction presque complète du gavial, qui a reçu de Dieu la mission de faire disparaître les cadavres et les immondices de toute nature qui séjournent dans les fleuves de certaines contrées. Ces terribles amphibies, qui atteignent une longueur de cinq à six mètres, exerçaient au fond des eaux la même mission que les cathartes et les vautours remplissent dans les déserts et sur le sommet des montagnes, en dévorant les débris putréfiés des animaux propres à engendrer les émanations pestilentielles, dans les endroits où l'homme ne peut pénétrer pour les faire disparaître lui-même.

L'opinion émise par l'Académie des Sciences avait déjà été indiquée par M. Toussenel. « On sait, » dit ce profond observateur, « que l'horrible fléau qui fit sa première apparition en Europe en 1832, a pour foyer le Gange et pour causes les émanations pestilentielles des cadavres que la superstition locale charrie journellement aux eaux sacrées du fleuve. Aussi longtemps qu'il s'est trouvé sur les lieux assez de grands estomacs pour servir de tombe à ces restes, la contagion a pu se concentrer autour de son foyer, mais du moment que la production du cadavre en a dépassé la consommation, l'irruption en dehors est devenue inévitable. » (*Ornithologie passionnelle*, t. I, p. 376, 2e édition.)

Je m'arrète, car je crois avoir prouvé surabondamment par des faits, par des témoignages nombreux, par des raisonnements s'appuyant sur des observations sérieuses et réitérées, que les griefs reprochés aux pics-verts ne sont pas fondés, et qu'ils s'évanouissent au flambeau d'une discussion véritablement scientifique. Si je me suis étendu longuement sur la proscription des moineaux, des

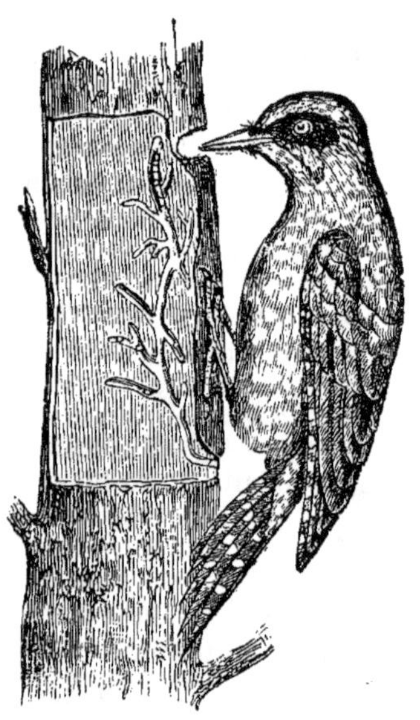

Pic à la recherche d'une larve.

martins-roselins, si j'ai indiqué celle de l'étourneau, des corneilles et même celle du gavial, ce n'était pas m'éloigner de mon sujet, mais bien évidemment fortifier la thèse que je défends en prouvant que, d'après la sagesse de Dieu, tous les êtres forment un anneau de la chaîne établie par sa Providence pour l'harmonie générale, et que toutes les fois que l'homme brise un de ces anneaux, il travaille contre ses propres intérêts, comme le prouvent les faits que j'ai énumérés. De plus, la conséquence de toutes ces expériences subies aux dépens de l'homme, devrait déterminer mon honorable ami à ne pas suivre plus longtemps une voie dangereuse, et à retirer son édit de proscription.

Il me semble qu'il ne me reste plus pour gagner complétement la cause de mes clients, qu'à fournir des preuves matérielles d'un poids aussi considérable que celles que M. de Baracé a fait transporter dans un chariot. Sous ce rapport même, la victoire me paraît encore assurée, car j'ai en réserve pour les soumettre à l'examen des juges de ce procès, quand ils le croiront convenable, des témoins à décharge d'une pesanteur écrasante, et qui, en attestant les terribles ravages exercés par les larves dans *l'intérieur des arbres sains et à des hauteurs différentes*, prouveront que les services rendus par les pics-verts, au détriment des larves, ne sont pas chimériques, mais bien réels.

Je termine mon plaidoyer en faveur de mes chers clients, par trois citations qui résument mon opinion. La première est empruntée à un ouvrage classique rédigé par M. Lelion-Damiens, ancien inspecteur des études au collége Sainte-Barbe. La voici : « Si les oiseaux que nous détruisons sans pitié, cessaient de nous défendre contre les insectes, ces infiniment petits nous auraient vite réduits à la famine. L'homme alors mourrait de misère, après avoir rompu de ses mains l'équilibre préétabli dans les œuvres divines. » (*Lectures*, page 2.)

La seconde est de M. Guérin-Méneville. Ce savant, après avoir approuvé un article de M. le baron de Muller, sur la protection due *à tous les oiseaux*, ajoute ces quelques lignes : « Il existe un moyen de conserver les fruits du travail des cultivateurs ; le Créateur de l'équilibre terrestre avait établi ce moyen, l'homme l'a paralysé, l'a en partie déjà détruit. Il ne s'agissait pourtant que de conserver et de protéger les oiseaux. » (*Revue zoologique*, t. VI, p. 698.)

Enfin, le savant continuateur de M. Dégland, M. Gerbe, s'exprime ainsi dans la magnifique édition de son *Ornithologie européenne* : « Les Piccidés forment une famille très-naturelle, fondée non-seulement sur des caractères physiques, mais encore sur les mœurs et les habitudes. Ils sont solitaires, nichent dans des trous naturels qu'ils agrandissent quelquefois. Au lieu d'être des *oiseaux destructeurs*, comme on le croit généralement, ils sont au contraire *excessivement utiles* à *la sylviculture* et à *l'agriculture* en ce qu'ils consomment considérablement d'*insectes* et de *larves* nuisibles à nos forêts et à nos vergers. » (Édition de 1867, t. I, p. 147.)

C'est sous l'impression de l'opinion émise par M. Gerbe et par tous les naturalistes, que j'ai pensé rendre service à la sylviculture et à l'agriculture en défendant la famille des Pics condamnés à une proscription générale par mon honorable ami. Je crois mon plaidoyer d'autant plus nécessaire que, dans la séance du mois de janvier 1868, mon contradicteur a soutenu que les naturalistes de tous les temps, de toutes les contrées de l'univers, s'étaient trompés sur les mœurs et même sur la fonction de la langue du pic-vert, que cet oiseau se nourrissait presque *exclusivement de fourmis*, que sa langue était organisée plutôt pour saisir des fourmis que pour capturer des insectes et des larves, d'où il résultait que le pic ne rendait aucun service, qu'il ne causait que des ravages, en perforant les arbres les plus sains des forêts et des propriétés, que dès lors, n'ayant plus de raison d'être, il devait être proscrit, surtout lorsqu'il était constant qu'une poule détruisait plus de fourmis en deux jours qu'un pic dans un an ! que les courses autour des arbres qu'ils visitaient en décrivant des spirales de bas en haut, que les coups de bec qu'ils donnaient sur les écorces et sur les mousses, n'étaient que des passe-temps non pas même inoffensifs, puisqu'ils n'offrent à ces oiseaux qu'un moyen de plus de faire du tort aux arbres et par là-même aux propriétaires. Certes, le pic considéré à ce point de vue serait l'être le plus coupable de la Création, car il serait le seul qui ferait du mal uniquement pour le mal, et non pour se défendre et pour se nourrir. C'est ainsi qu'en foulant aux pieds les notions les plus évidentes et les plus élémentaires de la science et de l'observation, l'on parvient à répandre et à populariser des préjugés dont la conséquence immédiate est la proscription en masse d'une multitude d'espèces d'oiseaux si utiles aux véritables intérêts de la propriété. Si le pic doit vivre de fourmis qui se trouvent généralement à terre, pourquoi est-il constitué pour grimper ? S'il doit se nourrir régulièrement de fourmis, comment expliquer qu'il est rare, très-rare dans les pays de plaines où les fourmis abondent, et qu'il est très-multiplié dans les forêts où ces insectes se rencontrent peu ou point ?

Je ne dois pas finir ce plaidoyer en faveur des pics, sans avouer qu'il m'a été très-pénible de combattre avec une énergie persévérante les opinions avancées par un collègue que j'aime et que j'estime sincèrement ; mais je devais, avant tout, rester fidèle à la devise que j'ai adoptée : « *Amicus Plato, sed magis amica veritas ;* j'aime Platon, mais j'aime encore mieux la vérité. » C'est pourquoi je me permets de répéter en toute simplicité à mon honorable ami, que pour qu'une étude soit vraie, il faut qu'elle soit sérieuse, c'est-à-dire, appuyée non pas sur des impressions mobiles et irréfléchies, mais sur des observations incessantes, vivifiées, éclairées par les études des savants qui ont traité les questions que l'on désire soi-même approfondir. Si M. de Baracé eût suivi la véritable méthode, il ne serait pas tombé dans une série de contradictions qui détruisent tout le système d'attaque qu'il a essayé de formuler. Ainsi dans la séance du mois de janvier 1868, il a émis cette opinion, « que le pic se nourrit presque exclusivement de fourmis, que c'est un véritable fourmilier. » Ou cette assertion repose sur des observations sérieuses, réitérées, ou elle est le résultat d'un rêve de l'imagination ; dans le second cas, elle ne mérite aucune confiance ; dans le premier, elle ne peut s'accorder avec une affirmation faite par M. de Baracé dans le mois de mars 1867 ; cette affirmation, la voici : « Le pic ne peut attaquer les fourmis avant la récolte des blés où des foins. Mais alors que lui en reste-t-il ? La visite est faite par d'autres oiseaux, lui seul ne peut la faire. » M. de Baracé prétend que ses études ne sont pas faites dans le silence du cabinet, où l'on apprécie mal les questions d'histoire naturelle, mais « dans la vie active des champs et en plein soleil. » Or, pendant près de quarante ans, M. de Baracé a vu que les pics ne mangeaient pas de fourmis avant la récolte du blé et des foins ; pendant près de quarante ans, il a cru voir ce qu'il ne voyait pas, ou plutôt il n'a pas vu ce qu'il eût pu voir, puisque, depuis la séance du mois de mars 1867, il a constaté que les estomacs des pics-verts tués à différentes époques de l'année et préparés par ses soins ne contenaient que des fourmis.

De plus, mon honorable ami avait affirmé que non-seulement avant la moisson, mais encore après cette époque, les pics ne mangeaient pas de fourmis ; voici comment il formulait cette nouvelle assertion : « De même encore, » disait-il, « dans les plaines d'une certaine étendue où tous les coléoptères, *fourmis rouges et autres*, fourmillent et pullulent, voit-on beaucoup de pics ? Relativement non, et il ne peut y en avoir comme ailleurs. Pourquoi ? Les arbres sont rares, éloignés les uns des autres. Ce vaste domaine revient aux huppes et aux traquets. » Ainsi donc, mon honorable ami, pendant quarante ans, n'a pas vu les pics-verts manger des fourmis dans les blés, dans les prairies, et même dans les plaines ; or, maintenant il avoue que cette assertion, dont la fausseté eût été si facile à constater, reposait sur des faits qui n'existaient pas, et il est forcé de reconnaître que ce sont les pics qui remplissent la mission qu'il attribuait aux huppes et aux traquets! que les huppes et les traquets, qu'il croyait voir dans la prairie, n'étaient par là-même que des pics-verts! Je comprends très-bien qu'en concédant aux pics, pour leur nourriture, toutes les fourmilières, on puisse ensuite dispenser ces oiseaux de chercher beaucoup d'insectes et de larves sous et sur les écorces et même dans l'intérieur des arbres. Mais en évitant une difficulté, mon honorable ami tombe dans une autre ; je le prie en effet de vouloir bien expliquer quel est le procédé qu'emploie le pic-vert pour se procurer des fourmis lorsque l'herbe des prairies n'est pas fauchée, lorsque les blés ne sont pas coupés ? Le pic est essentiellement *grimpeur*, il n'est pas *marcheur;* or il me semble que pour trouver les fourmis dans les sillons, dans les prairies, il faut courir comme les cailles, les perdrix, les râles, à travers les blés et les herbes; or, comment *courir*, quand on ne peut pas *marcher?* comment parcourir ainsi, de longs espaces quand on a les jambes paralysées pour la marche? Il est de toute évidence que la course seule pourrait, à cette époque de l'année, procurer aux pics-verts leur nourriture presque exclusive. Comment, en effet, trouveraient-ils les fourmis, lorsque les moissons et les longues herbes des prairies dérobent ces insectes à leur vue? Puis, comment les nombreux pics-verts qui ne sortent pas des immenses forêts qu'ils habitent, trouveront-ils dans ces forêts des fourmis et des fourmilières? sont-elles en rapport avec la grande quantité de pics qui y établissent leur séjour? Enfin, pourquoi les pics sont-ils plus nombreux là où les fourmis sont plus rares? Je résume ainsi cette dernière question : Dans la séance du mois de mars 1867, mon honorable ami divisait l'année en deux parties, l'une avant la moisson, l'autre après. Ses études de quarante ans l'engageaient à affirmer que, pendant la première période de l'année, les pics ne pouvaient pas manger de fourmis, et que, pendant la seconde, cette nourriture était le partage des huppes et des traquets. La conclusion rigoureuse de cette affirmation, motivée sur une longue expérience, était évidemment que les pics ne vivaient pas de fourmis. Et cependant il ajoute : « le pic élève *pourtant* ses petits avec des fourmis, » puis mon honorable ami entre dans des développements qui prouvent que les fourmis ne sont pour les pics-verts qu'une nourriture *passagère* et *exceptionnelle*. Il s'agissait donc d'indiquer une autre nourriture pour les pics-verts, car on ne peut admettre qu'ils soient condamnés à un jeûne perpétuel. Il fallait forcément revenir aux insectes capturés sur les arbres. C'est alors que M. de Baracé, s'appuyant sur sa même expérience, affirme, dans le mois de janvier 1868, que les pics-verts ne vivent que de fourmis, puisque les estomacs de nombreux sujets qu'il a tués à différentes époques et dans différentes localités ne contenaient que des fourmis.

Enfin, il y a une règle générale que mon honorable ami a pu vérifier bien des fois : c'est que, dans toutes les espèces d'oiseaux, le père et la mère apprennent à leurs petits, dès que ceux-ci peuvent sortir du nid, à capturer la proie qui doit leur servir de nourriture habituelle. Les petits pics-verts descendent-ils à terre pour saisir des fourmis ? Que mon honorable ami veuille bien se rappeler la narration que j'ai eu le plaisir d'entendre de sa bouche, lorsqu'il aimait à raconter qu'il avait observé de jeunes pics-verts sortant et rentrant dans le trou qui les avait vus naître, après avoir capturé, sous l'influence d'un beau soleil et sous la direction de leurs parents, des pléiades de petits insectes cachés dans les fissures des écorces.

J'abandonne à M. de Baracé le soin difficile de concilier, s'il le peut, ses affirmations contradictoires. Ce résultat, je le désire et je l'attends.

Quant à moi, je ne modifie en rien mes assertions ; ma conviction reste toujours la même, ou plutôt ne fait que se fortifier. Dans la cause que je défends, mon sentiment

ne découle pas d'appréciations plus ou moins chimériques, il repose sur des faits multipliés, incontestables.
J'ai vu, bien des centaines de fois, des pics-verts visiter
les arbres de bas en haut, capturer des insectes de toute
espèce sur et sous les écorces; je les ai vus, comme les
ont vus tous les naturalistes de tous les temps, de toutes

les contrées, je les ai vus frapper les arbres à coups redoublés, tourner rapidement du côté opposé pour saisir
des insectes que l'ébranlement communiqué à l'arbre
avait fait sortir de leurs retraites; je les ai vus appuyer
l'oreille sur l'écorce de l'arbre pour écouter la marche
ténébreuse des larves, puis perforer avec rapidité le bois
qui les séparait de la proie qu'ils convoitaient; je les ai
entendus jeter un cri de satisfaction quand ils avaient
capturé cette proie. Je dis donc de nouveau avec toute
l'énergie dont je suis capable : Les pics vivent de fourmis

quelquefois, et surtout au moment de la nidification; de guêpes et d'abeilles dont ils ravagent les essaims, dans les temps de disette; mais le plus souvent, ils se nourrissent d'insectes et de larves nuisibles aux arbres : ils rendent par là même de véritables services, ils sont très-utiles à la sylviculture.

Je conçois très-bien qu'on puisse différer d'opinion sur l'utilité des pics, selon que l'on apprécie d'une manière trop exclusive ou les services que ces oiseaux rendent, ou les ravages qu'on leur attribue; car, dans ce cas, il s'agit simplement d'une appréciation reposant sur les mêmes faits, mais envisagés à des points de vue différents; ce que je ne conçois pas, c'est que, pour faire pencher la balance du côté de la condamnation des pics, on se fasse illusion au point de formuler des assertions contraires aux observations de toute sa vie, observations que j'ai faites moi-même bien des fois avec mon honorable ami, observations conformes à la logique, à l'expérience de tous les siècles et au nom desquelles je proteste dans l'intérêt de la vérité et pour l'honneur de la Société Linnéenne de Maine-et-Loire.

Si, au reste, dans le cours de cette polémique, je m'étais servi de quelques expressions un peu trop vives pour rendre plus énergiquement ma pensée, je les retire d'avance comme opposées à mes sentiments les plus intimes et au seul but que je me suis proposé, celui de faire triompher la vérité. Et pour faciliter encore ce résultat, où tendent nos efforts communs, que M. de Baracé veuille bien demander aux marchands de bois de construction si, d'après leur expérience de tous les jours, ce sont les pics-verts ou les larves qui font le plus de tort aux arbres.

J'eusse désiré ne défendre les pics que dans l'enceinte des réunions habituelles de la Société Linnéenne; mais j'ai cru devoir, au moment du Concours, élever publi-

quement ma faible voix en faveur de mes clients, afin
de trouver, dans la science éclairée des juges du Concours, une précieuse autorité et un puissant appui.

Angers, 1ᵉʳ février 1868.

------

Mon Mémoire était imprimé, quand on m'a communiqué une épreuve *définitive* de la seconde réponse de
M. de Baracé. Je n'ai nullement l'intention de parcourir
les différentes assertions de mon honorable ami, ce
serait prolonger encore un débat déjà trop long; cependant je ne puis m'empêcher de signaler à l'attention
de mes lecteurs deux passages de ce nouveau travail.
Voici le premier : « Je vous ai fait voir tous les auteurs
en désaccord entre eux sur le même sujet, c'est que
pas un ne s'est rendu compte de ce qu'il a publié. » Cette
affirmation, si peu gracieuse pour tous les savants
qui, dans la longue série des siècles, se sont occupés
des questions d'histoire naturelle, eût dû être prouvée
par des textes multipliés et contradictoires, puisés dans
les ouvrages des ornithologistes et des entomologistes.
Malheureusement, M. de Baracé s'est contenté de citer
deux ou trois textes d'anciennes éditions, sans se préoccuper des nouvelles. Et encore ces textes ne sont-ils
nullement opposés à la cause que je défends. L'assertion
de mon honorable ami se trouve réfutée par les nombreux passages des auteurs anciens et modernes relatés
dans mon Mémoire, passages qui démontrent que sur la
question controversée il y a eu toujours un accord à peu
près unanime.

Je passe à la seconde citation : « Si je vous montre le
bec, la langue et tout l'appareil digestif du pic et que

vous ne trouviez, dans trente-cinq cas, de dates différentes, aucune trace de ver, mais bel et bien toujours un
sac bourré de fourmis ;

« Si je vous dis que les pics sont morts de faim, par
14 degrés de froid et qu'on les a relevés sous la neige,
pendant qu'ils pouvaient, au dire des auteurs, trouver,
sous l'écorce des arbres ou dans leur intérieur, des réserves de vers ou des fruits ;

« Si je vous dis que les petites espèces de grimpeurs
n'ont point eu à souffrir de cette même température ; etc. »

Pour justifier ces dernières assertions, M. de Baracé
n'eût pas dû montrer aux membres de la Société
Linnéenne un *pic épeiche* qui avait partagé le sort des
deux pics-verts. Est-ce que le pic épeiche n'appartient
pas aux petites espèces de grimpeurs? Serait-il mort
parce qu'il ne trouvait pas de fourmis? Mais il ne s'en
nourrit pas. Et les deux *sitelles* que l'on m'a envoyées de
la commune de Tiercé, ont-elles succombé parce que la
neige dérobait à leurs recherches les fourmis qu'elles ne
mangent pas? N'y aurait-il pas une cause commune de
la mort des pics-verts, des pics épeiches, des sitelles, etc?
Ne serait-ce pas le froid qui empêche ces oiseaux de
chercher leur nourriture? Est-il facile, possible même,
de *grimper* quand le froid engourdit les membres?

Est-ce que les fourmis, chaque année, pendant toute
la saison rigoureuse de l'hiver, ne sont pas plongées au
fond de leurs galeries souterraines dans un engourdisse-
ment qui les rend immobiles? Est-ce que les pics vont
les poursuivre dans ces retraites intérieures? Si telle est
l'opinion de M. de Baracé, qu'il l'affirme et qu'il la
prouve? Mon honorable ami résoudra ainsi un problème
très-difficile en indiquant le procédé employé par le pic
pour découvrir, dans son vol saccadé, la galerie souter-
raine des fourmis dont aucun indice extérieur ne révèle
l'existence *pendant l'hiver*.

Je trouve encore cette étrange assertion : « Je ne

parlerai point, en ce moment, de l'espèce de larves perfo-
reuses que *tous* les auteurs annoncent et que pas *un* n'a
nommée, ce qui pourtant mérite de fixer votre attention. » Il suffit de signaler de pareilles observations pour
qu'elles soient réfutées, car elles sont opposées aux
notions les plus élémentaires de l'ornithologie et de
l'entomologie. M. de Baracé trouvera les *larves perfo-*
*reuses* nommées dans mon Mémoire, d'après les textes
nombreux des vrais savants qui ne peuvent cependant
avoir aucune autorité, en pareille controverse, puisque
d'après M. de Baracé « pas *un* ne s'est rendu compte de
ce qu'il a publié. » Ce qui me console, c'est, dans la
condamnation que porte contre moi mon honorable ami,
de me trouver associé à *tous* les auteurs qui, durant *tous*
les siècles, se sont occupés des études ornithologiques.

# APPENDICE

---

Je commence cet Appendice par l'objection la plus spécieuse qui m'ait été adressée. Je continuerai ce que j'ai déjà fait, je ne dissimulerai aucun des griefs, aucun des reproches que l'on formule contre les oiseaux à la défense desquels je me suis dévoué avec une conviction profonde.

« Vous vous renfermez dans un cercle vicieux, m'écrit-on ; vous soutenez que tous les êtres de la Création sont utiles, et pour sauvegarder les pies et démontrer leurs services, vous développez avec une grande complaisance les terribles ravages exercés par les insectes. » Telle est l'objection énoncée dans toute sa force. Voici ma réponse :

Je reconnais en effet que tous les êtres de la Création sont utiles en ce sens qu'ils ont une raison d'existence. Créés par un Dieu souverainement sage, souverainement intelligent, ils ne peuvent être l'œuvre d'un caprice ou d'une erreur ; d'où je conclus que tous entrent dans le plan de l'harmonie générale, et que, si nous ne comprenons pas les liens qui unissent certains êtres à l'ensemble de l'univers, c'est le résultat de la faiblesse de notre intelligence, et souvent d'un défaut d'observations suffisantes. Ainsi la magnifique étude du R. P. Barbaz, sur le travail aérien des araignées, prouve que souvent, après de longues années d'observations continuées avec une persévérance inébranlable et éclairées par une belle intelligence, on ne commence qu'à entrevoir une découverte qui semblait cependant bien simple et bien naturelle. De plus, j'admets l'utilité des insectes dès lors qu'ils ne dépassent pas les limites fixées par la sagesse de Dieu. Les insectes se multiplient non par dizaines, par centaines, par milliers, mais par millions, par milliards. Leur propagation doit donc être combattue avec énergie. C'est pourquoi Dieu a mis en face de ces insectes des êtres ayant pour mission de s'opposer à leur trop grande multiplication. Si l'homme fait disparaître les oiseaux qui se nourrissent d'insectes, il détruit l'harmonie établie par Dieu. Cette pensée se trouvait déjà formulée dans mon Mémoire à la page 410 : « Les insectes et les larves constituent un véritable fléau pour les propriétaires, toutes les fois qu'ils dépassent par leur multiplicité certaines limites, » et à la page 443, où j'avais transcrit ce passage de M. Guérin-Méneville : « Il existe un moyen de conserver les fruits du travail des cultivateurs ; le Créateur de l'équilibre terrestre avait établi ce moyen, l'homme l'a paralysé, l'a en partie déjà détruit. Il ne s'agissait pourtant que de conserver et de protéger les oiseaux. » (*Revue zoologique*, t. VI, p. 698.) Cette pensée de M. Guérin-Méneville se justifie par l'expérience : partout où l'homme pénètre pour la première fois dans les contrées, dans les îles qui avaient jusqu'alors échappé à ses investigations, il trouve tout en équilibre, animaux, oiseaux, insectes, etc.; tous les êtres s'harmonisent dans un ensemble magnifique. De plus chaque contrée, chaque partie de contrée possède des oiseaux armés pour combattre les animaux qui pourraient par leur propagation exagérée devenir un fléau. Ils ressemblent aux digues puissantes qui, en maintenant les eaux dans de sages limites, contribuent à répandre partout l'abondance et la fertilité; brisez les digues, et vous trouverez que les eaux sont nuisibles, et vous pourrez alors, sans attaquer l'utilité de l'eau, indiquer les terribles ravages qu'elle exerce.

Est-ce que si je faisais un tableau émouvant des épouvantables ravages causés dans notre bel Anjou par les débordements de la Loire, je demanderais pour cela la dérivation des eaux de notre magnifique fleuve, la suppression de son cours? Est-ce que je plaiderais contre l'utilité de l'eau, l'un des plus précieux éléments de la Création? Nullement; je démontrerais seulement l'utilité de maintenir intactes les digues qui contiennent ces flots dans de sages limites, et les graves inconvénients de briser ces remparts salutaires. Enfin, lorsque l'homme transporte, dans des pays lointains, des arbres, des semences, des engrais provenant d'autres contrées, il transporte avec eux des insectes qui, attachés à ces arbres, vivant dans ces engrais, se multiplient bientôt et ne trouvant plus, pour les combattre, les oiseaux auxquels est confiée cette mission spéciale, deviennent une cause de graves inconvénients pour les intérêts de l'homme. Voici ce que je lis dans les *Notes agricoles* extraites de journaux français, anglais et allemands, par M. Conrad de Gourcy, page 314 : « On a tant à souffrir des insectes importés dans la Nouvelle-Zélande par les semences venues de l'Europe, qu'on paie 25 francs par *oiseau insectivore* que les bâtiments importent dans cette colonie. » L'opinion que j'avais émise déjà et que je viens de développer de nouveau est donc celle-ci : Les insectes, ainsi que tous les êtres de la Création, ont une raison d'existence et dès lors une véritable utilité; mais pour qu'ils puissent atteindre le but que leur a fixé la sagesse divine, il est nécessaire qu'ils ne dépassent pas les limites posées par la Providence, et les oiseaux ayant été établis pour être les agents de cette Providence et accomplir cette mission dans l'intérêt de l'harmonie générale, l'homme ne doit donc ni briser cet équilibre, ni renverser cette digue. Enfin il suffisait de lire avec attention l'extrait de l'ouvrage de M. Mulsant, cité à la page 408 de mon Mémoire, pour y trouver la réponse à l'objection que l'on m'adresse.

Je copie ici un article inséré dans le *Bulletin de la Société protectrice des animaux* (juillet 1868, p. 318) :

« On s'occupe beaucoup, depuis quelques années, des ravages que causent les insectes nuisibles à l'agriculture ; mais on ne pourra jamais combattre ces ravageurs si nous tuons leurs ennemis les oiseaux.

« Une société d'insectologie qui vient de se fonder à Paris, a fait paraître dernièrement un recueil qui contient de curieux renseignements à ce sujet.

« Rien que sur le territoire normand, d'après un relevé fourni par l'octroi de Dieppe, il est entré dans cette seule ville 152,260 alouettes, dont 128,708 ont été expédiées à Paris ou ailleurs.

« Elles ont été vendues à raison de 80 centimes la douzaine. Produit : 10,151 fr.

« En outre les filets et les lacets ont détruit dans le seul arrondisssement de Dieppe, 304,560 oiseaux.

« Total : 433,268 oiseaux, qui formeraient aujourd'hui 216,634 couples. Chaque couple détruit, au minimum, 4,000 chenilles par semaine.

« Voilà donc 8,536,000, — huit millions cinq cent trente-six mille insectes nuisibles qui disparaîtraient chaque semaine dans un seul arrondissement.

« Autant de destructeurs auxquels le lacet, le filet et autres engins ont conservé la vie.

« En évaluant à 2 francs par année les ravages de chaque insecte et de la postérité qu'il engendre, nous serions encore au-dessous de la vérité.

« En chiffres ronds, on a donc consommé pour 10,151 fr.

de menu gibier, et ce gibier a coûté plus de *dix-sept millions.* »

En divisant même par dix ce résultat et en réduisant à
20 c. par an les ravages de chaque insecte et de sa postérité, on obtiendrait encore la somme énorme de dix-sept
cent mille francs.


Je vais aborder maintenant les objections formulées par
un nouvel adversaire, M. le docteur Merland, de Napoléon-
Vendée.

Ayant appris par une lettre bienveillante de M. Duméril,
professeur au Muséum d'histoire naturelle, que M. Merland
avait attaqué le Pic-vert devant la Société d'Acclimatation et dans le sein de la Société d'Émulation de la Vendée,
et qu'il avait fait imprimer un Mémoire sur ce sujet, j'en-
voyai un exemplaire de mon travail à M. le docteur, en
le priant de vouloir bien me faire connaître ses appréciations sur la défense que j'avais entreprise. M. Merland me
répondit qu'étant à Paris pour compléter des recherches
historiques, il ne pourrait que plus tard satisfaire à mon
désir ; mais que, dès l'instant, il croyait devoir me dire
« qu'il ne m'avait pas fallu moins que la charité de mon
ministère pour me faire travailler à la réhabilitation d'un
si grand coupable. »

M. Merland oubliait alors que lui-même avait fait imprimer ces lignes : « Je viens devant votre juridiction
faire appel du jugement rendu par la Société d'Acclimatation dans l'affaire du pic-vert. Je reconnais tout d'abord
que j'ai contre moi *la science, les lettres,* et jusqu'au *Moniteur,* au grave et infaillible *Moniteur.* » Le jugement
de la Société d'Acclimatation avait été précédé d'un
rapport et d'une longue discussion. M. Hubert-Delisle,
chargé du rapport, avait affirmé « que quand le résultat des auscultations du pic-vert lui a fait connaître
la présence d'un insecte dans le corps de l'arbre, il
attaque directement à l'endroit où l'insecte est caché,

creuse et fouille jusqu'à ce qu'il soit arrivé jusqu'à lui. »
Le procès-verbal de la séance du 9 mai 1862 constate
« que l'assemblée, après avoir entendu le rapport et les
discussions auxquelles il a donné lieu, est d'avis que le
pic-vert est un *insectivore utile*, et exprime le vœu que des
recommandations soient adressées par les autorités aux
administrations locales pour empêcher la destruction des
oiseaux insectivores, de leurs œufs et de leurs nids, et
pour interdire le colportage et la vente de ces œufs et de
ces oiseaux. »

De plus, M. Merland connaissait l'opinion de MM. les
docteurs Thurrel, Pigeaux, de M. Millet, inspecteur des
forêts, de M. le baron Séguier, de M. le docteur Chenu,
de MM. Toussenel, Michelet, d'Orbigny, du savant continuateur de M. Degland, M. Gerbe, etc. Comment après de
telles autorités, M. le docteur peut-il attribuer à la seule
charité de mon ministère mon opinion favorable aux pics?

Plus tard, dans une longue missive, M. Merland
m'annonce qu'il a lu avec plaisir mon Mémoire, mais
qu'il pense que si ce Mémoire a été couronné, c'est grâce
à la forme plutôt qu'au fond. Cette opinion plus ou moins
flatteuse pour l'auteur, doit l'être beaucoup moins encore
pour le Jury spécial de Paris, pour les membres de la
Société Linnéenne et pour ceux de la Société protectrice
des animaux, qui l'ont couronné. J'eusse préféré à cette
appréciation générale, une discussion raisonnée des faits
que j'avais allégués, des principes que j'avais avancés.
M. Merland me reproche, ou d'avoir ignoré, ou d'avoir
dissimulé un grave méfait qui doit être ajouté au dossier
de mon client, celui de perforer les volets, les contrevents, etc. Je connaissais ce grief, et bien plus, je pourrais
ajouter encore à la charge du coupable, que le pic-vert
brise même les vitres !

Grand Dieu ! quel batailleur que le pic-vert ! quelle audace ! quelle série de méfaits viennent de plus en plus
grossir son dossier déjà si chargé !

Pourquoi alors, m'objecte-t-on, pourquoi n'avez-vous rien dit de ce nouveau genre de méfaits imputés à vos clients ? Par la raison toute simple que la *Réhabilitation du Pic-vert* était une réponse à deux Mémoires ; la défense avait suivi l'attaque sur le terrain où celle-ci s'était placée. De plus, la défense, en gardant le silence sur ce grief avait fait acte de générosité. En voici la preuve. Un honorable conseiller à la Cour d'appel, excellent père de famille, magistrat dont tout le monde respecte la noble indépendance de caractère et l'élévation de pensée, possède une belle propriété, et dans cette propriété se trouvent des ruches d'abeilles. Or, il arriva qu'un pic-vert fut aperçu rôdant autour des ruches. « *Adversarius vester circuit quærens quem devoret ; votre adversaire tourne et retourne, cherchant ce qu'il pourrait dévorer.* » (Iʳᵉ Épître de saint Pierre, ch. V, v. 8.) — On peut donc appliquer à mon client ce passage, puisque, d'après mon honorable ami, les pics-verts composent une légion satanique. — M. le Conseiller, qui aime mieux reconnaître l'innocence des prévenus que supposer leur culpabilité, voulut enlever au pic la facilité d'un grief capital. Il fit donc entourer les ruches de plusieurs rangs de planches, et même, à ce que l'on affirme, de débris de vieilles tapisseries, etc. C'était un véritable blindage, mais trop primitif. Malheureusement, notre pic avait faim, et la faim est une mauvaise conseillère, à ce que prétendent les poètes. Il attaque donc les ruches, les perfore, et fait une véritable razzia sur les abeilles, qui furent toutes immolées.

Pourquoi le magistrat n'avait-il pas fait cuirasser ses ruches ? Pourquoi ne pas suivre le progrès ? Ce défaut de précaution de la part du propriétaire n'aurait-il pas dû être une circonstance atténuante en faveur du prévenu ? Il paraît que non. Le pic-vert fut impitoyablement fusillé, et cela sans qu'il eût pu être défendu, sans que le jury eût fait connaître son verdict ! Pour le coup, M. le Conseiller n'était plus représentant de la Justice : il était devenu simple propriétaire. M. de Baracé, auquel ce fait avait été communiqué, et qui, pour gagner le procès qu'il intentait aux pics, accumulait tous les griefs possibles, avait rédigé un récit dramatique de ce nouveau crime ; mais un de nos collègues linnéens lui fit remarquer que ce fait battait en brèche tout son système de la nourriture des pics ne vivant que de fourmis et ne perforant jamais les bois pour chercher leur nourriture, mais uniquement pour faire du tort. Dès lors, silence de l'accusateur, et par suite, silence du défenseur.

Je passe aux volets, aux contrevents perforés, aux vitres brisées, aux chevrons traversés, à un véritable déluge de forfaits ! Quels crimes ! Lorsque le froid exerce ses rigueurs, tous les insectes cherchent un refuge contre ses atteintes : les uns, tels que les fourmis, s'enfoncent dans les profondeurs de la terre ; d'autres dissimulent leur présence dans les fissures des vieilles masures, dans les fentes du bois et dans les appartements non habités. C'est le motif pour lequel, à cette époque, des milliers de mouches et d'insectes de toute espèce s'abritent volontiers entre les croisées et les volets ; ils jouissent de l'air, et cependant ils sont préservés des intempéries des saisons et des attaques de leurs ennemis. C'est pourquoi un grand nombre d'oiseaux de nos contrées, ayant de la peine à se procurer une nourriture suffisante, quittent nos climats pour s'envoler vers des pays plus chauds, où ils trouveront une proie abondante et facile. Le pic-vert, qui vit, en hiver comme en été, d'insectes de toute espèce, s'approche des volets, des contrevents, les perfore et capture tous les insectes cachés entre les volets et les croisées. Si les insectes sont renfermés dans la chambre, il brise les vitres et rassasie sa faim. Ces griefs ont-ils lieu dans la demeure des pauvres et des villageois ? Jamais. M. Merland affirme lui-même que le pic-vert ne perfore que les contrevents des maisons inhabitées depuis *quelques mois* ( page 32 ). Pourquoi ? Parce que les pauvres et les villageois ouvrent d'une manière régulière leurs croisées. Que les grands propriétaires fassent de même, ou plutôt qu'ils le fassent faire, et avec cette précaution, les croisées et les volets seront respectés, et les pics-verts iront ailleurs chercher leurs aliments.

M. Merland se complaît trop facilement dans la pensée que les défenseurs des pics ignorent les méfaits reprochés à ces oiseaux, et il ajoute (page 35) : « Il est bon que les ignorants les en instruisent. » Ah ! M. Merland, que penseriez-vous de moi si je venais vous dire, à vous, docteur en médecine : « Je suis un ignorant dans la science médicale ; je ne sais rien dans l'art si difficile de guérir les malades ; j'ai contre moi la *science*, *les lettres*, l'enseignement de toutes les Écoles, de toutes les Facultés de médecine, l'opinion de tous les médecins qui, dans tous les temps, ont joint l'étude sérieuse à une pratique éclairée et persévérante ; eh bien ! moi, ignorant, et complétement ignorant en médecine, je viens vous prouver que les lettres, la science, les Facultés, tous les docteurs des temps passés et présents, etc., ont toujours été dans une erreur évidente, et, pour vous le prouver, je fais un appel à tous les ignorants comme moi, à tous les infirmes, car il est bon que les ignorants instruisent les savants ! » Je crois, Monsieur, que vous m'enverriez volontiers dans une maison de santé, si vous pensiez que je parle avec conviction. Si au contraire vous admettiez que mes assertions sont ironiques, me prendriez-vous pour un homme sérieux ? Répondez et jugez. Quant à moi, je suis bien loin de regarder comme des ignorants les adversaires de mes clients ; mais d'un autre côté, je désirerais bien qu'en nous donnant le nom de *docte*, de *savant*, etc., on voulût reconnaître que tous les détails des mœurs des oiseaux ne nous sont pas inconnus, car autrement, notre titre de savant, n'étant fondé que sur une ignorance profonde, ne nous serait appliqué que par une antiphrase peu séante. Ces faits que vous connaissez, nous les connaissons, mais nous les jugeons différemment ; nous sommes comme certains docteurs réunis autour du lit du malade : les symptômes de la maladie sont les mêmes pour tous, mais tous ne les apprécient pas de la même manière. M. Merland aime à citer des tourelles : je lui réponds par un fait concernant des tourelles. Pendant les dernières vacances de Pàques (1868), j'étais au château de Monriou, antique demeure des seigneurs de Beauvau ; là, je recevais une généreuse et bienveillante hospitalité ; là, je retrouvais un souvenir vivant des mœurs patriarcales, hélas ! si rares de nos jours ! Doux épanchements d'amitié, conversations intimes du père et de la mère, entourés de leurs nombreux enfants ; là aussi, je partageais les promenades instructives de la famille entière , pendant lesquelles l'esprit, le cœur, les forces se développaient tour-à-tour ; là aussi, j'ai admiré de magnifiques chênes au moins deux fois séculaires, et dont l'un d'eux mesurait à sa base plus de cinq mètres de circonférence. Je m'interrogeais moi-même pour savoir comment tous ces arbres magnifiques ne présentaient aucun trou de pic-vert ; car si dans dix ans, selon l'affirmation de mon honorable ami, tous les arbres sains d'une commune doivent être perforés par les pics et condamnés à une mort certaine, ces arbres avaient dù ressusciter bien des fois , puisqu'après au moins deux cents ans d'existence, ils n'avaient aucune trace de blessure. Je demandai au châtelain s'il y avait des pics dans son domaine. — Beaucoup, me répondit-il. Les persécutez-vous ? — Nullement. — Comment se fait-il que les nombreux arbres de votre belle futaie et que les chênes si multipliés de votre domaine soient tous sans plaies béantes ? — Je l'ignore ; mais ce que je puis vous assurer, c'est que les pics logent dans les tourelles du château. — Je voulus examiner moi-même le fait. Vers l'extrémité des tourelles de ce château se trouvaient de très-petites lucarnes en zinc ; c'était par ces lucarnes qu'on voyait entrer et sortir les pics-verts. Je m'armai

de courage, et, après une ascension assez difficile, je pé-
nétrai dans un réduit éclairé par des croisées n'ayant pas
de volets. Dans ce réduit régnait une chaleur suffocante ;
cette chaleur y avait attiré un véritable cours d'entomologie vivante : les insectes y pullulaient par myriades.
Les pics-verts, en visitant les grands arbres qui encadrent
le château, avaient aperçu ces copieuses richesses, et, pour
en profiter, je ne doute nullement qu'ils n'eussent cassé
les vitres s'ils n'avaient pas rencontré la ressource des
petites lucarnes. Ils essayèrent donc de s'introduire dans
les tourelles par les lucarnes, mais des chevrons en fer-
maient l'entrée ; aussitôt ils se mirent à l'œuvre, entail-
lèrent les chevrons, pratiquèrent un passage en forme de
losange, établirent leur domicile sur l'épaisseur d'une
*ferme* de la charpente, et élevèrent leur jeune famille sous
ce toit protecteur. Le plancher était littéralement jonché
de débris d'insectes de toute espèce, et le grand nombre
de ceux qui tapissaient les murs démontrait que les provisions des pics-verts promettaient une nourriture abondante pour longtemps encore. Là, les pics avaient, je
crois, perforé le bois pour chercher leur nourriture,
et cette nourriture n'était pas composée de fourmis. Enfin, plusieurs couples de pics-verts s'étaient installés
dans les deux tourelles.

A ce sujet, je ferai une simple remarque.

Comment les adversaires des pics peuvent-ils expliquer
le motif qui engage les Allemands et un grand nombre
de propriétaires français à employer des nids artificiels
pour *domicilier* les pics sur leurs domaines ?

Il me semble que lorsqu'on regarde un être comme
dangereux, on ne travaille nullement à le fixer chez soi.
Puis, dès lors que les pics s'installent très-facilement dans
ces nids artificiels comme dans les tourelles, je crois qu'il
en résulte que si les pics perforent certains arbres pour
élever leur famille, ce n'est pas pour faire du tort, mais
uniquement dans le but de se reproduire, puisque toutes

les fois qu'ils trouvent un gîte tout préparé, ils s'y établissent avec plaisir.

Enfin, si les pics sont si nuisibles, pourquoi n'ont-ils jamais été proscrits par les arrêtés de l'autorité, comme tant d'autres espèces dont on a été forcé de reconnaître plus tard l'utilité et les véritables services ?

M. Merland parle de l'aiguille d'une charrette qui, à Dolbeau, a été perforée par les pics. Si ce fait est exact, et je ne le conteste nullement, ne pourrait-il pas s'expliquer par la présence de quelques vers que mes clients avaient poursuivis ? Les insectes ne perforent-ils pas les meubles, les chaises de nos appartements malgré tous les soins de propreté et de surveillance ? Pourquoi n'en serait-il pas de même d'une aiguille de charrette abandonnée souvent à l'action de l'air, et exposée dès lors aux ravages des insectes lignivores ? Mais quand bien même quelques faits ne pourraient être expliqués d'une manière évidente à la décharge du pic, serait-ce un motif suffisant de proscrire et de condamner à mort une famille entière d'oiseaux ? Quelle est la profession qui pourrait échapper à une condamnation, si cette condamnation devait reposer sur quelques faits isolés ?

Est-ce que le chien qui vous accompagne à la chasse ou qui veille sur votre demeure ne vit pas chaque jour à vos dépens ? Est-ce qu'il ne mange pas, non-seulement la nourriture qui lui est destinée, mais parfois même celle qui était réservée à son maître ? Ne se rend-il pas souvent coupable de ces méfaits ? Et quels terribles ravages n'exerce-t-il pas quand il est atteint de la rage ? Est-ce une raison pour cela de demander la proscription de tous les chiens ?

Puis M. Merland avoue avec franchise que son diagnostic le trompe assez souvent, que les auscultations auxquelles il se livre ne lui révèlent pas toujours le siége précis de la maladie. Dans ces circonstances, son erreur peut avoir des inconvénients graves, non pour des arbres, mais pour des pères ou pour des mères de famille, dont la vie, la santé, me paraît être beaucoup plus précieuse que celle de quelques arbres. Que penserait M. Merland si on s'appuyait sur de pareils faits pour demander la proscription et la mort de tous les docteurs en médecine? Il me répondrait avec raison que, pour prononcer une sentence équitable, il faut comparer les inconvénients aux avantages et voir de quel côté penche la balance. Agissez donc de même à l'égard de mes clients. Condamnerez-vous d'une manière générale les ronces parce qu'elles auront déchiré le paletot d'un propriétaire ou la robe d'une châtelaine? Assurément non. Si dans certains cas elles sont la cause de quelques inconvénients, qu'on les supprime, qu'on les arrache dans cette circonstance, mais qu'on reconnaisse en principe l'utilité de ces ronces qui fournissent au pauvre, au villageois, une clôture peu dispendieuse et très-sûre pour son petit domaine et pour ses champs.

« Vos pies, » me disait un honorable propriétaire, un de ceux qui ont été si bien dépeints par Virgile, « vos pies me rendent des services, c'est vrai ; mais qu'ils travaillent chez moi et aillent coucher chez mes voisins! » Quelle morale, grand Dieu! C'est dire : Ouvriers, travaillez chez moi, donnez-moi vos sueurs, votre temps, et que mes voisins vous paient! Deux autres propriétaires, possesseurs de vastes forêts, m'avouaient avec beaucoup plus de vérité que les pies leur faisaient un tort sérieux, mais dans un but conforme à la justice et à la saine morale : « En attaquant les arbres de nos domaines, » me disaient-ils, « ils apprennent aux marchands de bois que ces arbres sont entièrement rongés par les insectes, et nous forcent à ne vendre ces arbres qu'à leur valeur *réelle* et non pas à leur valeur *fictive.* » C'est clair : cette observation n'expliquerait-elle pas la véritable cause de la persécution exercée sur les pies par les propriétaires?

Puisque je cite les opinions de quelques propriétaires,

qu'il me soit permis d'y ajouter celles d'un homme que connaissent tous ceux qui ont séjourné dans les Pyrénées, et qui, par des observations intelligentes et continues, a mérité à juste titre la réputation de savant. Sacaze, interrogé par un de mes amis, sur l'utilité du pic-vert, répondit avec le sentiment d'une profonde conviction :

« Le pic-vert mange, dévore tous les vers, tous les insectes qui s'entassent sur les arbres morts ou décrépits ; quant aux arbres sains, il les *purge*. »

Je rappelle le principe que j'ai déjà émis : la condamnation prononcée contre les pics ne peut être équitable qu'à une seule condition, c'est que le plateau des méfaits l'emporte de beaucoup sur celui des services. M. Merland doit comprendre que toutes les fois que l'homme prononce une sentence sur une classe d'êtres, il juge par là même l'œuvre du Créateur, c'est-à-dire, d'une souveraine intelligence, et que dès lors il ne doit procéder qu'avec une excessive défiance de lui-même et une très-grande réserve. Cette prudence, cette réserve lui sont d'autant plus recommandées, que toutes les fois qu'il s'en est écarté, il a reconnu par une triste expérience, et à ses dépens, qu'il s'était trompé.

Puis, dans ces circonstances, l'homme fait partie d'un jury dont toutes les sentences entraînent une peine capitale non-seulement individuelle, mais collective ; dès lors, ici comme dans les autres causes, il doit, toutes les fois qu'il y a doute, s'abstenir de prononcer un verdict de culpabilité, ou du moins admettre des circonstances atténuantes.

Pour justifier la vérité de sa sentence, M. Merland me dit : « N'avons-nous pas des droits primordiaux sur tous les oiseaux et sur tous les animaux, *super omnes volucres et super omnia animalia?* » Je laisse à M. Merland la responsabilité de l'exactitude de cette citation. Toutefois, je n'entends point ainsi la royauté de l'homme sur les animaux et sur les oiseaux. Régner, c'est protéger et non immoler. La royauté doit être un doux reflet de la Providence de Dieu, c'est-à-dire une tendre sollicitude unie à une sage prévoyance. J'ai compris la royauté de l'homme sur les animaux quand j'ai vu les ramiers du jardin des Tuileries manger les miettes de pain que leur jetaient les visiteurs, se reposer sur les bras et chercher jusque dans la bouche des habitués de ce jardin la nourriture qui était destinée à ces oiseaux. J'ai retrouvé encore d'autres exemples de cette royauté en lisant les récits des voyageurs qui, à leur arrivée dans les terres polaires, étaient étonnés de se voir entourés d'animaux et d'oiseaux de toute espèce, qui semblaient les saluer comme des amis et les reconnaître comme leurs rois, mais qui s'éloignaient bien vite pour ne plus revenir, quand un certain nombre des leurs avaient été assommés par les avirons des matelots ou foudroyés par le plomb des chasseurs. Je l'ai retrouvée encore, cette image de la royauté de l'homme sur les animaux, dans les enclos silencieux de la Trappe : là, en effet, la protection de l'homme s'exerce avec toute sa simplicité naïve ; là aussi, les oiseaux viennent se reposer près de lui sans aucune défiance, ne trouvant toujours en lui qu'un protecteur et un ami. C'est ainsi que s'expliquent ces pieuses légendes du moyen âge, dont un ancien magistrat, M. Bourguin, s'est plu à être quelquefois l'aimable interprète ; ses écrits, où se révèle une belle intelligence unie à un cœur excellent, lui gagnent bien facilement la sympathie de tous ses lecteurs. Voici une de ces légendes, que je lis dans l'*Annuaire de la Société philotechnique*, année 1867, page 44 :

« Saint Guthlac recevait un jour la visite d'un de ses amis, nommé Wilfrid. Tout-à-coup deux hirondelles entrent dans sa cellule et viennent se reposer sur ses épaules. Elles agitent leurs longues ailes et jettent de petits cris. « O mon frère, dit Wilfrid, comment pouvez-vous inspirer une telle confiance à des oiseaux si jaloux de leur liberté? — Ne savez-vous pas, reprit le solitaire, que celui qui s'unit à Dieu dans la pureté de son cœur voit à son tour tous les êtres de la Création s'unir à lui? » Et comme les hirondelles, continuant à crier, semblaient demander quelque chose, Guthlac prit une petite corbeille d'osier et la suspendit à son toit. Les deux oiseaux commencèrent aussitôt à y établir leur nid. Et chaque année, le printemps les voyait revenir, heureux et confiants, s'abriter sous le chaume du pauvre ermite. »

Le texte que cite M. Merland m'engage à exprimer ma pensée intime sur cette royauté que l'homme doit exercer, *super omnes volucres et super omnia animalia*, sur tous les oiseaux et sur tous les animaux. C'est dans ce sens général et sans aucune restriction, que j'entends la royauté de l'homme, ou plutôt sa protection. En entrant dans la Société dont le but est de protéger les animaux, j'avais la conviction de m'associer à une œuvre essentiellement morale, et aussi très-utile aux intérêts de l'homme. Protéger les animaux, c'est se conserver des auxiliaires utiles, c'est travailler à adoucir les mœurs, c'est initier les enfants, les hommes à des œuvres de miséricorde qui, des animaux, s'étendront naturellement à tous ceux qui sont faibles et souffrants. Depuis plus de trente ans que je me suis dévoué à l'éducation de la jeunesse, jamais je n'ai trouvé un élève aimant à écraser les insectes, à tyranniser les oiseaux et les animaux, sans constater qu'il ne fût violent envers ses condisciples. On peut en dire autant de la conduite de l'homme envers ses semblables. Telle a été dans tous les siècles l'opinion de ceux dont le nom nous est parvenu entouré d'une auréole de sainteté unie à une suave douceur. Je me bornerai à citer un passage de la vie de saint François de Sales, rédigée par le vénérable M. Hamon, curé de Saint-Sulpice : « Jamais saint François de Sales ne faisait aucun mal aux animaux, et il empêchait, autant qu'il le pouvait, qu'on leur en fît, disant que la pitié pour les animaux fait partie d'un bon naturel, que celui qui est dur envers eux l'est à plus forte raison envers les hommes ; qu'au contraire, faire du mal aux bêtes, quelles qu'elles soient, pour son seul plaisir et sans raison suffisante, c'est l'indice d'un mauvais cœur. » (Tome II, page 397, édit. in-8°, chez Lecoffre et Cⁱᵉ.)

« Nous sommes de votre avis, » me répondront mes adversaires ; « mais si nous proscrivons certains oiseaux, c'est que nous avons pour cela des raisons sérieuses. » Mais qui décidera si ces raisons sont suffisantes? Vous et vous seuls. En outre, le droit que vous vous accordez, vous devrez le concéder aux autres. Voyons alors les conséquences de ces principes. Mon honorable ami proscrit les pics, les chouettes, les buses, les pies, les coucous; son voisin demande le massacre en masse des freux, des corneilles, des ramiers; un troisième fusille à outrance les merles, les loriots, les moineaux; un quatrième veut qu'on extermine les vanneaux, les pinsons, les mésanges, les bouvreuils, les alouettes, et même les gobe-mouches ! Tel est le résultat des principes admis par nos adversaires : chacun interprète les lois de l'harmonie générale comme il l'entend; chacun juge de l'utilité des oiseaux selon son intelligence et selon ses observations... Chacun soumet les arrêtés, les lois aux exigences de sa volonté. Puis, pour remplacer tous les insectivores que la sagesse et la miséricorde de Dieu avaient créés dans l'intérêt de l'homme, que propose-t-on ? Lisez et méditez : « Pour combattre le ver blanc, il faut avoir à lui opposer des poules, des canards, des dindons, que l'on habituera facilement, les canards surtout, à partir avec le laboureur et à le suivre aux champs, dans les sillons, où ils ne laisseront ni un ver, ni une larve d'insecte d'aucune espèce. » (Article cité par un naturaliste, propriétaire, dans l'*Union de l'Ouest*, 27 février 1868.) Ah! que l'homme me semble petit quand il veut remplacer par ses conceptions les conceptions de la Sagesse divine ! Proscrire les insecti-

vores pour les remplacer par des troupes de poules, de
canards et de dindons ! D'abord, j'avais toujours cru que
l'*élève* des canards n'était pas chose si facile, et que surtout l'*élève* des dindons était le partage d'un très-petit
nombre de métayères, que l'éducation de ces dindons de-
mandait des soins minutieux et très-pénibles. J'admets
qu'il n'en soit rien. Qui est-ce qui surveillera les poules,
les canards, et surtout les dindons ? Je me rappelle, en
effet, que mon honorable ami, en me montrant les ravages exercés par les dindons qui avaient franchi l'enceinte de leur enclos, se livrait à des lamentations égalant
celles de Jérémie pleurant sur les ruines de Jérusalem !
Il eût désiré exterminer tous les dindons jusqu'au dernier ! mais cette satisfaction ne lui fut pas concédée. De
plus, le nombre de ces poules, de ces canards, de ces dindons devra être proportionné à l'étendue des métairies.
Quand les couvées ne réussiront pas, que deviendront les
vers blancs ? Quand le laboureur n'aura pas de sillons à
tracer, et ce sera la plus grande partie de l'année, où les
fermiers conduiront-ils poules, canards et dindons ? Dans
les terres qui ne seront pas labourées, les vers blancs
pourront donc se multiplier ? Ne sait-on pas que le soc
renverse une partie de la terre seulement, et alors qui
veillera sur celles qui n'auront pas été remuées ? Puis,
seront-ce les poules, les canards, les dindons qui combat-
tront la trop grande propagation des vers, des insectes,
des chenilles de toute espèce qui pullulent dans les haies,
sur les arbrisseaux et sur les arbres ? Je cite en passant
un article du journal l'*Atlantic Monthly*, qui prouve qu'un
des insectivores poursuivis chez nous avec le plus d'acharnement, voit ses services bien mieux appréciés en Amérique. « Les Américains, » dit ce journal, « se félicitent
d'avoir acclimaté chez eux le moineau domestique d'Europe, le vulgaire pierrot. C'est en 1852 que les trois premières paires furent importées à Portland. Dans les années
suivantes, on en introduisit dans les principales villes des

Etats-Unis ; choyés par la population, ils se multiplièrent rapidement, grâce à l'abondance de nourriture que leur offraient les milliards de chenilles et autres insectes qui dévoraient régulièrement les feuilles des arbres des promenades. Grâce à eux, les squares et allées de New-York ne sont plus maintenant, dès le mois de juin, dépouillés de leur verdure. En reconnaissance du service si éminent d'avoir presque détruit les affreuses chenilles qui des arbres tombaient en masse sur les passants et s'introduisaient dans les maisons, beaucoup d'habitants de New-York ont établi sur leurs fenêtres de jolies cages toujours ouvertes, où nos moineaux, devenus vite familiers, trouvent un bon gîte et des friandises. » (*Le Temps*, 16 juin 1868.)

Je reviens aux poules, aux canards, aux dindons. Pendant l'hiver, pendant la pluie, pendant la neige, quelle sera la nourriture de ces insectivores ? Enfin les vers blancs pullulent en très-grand nombre dans les prairies ; seront-ce les canards, avec leur large bec à forme ronde, qui iront creuser la terre pour chercher ces vers dans leurs retraites ? Constatons le résultat du système suivi par les propriétaires-naturalistes : ils paient des primes pour tuer les freux et autres insectivores qui vivent de vers blancs, puis, plus tard, ils se trouvent condamnés à donner cinq francs par double décalitre de hannetons recueillis justement dans les contrées où les oiseaux ont été proscrits. Enfin, grâce à leurs principes mis à exécution, le Gouvernement en est réduit à demander aux Sociétés d'agriculture des renseignements pour rédiger une loi sur le *hannetonnage*. Imitons nos ancêtres : ne proscrivons pas les oiseaux qui mangent les vers blancs, et une loi contre les hannetons deviendra inutile ! C'est d'après le même système que les propriétaires se lamentent de plus en plus de ce que les fruits de leurs jardins, de leurs vergers, ne peuvent se conserver parce qu'ils sont *véreux*, et, par un étrange aveuglement, ils condamnent à mort, à l'aide de toute espèce de moyens, permis ou prohibés, les oiseaux destinés par la Providence à manger les vers qui rongent intérieurement les fruits ! Je m'arrête : que les propriétaires laissent les glands où ils se trouvent, et ne les remplacent pas par des citrouilles !

Pour éviter de tomber dans de telles conséquences, l'homme, et à plus forte raison, tout membre de la *Société protectrice*, doit respecter les œuvres de Dieu ; s'il croit ne pas pouvoir défendre quelques espèces d'animaux dont l'utilité échappe aux lumières de sa faible raison, qu'il s'abstienne au moins de les proscrire. Pour moi, la protection *super omnes volucres et super omnia animalia*, me semble, comme le dit M. E. Haffner dans un très-remarquable article, publié le 23 juin 1868, dans l'*Union de l'Ouest*, être un *dogme ;* c'est le plus bel ornement qui orne le front de la *Société protectrice*, c'est son diadème. Permettre à chacun de ses membres de proscrire, selon ses opinions, quelque espèce d'oiseaux, d'animaux, c'est permettre de détacher de ce diadème quelques-uns des brillants qui forment sa beauté et sa richesse ; c'est le réduire à n'être bientôt plus qu'un fardeau et un sujet de risée ; c'est faire une brèche, quelque petite qu'elle soit, à une digue salutaire, et ouvrir une porte à des torrents d'autant plus dangereux qu'ils auront été plus contenus ; c'est réaliser cette terrible sentence de nos livres saints : *Abyssus abyssum invocat,* un abîme appelle un autre abîme, un abus en entraîne un second, etc. C'est ainsi que mon honorable ami, après avoir capturé, colleté, fusillé tous les pics-verts sur la commune de Gené, a continué sa guerre d'extermination sur celle de Marans, en violant tous les arrêtés préfectoraux, et a pu écrire avec satisfaction pleine et entière : « Sur ces deux communes, il n'y a plus qu'un seul veuf ou une seule veuve promenant partout sa douleur profonde et solitaire. » Il s'agit, bien entendu, de la famille de mes clients. J'engage mon honorable ami à lire avec attention le passage suivant, dont le sens n'exclut aucune espèce d'oiseaux : « Si, marchant dans un chemin, vous trouvez sur un arbre ou à terre le nid d'un oiseau et la mère avec ses petits ou sur ses œufs, vous ne retiendrez pas la mère avec ses petits. Mais ayant pris les petits, vous les laisserez aller afin que *vous accoutumant, par ces actes de pitié et de miséricorde, à l'exercer envers vos frères, vous soyez heureux et que vous viviez longtemps.* » (*Deutéronome*, chapitre XXII, v. 7 et 8. Traduction de l'abbé Glaire, édition in-4°, tome I, page 726.)

Je résume mon opinion sur cette dernière question : je crois effectivement que l'homme doit régner sur tous les animaux et sur tous les oiseaux en les protégeant et en s'en servant selon ses besoins et ses intérêts, et non pas en les immolant selon ses caprices. Car, dans ce dernier cas, ce serait une royauté plus que moscovite. Toutefois, je ne puis comprendre que M. le docteur Merland ait pu dire dans l'*Annuaire de la Société d'Émulation de la Vendée* (année 1863, page 32) : « Ainsi, Messieurs, la mort d'un pic-vert ou d'un merle est un crime ; avant longtemps ce sera une calamité publique. » Non, non, jamais un ornithologiste sérieux n'a avancé de pareilles assertions ; jamais un ornithologiste n'a prétendu que tuer un merle ou un pic fût une faute et moins encore un crime. Quand les adversaires de nos convictions sont réduits à formuler de pareilles chimères pour avoir une apparence de raison, il faut qu'ils soient bien dépourvus de preuves conformes à la logique et à la vérité. Nous reconnaissons qu'il est toujours permis, qu'il est quelquefois même nécessaire de tuer non-seulement quelques oiseaux, mais une certaine quantité d'oiseaux qui pourraient par leur trop grande multiplication devenir nuisibles aux intérêts de l'agriculture. Nous avons toujours pensé que si vous désirez servir sur votre table à vos parents, à vos amis, des merles, des grives, des alouettes, des ramiers et même des pics-verts, etc., vous avez parfaitement le droit de tuer ou de faire tuer ces oiseaux, conformément toutefois aux lois de la chasse et aux arrêtés préfectoraux ; mais ce que nous combattons avec toute l'énergie d'une profonde conviction, c'est la destruction entière, complète, de certaines familles d'oiseaux. Nous croyons cette destruction injurieuse à la sagesse de Dieu, nuisible à l'harmonie générale de l'univers et aux véritables intérêts de l'homme.

Je relate ici une autre assertion, celle du propriétaire déjà cité : « Vous voudrez bien admettre, Messieurs et doctes ornithophiles, que l'homme est aussi une des créatures de Dieu, et que s'il a jugé à propos de lui donner la raison, c'était apparemment pour qu'il s'en servît, puisque Dieu ne fait rien en vain. » Quelles expressions sonores ! D'après cet axiome d'une philosophie plus ou moins nuageuse, l'homme a reçu de Dieu l'intelligence pour s'en servir ; il resterait à prouver que l'homme s'en sert toujours. Est-ce que le fermier qui prépare, avec beaucoup de soins et d'adresse, des trappes, des collets pour capturer les chevreuils, les biches, les cerfs qui s'écartent des bois de son propriétaire, et pour en faire profiter sa famille, ne se sert pas de son intelligence ? Est-ce que le braconnier qui, par mille moyens ingénieux, opère des razzias complètes sur toute espèce de gibier, ne se sert pas de son intelligence ? Est-ce que le cultivateur qui détruit toutes les couvées de perdrix et de cailles, dont il ne lui serait pas permis de profiter même avec un permis de chasse, ne se sert pas de son intelligence ? Est-ce qu'il ne raisonne pas lorsque, pour justifier sa conduite, il allègue les dommages que lui causeront, pendant la chasse, tous les Nemrods novices, enfants, neveux, cousins, amis de son propriétaire, qui tous, dans une ardeur plus ou moins réglée, briseront les clôtures, et ouvriront ainsi un passage aux bestiaux des métairies ? A cette observation, l'on m'objectera les arrêtés ministériels et préfectoraux. Je reconnais la force de cette objection ; mais d'un autre côté, si les arrêtés obligent les fermiers et les

braconniers, ils obligent encore bien davantage le propriétaire qui, moins que ces derniers, a des motifs pour violer
ces arrêtés. La loi, d'accord avec la raison, reconnaît
qu'aucun propriétaire n'a le droit de détruire, comme il
le veut, les oiseaux qu'il juge nuisibles à ses intérêts. Ces
oiseaux ne lui appartiennent pas, et il n'a pas le droit de
priver, par des moyens prohibés, ses voisins d'un concours que ces derniers regardent comme leur étant utile
ou même comme nécessaire. C'est pour cela que le docteur Turrel, secrétaire du Comice horticole de Toulon, a
pu dire : « La chasse permise sans restriction dans les
propriétés closes, serait un singulier abus de la propriété,
qui, par extension, aboutirait à la tolérance du crime dans
une maison fermée. »

Cette opinion de M. Turrel se trouve confirmée par le
fait suivant :

« Le sieur Sanguin, jardinier au Raincy, pour se débarrasser des petits oiseaux qui dévoraient ses fruits, notam-
ment les cerises, les groseilles, tendit un grand nombre
de piéges dans son jardin clos de murs et attenant à son
habitation. Sur un procès-verbal de la gendarmerie constatant la contravention, intervint un jugement du tribunal de Pontoise condamnant ce jardinier à 50 francs
d'amende et à la confiscation des filets et engins prohibés.
La Cour, après une brillante plaidoirie de M. Paul Danga,
avocat, et après une longue délibération en chambre du
Conseil, a confirmé ce jugement par des motifs de droit
basés sur l'arrêt de la Cour de Cassation du 26 avril
1845. » (*Bulletin de la Société protectrice des animaux*,
fév. 1868, p. 113.)

De plus, par un arrêté du 28 janvier 1868, la Cour impériale de Montpellier a décidé que ces contraventions
peuvent être valablement constatées de l'extérieur. Or s'il
est défendu et condamné par la loi de capturer, selon ses
caprices, les oiseaux, dans des enclos entourés de murs et
attenant aux habitations, il me semble qu'il est, à plus

*forte* raison, défendu aux propriétaires de prendre au collet, dans toute l'étendue de leur domaine et selon leurs caprices, les oiseaux qu'ils jugent inutiles ou dangereux ; qu'il leur est défendu, aussi bien qu'à toute autre personne, de faire dénicher et briser les œufs de ces oiseaux. Enfin, il est de toute évidence que si l'homme doit, selon l'opinion de mes deux contradicteurs cités précédemment, régner sur les oiseaux et sur les animaux en se servant de son intelligence, il ne peut, il ne doit le faire que conformément à la raison et aux lois établies. Malheureusement chacun s'affranchit trop facilement des arrêts dictés par la science et inspirés par une sage expérience. Puis, ceux même qui font et promulguent ces arrêtés ne tiennent pas assez à leur exécution. Aussi, cette année, était-ce avec peine que pendant l'hiver, et surtout pendant la neige, les véritables amis de l'agriculture voyaient vendre par milliers, sur les places publiques, des mésanges, des rouges-gorges et toute la Famille des petits insectivores.

Enfin l'agriculteur naturaliste a oublié qu'il y a une différence essentielle entre l'intelligence de l'homme et l'instinct des oiseaux et des animaux. L'homme se sert de son intelligence et de sa volonté. Sous la responsabilité de son propre arbitre, il peut à son gré faire le bien et exécuter le mal, parce que Dieu l'a créé libre. Mais il n'en est pas ainsi des animaux : ils se meuvent forcément dans un cercle tracé par la main divine, et ils ne peuvent en sortir ; condamner leur instinct, c'est blâmer Dieu qui le leur a donné, c'est condamner l'harmonie générale auquel cet instinct concourt.

Je passe à la dernière objection formulée par M. le docteur Merland, dans les termes suivants : « Non, Monsieur. l'abbé, l'instinct de l'*animal* ne le trompe jamais ; l'homme, si fier de sa raison, tombe sans cesse dans l'erreur, et je conviendrai volontiers qu'en auscultant la poitrine, je peux n'être pas sûr de mon diagnostic. Mais, pour l'oiseau, il en est tout autrement ; s'il a reçu de Dieu le don de l'auscultation, son oreille ne le trompera jamais, et il ira droit au but dans ses recherches. »

L'intention de mon honorable contradicteur est de prouver, par le texte précédent, qu'il n'est pas exact, comme je l'ai dit, que les pics fassent un certain nombre de trous dans le même arbre pour atteindre les larves et les insectes qui se sont réfugiés dans leurs cavités. M. le docteur, en reconnaissant, avec une franchise qui l'honore, qu'il peut se tromper lorsqu'il ausculte la poitrine des malades, devrait, ce me semble, être porté à ne pas juger si sévèrement les pics ; car il résulte de son aveu que les arbres confiés à l'auscultation des pics sont bien plus sûrs d'une guérison que les malades abandonnés aux soins des médecins. Quant à la certitude de l'instinct, je ne l'admets pas dans le même sens que M. Merland. J'explique ma pensée par des faits. Les chiens sont bien doués d'un instinct tout aussi sûr que celui que Dieu a départi aux oiseaux ; de plus, cet instinct a été perfectionné par une éducation sérieuse et suivie ; donc, en étudiant l'instinct des chiens, nous arriverons à comprendre plus facilement mon opinion. J'ai vu, et M. Merland a pu le constater lui-même, des chiens couchants précéder leurs maitres et courir çà et là, puis, après plusieurs *randonnées*, rester tout-à-coup en arrêt, immobiles, une patte levée et les yeux fixés sur la terre. Dans cette circonstance, le chasseur, presque certain de la présence du gibier, ordonne à son chien d'avancer. Que trouve-t-il assez souvent ? Rien. L'instinct a donc trompé le chien ? Non. Seulement cet instinct lui a révélé que du gibier avait séjourné en cet endroit à une époque plus ou moins éloignée.

Je relate un autre fait. Un jour, je traversais une route encadrée de deux côtés par des bois taillis ; je rencontrai des chasseurs accompagnés d'une meute de chiens courants : les uns et les autres cherchaient des lapins réfugiés dans les talus des fossés. Tout-à-coup, un chien donne de la voix et se précipite à l'ouverture d'une galerie ; aussitôt tous les chiens répondent à ce signal, et bientôt une harmonie formidable et continue se fait entendre. Un de ces chiens creuse avec ses pattes l'ouverture de la galerie, coupe avec ses dents les racines qui lui en barrent l'entrée, et y pénètre avec une énergie qui tient de la fureur. Pendant plus d'une demi-heure, il se livre à son travail de mineur avec une persévérance que rien ne peut rebuter ; un des chasseurs surveillait l'autre extrémité de la galerie, entièrement convaincu que cette galerie renfermait des lapins. Enfin, pour aider au travail du chien, un chasseur court à la ferme voisine d'où il rapporte des tranches et des pelles ; la galerie est mise à jour dans toute son étendue ; qu'y trouve-t-on ? Rien.

Comment M. Merland pourra-t-il expliquer ce fait, puisqu'il admet que l'instinct ne trompe jamais ? Car, dans ce cas, ou les chiens n'étaient pas dirigés par leur instinct, ou leur instinct est inférieur à celui des oiseaux.

Je reviens à l'auscultation exercée par les pics, et je l'explique selon ma conviction. Le pic, en visitant les arbres de bas en haut, les frappe de temps en temps avec son bec pour découvrir si l'intérieur de ces arbres ne renferme pas des cavités où se soient réfugiés des insectes et des larves. Puis, imitant les médecins, il approche son oreille le plus près possible de l'arbre. Là, il écoute avec une attention scrupuleuse, et si, sous le choc de son bec, il a cru reconnaître un son caverneux, il se met immédiatement à perforer l'arbre. Son instinct lui fait comprendre que, s'il y a une galerie intérieure, elle peut renfermer des habitants. Il me semble difficile d'admettre que l'instinct lui fasse connaître exactement et d'une manière très-précise la place où se tiennent les larves et les insectes. Je crois qu'il ne peut lui révéler que l'endroit où se termine la galerie, et dès lors le lieu où le plus probablement se sont réfugiés les larves et les insectes.

Mais en admettant même que l'instinct du pic fût assez sûr pour déterminer d'une manière certaine l'endroit

précis où se trouvent la larve et l'insecte, n'est-il pas de
toute évidence que les coups énergiques du bec du pic
peuvent et doivent même détacher les larves des parois
intérieures de la galerie et les faire tomber en bas de
cette même galerie, et à plus forte raison déterminer les
insectes à se réfugier tour-à-tour dans les différents replis de ces chemins intérieurs? Est-ce que l'instinct du
chien, révélant à son maître la présence d'un lapin dans
une garenne oblique, forcera le lapin à conserver la même
place qu'il occupait, et cela lorsqu'il est démontré à ce
lapin qu'on le poursuit? Est-ce que l'insecte n'a pas,
comme le lapin, l'instinct de la conservation? Puis, il est
bon de constater que les galeries où résident les insectes
et les larves ont de grandes dimensions. Les frères
Rouard, marchands de bois de construction à Angers, et
propriétaires d'une scierie mécanique, qui ont bien voulu
m'aider dans mes recherches et me fournir de précieux
renseignements et des preuves palpables en faveur du
pic-vert, m'ont envoyé ces jours derniers la section d'un
chêne qui mesurait à sa base 4$^m$,60 de circonférence, et
dont le cœur était perforé par quatre galeries parallèles,
dues au *Cerambix heros*, et dont la longueur variait de 5
à 6 mètres. Ces galeries principales étaient réunies entre
elles par d'autres galeries en zigzag, de sorte qu'elles ne
formaient plus qu'une seule et même plaie, et cependant
l'extérieur de l'arbre semblait annoncer un chêne très-
vigoureux. En révélant le cancer intérieur, le pic-vert
avait rendu service aux marchands de bois et non au propriétaire; aussi le prix de 300 fr., valeur apparente de
l'arbre, fut-il réduit à 40 fr., valeur réelle. Le chêne *débité*
fut employé à faire du *merrain*. Pour explorer des galeries d'une telle longueur, les pics ne devaient-ils pas
faire des trous de distance en distance? L'instinct du pic
ressemble donc à celui des chiens : il lui indique l'endroit
où la proie qu'il poursuit a passé ou peut se trouver, sans
lui en déterminer le refuge précis. Ainsi peuvent s'expli-

quer, comme je l'ai dit, les différents trous superposés
que l'on voit dans certains arbres. Un noyer, dont les
branches et le tronc ont été fendus par le froid pendant
l'hiver de 1789, et qui existe encore dans le parc du château de Rouvoltz, offre des preuves multipliées de l'exactitude de mon opinion. Mais si M. Merland admet que
l'instinct du pic ne le trompe jamais, comment pourra-
t-il expliquer l'aiguille de la charrette perforée par les pics ?
Si cette aiguille renfermait des insectes, pourquoi repro-
cher au pic de les poursuivre dans leurs retraites ? Si, au
contraire, cette aiguille ne recélait dans ses flancs aucun
ver, aucun insecte, comment expliquer ce fait avec l'instinct du pic qui ne le trompe jamais ? Le pic serait donc
le seul être de la Création, en dehors de l'homme, qui fît
le mal uniquement pour le mal, sans y être poussé, autorisé par le besoin de se procurer de la nourriture ou par
la nécessité de sa propre défense ?

De plus, M. Merland a fait insérer dans l'*Annuaire de la
Société d'émulation de la Vendée*, année 1863, page 33, les
lignes suivantes : « Un pic était occupé à percer les contrevents de la maison de la Brossardière, quand un coup
de fusil vint le troubler dans son travail ; le lendemain,
les pics du voisinage, *comme pour narguer le propriétaire*,
pratiquaient trois trous dans un magnifique tilleul qui
est au bas du jardin. » Comment M. le Dr Merland pourra-
t-il expliquer une hypothèse si incompréhensible ? A coup
sûr, au moment où il l'a faite, mon honorable contradicteur était séduit par l'entraînement de l'imagination qu'il
reproche aux autres. En admettant que ce fait fût le résultat
de l'instinct des pics, instinct auquel ils obéissent irrévoca-
blement, sans se tromper, il serait dans l'intérêt des propriétaires de respecter mes clients s'ils ne veulent pas que
des légions de pics, recrutées dans tous les environs et peut-
être jusque dans les forêts scandinaves, patrie de la mère
Gertrude, ne viennent venger, en perforant les plus
beaux arbres d'un domaine, la persécution exercée sur

un membre de leur famille par quelque propriétaire. Ce
serait une manière très-ingénieuse et toute nouvelle
d'expliquer les dégâts si nombreux exercés à Valoncourt
sur le domaine de mon honorable ami ; et cependant, je
dois le dire en passant, aucun arbre de sa futaie n'a été
perforé depuis plus de soixante-dix ans.

Enfin, dirai-je à M. Merland, je comprends très-bien
que des animaux, des oiseaux s'unissent pour se défendre
et s'entr'aider, mais jamais pour se venger sur d'autres
êtres que sur ceux qui les ont maltraités. Je comprends
très-bien qu'un chien morde, qu'un chat déchire avec ses
griffes celui qui lui a fait du mal, qu'un cheval, qu'un
taureau réponde par un coup de pied ou par un coup de
corne à un mauvais traitement nouveau ou même *ancien ;*
mais jamais je ne pourrai comprendre que des chiens, des
chats, etc., etc., afin de se venger d'avoir été fustigés,
aillent chercher leurs semblables pour faire une véritable
croisade contre celui qui a été coupable envers eux, et
le punir en brisant ses meubles, en déchirant ses tapisseries !

Ah ! monsieur Merland, concédez de bonne foi que les
défenseurs des pics ne sont pas les seuls à avoir le mono-
pole de l'imagination !

Puis, Monsieur, comment concilierez-vous avec les notions exactes de l'instinct, cette phrase que vous avez
écrite (page 32) : « Ah ! si vous leur accordez votre protection, si l'impunité leur est acquise, vous en verrez
bien d'autres ; déjà ce ne sont plus seulement des arbres
et des contrevents qu'ils attaquent ; à Dolbeau, on vous
montrera l'aiguille d'une charrette qu'ils ont perforée. »
Est-ce que l'instinct d'un oiseau vivant en pleine liberté
se développerait de plus en plus pour le mal, se modifie-
rait essentiellement avec la marche des siècles ?...

J'ajoute quelques lignes pour combattre de nouveau un
argument de M. de Baracé, argument qui a fait une certaine impression sur un petit nombre de lecteurs. « Ce

qui prouve, » ajoute mon honorable ami, « que les pics ne vivent que de fourmis, c’est que pendant le temps où la terre était couverte de neige, on m’a apporté deux pics-verts et un épeiche morts de faim. » Les pics-verts et l’épeiche étaient morts ; nous avons vu leurs cadavres ; mais de quoi étaient-ils morts ? Toute la question est là, et M. Merland sera de mon avis, car, même après la mort, on n’est pas toujours sûr du motif du décès. Si la neige en couvrant la terre, et par suite les fourmilières, a été la cause de la mort des pics-verts, quel a donc été le motif de la mort de l’épeiche, des deux sitelles que j’avais reçues, des grimpereaux et des oiseaux de toute espèce apportés à M. Deloche, conservateur du Musée ? Serait-ce la privation de fourmis ? mais ils n’en mangent pas ! Puis, comment mon honorable ami a-t-il pu hasarder une pareille théorie, lorsqu’il sait fort bien que les fourmis, pendant plus de quatre mois de l’année, sont retirées dans les galeries profondes et souterraines où jamais les pics ne vont les chercher ? Enfin, comment vivent donc les pics habitant les forêts couvertes de neiges presque perpétuelles ? La cause de la mort des pics-verts, des épeiches, des sitelles, etc., est, je l’ai déjà dit, la rigueur du froid qui engourdit leurs membres et rend ces oiseaux incapables de grimper d’une manière *persévérante*, exercice d’autant plus nécessaire que, pendant l’hiver, les insectes ne circulent pas, mais qu’un grand nombre sont retirés dans des galeries profondes et deviennent beaucoup plus difficiles à trouver que dans les autres saisons, et que, dès lors, les grimpeurs se procurent difficilement une nourriture suffisante. Qu’il tombe de la neige ou qu’il n’en tombe pas, est-ce que l’homme qui serait occupé à émonder les arbres, et qui se livrerait à ce travail en grimpant pendant une journée, sans autre appui que ses membres pour se soutenir, résisterait longtemps à un pareil labeur, par un froid rigoureux et continu ? Aussi la Providence de Dieu, qui prévoit et coordonne tout dans une harmonie admirable, a-t-elle donné aux pics qui vivent dans les régions où le froid fait sentir ses rigueurs d'une manière assez persévérante, un instinct qui leur inspire la prévoyance de réunir, dans les creux des arbres, des provisions de semences de conifères qu'ils retrouveront pendant la saison où, engourdis par le froid, ces oiseaux ne peuvent plus facilement poursuivre leur proie habituelle.

Je crois avoir parcouru toutes les objections qui m'ont été faites jusqu'ici, et y avoir répondu d'une manière favorable à la cause que je défends. Il est vrai qu'on me menace d'un choc aussi formidable que celui qui est imprimé par les monitors américains : il ne s'agit de rien de moins que d'un Mémoire de cinq cents pages (j'en ignore toutefois le format) : ce Mémoire doit être accompagné de plus de quarante-cinq *cordes* de bois (toujours le vieux système), dossier formidable sous lequel on espère ensevelir à tout jamais et les pics et leurs défenseurs. Ah! si du moins nous devions être écrasés sous le poids de cent trente-cinq *stères*, nous aurions la consolation de mourir d'une manière légale, comme quelquefois les malades entre les mains de certains docteurs !

D'après la faillibilité avouée du diagnostic, cette dernière allusion ne me paraît pas être trop téméraire. Puis, franchement, il est pénible, dans un siècle de progrès, de nous voir soumis à un système bien inférieur à celui qui était suivi par nos pères, les Gaulois. Eux, du moins, quand ils croyaient les gens coupables, ils ne les menaçaient pas de les écraser sous le bois, mais ils les faisaient monter sur des troncs d'arbres superposés, qui, en les élevant au-dessus de la terre, les rappochaient du Ciel, où réside le protecteur de tous les infortunés et l'espérance de tous ceux qui sont proscrits injustement.

J'attends donc ce nouveau choc en toute tranquillité, sans le provoquer ni le craindre. Je ne demande qu'une chose, le triomphe de la vérité ; et si ce triomphe doit sortir du travail qu'on m'annonce depuis si longtemps, je l'appelle de tous mes vœux. Mais plus je réfléchis, moins je comprends que mon honorable ami puisse véritablement livrer aux lecteurs de notre discussion un Mémoire de cinq cents pages, lorsqu'il a intitulé sa deuxième réponse : « *Conclusions d'un propriétaire.* » Je croyais que lorsque, dans une controverse quelconque, l'un des adversaires présentait, après plusieurs plaidoyers, ses *Conclusions motivées*, il lui était difficile de composer sur le même sujet un nouveau Mémoire vingt-cinq fois plus considérable que les précédents. Car alors, pourquoi avait-il *conclu*, lorsqu'il avait à peine effleuré la question ? Ce serait faire défiler une arrière-garde *vingt-cinq* fois plus nombreuse que le corps d'armée principal ! Manœuvre toute nouvelle.

Et afin de la faciliter, je viens moi-même ajouter au dossier de mon infortuné client le poids d'un méfait inouï dans les fastes criminels. Un jour, ou plutôt un soir, un propriétaire naturaliste que je ne nommerai pas, avait capturé un pic-vert; par quel moyen ? je l'ai oublié. Mais ce que je sais très-bien, c'est qu'il ne réservait pas à son prisonnier les honneurs du Capitole, mais le supplice de la roche Tarpéienne, comme à tous les grands coupables, à tous ceux qui causent des torts considérables à la chose publique. Ne sachant pas encore comment il exécuterait la sentence prononcée déjà *in petto* contre le criminel, il remit au lendemain l'acte de la vengeance solennelle, pensant avec raison que la nuit porte conseil. En attendant le retour de la lumière, notre propriétaire s'arrêta à une idée que certes n'aurait pas eue un docte ornithophile ! Il renferma le pic-vert dans sa table de nuit. Est-ce parce que le sommeil du propriétaire fut profond ? Et cependant, d'après La Fontaine,

« On ne dort pas, — dit-il, — quand on a tant d'esprit. »
(Fable du *Gland et de la Citrouille*.)

Est-ce parce que le pic-vert eut recours à des moyens dissimulés ? Je ne puis le dire. Mais ce qui est incontestable,
c'est qu'à son réveil, le propriétaire naturaliste constata
que la table de nuit était entièrement perforée, et que le
pic-vert avait recouvré sa liberté ! Le délit était certainement sérieux, et très-sérieux. Quelle série de circonstances
aggravantes ! Le pic-vert avait, selon l'expression de
M. le docteur Merland, *nargué* le propriétaire, perforé un
meuble utile, s'était rendu coupable d'un abus de confiance, et même d'effraction domestique, *de dedans en dehors !* Depuis ce moment, le propriétaire de la table de
nuit a voué aux pics-verts une haine implacable, et, chose
très-rare de nos jours, il est resté fidèle à son serment de
les poursuivre sans relâche. Quant à moi, défenseur convaincu du pic-vert, je ne l'en ai estimé que davantage,
car mes sympathies sont acquises à tous ceux qui souffrent injustement, et qui, par de généreux et de nobles
efforts, et par leur seule persévérance, savent conquérir
la véritable liberté qui leur est dûe. Peut-être le propriétaire naturaliste objectera-t-il, pour expliquer le choix de
sa table de nuit comme prison imposée au coupable, qu'il
croyait le pic-vert près de rendre le dernier soupir. S'il en
était ainsi, il résulterait de son aveu que le diagnostic de
cet adversaire des pics est sujet aussi à de bien grandes
erreurs !

Je tiens tellement à connaître la vérité, que mon honorable ami, M. Raoul de Baracé, doit se rappeler qu'au
sein de la Société Linnéenne, à une des dernières séances,
je l'ai prié de vouloir bien choisir sur ses propriétés ou
sur celles de ses amis dix arbres perforés par des pics.
C'était une chose très-facile, puisque, selon lui, dans l'espace de dix ans, tous les arbres d'une commune doivent
être attaqués par mes clients. Je promettais de ne pas
contrôler les choix de mon ami : je demandais seulement
que ces dix arbres fussent abattus, puis sciés dans toute
leur longueur, m'engageant, si ces arbres n'étaient pas

rongés intérieurement par des larves ou par des insectes, à en payer le prix selon l'estimation de mon honorable ami, et à y ajouter en plus, comme prime, cinquante francs par arbre, et dès lors, cinq cents francs pour l'ensemble ; si je gagnais, je ne réclamais au contraire que trente francs par arbre, afin de diminuer le préjudice qu'auraient pu subir les propriétaires en abattant leurs arbres.

Malgré les excitations de quelques-uns de ses collègues, M. Raoul de Baracé a refusé d'accepter le défi, alléguant qu'on trouverait toujours des galeries d'insectes ou de larves dans les arbres perforés par les pics. Pouvais-je faire davantage dans l'intérêt de la vérité ?

Depuis ce moment, on a abattu des arbres pour plus de douze cents francs, afin de chercher des preuves contre mes clients. A-t-on réussi ? Je l'ignore. La question pour moi sera toujours la même en présence de morceaux de bois plus ou moins multipliés, plus ou moins couverts de plaies béantes ; je répéterai toujours : Soyons équitables et établissons la balance, sans aucune prévention, entre les services rendus par les pics et les ravages qui leur sont attribués, et rappelons-nous, d'après M. Merland lui-même : « que jamais le pic-vert n'avait trouvé d'aussi nombreux et ardents défenseurs que de nos jours (p. 35) ; que tous les Allemands, que tous les Français admirateurs du pic-vert, depuis Buffon jusqu'à Tschudi, affirment que le pic-vert, en creusant un arbre, n'a d'autre but que de le débarrasser de l'insecte qui le ronge (page 31) ; » que M. Turrel, dans un Mémoire rédigé avec l'accent d'une sincère conviction, a dit : « Calomniés par l'ignorance, les pics sont accusés de creuser les arbres et de les rendre ainsi accessibles à la pourriture ; l'erreur est évidente pour tout observateur désintéressé. Le pic ne s'attaque jamais aux arbres sains, mais il nettoie les arbres pourris, et atteints par les insectes, dont il met à jour, en les poursuivant, les travaux de mines et les ravages irréparables. »

Le *Bulletin de la Société protectrice des animaux* (juillet 1868, page 314), contient un tableau intitulé : *Paix et protection aux oiseaux défenseurs de l'agriculture*. Ce tableau, rédigé à la demande de la *Société d'horticulture* de Soissons, par M. Georgin, inspecteur de l'Instruction primaire, vient d'être placé, d'après l'ordre de M. le Procureur impérial, dans toutes les écoles primaires du département de l'Aisne. Le tableau indique les motifs sérieux pour lesquels il faut protéger les buses, les chouettes, les coucous, les moineaux, les pics-verts, etc. Voilà encore une Société savante qui a besoin, et grand besoin, que les ignorants l'éclairent ! Cependant, M. Georgin n'a pas formulé son opinion d'une manière si positive sans l'appuyer sur des preuves évidentes et multipliées. Il la justifie en démontrant que le pic-vert fait une chasse persévérante aux *cossus* et aux *scolytes*, qui rongent le *liber* des arbres en y pratiquant des galeries qui interceptent la circulation de la sève et déterminent la mort de ces arbres. Enfin, en Anjou, le vénérable doyen des études d'histoire naturelle. M. Millet de la Turtaudière, ainsi que tous ceux qui ont uni des observations sérieuses à des études préparatoires, partagent et défendent mon opinion. Elle est celle de MM. de Joannis, Courtiller, Deloche, Olivier Aristide, Blain, etc. Elle est aussi celle de M. Crinon dont je transcris ici le victorieux témoignage :

« *Journal d'Agriculture pratique*, 26 mai 1870.

## « LE PIC-VERT.

« Monsieur le Directeur,

« Dans le *Journal d'Agriculture pratique* du 5 mai courant, un de vos honorables correspondants, M. d'Esterno, fulmine un acte d'accusation contre le pic-vert. Permettez à un vieux forestier, qui a fait une étude particulière des habitudes de cet utile oiseau, d'en dire quelques mots.

« Dans le courant de ma longue pratique, j'ai exploité et vu exploiter plus de cinq cents arbres perforés par le pic-vert, et en les sectionnant, j'ai toujours constaté que l'instinct de cet oiseau ne l'avait jamais trompé, et que toujours une *malandre*[1], une *grisette*[2], correspondait au trou pratiqué.

« Votre correspondant déclare qu'il connaît plusieurs troncs d'arbres perforés qu'il considère comme parfaitement sains, et offre de les abattre devant une commission qui décidera de la vie ou de la mort du pic-vert selon l'état des arbres à expérimenter. Sous la présence de cette commission, que votre honorable correspondant fasse abattre quelques-uns de ces arbres, qu'il rende compte dans ce journal du résultat de son examen, et vos lecteurs passeront condamnation. Quant à moi, j'affirme à l'avance qu'à chaque perforation on trouvera une carie ou une pourriture. Mais, pour Dieu ! qu'on laisse vivre un oiseau qui débarrasse nos arbres de toutes les espèces de vermine qui les dévorent.

« Qu'on veuille bien le croire, cet habile gymnaste ne se livre pas à une partie de plaisir dans ses nombreuses évolutions autour d'un arbre ; ou c'est pour saisir une proie logée dans les rugosités de l'écorce, qui s'échappe à notre vue, ou c'est pour pratiquer un berceau au fruit de ses amours ; mais dans l'un comme dans l'autre cas, c'est toujours à la décrépitude qu'il s'adresse.

« Veuillez croire, etc.

« CRINON,

« Ex-garde général, auteur du Forestier praticien,<br>Encyclopédie Roret. »

---

[1] *Malandre* est le nom que les charpentiers donnent à certains nœuds pourris qui se trouvent dans les bois à bâtir. (LITTRÉ.)

[2] *Grisette* est le mot qui sert à désigner le vice dans les bois provenant d'une fermentation de sève dûe au contact de l'air par suite d'une blessure. (LITTRÉ.)

J'aime à croire que le Mémoire annoncé sera plus sérieux que les articles qui ont paru précédemment dans les journaux et dans les revues. Réfuter un travail avant qu'il n'ait paru, c'est, il me semble, se poser comme étant doué d'une double vue, avantage très-rare et qui n'est le partage que d'un très-petit nombre de mortels ; c'est vouloir remporter la victoire avant le combat. Aussi est-ce avec un très-grand étonnement que j'ai lu la réfutation de mon Mémoire rédigée avant que celui-ci n'eût été imprimé. Réfuter un Mémoire, c'est démontrer victorieusement que les faits qu'il renferme sont inexacts, que les témoignages cités en faveur de la thèse que défend l'auteur sont dénués d'autorité, mais ce n'est pas entasser des chimères les unes sur les autres pour les renverser ensuite facilement et crier victoire. Dans cette circonstance, je me rappelais involontairement ces élèves terribles qui, au lieu d'étudier les livres dont ils devaient rendre compte, prenaient plaisir à en former des forteresses factices, qu'ils démolissaient d'un coup de poing, aux applaudissements enthousiastes de leurs condisciples ; ou ce brave général qui, dans un rêve d'imagination, croyait avoir pris d'assaut une place qui n'était pas encore construite !

Mais ce qui fortifie ma conviction de plus en plus, c'est que mon premier contradicteur, mon honorable ami, hésite singulièrement à produire ses documents victorieux; puis, comme M. Merland, il confond dans son édit de proscription et les pies et les chouettes. Or, comme il est démontré, jusqu'à l'évidence la plus complète, que les chouettes sont des oiseaux utiles à l'agriculture, j'en tire comme conséquence très-probable que si l'opinion de mon honorable ami est erronée sur les chouettes, elle peut bien l'être également sur les pies, et que si le diagnostic du docteur Merland l'a trompé en ce qui concerne les chouettes, pourquoi ne l'aurait-il pas aussi induit en erreur à l'égard des pies ! Dès lors, dans le doute, j'appelle en consultation un autre docteur, M. Belouino, qui pense, comme moi, que tous les êtres ont droit à un salaire pour les services qu'ils rendent, et je transcris ici la charmante pièce intitulée :

## LA PART DES OISEAUX.

Petits oiseaux, ne fuyez pas ; c'est moi.
  C'est si bon le jus des cerises !
  Moineaux, pinsons, fauvettes grises,
Chacun de vous est bien ici chez soi.
Approchez donc, vous, rossignol sauvage ;
  On dirait que vous avez peur.
  Depuis quand donc un travailleur
N'a-t-il plus droit au prix de son ouvrage ?
Grâces à vous, les arbres sont chargés
  De tous ces beaux fruits qu'on admire ;
  Pour l'an prochain je puis prédire,
S'ils sont encor par vos soins protégés,
Une récolte au moins tout aussi belle.
  Prenez la dîme de ces fruits,
  Car tous les vers par vous détruits
N'en eussent pas ici laissé parcelle.
Picotez donc, braves échenilleurs ;
  Sans crainte qu'on vous cherche noise,
  Mangez la prune, la framboise.
Petits gourmands, vous prenez les meilleurs
Parmi les fruits ; mais, quand on est à même,
  Pourquoi donc se gêner ? Au fait,
  Autrefois de même j'ai fait.
Au lait, dit-on, je préférais la crême.
  Rossignols, fauvettes, pinsons,
Et vous aussi, mes gentilles mésanges,
Venez, venez : quand on fait les vendanges,
  On invite les vignerons.

Cette invitation à la vendange est très-gracieuse, mais il faut avant tout assurer la récolte ; sans quoi,

Adieu paniers, vendanges sont faites !

Et ce ne seront pas les insectes qui auront la politesse

de nous y inviter, mais les oiseaux qui, comme le prouve le tableau rédigé par la *Société d'horticulture* ci-dessus nommée, sont les véritables amis et les protecteurs de l'agriculture. Aussi ne puis-je mieux terminer que par ce vers du poète cité précédemment :

Hommes, connaissez donc ceux qui sont vos amis !

Cette *Morale* de la fable intitulée *le Lézard gris*, résume harmonieusement toute ma pensée. Puissent mes faibles efforts contribuer à la rendre de plus en plus pratique en faisant partager à mes lecteurs ma profonde conviction !

FIN DU SECOND VOLUME.

# TABLE MÉTHODIQUE

DES MATIÈRES CONTENUES DANS LE SECOND VOLUME.

# TABLE ALPHABÉTIQUE

DES MATIÈRES CONTENUES DANS LE SECOND VOLUME.

# TABLE ANALYTIQUE

ANGERS, IMP. P. LACHÈSE, BELLEUVRE ET DOLBEAU.